U0174170

智慧建筑

智能+时代建筑业转型发展之道

杜明芳 编著

本书以当今全球第四次工业革命为宏观背景，以我国“智能 +”国家战略为指引，以建筑业、智慧城市、人工智能、大数据、物联网、工业互联网、互联网 +、5G、IPv6 等相关国家政策为重要依据，以基础理论、业务知识、战略规划高度融合的视角及多重思维，探索“智慧建筑”这一崭新命题及建筑业“智能 +”转型升级之路。本书的内容主要包括人工智能建筑、建筑工业互联网、建筑能源互联网、建筑信息模型（BIM）、绿色建筑、智慧管网（廊）、智慧社区、智慧城市等，希望能为建筑业转型升级提供新思路和新方法，能为正在探索中前进的“智能 +”及智慧城市提供技术参考与决策支持，同时也能给政府、企业及广大智慧建筑、智慧城市领域从业者带来启发。

图书在版编目（CIP）数据

智慧建筑：智能 + 时代建筑业转型发展之道 / 杜明芳编著 .—北京：机械工业出版社，2020.2（2025.1 重印）
ISBN 978-7-111-64775-1

Ⅰ . ①智…　Ⅱ . ①杜…　Ⅲ . ①智能化建筑　Ⅳ . ① TU18

中国版本图书馆 CIP 数据核字（2020）第 027250 号

机械工业出版社（北京市百万庄大街 22 号邮政编码 100037）
策划编辑：汤　攀　责任编辑：汤　攀　张大勇
责任校对：刘时光　封面设计：张　静
责任印制：邓　博
北京盛通数码印刷有限公司印刷
2025 年 1 月第 1 版第 3 次印刷
169mm × 239mm · 20.75 印张 · 2 插页 · 366 千字
标准书号：ISBN 978-7-111-64775-1
定价：88.00 元

电话服务　　网络服务
客服电话：010-88361066　　机　工　官　网：www.cmpbook.com
010-88379833　　机　工　官　博：weibo.com/cmp1952
010-68326294　　金　书　网：www.golden-book.com
封底无防伪标均为盗版　　机工教育服务网：www.cmpedu.com

前言

本书以当今全球第四次工业革命为宏观背景，以我国“智能 +”国家战略为指引，以建筑业、智慧城市、人工智能、大数据、物联网、工业互联网、互联网 +、5G、IPv6 等相关国家政策为重要依据，以基础理论、业务知识、战略规划高度融合的视角及多重思维，探索“智慧建筑”这一历史性崭新命题及建筑业“智能 +”转型升级之路。针对“智能 +”时代智慧建筑的内涵、架构、理论体系、设计方法、优化策略、战略规划等给出了作者的原创性理解和系统性阐述，创造性地提出了人工智能建筑、建筑工业互联网、建筑能源互联网、智慧建筑云脑、绿色智慧建筑及生态智慧城市模型、项目管理 + BIM+AI 等新理念与新方法，对建筑产业智慧化发展模式及其与智慧城市的无缝融合也进行了探讨并提出了可实操的范本。本书提到的“智慧建筑”具有新一代工业价值链、工业互联网、智能 +、泛在物联网及绿色人文的综合基因，试图以建筑产业作为一个特定对象来研究工业 4.0 理论体系下的一个具体实现，其内涵、理论体系及工程实现均属于工业 4.0 和建筑产业的交叉领域，也可以看作是工业 4.0 在纵深方向上的一个实现。因此，本书的研究工作具有符合社会经济发展历史趋势的创新意义，同时也为智能经济新内涵的塑造及新模式与新业态的打造提供了范本和依据。

本书的主要内容板块包括：人工智能建筑，建筑工业互联网，建筑能源互联网，建筑信息模型（BIM），绿色建筑，智慧管网，智慧社区，人工智能城市。第 1 章在系统梳理中国信息化和建筑业信息化发展情况基础上，梳理了新一代人工智能发展情况，回顾了智能建筑内涵，从建筑智能性演进角度，结合工业 4.0、人工智能、BIM 等提出智慧建筑的定义。第 2 章系统性介绍了支撑智慧建筑实现的新型信息基础设施技术分支，并认为新型信息基础设施中各类技术的有机融合、相互赋能及在建筑载体上的综合应用至关重要。第3章是国内系统性论述“AI+智慧建筑”“AI建筑”这一新时代崭新命题的原创性研究成果，主要内容包括AI建筑内涵、AI建筑云脑及类脑计算、AI建筑情感计算、多智能体建筑、AI建筑知识图谱、AI+智慧建筑场景、AI建筑产业链及产业生态、从AI建筑到AI城市和多智能体城市、AI建筑发展建议。第4章是国内完整地系统性论述“建筑工业互联网”这一新时代崭新命题的原创性研究成果。从工业互联网的核心要义分析入手，结合智能建筑集成控制系统和企业集成制造系统的理论技术原型，提出了建筑工业互联网的定义、架构及理论技术原型；提出了四种建筑工业互联网描述方法；对深度学习和边缘计算在建筑工业互联网中的部署及应用做了探讨。第5章探索能源互联网落地实现的可行路径——建筑能源互联网（Building Energy Internet，BEI）。提出了建筑能源互联网的概念；从能源结构变革、建筑能源产业链、建筑能源供需匹配、系统去中心化、用户体验几个角度综合分析了建筑能源互联网的主要特征；阐述了信息流+能源流主导下的建筑能源互联网六大流程化关联内容板块；给出了基于建筑能源云的建筑能源互联网网络体系架构，能源采集、传输及管理系统架构，技术+商业架构等多重思维模式下的系统架构；结合建筑能源大数据智能分析案例，介绍了AI+建筑能源互联网的优化思路及落地实现方法。第6章在介绍BIM概念、BIM政策、BIM标准、BIM发展情况及BIM典型案例基础上，结合作者多年实践经验和理论研究，提出了一套将BIM与人工智能核心理论分支Multi-Agent相结合的运维软件设计方法，能够指导智慧建筑及城市运维软件的研发，同时也指明了由智慧建筑运维通向智慧城市运维的数字化和信息化路径。第7章介绍了绿色发展的战略环境和相关政策，提出了绿色智慧建筑和生态智慧城市的概念；提出了基于“绿色智慧城市价值互联网”的生态智慧城市框架模型ESCRA；提出了一种以技术为驱动、需求为牵引、商业模式为保障的生态智慧城市规划方法；阐述了生态智慧城市规划的5个重点。第8章从管网智能化监测与管理角度，为地下管网问题引发的城市问题提供解决方案，主要内容包括：城市地下管线发展历程与现状，城市地下管线智慧管控系统核心技术，供水、供热、燃气管网智慧管控系统。第 9 章内容包括：智慧社区内涵、特征及架构，智慧社区核心技术，智慧社区平台建设架构，智慧社区应用系统功能设计，智慧社区平台接口及应用接入方法，智慧社区云平台，智慧社区建设运营管理模式，力图从全方位角度阐释智慧社区，为智慧社区建设提供可实操的解决方案。第 10 章提出了人工智能城市定义及概念模型。人工智能城市是支撑我国新型智慧城市向纵深建设发展的一套以“智能 +”为特色的综合技术体系和方法模式体系，是新型智慧城市的高级阶段，是数字中国战略的一个具体实现。

本书的部分理念、观点及理论陆续发表于住房和城乡建设部科技与产业化发展中心主办的新型智慧城市（城市治理）暨建筑业大数据创新应用交流大会（2017 年）、第十三届国际绿色建筑与建筑节能大会（2017 年）、中国建筑业协会智能建筑分会年度专家论坛（2018 年）、第五届“BIM 技术在设计、施工及房地产企业协同工作中的应用”国际技术交流会（2018 年）、中国自动化学会智能建筑与楼宇自动化专业委员会年度大会（2018 年）、中国国际智能建筑展览会高峰论坛（2019 年）等大型会议，后经进一步补充修改完善后成书。因此，本书是近年来本人在智慧建筑领域研究成果的总结与提升。本人结缘智能建筑始于硕士课题期间，并在后续的几年内基于美国霍尼韦尔公司的智能建筑平台完成了若干大型工程项目。2009 年，本人主编出版了“十一五”规划本科教材《智能建筑系统集成》。十年间，社会在发展、行业在变化，非常有幸亲历了智能建筑行业的发展变化。博士期间学习人工智能专业的经历使我从新的视角重新认识智能建筑，增加了我对智能建筑的认知深度。且行、且思、且创，唯愿能追随自己的内心、记录自己的思维，在自己喜爱的领域不断开拓创新和超越。智慧建筑是一个集大成的交叉领域，控制科学与工程、土木工程、管理科学与工程是支撑这一新理论、新业态的基石。本书兼顾了技术与管理两个层面，在较深入论述智慧建筑技术基础上，提出并阐述智慧建筑管理视图，为建筑业“智能 +”转型发展提供了现实路径。要将智慧建筑研究透彻尚有很长的路要走，本书仅是一个开始。

本书得到住房和城乡建设部科学技术计划项目（2019）“5G绿色智慧建筑产业互联网关键技术研发及示范应用”的支持。清华大学建筑学院杨旭东教授、原国家质量监督检验检疫总局标准化司姚世全副司长提出了宝贵意见。中国建筑、国家电网、中国建筑业协会、东南大学、同济大学、深圳大学等单位的专家、领导对本书给予了支持与鼓励。住房和城乡建设部科技与产业化发展中心等单位提供了案例。在本书的编写过程中，一些博士参与了第9章的部分研究工作，完成了资料收集整理，他们是：郝仁剑博士、彭辉博士、李多扬博士。对他们一并表示衷心感谢！

希望这一系统性研究工作能为建筑业转型升级提供新思路和新方法，能为正在探索中前进的“智能+”及智慧城市提供技术参考与决策支持，能为政府、企业及广大智慧建筑、智慧城市领域从业者提供启发，也能为高等学校相关专业提供教材。限于作者水平，书中不足在所难免，恳请广大读者批评指正，联系邮箱为：1314310@163.com。有关智慧建筑、AI城市的更多信息，可关注微信公众号“AI城市智库（aicitys）”获取。

杜明芳
2020年3月
于北京

目录
CONTENTS

第1章 从智能建筑到智慧建筑

本章在系统性梳理中国信息化和建筑业信息化发展情况基础上，梳理了新一代人工智能发展情况，回顾了智能建筑内涵，从建筑智能性演进角度，结合工业4.0、人工智能、BIM等提出对智慧建筑的定义。工业4.0、智慧城市赋予智能建筑新的内涵，使之向智慧建筑演进。智慧建筑是在智能建筑基础上的进一步发展。

1.1 中国信息化发展概述

与全球信息化相适应，近30余年我国信息化发展简史如图1-1-1所示。

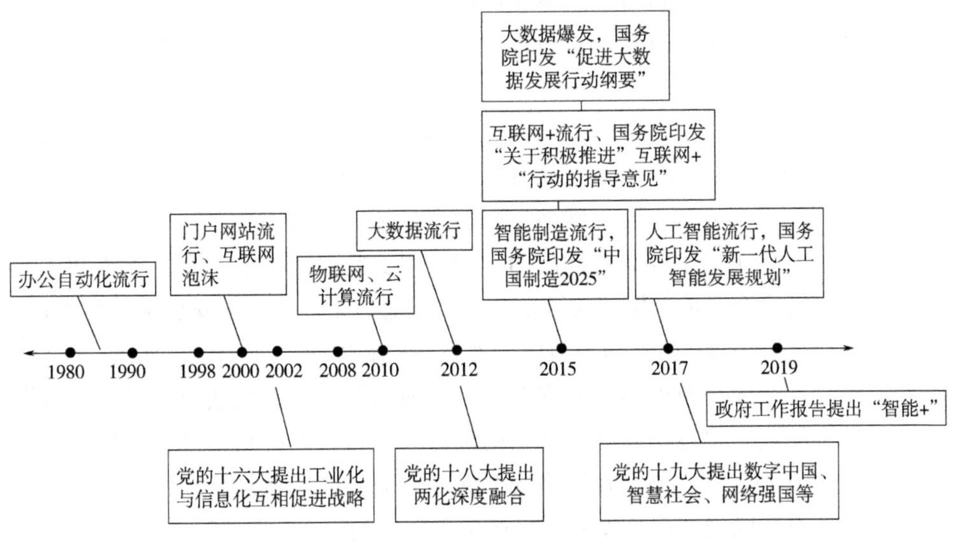

图1-1-1　我国信息化发展简史

我国信息化发展的基本脉络可总结为：办公自动化、互联网、物联网、云计算、大数据、互联网+、智能制造、人工智能、智能+。

我国信息化的5大应用领域为：

（1）经济领域，包括农业信息化、工业信息化、服务业信息化、电子商务等。

（2）社会领域，包括教育、体育、公共卫生、劳动保障等。

（3）政治领域，包括OA、门户网站、重点工程等。

（4）文化领域，包括图书、档案、文博、广电、网络治理等。

（5）军事领域，包括装备、情报、指挥、后勤等。

信息化包括7个要素，即信息通信网络、信息产业、信息化应用、信息资源、信息化人才、政策法规和标准规范、信息安全保障体系。从7个要素体系看，信息化包括信息通信网络、信息通信技术和信息产业的发展，包括信息化应用推进、信息资源开发利用和信息安全保障，还包括信息化人才培育和相关政策法规和标准规范的制定。

十九大提出了两个与智慧建筑息息相关的新名词：智慧社会，数字中国。“智慧社会”是未来“智慧中国”的代名词，现在“数字中国”的将来时，其显著标志之一可以理解为从人工智能助理（Assistant Intelligent）到完全人工智能（Alone Intelligent），“人人更懂你，城市更懂你”。

近两年，数字经济、人工智能、网络安全、区块链、分享经济、金融科技、自动驾驶等成为全球信息化领域的热点，各国政府积极出台相关法律和政策，一方面的目标是力图抢占行业领域发展的制高点，另一方面的目标是积极探索寻求创新性解决方案、推动信息科技进步。新近发布的具有代表性的相关政策法规如下：

网络安全方面的法规。《中华人民共和国网络安全法》（以下简称《网络安全法》）于2017年6月1日起正式开始实施。该法确立了网络安全的基本原则，提出制定网络安全战略，明确网络空间治理目标，提高了我国网络安全政策的透明度。进一步明确了政府各部门的职责权限，完善了网络安全监管体制。强化了网络运行安全，重点保护关键信息基础设施。完善了网络安全义务和责任，加大了违法惩处力度；监测预警与应急处置措施制度化、法治化。《网络安全法》是我国第一部全面规范网络空间安全管理方面问题的基础性法律，确立了网络安全的基本制度，也是国际社会关注的焦点。尤其在关键基础设施保护、数据跨境流动等方面建章立制，在网络安全保障方面开辟了新的路径，其后续配套政策的落地对互联网产业及发展都将产生深远影响。

自动驾驶方面的法规。2017年5月，德国议会两院通过了一项由运输部提出的法案，修改现行的道路交通法，新《道路交通法》于2017年6月21日生效。该法允许高度或全自动驾驶系统代替人类自主驾驶，给予其和驾驶人同等的法律地位。驾驶人甚至可以在车辆自动驾驶时放开方向盘，自行浏览网页或查看邮件。还规定了自动驾驶模式下的责任认定、驾驶员的权利义务、自动驾驶引发交通事故的赔偿金额等。2017年9月6日，美国国会众议院通过一部自动驾驶法案（H.R.3388）。9月28日，美国国会参议院提出另一部自动驾驶法案。

法案旨在促进自动驾驶技术和汽车发展，规定美国联邦对自动驾驶汽车设计、制造和性能的立法优先权，允许自动驾驶汽车在公共道路上测试，显著增加自动驾驶汽车豁免的数量并逐年提高，成立自动驾驶汽车委员会探索自动驾驶汽车安全标准。此外，还包括网络安全、隐私保护、消费者教育等方面的规定。

数字经济方面的法规。2017年4月，英国通过《数字经济法案》。该法案规定了建设数字基础设施和服务、完善数据共享、限制未成年人访问色情网站、打造数字政府和加强数字知识产权保护等内容。《数字经济法案》是继《英国数字战略》之后又一重磅性文件，是英国打造世界领先的数字经济和全面推进数字转型的重要部署。当下，各国致力于发展数字经济，但从数字基础设施建设到数据共享、公众信任和公平竞争等方面，数字经济的发展面临着诸多问题和挑战。该法案针对发展数字经济中如何构建法律框架并明确监管机构职能等问题进行了规定，弥补了相关领域的法律空白，有利于减少数字经济发展的不确定性。

共享经济方面的法规。2017年3月，法国国会发布《共享经济税收法》，开启对共享经济的系统化监管。该法案把拥有一定收入的共享经济专职从业者，如网约车、共享住房专职从业者，纳入自由职业者范畴，要求其网上申报通过共享经济平台取得的收入，按照规定缴纳税款。此外，该法向网上自动申报者提供了每年3000欧元的减免额，旨在区分个人交易者与专职从业者，免除平台个人用户的小额补充收入，同时避免专职从业者对传统竞争者的冲击。共享经济在便利社会、增加经济活力和缓解就业的同时，也对传统经济造成一定冲击。如何平衡共享经济和传统经济之间的关系，合理规制共享经济是各国面临的共同挑战。法国《共享经济税收法》从税收政策角度入手，将共享经济从业者纳入自由职业者范畴并按其实际收入征税，通过税收手段进行调节，在一定程度上可以缓解共享经济对传统经济的冲击，规范市场竞争并减少税收流失。

智能社会方面的法规。2017年2月23日，韩国国会议员提出《智能信息社会基本法案》，旨在解决智能信息技术自动化带来的各种社会结构和伦理问题。法案的主要内容包括建立智能信息社会战略委员会，该委员会每三年制定智能信息社会发展的基本计划，公布智能信息技术管理的分类标准，公布《智能信息技术道德规章》，确定智能信息技术和智能信息服务损害赔偿责任的一般原则。此外，政府支持建立智能信息社会公私合作论坛，就制定智能信息社会发展政策和基本方案征求意见。该法案是韩国国会首次提出的关于智能信息社会的概括性法律文件，该法案对于智能信息技术和智能信息社会等基本定义进行了明确的创新性定义。同时，法案提出的构建国家层面的专门委员会并确定相应的法律责任和道德规章等内容对于其他国家探索建立类似制度具有现实的借鉴意义。

金融科技方面的法规。2017 年 1 月 13 日，美国白宫国家经济委员会发布《金融科技框架白皮书》，明确六项政策目标：培育积极的金融服务创新创业；推动安全、可负担、公平的资本获得渠道；强化美国国内外普惠金融发展；应对金融稳定风险；推动形成 21 世纪新型金融监管框架；维护国家竞争力。同时，白皮书明确了涵盖消费者保护、技术标准、提升透明度、网络安全和隐私保护、提升金融基础设施效率等在内的十项基本原则。白皮书传递出美国政府对金融科技领域的前瞻性态度，具有引领意义。白皮书阐述了美国政府对金融科技领域的政策目标和十项基本原则，为其他国家的金融政策制定者和监管人员在评估金融科技生态系统时提供了可供参考的政策框架。同时，金融行业的相关从业人员可以通过白皮书中提出的金融科技框架理解如何促进金融系统的良好运行以及如何更好地提升自己的金融产品和服务。

1.2 中国建筑业信息化发展情况

建筑业信息化是建筑业发展战略的重要组成部分，也是建筑业转变发展方式、提质增效、节能减排的必然要求，对建筑业绿色发展、提高人民生活品质具有重要意义。建筑业信息化同时也是传统建筑产业与信息化技术的有机融合，典型的应用如：建筑产品生产过程自动化，施工机械自动化控制与管理，施工现场实时监测与控制，计算机辅助设计（CAD），建筑结构计算（PKPM），计算机辅助制造（CAM），工程造价管理系统，PROJECT 概预算管理系统等。迄今为止，在研究、探讨及实践中出现的与建筑业信息化密切相关的术语包括：智能建筑、智慧建筑、AI 建筑、数字建筑、数字城市、智慧城市、数字地球、数字中国等。在我国住房和城乡建设领域信息化发展历程中，具有里程碑意义的工作可总结为以下几个方面：城市信息化、建筑及居住区信息化、企业信息化、市政监管信息化、城市 3S 技术应用、建筑信息模型（BIM）。

我国的计算机技术应用于建设领域始于 20 世纪 50 年代末期，但一直到 70 年代末期，其应用基本上仅限于个别设计单位和个别工程项目的工程设计计算。80 年代后，信息技术在建设领域的应用得到了迅速发展。到了 90 年代，由于计算机图形技术、PC 和工作站特别是计算机网络技术的发展，信息技术在建设领域的应用发生了日新月异的变化，迅速普及应用于城乡规划、城市管理、工程勘察设计和施工、城市和工程测绘、房地产管理等各个方面。到 2000 年底，大中型规划、勘测、设计单位和 80% 以上的大中型施工企业都普遍使用了信息技术，在规划、勘测和设计企业实现了甩图板，大大提高了城市规划和工程设计的质量，缩短了设计周期，增强了建设企业的设计创新和在国内外建筑市场中的竞争能力。

“十五”期间，建设领域信息化取得了良好的成绩，有力地推进了建设领域的技术进步和业务发展。然而，作为国民经济支柱产业之一的建设领域，其信息化水平和信息技术标准化工作还落后于实际需要。有关信息技术应用的标准数量少，且缺乏市场适应性，实质参与国际标准化的能力低。为全面贯彻落实《中共中央、国务院关于加强技术创新，发展高科技，实现产业化的决定》和中共中央十五届五中全会关于加快国民经济和社会信息化要求，2006 年住房和城乡建设部印发《建设科技“十一五”规划》，提出要用信息技术等高新技术改造和提升传统的建设领域，同时在建设领域中培育新的经济增长点，其中一项重要任务就是组织制定建设系统信息化技术应用标准体系，规范建设领域信息市场行为。2011 年 7 月，住房和城乡建设部印发《建筑业发展“十二五”规划》，提出的主要任务之一是“全面提高行业信息化水平”，强调“重点推进建筑企业管理与核心业务信息化建设和专项信息技术的应用。建立涵盖设计、施工全过程的信息化标准体系，加快关键信息化标准的编制，促进行业信息共享。运用信息技术强化项目过程管理、企业集约化管理、协同工作，提高项目管理、设计、建造、工程咨询服务等方面的信息化技术应用水平，促进行业管理的技术进步。”2011 年 5 月，住房和城乡建设部印发《2011—2015 年建筑业信息化发展纲要》，提出了“十二五”期间建筑业信息化的总体发展目标为：基本实现建筑企业信息系统的普及应用，加快建筑信息模型（BIM）、基于网络的协同工作等新技术在工程中的应用，推动信息化标准建设，促进具有自主知识产权软件的产业化，形成一批信息技术应用达到国际先进水平的建筑企业。

近几年，与建筑业信息化、智慧建筑相关的主要国家政策如下：

国务院：《中共中央 国务院关于进一步加强城市规划建设管理工作的若干意见》，2016 年 2 月。

住房和城乡建设部：《2016—2020 年建筑业信息化发展纲要》，2016 年 8 月。

国务院：《国务院办公厅关于促进建筑业持续健康发展的意见》（国办发

〔2017〕19号），2017年02月。

国务院：《国务院办公厅关于大力发展装配式建筑的指导意见》（国办发〔2016〕71号），2016年09月。

国务院：《国务院办公厅关于转发发展改革委住房城乡建设部绿色建筑行动方案的通知》（国办发〔2013〕1号），2013年01月。

国务院：《国务院办公厅关于进一步加强学校及周边建筑安全管理的通知》（国办发明电〔2008〕38号），2008年10月。

国务院：《民用建筑节能条例》（国务院令第530号），2008年08月。

国务院：《国务院办公厅关于严格执行公共建筑空调温度控制标准的通知》（国办发〔2007〕42号），2007年06月。

国务院：《国务院办公厅关于进一步推进墙体材料革新和推广节能建筑的通知》（国办发〔2005〕33号），2005年06月。

国务院：《新一代人工智能发展规划》（国发〔2017〕35号），2017年7月。

工业和信息化部：《促进新一代人工智能产业发展三年行动计划（2018—2020年）》，2017年12月。

国务院：《中国制造2025》（国发〔2015〕28号），2015年5月。

特别值得重视的纲领性文件是住房和城乡建设部2016年8月发布的《2016—2020年建筑业信息化发展纲要》，该政策特别强调：要增强BIM、大数据、智能化、移动通讯、云计算、物联网等信息技术集成应用能力。提出四项任务：企业信息化，行业监管与服务信息化，专项信息技术应用，信息化标准。在专项信息技术应用方面，研究建立建筑业大数据应用框架，统筹政务数据资源和社会数据资源；积极利用云计算技术改造提升现有电子政务信息系统、企业信息系统及软硬件资源，降低信息化成本；加强低成本、低功耗、智能化传感器及相关设备的研发，积极开展建筑业3D打印设备及材料的研究，开展智能机器人、智能穿戴设备、手持智能终端设备、智能监测设备、3D扫描设备等在施工过程中的应用研究，提升施工质量和效率，降低安全风险；探索智能化技术与大数据、移动通讯、云计算、物联网等信息技术在建筑业中的集成应用，促进智慧建造和智慧企业发展。纲要提出，“十三五”时期，全面提高建筑业信息化水平，着力增强BIM、大数据、智能化、移动通讯、云计算、物联网等信息技术集成应用能力，建筑业数字化、网络化、智能化取得突破性进展，初步建成一体化行业监管和服务平台，数据资源利用水平和信息服务能力明显提升，形成一批具有较强信息技术创新能力和信息化应用达到国际先进水平的建筑企业及具有关键自主知识产权的建筑业信息技术企业。

从政策导向看，推动我国现代建筑业可持续发展的几个重要着眼点在于：绿色建筑、装配式建筑、节能建筑、信息化建筑，以及融合以上几个方面优势的智慧建筑。总的来看，目前我国建筑业的发展现状是：建筑业大而不强，仍属于粗放式劳动密集型产业，企业规模化程度低，建设项目组织实施方式和生产方式比较落后，产业现代化程度不高，技术创新能力不足，信息化程度尚有较大提升空间。随着建筑业信息化、智能制造、人工智能、智慧城市等相关重大政策的密集出台和大力支持，建筑业信息化正驶入快车道，迎来发展的黄金期。

1.3　新一代人工智能发展概况

人工智能（Artificial Intelligence，AI）是一门融合了计算机科学、统计学、脑神经学和社会科学的前沿综合性学科。它的目标是希望计算机拥有像人一样的智力，可以替代人类实现识别、认知、分类、预测、决策等多种能力。20 世纪 70 年代以来，人工智能被称为世界三大尖端技术（空间技术、能源技术、人工智能）之一，也被认为是 21 世纪三大尖端技术（基因工程、纳米科学、人工智能）之一。近 30 年来，人工智能获得了迅速发展，在很多学科领域都获得了广泛应用，并取得了丰硕成果，人工智能已逐步发展成为一个独立的分支，无论在理论和实践上都已自成一个系统。人工智能在发展过程中产生了很多的流派，符号主义、连接主义和行为主义，这些流派的发展推进了人工智能学科的发展。“人工智能”一词最初是在 1956 年达特茅斯学会上提出的。从学科定义上来说，人工智能是研究、开发用于模拟、延伸和扩展人的智能的理论、方法、技术及应用系统的一门新的技术科学。人工智能企图了解智能的实质，并生产出一种新的能以人类智能相似的方式做出反应的智能机器。美国斯坦福大学人工智能研究中心尼尔逊教授对人工智能的定义是：“人工智能是关于知识的学科——怎样表示知识以及怎样获得知识并使用知识的科学。”美国麻省理工学院的温斯顿教授认为：“人工智能就是研究如何使计算机去做过去只有人才能做的智能工作。”人工智能是研究人类智能活动的规律，构造具有一定智能的人工系统，研究如何让计算机去完成以往需要人的智力才能胜任的工作，也就是研究如何应用计算机的软硬件来模拟人类某些智能行为的基本理论、方法和技术。

人工智能的发展历程如图 1-3-1 所示。

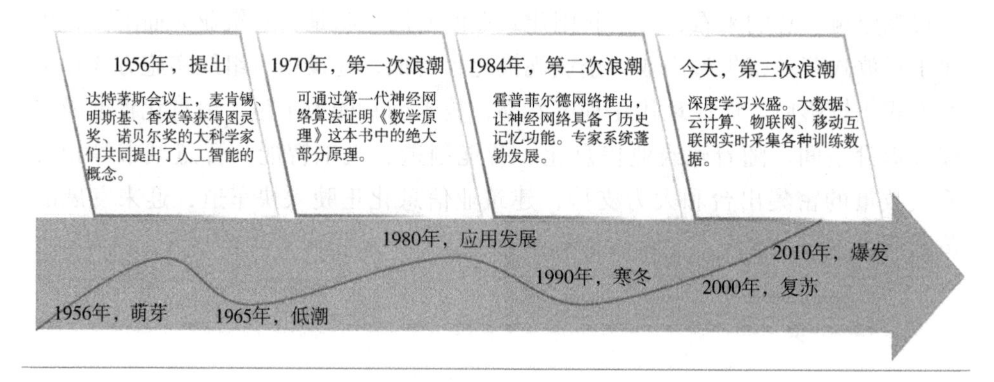

图 1-3-1　人工智能发展历程

人工智能在几乎所有可以想象的行业里都蕴藏着无尽潜力，几乎影响了包括城市、社会、政府、商业等方方面面。人工智能带来的影响如图 1-3-2 所示。

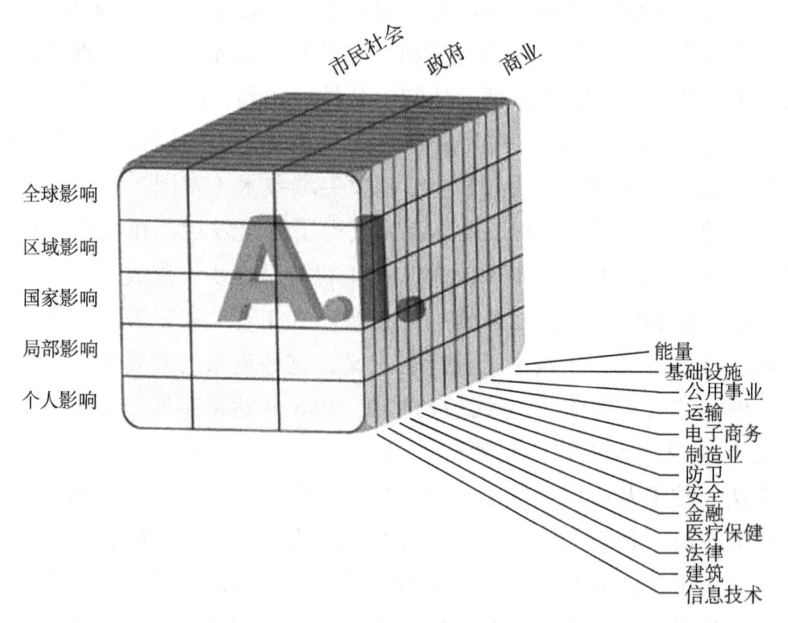

资料来源：哈佛大学肯尼迪学院未来社会 AI 倡议组织（AI Initiative）

图 1-3-2　人工智能带来的影响

迄今为止，对人工智能的定义有多种。从全世界范围看，目前人工智能并无统一定义，仍处于发展阶段，以往给出的典型定义如下：一种通过感知、计划、推理、学习、交流、决策和行动实现目标的人工系统，包括智能软件代理或实体机器人。（An artificial system designed to actrationally，including an intelligent software agent or embodied robot thatachieves goals using perception，planning，reasoning，learning，communicating，decisionmaking，and acting.）究其本质，人工智能典型定义大致分为两大类：一类关注思维过程和推理，另一类强调行为。第一类 AI 定义的例子：有头脑的机器（Haugeland，1985）；与人类思维相关的活动，诸如决策、问题求解、学习等活动的自动化（Bellman，1978）；通过使用计算机模型来研究治理（Charniak 和 McDermott，1985）。第二类 AI 定义的例子：研究如何使计算机能够做那些目前人比计算机更擅长的事情（Rich 和 Knight，1991）；研究智能体的设计（Poolw 等，1998）；关心人工制品中的智能行为（Nilsson，1998）。

本书对人工智能内涵的理解如图 1-3-3 所示。

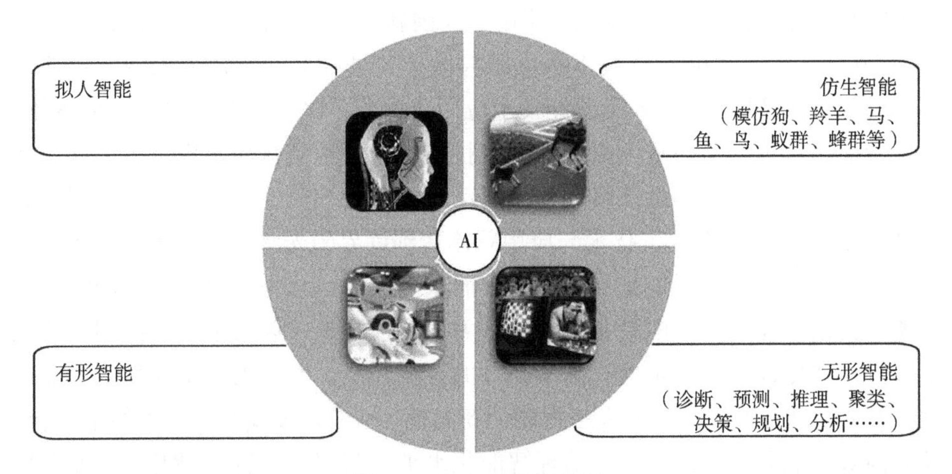

图 1-3-3　人工智能内涵

从机器模拟源头看，人工智能不仅包括模拟人类智能，还包括模拟动物（狗、羚羊、马、鱼、鸟、蚁群、蜂群等）的仿生智能。从人工智能存在的形态来看，人工智能不仅包括有形智能（如机器人、无人车、无人机、智能语音终端等装备或装置），也包括无形智能（广泛存在于各种系统中的智能推理、诊断、选择、预测、分类、聚类、规划、分析、决策、优化、控制）。

根据应用深度的不同，人工智能可以分为专用人工智能、通用人工智能和超级人工智能三类，这三个类别也代表了人工智能的不同发展阶段。本书认为，当前人工智能的发展水平总体处于专用人工智能和通用人工智能混合发展、并行推进阶段，超级人工智能时代尚未到来。

近年来，世界各国也正将人工智能上升到国家战略高度。2016年，美国白宫发布了《美国国家人工智能研究与发展策略规划》及《为人工智能的未来做好准备》；欧盟在2013年就启动了欧盟人脑计划（Human Brain Project，HBP）（2013—2023年）；在俄罗斯，普京预言“人工智能不仅是俄罗斯的未来，也是全人类的未来。”随着全球第四次工业革命的到来，人工智能迎来历史发展的高潮期，成为世界各国竞相占领的战略高地，同时也正在成为促进世界经济增长的重大驱动力。

为抢抓人工智能发展的重大战略机遇，构筑我国人工智能发展的先发优势，加快建设创新型国家和世界科技强国，按照党中央、国务院部署要求，国务院于2017年7月8日印发了《新一代人工智能发展规划》（以下简称《规划》），提出了面向2030年我国新一代人工智能发展的指导思想、战略目标、重点任务和保障措施，部署构筑我国人工智能发展的先发优势，加快建设创新型国家和世界科技强国。《规划》明确了我国新一代人工智能发展的战略目标：到2020年，人工智能总体技术和应用与世界先进水平同步，人工智能产业成为新的重要经济增长点，人工智能技术应用成为改善民生的新途径；到2025年，人工智能基础理论实现重大突破，部分技术与应用达到世界领先水平，人工智能成为我国产业升级和经济转型的主要动力，智能社会建设取得积极进展；到2030年，人工智能理论、技术与应用总体达到世界领先水平，成为世界主要人工智能创新中心。《规划》提出六个方面重点任务：一是构建开放协同的人工智能科技创新体系，从前沿基础理论、关键共性技术、创新平台、高端人才队伍等方面强化部署。二是培育高端高效的智能经济，发展人工智能新兴产业，推进产业智能化升级，打造人工智能创新高地。三是建设安全便捷的智能社会，发展高效智能服务，提高社会治理智能化水平，利用人工智能提升公共安全保障能力，促进社会交往的共享互信。四是加强人工智能领域军民融合，促进人工智能技术军民双向转化、军民创新资源共建共享。五是构建泛在安全高效的智能化基础设施体系，加强网络、大数据、高效能计算等基础设施的建设升级。六是前瞻布局重大科技项目，针对新一代人工智能特有的重大基础理论和共性关键技术瓶颈，加强整体统筹，形成以新一代人工智能重大科技项目为核心、统筹当前和未来研发任务布局的人工智能项目群。

近年来，国家紧锣密鼓地出台了大量支持人工智能发展的政策，有力地推动了我国新一代人工智能的发展。表1-3-1罗列了近年来国家层面颁布的与人工智能相关的重要政策文件，涵盖人工智能、智能制造、工业互联网、物联网、大数据、云计算、区块链等领域。

表1-3-1　近年来国家层面人工智能相关政策

发布时间	发布单位	文件名称	文件号
2018.03	2018年政府工作报告	“人工智能”被列入2018年政府工作报告	
2017.12	工业和信息化部	《促进新一代人工智能产业发展三年行动计划（2018—2020年）》	工信部科〔2017〕315号
2017.11	国务院	《关于深化“互联网＋先进制造业”发展工业互联网的指导意见》	
2017.10	十九大报告	“人工智能”被写入十九大报告	
2017.10	国家发展和改革委员会	《关于组织实施2018年“互联网+”、人工智能创新发展和数字经济试点重大工程的通知》	发改办高技〔2017〕1668号
2017.10	工业和信息化部	《高端智能再制造行动计划（2018—2020年）》	工信部节〔2017〕265号
2017.10	国务院	《国务院办公厅关于积极推进供应链创新与应用的指导意见》，利用区块链、人工智能等新兴技术，建立基于供应链的信用评价机制	国办发〔2017〕84号
2017.09	工业和信息化部	《关于公布2017年智能制造试点示范项目名单的通知》	工信部装函〔2017〕426号
2017.07	国务院	《新一代人工智能发展规划》	国发〔2017〕35号
2017.06	工业和信息化部	《关于全面推进移动物联网建设发展的通知》	工信厅通信函〔2017〕351号
2017.03	2017年政府工作报告	“人工智能”首次被写入国家政府工作报告	
2016.12	国务院	《“十三五”国家信息化规划》	国发〔2016〕73号
2016.12	工业和信息化部	《软件和信息技术服务业发展规划（2016—2020年）》	工信部规〔2016〕425号
2016.12	工业和信息化部	《信息通信行业发展规划（2016—2020年）》	工信部规〔2016〕424号
2016.12	工业和信息化部、财政部	《智能制造发展规划（2016—2020年）》	工信部联规〔2016〕349号
2016	工业和信息化部	《大数据产业发展规划（2016—2020年）》	工信部规〔2016〕412号
2016.11	国务院	《“十三五”国家战略性新兴产业发展规划》，发展人工智能，培养人工智能产业生态，推动人工智能技术向各行业全面融合渗透	国发〔2016〕67号
2016.09	工业和信息化部、国家发展和改革委员会	《智能硬件行业创新发展行动专项（2016—2018年）》	工信部联电子〔2016〕302号

（续）

发布时间	发布单位	文件名称	文件号
2016.07	国务院	《“十三五”国家科技创新规划》，人工智能方面，重点发展大数据驱动的类人工智能技术方法	国发〔2016〕43号
2016.05	国家发展和改革委员会、科学技术部、工业和信息化部、中央网络安全与信息化委员会	《“互联网+”人工智能三年行动实施方案》	发改高技〔2016〕1078号
2016.05	国务院	《关于深化制造业与互联网融合发展的指导意见》	国发〔2016〕28号
2016.04	工业和信息化部、国家发展和改革委员会、财政部	《机器人产业发展规划（2016—2020年）》	工信部联规〔2016〕109号
2016.04	工业和信息化部	《关于开展智能制造试点示范2016专项行动的通知》	工信部装〔2016〕125号
2016.03	第十二届全国人民代表大会第四次会议	《中华人民共和国国民经济和社会发展第十三个五年规划纲要》，重点突破大数据和云计算关键技术、新兴领域人工智能技术	
2015.12	国务院	《国家标准化体系建设发展规划（2016—2020年）》，其中涉及物联网、云计算、大数据、工业云等相关行业标准的制定	国办发〔2015〕89号
2015.09	国务院	《促进大数据发展行动纲要》	国发〔2015〕50号
2015.07	国务院	《关于积极推进“互联网+”行动的指导意见》	国发〔2015〕40号
2015.06	国务院	《关于运用大数据加强对市场主体服务和监管的若干意见》	国办发〔2015〕51号
2015.05	国务院	《中国制造2025》	国发〔2015〕28号
2015.03	工业和信息化部	《关于开展2015年智能制造试点示范专项行动的通知》	工信部装〔2015〕72号
2015.01	国务院	《关于促进云计算创新发展培育信息产业新生态的意见》	国发〔2015〕5号
2014.03	2014政府工作报告	“大数据”首次被写入政府工作报告	
2014.07	国家发展和改革委员会、工业和信息化部、教育部、科学技术部等	《关于印发10个物联网发展专项计划的通知》	发改高技〔2013〕1718号
2013.02	国务院	《国家重大科技基础设施建设中长期规划（2012—2030年）》	国发〔2013〕8号

在科技项目落地执行方面，科学技术部于 2017 年 11 月 15 日召开了新一代人工智能发展规划暨重大科技项目启动会，公布了首批 4 家国家新一代人工智能开放创新平台名单。科学技术部首批国家新一代人工智能开放创新平台为：百度的百度大脑，腾讯的医疗影像，阿里巴巴的智能服务，科大讯飞的智能语音。据统计数据显示，2017 年我国人工智能投资事件数达到 353 次，与 2016 年的 379 次，下降了 6.86%。在投资金额方面，2017 年投资金额为 582 亿元，与 2016 年相比增长 65.34%。

全球和我国人工智能市场规模发展情况如图 1-3-4 所示。

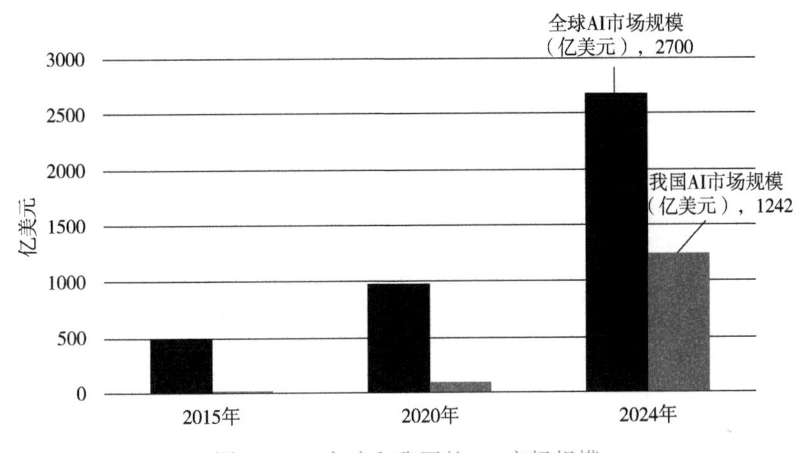

图 1-3-4　全球和我国的 AI 市场规模

2015 年，全球人工智能市场规模约为 490 亿美元，根据国外调查机构 Tractica 的统计预测数字，到 2024 年人工智能的市场规模将达到 2700 亿美元，未来整个人工智能市场将呈现出爆炸式增长。我国人工智能市场规模正在急剧扩大中，每年的同比增长速度平均可达 50%。2015 年我国人工智能市场规模为 12 亿美元，预计到 2024 年可达 1242 亿美元，几乎可占到全球市场的 1/2。

经过 60 年的发展，人工智能迄今为止已形成三大门派：第一个门派是逻辑主义（符号主义），核心是符号推理与机器推理，用符号表达的方式来研究智能、研究推理。奠基人是西蒙（CMU）。第二个门派是连接主义，核心是神经元网络与深度学习，仿造人的神经系统，把人的神经系统的模型用计算的方式呈现，用它来仿造智能，目前人工智能的热潮实际上是连接主义的胜利。奠基人是明斯基（MIT）。第三个门派是行为主义，推崇控制、自适应与进化计算。奠基人是维纳（MIT）。

目前人工智能主要研究领域如图 1-3-5 所示。

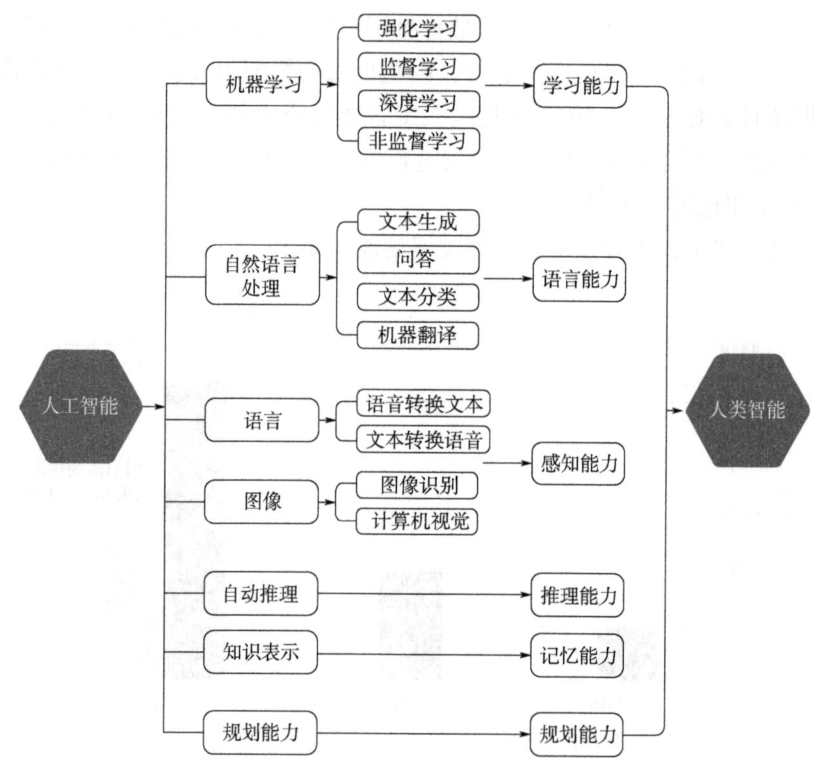

图 1-3-5 人工智能主要研究领域

在世界人工智能市场高速发展的宏观环境下，在国家政策的大力支持与扶持下，我国新一代人工智能发展走上快车道。

1.4 智能建筑

来自不同机构从各种视角定义的智能建筑如下：

国际上智能建筑的一般定义为：通过将建筑物的结构、系统、服务和管理四项基本要求以及他们的内在关系进行优化，来提供一种投资合理，具有高效、舒适和便利环境的建筑物。

国家标准《智能建筑设计标准》（GB 50314—2015）对智能建筑定义为："以建筑物为平台，基于对各类智能化信息的综合应用，集架构、系统、应用、管理及优化组合为一体，具有感知、传输、记忆、推理、判断和决策的综合智慧能力，形成以人、建筑、环境互为协调的整合体，为人们提供安全、高效、便利及可持续发展功能环境的建筑。"

英国市场调研公司 Memoori 强调全新建筑物联网（BIoT）的出现，将智能建筑定义为 IP 网络的叠加、连接整个建筑的服务，无须人为干预监控、分析并且控制。

欧洲对智能建筑的定义如下：创建了一个环境，可以最大限度地提高建筑居住者的使用效率，同时通过最低的硬件和设施寿命周期成本实现高效的资源管理。该定义将焦点放在通过技术满足居住者的需求上，同时通过最低的硬件和设施寿命周期成本实现高效的资源管理。

BREEAM 守则（1990）和 LEED 计划（2000）给出的智能建筑定义侧重能源效率和可持续性，智能和绿色为其核心特征。

总的来看，亚洲定义侧重于技术的自动化和建筑功能的控制作用。欧洲定义则将焦点放在通过技术满足居住者的需求及绿色可持续发展。

智能建筑的理论基础是智能控制理论。智能控制（intelligent controls）是在无人干预的情况下能自主地驱动智能机器实现控制目标的自动控制技术。控制理论发展至今已有 100 多年的历史，经历了"经典控制理论"和"现代控制理论"的发展阶段，已进入"大系统理论"和"智能控制理论"阶段。智能控制以控制理论、计算机科学、人工智能、运筹学等学科为基础。其中应用较多的分支理论有：模糊逻辑、神经网络、专家系统、遗传算法、自适应控制、自组织控制、自学习控制等。自适应控制比较适用于建筑环境的智慧化管控。自适应控制采用的是基于数学模型的方法。实践中我们还会遇到结构和参数都未知的对象，比如一些运行机理特别复杂，目前尚未被人们充分理解的对象，不可能建立有效的数学模型，因而无法沿用基于数学模型的方法解决其控制问题，这时需要借助人工智能学科。自适应控制所依据的关于模型和扰动的先验知识比较少，需要在系统的运行过程中不断提取有关模型的信息，使模型越来越准确。常规的反馈控制具有一定的鲁棒性，但是由于控制器参数是固定的，当不确定性很大时，系统的性能会大幅下降，甚至失稳。自适应控制多适用于系统参数未知或变化的系统，模型很难确立，对智能建筑这类复杂控制对象，很难建立整个建筑物自动化系统的控制系统模型，只能分设备分子系统地去建立各个局部系统的模型，再进行系统级连接和统一协调控制。神经网络 PID 控制也是一种可在智慧建筑领域落地应用的极具潜力的理论，算法模型如图 1-4-1 所示。

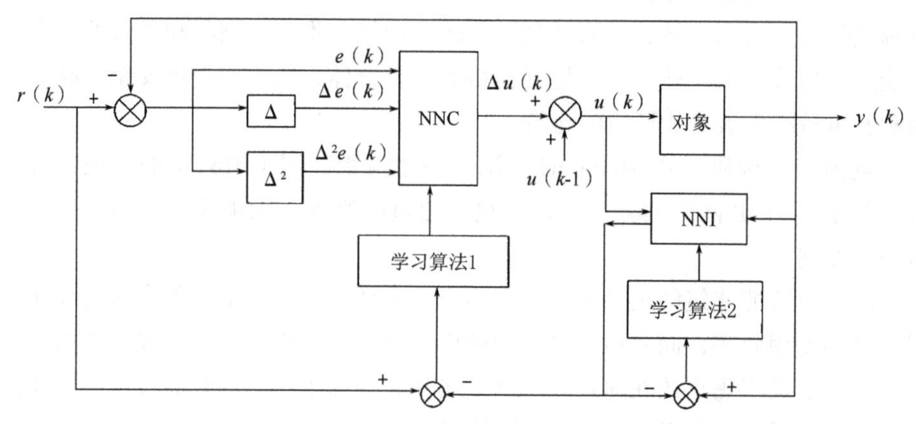

图 1-4-1　神经网络 PID 控制算法模型

1.5　智慧建筑

本书从建筑智能性演进角度，结合工业 4.0 和人工智能提出对智慧建筑概念的理解。工业 4.0、智慧城市赋予智能建筑新的内涵，使之向智慧建筑演进。智慧建筑是在智能建筑基础上的进一步发展，其内涵的变迁与演进情况可用图 1-5-1 说明。

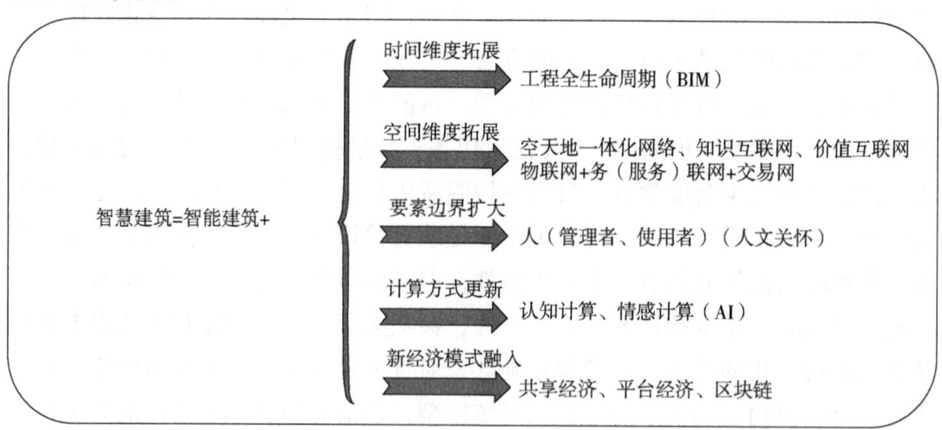

图 1-5-1　从智能建筑到智慧建筑的内涵演进

从时间维度拓展的角度来理解，智慧建筑应该是覆盖和贯穿 BIM 软件各阶段（规划、概念设计、细节设计、分析、出图、预制、4D/5D 施工、监理、运维、翻新）的智能化建筑。BIM 软件各阶段如图 1-5-2 所示。

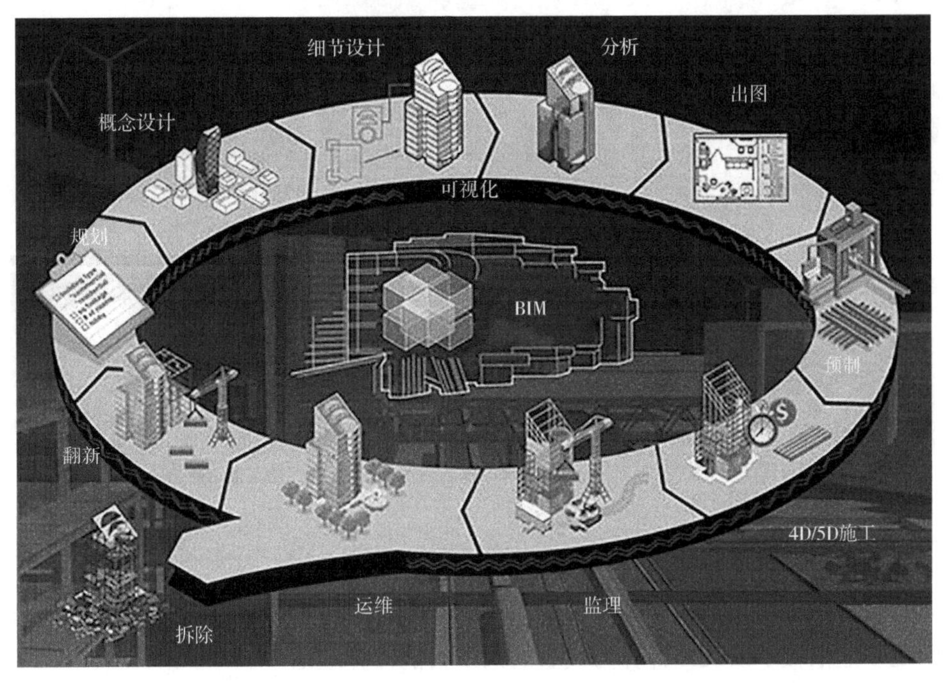

图 1-5-2　BIM 软件各阶段

从空间维度拓展的角度来理解，智能建筑在空间维度上的拓展包括：卫星导航定位、地下建筑空间，以及与交通、城市、地理信息系统的高度融合。

相比智能建筑，智慧建筑充分考虑“以人为本”，无论是建筑管理者，还是建筑使用者，都成为智慧建筑的一部分，且扮演着越发重要的角色。建筑学家认为建筑的最高本质是人，建筑是文化的载体。建筑活动与其他艺术活动和审美活动一样，担负着抗拒人性沦落与异化、重铸人类感性世界的历史重任。当下，人文主义日益成为建筑活动的新主题和新方向。当代建筑的第一要务就是回归生活，立足现实。最能体现“以人为本”的世界 10 大城市建筑项目为：法国博比尼市的生态学校，美国纽约市的户外文化空间，英国布莱顿市新路街道——以人为本的街道转型，澳大利亚悉尼市“穿”上针织外套的树木和灯柱，英国伦敦市的春天花园酒店——流浪汉的温馨家园，英国卡迪夫市的动物墙壁——人与鸟和谐共处之地，从伦敦市通往巴黎市的自行车道——世界最长的绿色自行车道，法国巴黎公交公司乘车中心——多彩公交中心，丹麦奥尔胡斯市火车站——具有多重身份的火车站，美国太阳能大道—— 可以发电的马路。部分典型的建筑如图 1-5-3 所示。

法国博比尼市的生态学校

从伦敦至巴黎的世界最长的绿色自行车道

美国可以发电的太阳能马路

美国纽约市可随意变化的户外文化空间

英国布莱顿市以人为本的街道

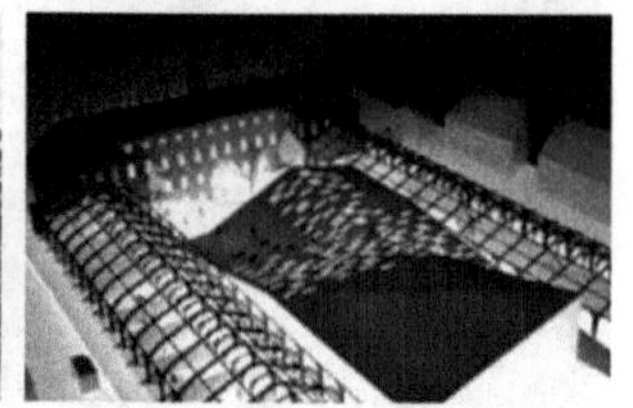
丹麦奥尔胡斯市多功能火车站

图 1-5-3　世界以人为本的建筑典范

从计算方式来看，智能建筑更多地依赖于分布式智能控制理论，智慧建筑则更多地依赖于以认知计算为代表的人工智能计算理论。

智慧经济的范式是：物联 + 数据智能（人工智能）+ 自适应服务。“智慧建筑”是智慧经济中的一员，必然要符合智慧经济的范式。因此，人工智能成为不可或缺的智慧建筑范式一环。智慧建筑是在不断发展中的新事物，无论是研究还是产业化都正在探索中前进，其方法理念不断渗透到传统建设领域，成为传统建筑行业转型升级的必由之路。达沃斯世界经济论坛人工智能委员会主席 Justine Cassel 认为：谈到智慧建筑有三个关键词：智慧分析、智慧定制化、智慧的行为改变。目前，关于智慧建筑的概念、架构、模型、产业化等具体问题的研究尚不算多，关于“AI+ 智慧建筑”的研究就更少。其难点在于，一方面该研究需要基于智能建筑多年来业已形成的研究基础进行进一步探索，不能脱离行业本质性的认知积累；另一方面需要对人工智能学科领域有深刻的了解，并掌握应用人工智能理论、技术解决实际问题的方法。从本质上讲，这是建筑科学与智能科学的交叉研究领域。本书从信息物理系统（Cyber-Physical Systems，CPS）的视角解释智慧建筑的内涵，如图 1-5-4 所示。

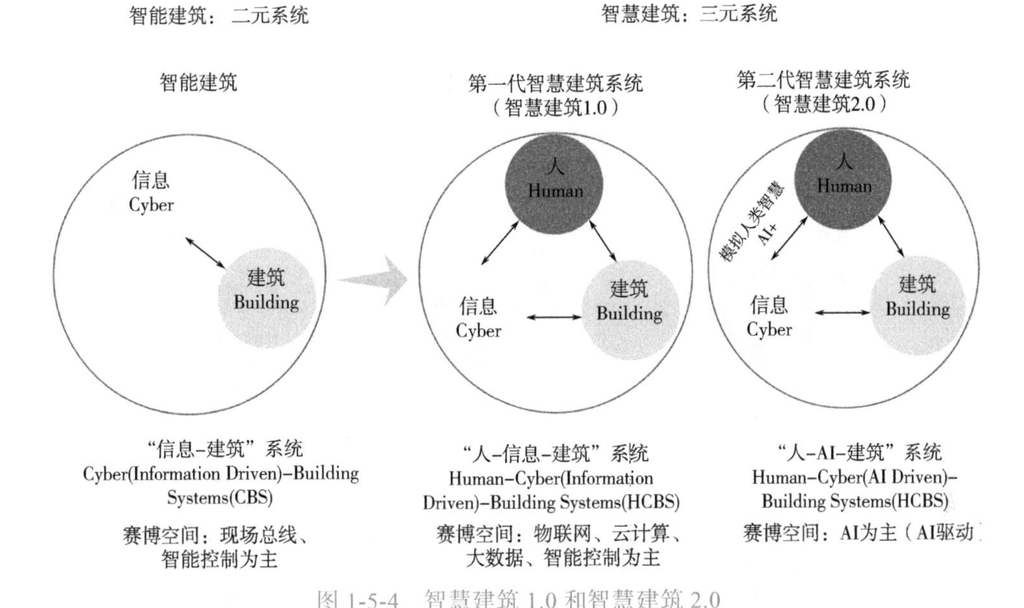

图 1-5-4　智慧建筑 1.0 和智慧建筑 2.0

从信息物理系统 CPS 的视角来分析，传统智能建筑是基于“信息 - 建筑”二元空间的系统，智慧建筑是基于“人 - 信息 - 建筑”三元空间的系统。在“信息（Cyber）”这一维度上，智慧建筑 1.0 即第一代智慧建筑更多地依赖于物联网、云计算、大数据、智能控制技术，智慧建筑 2.0 即第二代智慧建筑则更多地依赖于人工智能技术。这也正是区分智慧建筑 1.0 和智慧建筑 2.0 的本质所在。在智慧建筑 2.0 的三元空间系统图中，“人（Human）”与“信息（Cyber）”之间由于引入了 AI，会更多地体现出“人 - 机”共融特征。

本书认为，“AI+ 智慧建筑”是指以人工智能理论、技术、产业为核心驱动力的超智能建筑，该建筑具备八大特征：实时感知、高效传输、自主控制、自主学习、智能决策、自组织协同、自寻优进化、个性化定制。“AI+ 智慧建筑”中的“AI”不仅指人工智能，从产业形态上来讲，还包括对 AI 形成支撑的新一代信息技术——大数据、云计算、物联网、移动互联网、工业互联网、现代通信、区块链、量子计算等相关业态，“AI+ 智慧建筑”的业态内涵用图 1-5-5 表示。

从图 1-5-5 可清晰地看到，随着数字经济和智慧城市的发展，AI 驱动的建筑生态圈正在被迅速扩大，建筑的产业链也正在被大尺度拉长。

“AI+ 智慧建筑”产业链模型如图 1-5-6 所示。

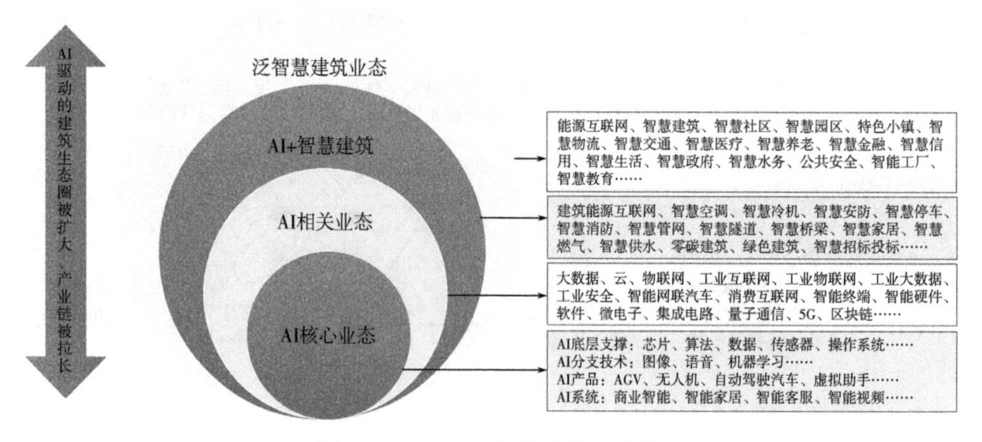

图 1-5-5 “AI+ 智慧建筑”业态

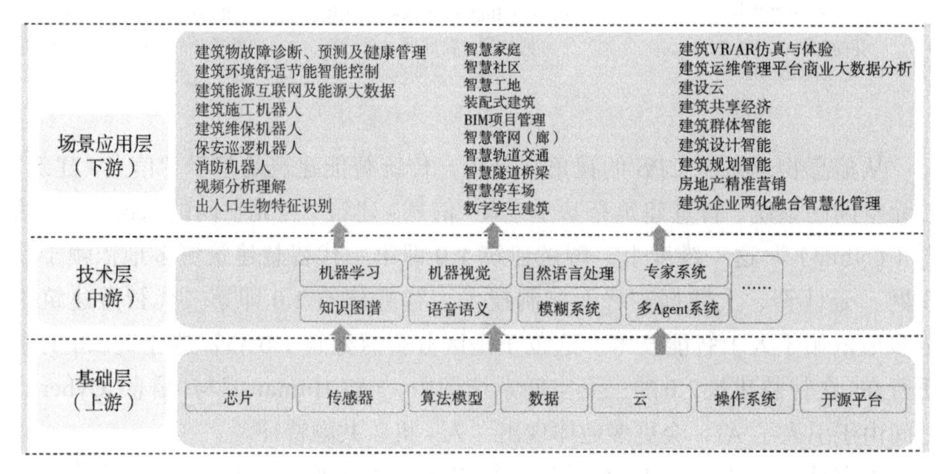

图 1-5-6 “AI+ 智慧建筑”产业链

“AI+ 智慧建筑”产业链模型由基础层（产业链上游）、技术层（产业链中游）、场景应用层（产业链下游）组成，下一层对上一层具有支撑意义。在场景应用层，包含了智慧建筑领域丰富的应用场景，这些“场景 +AI”共同构筑了“AI+ 智慧建筑”的全景图。

由“AI+ 智慧建筑”产业链模型可实现针对某个项目的个性化定制规划。例如，可根据某地提出的需求及当地产业和城市的实际发展情况，选取产业链模型某层中的某些部分形成当地的“AI+ 智慧建筑”产业链规划架构。随着技术和行业的发展，也可在场景应用层根据实际情况个性化定制某些智慧建筑 AI 应用场景。

AI 产业化的通用模式如图 1-5-7 所示，适用于 AI 建筑产业化。

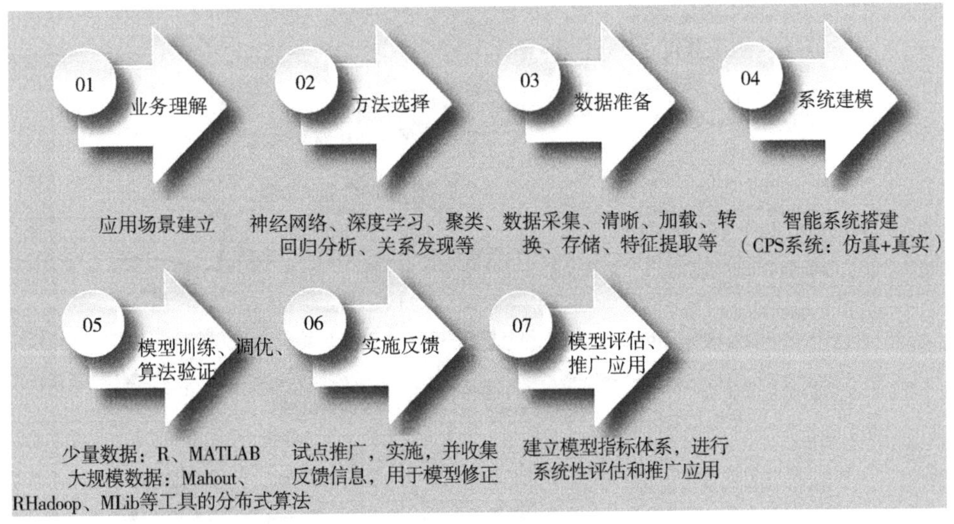

图 1-5-7　AI 产业化的通用模式

AI 建筑产业的发展从人工智能角度看主要依赖于三个方面：

（1）AI 理论、算法和模型的改进。

（2）计算能力（GPU、CPU、TPU、DSP、FPGA 等高性能计算）的提升。

（3）大数据理论与技术的发展，AI 模型所需样本数据质量的提升。

AI 建筑的核心技术——智慧建筑智能计算（特别是类脑计算）的进一步发展体现在硬件和软件两方面：

（1）软件方面。一是使智能计算模型在结构上更加类脑，二是在认知和学习行为上更加类人。模型和方法的探索和改善是关键，例如：模拟人的少样本和自适应学习，可以使智能系统具有更强的少样本泛化能力和自适应性。

（2）硬件方面。主要是研发新型机器学习计算芯片，如：深度学习加速器。2016 年推出的 TPU（张量处理单元）在推理方面的性能要远超过 GPU（平均比当前的 GPU 或 CPU 快 15~30 倍，性能功耗比高出 30~80 倍）。

国外先进的典型智慧建筑系统品牌有霍尼韦尔、西门子、GE、ABB 等。这些先进系统在系统集成方面已经基本做到了全开放，但目前与人工智能、工业互联网、大数据融合的深度都正处于起步阶段。霍尼韦尔企业楼宇集成解决方案如图 1-5-8 所示：

ComfortPoint Open Studio工具

- 全系统工程配置工具
- 基于霍尼韦尔最佳实践经验及检验测试的全球应用程序库，提供更持久的可靠性和稳定性，实现设备优化，降低能源损耗
- 子控制器调试工具
- 面向对象工作区的简单导航

EBI-CPO用户界面

- BACnet BTL（BTL®）认证
- 为楼宇操作员（HVAC/能源）安排工作流程，采用统一图标实现更稳定的绩效
- 快速访问系统信息：
  > 状态 > 趋势 > 报表
- 楼宇控制和能源集成
- 易于访问和链接到设备状态、趋势和报表
- 可选固定浏览器（工作站）和不占空间的移动（PDA）客户端

硬件

- 通过BACnet BTL标准认证的工作站软件和控制器（B-AWS、B-BC、B-AAC和B-ASC）
- IP地址接口
- 现场总线适配器—减少电线和导线管敷设
- 计量表连接端口

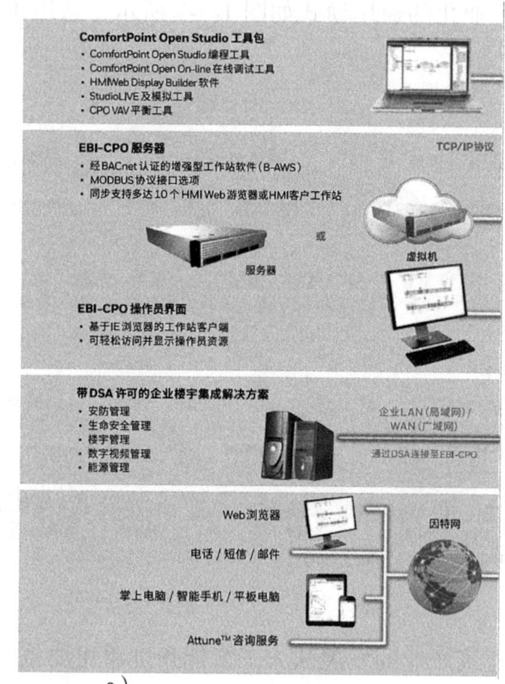

a）

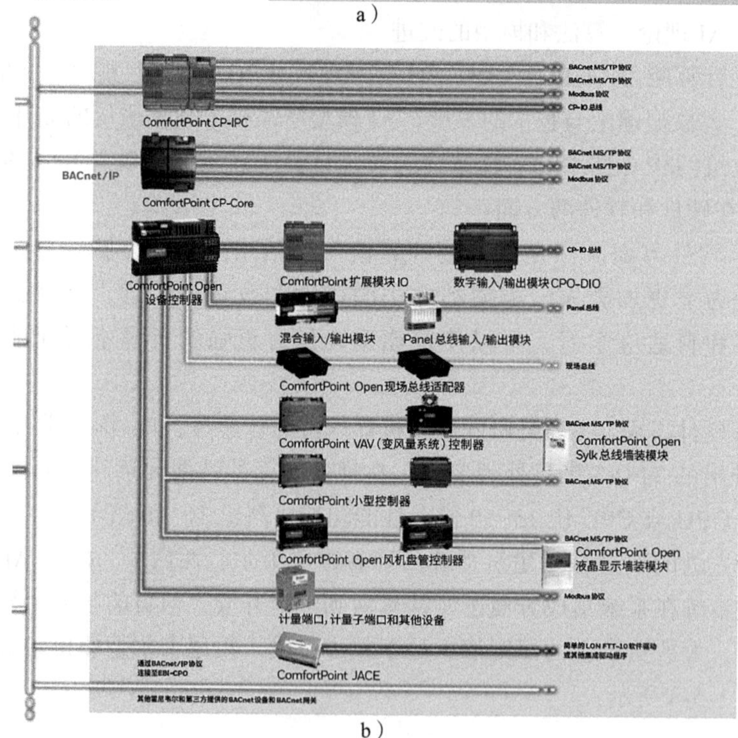

b）

图 1-5-8　霍尼韦尔企业楼宇集成解决方案

a）管理层级　b）自动化与现场层级

第 2 章 智慧建筑新型信息基础设施

智慧建筑以新型信息基础设施为核心技术支撑。新型信息基础设施是人工智能、物联网、5G、云计算、边缘计算、大数据、智能控制、BIM、GIS、卫星导航定位、互联网、IPv6 等数字技术的综合体。本章系统性地介绍了支撑智慧建筑实现的新型信息基础设施技术分支，并认为新型信息基础设施中各类技术的有机融合、相互赋能及在建筑载体上的综合应用至关重要，单项信息技术已无法胜任智慧建筑的技术支撑问题。

2.1 人工智能

人工智能主要研究用人工的方法和技术，模仿、延伸和扩展人的智能，实现机器智能。有人把人工智能分成两大类：一类是符号智能，一类是计算智能。符号智能是以知识为基础，通过推理进行问题求解，也即所谓的传统人工智能。计算智能是以数据为基础，通过训练建立联系，进行问题求解。人工神经网络、遗传算法、模糊系统、进化程序设计、人工生命等都可以包括在计算智能。传统人工智能主要运用知识进行问题求解。从实用观点看，人工智能是一门知识工程学：以知识为对象，研究知识的表示方法、知识的运用和知识获取。

近年来神经生理学和脑科学的研究成果表明，脑的感知部分，包括视觉、听觉、运动等脑皮层区不仅具有输入 / 输出通道的功能，而且具有直接参与思维的功能。智能不仅是运用知识，通过推理解决问题，智能也处于感知通道。

1990 年史忠植提出了人类思维的层次模型，表明人类思维有感知思维、形象思维、抽象思维，并构成层次关系。感知思维是简单的思维形态，它通过人的眼、耳、鼻、舌、身感知器官产生表象，形成初级的思维。感知思维中知觉的表达是关键。形象思维主要是用典型化的方法进行概括，并用形象材料来思维，可以高度并行处理。抽象思维以物理符号系统为理论基础，用语言表述抽象的概念。由于注意的作用，使其处理基本上是串行的。

2.1.1 机器学习

机器学习算法是人工智能的核心。根据数据类型的不同，对一个问题的建模有不同的方式。在机器学习领域，有几种主要的学习方式。对学习方式和算法有总体了解，可以在实际项目中建模和算法选择时根据场景需要来选择最合适的算法，获得最好的结果。

从学习方式的角度看，当前可以分成七大类，每一类中又细分出具体的算法。目前可在智慧建筑系统中应用的机器学习方式如下。

1）有监督学习（supervised learning）：从给定的训练数据集中学习出一个函数，当新的数据到来时，可以根据这个函数预测结果。主要应用于分类和预测。监督学习的训练集要求是包括输入和输出，也可以说是特征和目标。训练集中的目标是由人标注的。常用算法包括人工神经网络（Artificial neural network）、贝叶斯（Bayesian）、决策树（Decision Tree）和线性分类（Linear classifier）等。在有监督学习方式下，输入数据被称为“训练数据”，每组训练数据有一个明确的标识或结果，如对防垃圾邮件系统中“垃圾邮件”“非垃圾邮件”，对手写数字识别中的“1”“2”“3”“4”等。在建立预测模型的时候，监督式学习建立一个学习过程，将预测结果与“训练数据”的实际结果进行比较，不断地调整预测模型，直到模型的预测结果达到一个预期的准确率。监督式学习的常见应用场景如分类问题和回归问题。常见算法有逻辑回归（Logistic Regression）和反向传递神经网络（Back Propagation Neural Network）。

2）无监督学习（unsupervised learning）：与监督学习相比，在非监督式学习中，数据并不被特别标识，学习模型是为了推断出数据的一些内在结构，又称归纳性学习（clustering）。利用K方式（Kmeans），建立中心（centriole），通过循环和递减运算（iteration&descent）来减小误差，达到分类的目的。常用算法包括人工神经网络（Artificial neural network）、关联规则学习（Association rule learning）、分层聚类（Hierarchical clustering）和异常检测（Anomaly detection）等。

3）半监督学习（semi-supervised learning）：介于监督学习与无监督学习之间。结合了大量未标记的数据和少量标签数据。在此学习方式下，输入数据部分被标识，部分没有被标识，这种学习模型可以用来进行预测，但是模型首先需要学习数据的内在结构以便合理地组织数据来进行预测。应用场景包括分类和回归，算法包括一些对常用监督式学习算法的延伸，这些算法首先试图对未标识数据进行建模，在此基础上再对标识的数据进行预测。如图论推理算法（Graph Inference）或者拉普拉斯支持向量机（Laplacian SVM）等。

常用算法包括生成模型（Generative models）、低密度分离（Low-density separation）和联合训练（Co-training）等。

4）强化学习（Reinforcement learning）：在这种学习模式下，输入数据作为对模型的反馈，不像监督模型那样，输入数据仅仅是作为一个检查模型对错的方式，在强化学习下，输入数据直接反馈到模型，模型必须对此立刻做出调整。常见算法包括 Q-Learning 以及时间差学习（Temporal difference learning）。在企业数据应用的场景下，人们最常用的是监督式学习和非监督式学习模型。在图像识别等领域，由于存在大量的非标识数据和少量的可标识数据，目前半监督式学习是一个很热的话题。而强化学习更多地应用在动态系统以及机器人控制等。

5）深度学习（DeepLearning）：深度学习的“深度”是指从“输入层”到“输出层”所经历层次的数目，即“隐藏层”的层数，层数越多，深度也越深。所以越是复杂的选择问题，越需要更多的层次。常见的深度学习算法包括：受限波尔兹曼机（Restricted Boltzmann Machine，RBN），Deep Belief Networks（DBN），卷积网络（Convolutional Network），堆栈式自动编码器（Stacked Auto-encoders）。

6）迁移学习（Transfer Learning）：迁移学习 TL（Transfer Learning）是把已学训练好的模型参数迁移到新的模型来帮助新模型训练。考虑到大部分数据或任务是存在相关性的，所以通过迁移学习，可以将已经学到的模型参数通过某种方式来分享给新模型从而加快并优化模型的学习效率。常见的算法是传递式迁移学习（Transitive Transfer Learning）。

7）其他：主要分为集成算法与降低维度算法。集成算法用一些相对较弱的学习模型独立地就同样的样本进行训练，然后把结果整合起来进行整体预测。集成算法的主要难点在于究竟集成哪些独立的较弱的学习模型以及如何把学习结果整合起来。常见的算法包括：Boosting，Bootstrapped Aggregation（Bagging），AdaBoost，堆叠泛化（Stacked Generalization，Blending），梯度推进机（Gradient Boosting Machine，GBM），随机森林（Random Forest）。降低维度算法分析数据的内在结构，不过降低维度算法是以非监督学习的方式试图利用较少的信息来归纳或者解释数据。这类算法可以用于高维数据的可视化或者用来简化数据以便监督式学习使用。常见的算法包括：主成分分析（Principle Component Analysis，PCA），偏最小二乘回归（Partial Least Square Regression，PLS），Sammon 映射，多维尺度（Multi-Dimensional Scaling，MDS），投影追踪（Projection Pursuit）等。

2.1.2 专家系统

专家系统（Expert System）是一种在特定领域内具有专家水平解决问题能力的程序系统，通过对人类专家的问题求解能力的建模，采用人工智能中的知识表示和知识推理技术来模拟通常由专家才能解决的复杂问题，达到具有与专家同等解决问题能力的水平。这种基于知识的系统设计方法是以知识库和推理机为中心而展开的，即专家系统 = 知识库 + 推理机。它是早期人工智能的一个重要分支，可以看作是一类具有专门知识和经验的计算机智能程序系统，一般采用人工智能中的知识表示和知识推理技术来模拟专家的思维过程，解决通常由领域专家才能解决的复杂问题。

自 1968 年费根鲍姆等人研制成功第一个专家系统 DENDEL 以来，专家系统获得了飞速的发展，并且运用于医疗、军事、地质勘探、教学、化工等领域，产生了巨大的经济效益和社会效益。现在，专家系统已成为人工智能领域中最活跃、最受重视的领域。

它把知识从系统中与其他部分分离开来。专家系统强调的是知识而不是方法。很多问题没有基于算法的解决方案，或算法方案太复杂，采用专家系统，可以利用人类专家拥有丰富的知识，因此专家系统也称为基于知识的系统（Knowledge-Based Systems）。专家系统应该具备以下三个要素：①具备某个应用领域的专家级知识；②能模拟专家的思维；③能达到专家级的解题水平。

专家系统的基本结构如图 2-1-1 所示，其中箭头方向为信息流动的方向。专家系统通常由人机交互界面、知识库、推理机、解释器、综合数据库、知识获取等 6 个部分构成。

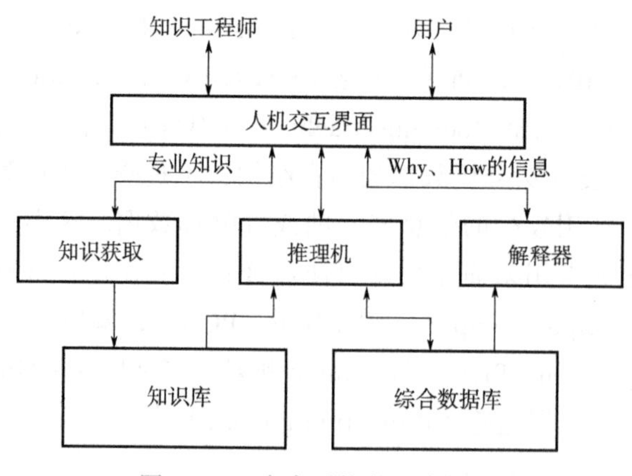

图 2-1-1 专家系统的基本结构

1. 知识库

知识库用来存放专家提供的知识。专家系统的问题求解过程是通过知识库中的知识来模拟专家的思维方式的，因此，知识库是专家系统质量是否优越的关键所在，即知识库中知识的质量和数量决定着专家系统的质量水平。一般来说，专家系统中的知识库与专家系统程序是相互独立的，用户可以通过改变、完善知识库中的知识内容来提高专家系统的性能。

2. 解释器

人工智能中的知识表示形式有产生式、框架、语义网络等，而在专家系统中运用得较为普遍的知识是产生式规则。产生式规则以 IF…THEN…的形式出现，就像 BASIC 等编程语言里的条件语句一样，IF 后面跟的是条件（前件），THEN 后面的是结论（后件），条件与结论均可以通过逻辑运算 AND、OR、NOT 进行复合。在这里，产生式规则的理解非常简单：如果前提条件得到满足，就产生相应的动作或结论。

3. 推理机

推理机针对当前问题的条件或已知信息，反复匹配知识库中的规则，获得新的结论，以得到问题求解结果。在这里，推理方式可以有正向和反向推理两种。正向推理是从前件匹配到结论，反向推理则先假设一个结论成立，看它的条件有没有得到满足。由此可见，推理机就如同专家解决问题的思维方式，知识库就是通过推理机来实现其价值的。

4. 人机交互界面

人机交互界面是系统与用户进行交流时的界面。通过该界面，用户输入基本信息、回答系统提出的相关问题，并输出推理结果及相关的解释等。

5. 综合数据库

综合数据库专门用于存储推理过程中所需的原始数据、中间结果和最终结论，往往是作为暂时的存储区。解释器能够根据用户的提问，对结论、求解过程做出说明，因而使专家系统更具有人情味。

6. 知识获取

知识获取是专家系统知识库是否优越的关键，也是专家系统设计的“瓶颈”问题，通过知识获取，可以扩充和修改知识库中的内容，也可以实现自动学习功能。

用于某一特定领域内的专家系统，可以划分为以下几类：

诊断型专家系统：根据对症状的观察分析，推导出产生症状的原因以及排除故障方法的一类系统，如医疗、机械、经济等。

解释型专家系统：根据表层信息解释深层结构或内部情况的一类系统，如地质结构分析、物质化学结构分析等。

预测型专家系统：根据现状预测未来情况的一类系统，如气象预报、人口预测、水文预报、经济形势预测等。

设计型专家系统：根据给定的产品要求设计产品的一类系统，如建筑设计、机械产品设计等。

决策型专家系统：对可行方案进行综合评判并优选的一类专家系统。

规划型专家系统：用于制订行动规划的一类专家系统，如自动程序设计、军事计划的制订等。

教学型专家系统：能够辅助教学的一类专家系统。

数学专家系统：用于自动求解某些数学问题的一类专家系统。

监视型专家系统：对某类行为进行监测并在必要时候进行干预的一类专家系统，如机场监视、森林监视等。

著名的专家系统有：ExSys：第一个商用专家系统；Mycin：一个诊断系统，其表现出人意料的好，误诊率达到专家级水平，超出一些诊所的医生；Siri：一个通过辨识语音作业的专家系统，由苹果公司收购并且推广到自家产品内作为个人秘书功能。

2.1.3 多智能体系统

多智能体系统是多个智能体组成的集合，它的目标是将大而复杂的系统建设成小的、彼此互相通信和协调的，易于管理的系统。它的研究涉及智能体的知识、目标、技能、规划以及如何使智能体采取协调行动解决问题等。研究者主要研究智能体之间的交互通信、协调合作、冲突消解等方面，强调多个智能体之间的紧密群体合作，而非个体能力的自治和发挥，主要说明如何分析、设计和集成多个智能体构成相互协作的系统。人类智能的本质是一种社会性智能，人类绝大部分活动都涉及多个人构成的社会团体，大型复杂问题的求解需要多个专业人员或组织协调完成。因此，有必要对社会智能进行研究，包括多智能体系统的行为理论、体系结构、通信机制、通信语言等分支。

多智能体系统（MAS，Multi-Agent System）或多智能体技术（MAT，Multi-Agent Technology）是分布式人工智能（DAI，Distributed Artificial Intelligence）的一个重要分支，是 20 世纪末至 21 世纪初国际上人工智能的前沿学科。研究

的目的在于解决大型、复杂的现实问题，而解决这类问题已超出了单个智能体的能力。多智能体系统是多个智能体组成的集合，其多个智能体成员之间相互协调，相互服务，共同完成一个任务。它的目标是将大而复杂的系统建设成小的、彼此互相通信和协调的，易于管理的系统。多智能体理论目前已广泛应用于军事、城市、经济、工业、建筑、物流、供应链等领域，世界上许多数学家、经济学家、人工智能学家等都正在对该系统进行深入研究。

多智能体理论为多自主体传感器网络、自组织动态智能网络、无线传感网、城市物联网等的发展提供了理论支撑，能够很好地描述和解释现实世界中的智能化应用系统。智慧建筑和智慧城市系统非常适合应用该理论。

2.2　物联网

“物联网”概念在 1999 年美国麻省理工学院首次被提出，狭义的物联网指的是“物—物相连的互联网”，这里相连的主体既包括物品到物品，也包括物品到识别管理设备。广义的物联网指的是信息空间和物理空间的融合，也就是虚拟与现实的融合，把所有的物体和事件数字化、网络化，在人与人、人与物、物与物之间实现信息交互，实现物品的自动识别，监控定位和远程管理。物联网以现有的互联网和各种专有网为基础，传输层通过感知层采集汇总的各类数据，实现数据的实时传输并保证数据安全。目前的有线和无线互联网、2G、3G、4G、5G 网络等都可以作为传输层的组成部分。物联网是一个基于互联网、传统电信网等信息承载体，让所有能够被独立寻址的普通物理对象实现互联互通的网络（图 2-2-1）。在物联网上，每个人都可以应用电子标签将真实的物体上网联结，在物联网上都可以查找出它们的具体位置。通过物联网可以用中心计算机对机器、设备、人员进行集中管理、控制，也可以对家庭设备、汽车进行遥控，以及搜寻位置、防止物品被盗等各种应用。

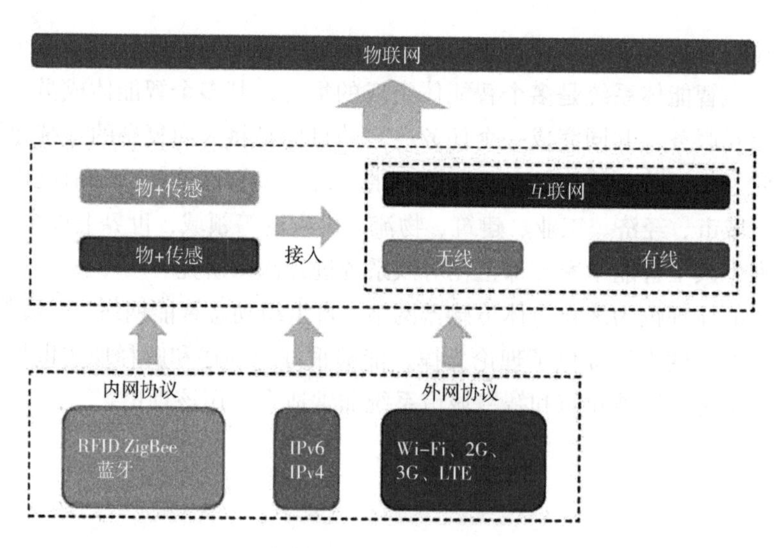

图 2-2-1　物联网组成

物联网通信技术有很多种，从传输距离上区分，可以分为两类：

一类是短距离通信技术，代表技术有 ZigBee、WiFi、蓝牙、Z-wave 等，典型的应用场景如智能家居；另一类是广域网通信技术，业界一般定义为 LPWAN（低功耗广域网），典型的应用场景如智能抄表。

LPWAN 技术又可分为两类：一类是工作在非授权频段的技术，如 Lora、Sigfox 等，这类技术大多是非标、自定义实现；另一类是工作在授权频段的技术，如 GSM、CDMA、WCDMA 等较成熟的 2G/3G 蜂窝通信技术，以及目前逐渐部署应用、支持不同 category 终端类型的 LTE 及其演进技术，这类技术基本都在 3GPP（主要制定 GSM、WCDMA、LTE 及其演进技术的相关标准）或 3GPP2（主要制定 CDMA 相关标准）等国际标准组织进行了标准定义。

NB-IoT 即是 2015 年 9 月在 3GPP 标准组织中立项提出的一种新的窄带蜂窝通信 LPWAN 技术。考虑 NB-IoT 的特性，NB-IoT 技术可满足对低功耗 / 长待机、深覆盖、大容量有所要求的低速率业务；同时由于对于移动性支持较差，更适合静态业务场景或非连续移动、实时传输数据的业务场景，并且业务对时延低敏感。

华为已与全球多家运营商在中国、德国、西班牙、阿联酋等国共同完成了基于 NB-IoT 技术智能水表、智能停车、智能垃圾箱业务的功能验证。其中沃达丰和华为于 2015 年底在西班牙完成了 NB-IoT 预标准的第一个试商用测试，成功地将 NB-IoT 技术整合到沃达丰现有移动网络中，发送 NB-IoT 消息给水表中的物联网模块，水表的放置环境通常在壁橱等隐蔽环境，且水表无法外接电源，NB-IoT 可有效解决覆盖及功耗等问题。

物联网协议分为两大类，一类是传输协议，另一类是通信协议。传输协议一般负责子网内设备间的组网及通信。通信协议则主要是运行在传统互联网 TCP/IP 协议之上的设备通信协议，负责设备通过互联网进行数据交换及通信。互联网时代，TCP/IP 协议已经一统江湖，现在的物联网的通信架构也是构建在传统互联网基础架构之上。在当前的互联网通信协议中，HTTP 协议由于开发成本低，开放程度高，几乎占据大半江山，所以很多厂商在构建物联网系统时也基于 HTTP 协议进行开发。包括 physic web 项目，都是期望在传统 web 技术基础上构建物联网协议标准。

物联网的通信环境有 Ethernet、WiFi、RFID、NFC（近距离无线通信）、ZigBee、6LoWPAN（IPV6 低速无线版本）、蓝牙、GSM、GPRS、GPS、3G、4G、5G 等网络，而每一种通信应用协议都有一定适用范围。AMQP、JMS、REST/HTTP 都是工作在以太网，COAP 协议是专门为资源受限设备开发的协议，而 DDS 和 MQTT 的兼容性则强很多。

物联网中常见的无线传输协议如下：

1. RFID

RFID（Radio Frequency Identification），即射频识别，俗称电子标签。它是一种非接触式的自动识别技术，通过射频信号自动识别目标对象并获取相关数据（图 2-2-2）。RFID 由标签（Tag）、解读器（Reader）和天线（Antenna）三个基本要素组成。RFID 技术的基本工作原理并不复杂，标签进入磁场后，接收解读器发出的射频信号，凭借感应电流所获得的能量发送出存储在芯片中的产品信息（Passive Tag，无源标签或被动标签），或者主动发送某一频率的信号（Active Tag，有源标签或主动标签），解读器读取信息并解码后，送至中央信息系统进行有关数据处理。

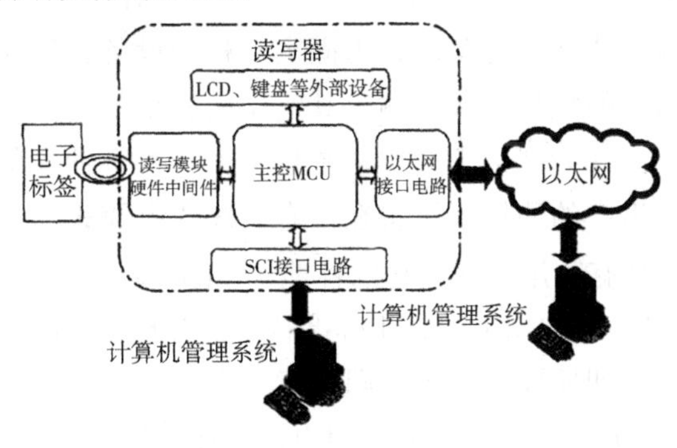

图 2-2-2　RFID 基本组成

2. 红外

红外技术也是无线通信技术的一种，可以进行无线数据的传输。红外有明显的特点：点对点的传输方式、无线、不能离得太远、要对准方向、不能穿墙与障碍物、几乎无法控制信息传输的进度。802.11 物理层标准中，除了使用 2.4GHz 频率的射频外，还包括了红外的有关标准。IrDA1.0 支持最高 115.2kbps 的通信速率，IrDA1.1 支持到 4Mbps。该技术基本上已被淘汰，被蓝牙和更新的技术代替。

3. ZigBee

ZigBee 是一种新兴的短距离、低功耗、低速率的近距离无线网络技术。ZigBee 的基础是 IEEE802.15.4，这是 IEEE 无线个人区域工作组的一项标准。但 IEEE802.15.4 仅处理低级 MAC 层和物理层协议，所以 ZigBee 联盟对其网络层和 API 进行了标准化，同时联盟还负责其安全协议、应用文档和市场推广等。

ZigBee 联盟成立于 2001 年 8 月，由英国 Invensys、日本三菱电气、美国摩托罗拉、荷兰飞利浦半导体等公司共同组成。ZigBee 与蓝牙、WiFi（无线局域网）同属于 2.4GHz 频段的 IEEE 标准网络协议，由于性能定位不同，各自的应用也不同。

ZigBee 有显著的特点：超低功耗、网络容量大、数据传输可靠、时延短、安全性好、实现成本低。在 ZigBee 技术中，采用对称密钥的安全机制，密钥由网络层和应用层根据实际应用需要生成，并对其进行管理、存储、传送和更新等。因此，在未来的物联网中，ZigBee 技术显得尤为重要，已在美国的智能家居等物联网领域中得到广泛应用。

4. 蓝牙

蓝牙（Bluetooth）是 1998 年 5 月，东芝、爱立信、IBM、Intel 和诺基亚共同提出的技术标准。作为一种无线数据与语音通信的开放性全球规范，蓝牙以低成本的近距离无线连接为基础，为固定与移动设备通信环境建立一个特别连接，完成数据信息的短程无线传输。其实质内容是要建立通用的无线电空中接口（Radio Air Interface）及其控制软件的公开标准，使通信和计算机进一步结合，使不同厂家生产的便携式设备在没有电线或电缆相互连接的情况下，能够在近距离范围内具有互用、互操作的性能（Interoperability）。

蓝牙以无线 LANs 的 IEEE802.11 标准技术为基础。应用了“Plonkandplay”的概念（有点类似“即插即用”），即任意一个蓝牙设备一旦搜寻到另一个蓝牙设备，马上就可以建立联系，而无须用户进行任何设置，因此可以解释成“即连即用”（图 2-2-3）。

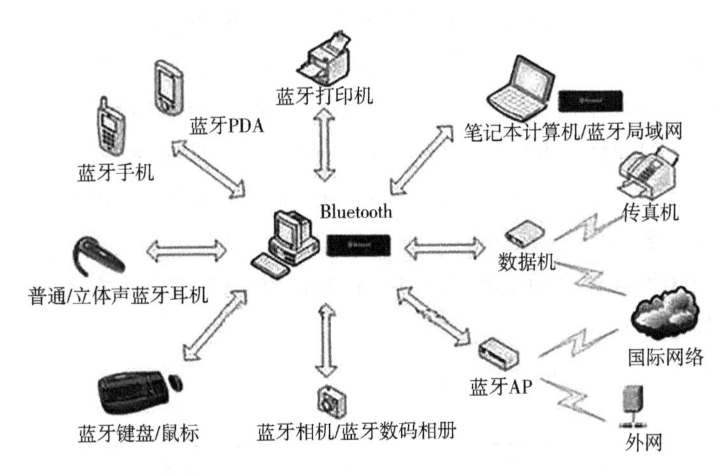

图 2-2-3　可连接蓝牙外围设备

蓝牙技术有成本低、功耗低、体积小、近距离通信、安全性好的特点。蓝牙在未来的物联网发展中将得到一定的应用，特别是应用在办公场所、家庭智能家居等环境中。

5. WiFi

WiFi 全称为 Wireless Fidelity（图 2-2-4），又称 IEEE 802.11b 标准，它最大的优点就是传输的速度较高，可以达到 11Mb/s，另外它的有效距离也很长，同时也与已有的各种 IEEE 802.11 DSSS（直接序列展频技术，Direct Sequence Spread Spectrum）设备兼容。

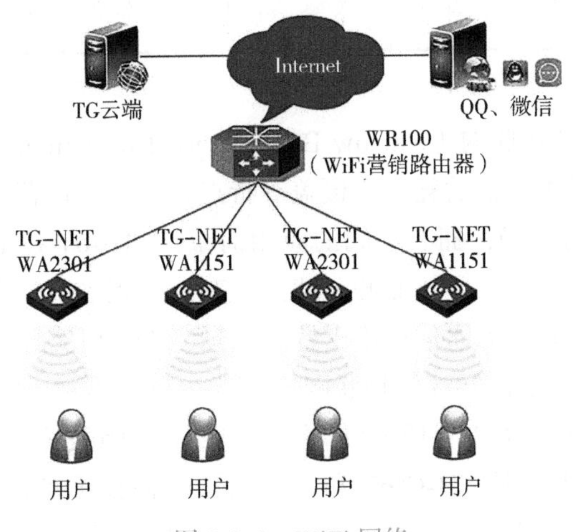

图 2-2-4　WiFi 网络

IEEE 802.11b 无线网络规范是在 IEEE802.11a 网络规范基础之上发展起来的，最高带宽为 11Mb/s，在信号较弱或有干扰的情况下，带宽可调整为 5.5Mb/s、2Mb/s 和 1Mb/s。带宽的自动调整有效地保障了网络的稳定性和可靠性。WiFi 无线保真技术与蓝牙技术一样，属于办公室与家庭使用的短距离无线技术，使用频段是 2.4GHz 附近的频段，该频段目前尚属没用许可的无线频段，可以使用的标准有两个即 802.11ay 与 802.11b，802.11g 是 802.11b 的继承。

其主要的特性为：速度快、可靠性高。在开放区域，其通信距离可达 305m。在封闭性区域其通信距离为 76~122m，方便与现有的有线以太网整合，组网的成本更低。

几种无线传输标准的比较见表 2-2-1。

表 2-2-1　几种无线传输标准的比较

市场名标准	GPRS/GSM 1xRTT/CDMA	WiFi 802.11b	蓝牙 802.15.1	ZigBee 802.15.4
应用重点	广阔范围 声音和数据	Web，Email，图像	电缆替代品	监测和控制
系统资源	16MB+	1MB+	250kB+	4~32kB
电池寿命 /d	1~7	0.5~5	1~7	100~1000+
网络大小	1	32	7	255/65000
带宽 /（kB/s）	64~128+	11000+	720	20~250
传输距离 /m	1000+	1~100	1~10+	1~100+
成功尺度	覆盖面大、质量	速度、灵活性	价格便宜、方便	可靠、低功耗、价格便宜

6. NB-IoT

NB-IoT 即窄带物联网（Narrow Band-Internet of Things），是物联网技术的一种，具有低成本、低功耗、广覆盖等特点，定位于运营商级、基于授权频谱的低速率物联网市场，拥有广阔的应用前景。NB-IoT 技术包含六大主要应用场景，包括位置跟踪、环境监测、智能停车、远程抄表、农业和畜牧业。而这些场景恰恰是现有移动通信很难支持的场景。市场研究公司 Machina 预测，NB-IoT 技术未来将覆盖 25%的物联网连接。

NB-IoT 是 3GPP R13 阶段 LTE 的一项重要增强技术，射频带宽可以低至 0.18MHz。NB-IoT 是 NB-CIoT 和 NB-LTE 两种标准的融合，平衡了各方利益，并适用于更广泛的部署场景。其中，华为、沃达丰、高通等公司支持

NB-CIoT；爱立信、中兴、三星、英特尔、MTK 等公司支持 NB-LTE。NB-CIoT、NB-LTE 与标准 NB-IoT 相比都有较大差异，终端无法平滑升级，一些非标基站甚至面临退网风险。

随着物联网技术和应用的不断发展，无线传输协议将迎来前所未有的发展，其在未来智能化系统中的应用也将会呈现爆发性的增长。了解与掌握 ZigBee、蓝牙、WiFi、RFID 等核心技术，研制相应的接口以及无线通信产品模块化，绝对是企业创造商机的正确手段。无线传输协议始终是物联网发展的一个关键技术，也将是未来物联网发展的重中之重。

主流的物联网应用层协议有：MQTT、DDS、AMQP、XMPP、JMS、REST/HTTP、CoAP。这些协议已被广泛应用，且每种协议都有至少 10 种以上的代码实现。物联网应用层协议对比见表 2-2-2：

表 2-2-2　物联网应用层协议对比

	DDS	MQTT	AMQP	XMPP	JMS	REST/HTTP	CoAP
抽象	Pub/Sub	Pub/Sub	Pub/Sub	NA	Pub/Sub	Request/Reply	Request/Reply
架构风格	全局数据空间	代理	P2P 或代理	NA	代理	P2P	P2P
QoS	22 种	3 种	3 种	NA	3 种	通过 TCP 保证	确认或非确认消息
互操作性	是	部分	是	NA	否	是	是
性能	100000msg/s/sub	1000msg/sub	1000msg/s/sub	NA	1000msg/s/sub	100req/s	100req/s
硬实时	是	否	否	否	否	否	否
传输层	缺省为 UDP，TCP 也支持	TCP	TCP	TCP	不指定，一般为 TCP	TCP	UDP
订阅控制	消息过滤的主题订阅	层级匹配的主题订阅	队列和消息过滤	NA	消息过滤的主题和队列订阅	N/A	支持多播地址
编码	二进制	二进制	二进制	XML 文本	二进制	普通文本	二进制
动态发现	是	否	否	NA	否	否	是
安全性	提供方支持，一般基于 SSL 和 TLS	简单用户名/密码认证，SSL 数据加密	SASL 认证，TLS 数据加密	TLS 数据加密	提供方支持，一般基于 SSL 和 TLS，JAAS API 支持	一般基于 SSL 和 TLS	

MQTT（Message Queuing Telemetry Transport，消息队列遥测传输）最早是 IBM 开发的一个即时通信协议，MQTT 协议是为大量计算能力有限且工

作在低带宽、不可靠网络的远程传感器和控制设备通信而设计的一种协议。MQTT 协议的优势是可以支持所有平台，它几乎可以把所有的联网物品和互联网连接起来。

它具有以下主要的几项特性：

1）使用发布 / 订阅消息模式，提供一对多的消息发布和应用程序之间的解耦。

2）消息传输不需要知道负载内容。

3）使用 TCP/IP 提供网络连接。

4）有三种消息发布的服务质量。

QoS 0：“最多一次”，消息发布完全依赖底层 TCP/IP 网络。分发的消息可能丢失或重复。例如，这个等级可用于环境传感器数据，单次的数据丢失没关系，因为不久后还会有第二次发送。

QoS 1：“至少一次”，确保消息可以到达，但消息可能会重复。

QoS 2：“只有一次”，确保消息只到达一次。例如，这个等级可用在一个计费系统中，这里如果消息重复或丢失会导致不正确的收费。

5）小型传输，开销很小（固定长度的头部是 2 字节），协议交换最小化，以降低网络流量。

6）使用 Last Will 和 Testament 特性通知有关各方客户端异常中断的机制。

在 MQTT 协议中，一个 MQTT 数据包由固定头（Fixed header）、可变头（Variable header）、消息体（payload）三部分构成。MQTT 的传输格式非常精小，最小的数据包只有 2 个 bit，且无应用消息头。

MQTT 为可靠传递消息的三种消息发布服务质量如图 2-2-5 所示。

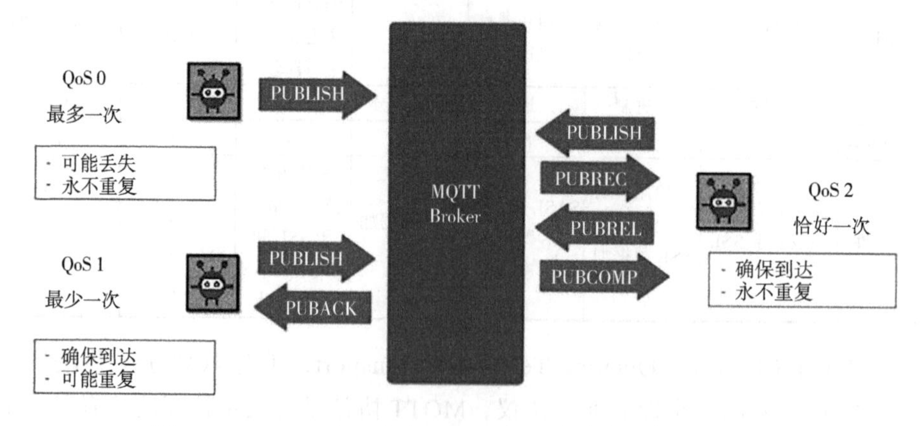

图 2-2-5　MQTT 为可靠传递消息的三种消息发布服务质量

7. CoAP 协议

CoAP 是受限制的应用协议（Constrained Application Protocol）的代名词。由于目前物联网中的很多设备都是资源受限型的，所以只有少量的内存空间和有限的计算能力，传统的 HTTP 协议在物联网应用中就会显得过于庞大而不适用。因此，IETF 的 CoRE 工作组提出了一种基于 REST 架构、传输层为 UDP、网络层为 6LowPAN（面向低功耗无线局域网的 IPv6）的 CoAP 协议。

CoAP 采用与 HTTP 协议相同的请求响应工作模式。CoAP 协议共有 4 种不同的消息类型。

CON——需要被确认的请求，如果 CON 请求被发送，那么对方必须做出响应。

NON——不需要被确认的请求，如果 NON 请求被发送，那么对方不必做出回应。

ACK——应答消息，接收到 CON 消息的响应。

RST——复位消息，当接收者接收到的消息包含一个错误，接收者解析消息或者不再关心发送者发送的内容，那么复位消息将会被发送。

CoAP 消息格式使用简单的二进制格式，最小为 4 个字节。

一个消息 = 固定长度的头部 header + 可选个数的 option + 负载 payload。Payload 的长度根据数据报长度来计算。

MQTT 和 CoAP 都是行之有效的物联网协议，但两者还是有很大区别的，比如 MQTT 协议是基于 TCP，而 CoAP 协议是基于 UDP。

8. SoAP 协议

SoAP（简单对象访问协议）是交换数据的一种协议规范，是一种轻量、简单、基于可扩展标记语言（XML）的协议，它被设计成在 WEB 上交换结构化和固化的信息。SoAP 可以和现存的许多因特网协议和格式结合使用，包括超文本传输协议（HTTP），简单邮件传输协议（SMTP），多用途网际邮件扩充协议（MIME）。它还支持从消息系统到远程过程调用（RPC）等大量的应用程序。SoAP 使用基于可扩展标记语言（XML）的数据结构和超文本传输协议（HTTP）的组合定义了一个标准的方法来使用因特网上各种不同操作环境中的分布式对象。

物联网正朝着泛在网发展演进。泛在网国际标准组织和工业组织如图 2-2-6 所示。

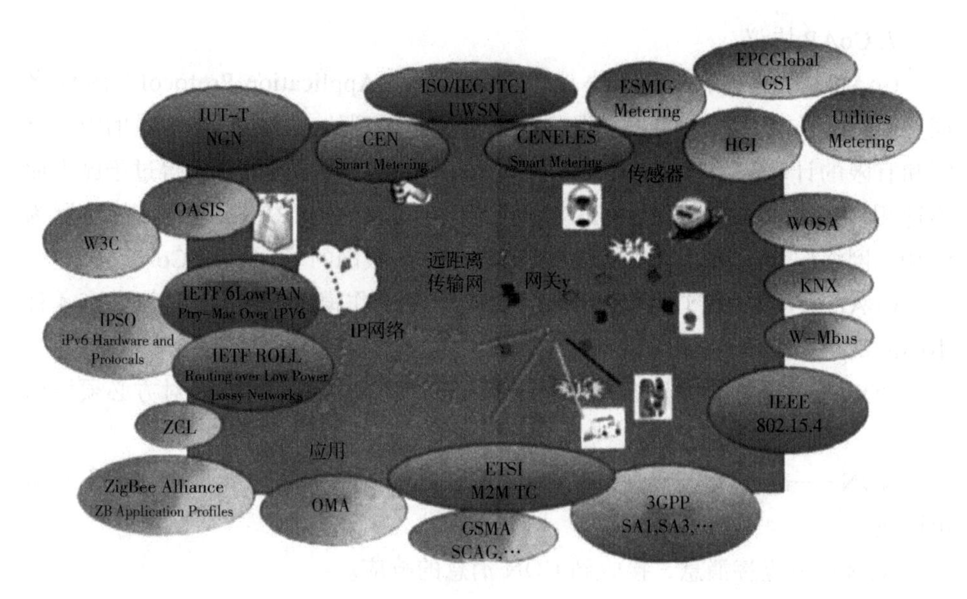

3GPP:第三代伙伴项目
CEN:欧洲标准委员会
CENELEC:欧洲电工标准化委员会
EPCGloba:全球产品电子代码
ESMIG:欧洲智能测量产业集团
ETSI:欧洲电信标准化协会
GSMA:全球移动通信系统协会
HGI:家庭网关
IEC:国际电工委员会
IEEE:美国电气和电子工程师协会
IETF:互联网工程任务组
IPSO:智能物体的IP联盟
ISO:国际标准化组织
IUT-T:国际电信联盟远程通信标准化组
OASIS:结构化信息标准促进组织
OMA:开放移动联盟
W3C:万维网联盟
WOSA:开放式系统体系结构
W-Mbus:无线M总线
Utilities:公用基础设施
ZigBee Alliance:ZigBee联盟

图 2-2-6 泛在网国际标准组织和工业组织

2.3 5G

5G是面向2020年以后移动通信需求而发展的新一代移动通信系统。5G将满足人们超高流量密度，超高连接数密度，超高移动性的需求，能够为用户提供高清视频、虚拟现实、增强现实、云桌面、在线游戏等极致业务体验。5G将与其他无线移动通信技术密切结合，构成新一代无所不在的移动信息网络，满足未来10年移动互联网流量增加1000倍的发展需求。然而，并不是所有的应用都需要相同的网络性能，因此5G将放弃完全统一的网络设计，使用嵌入式和可扩展式的设计方案，通过多种商业模式和合作模式为用户提供更加广泛的应用。利用虚拟化的可编程网络，运营商可以为网络设计模块化的功能，从而实现网络的按需部署。5G 网络是一种多形态网络，它由新的增强型无线接入技术、可灵活部署的网络功能以及端到端的网络编排等功能来共同驱动。5G 移动通信网络的组成结构如图 2-3-1 所示。

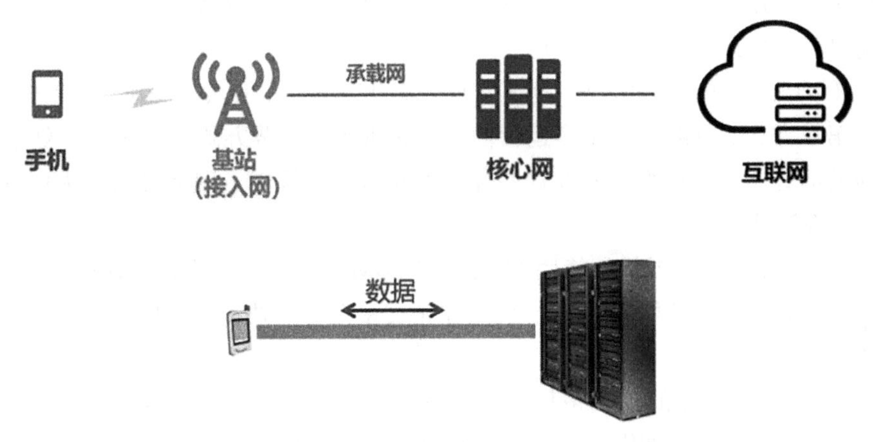

图 2-3-1　5G 移动通信网络的组成结构

5G 的大带宽和低时延，对 RAN（无线接入网）体系架构进行了改进。4G 网络是 BBU、RRU 两级结构，一个基站对应一个机房，5G 演进为 CU、DU 和 AAU 三级结构，把 BBU 拆成 CU 和 DU，CU 放在云端，DU 可以部署在远端，实现了中心化管控，核心网下移及云化成为 5G 发展趋势，对应的承载网也分为三级。如图 2-3-2 所示。

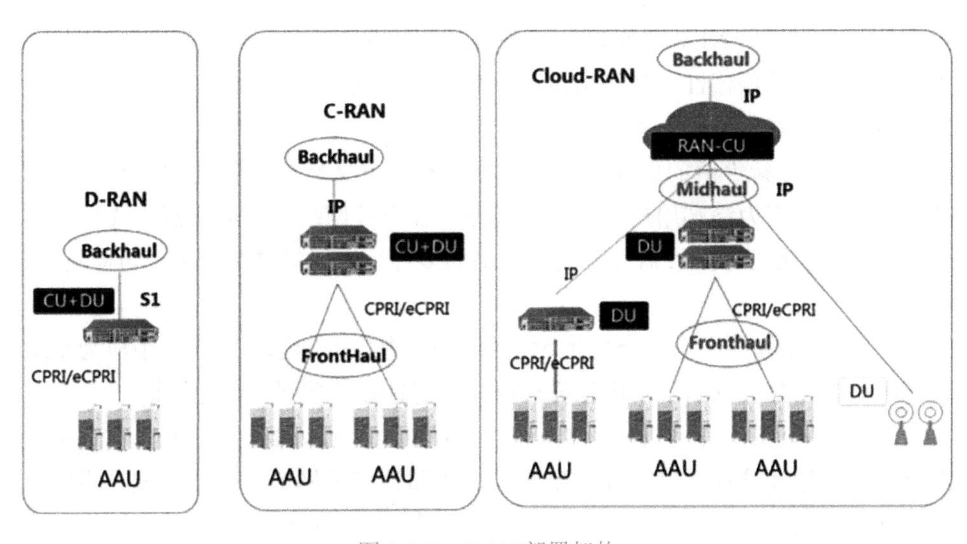

图 2-3-2　RAN 部署架构

考虑到以上技术和发展趋势，5G 系统应该根据以下原则进行设计：

（1）频谱优势。利用更高的频段和未授权频段，整合剩余的低频段。由于不同频谱的特性不同，需使用多频谱优化，同时也引出了分离的概念。例如，控制平面和用户平面的路径分离和上下行链路的分离。这都意味着系统需要支持同时将用户连接至多个接入点。

（2）经济的密集化部署。为了实现密集化部署，需引入一些新的部署模式，如：第三方 / 用户部署以及多运营商 / 共享部署等部署方式。系统可以处理无计划的部署、无秩序部署并在这些部署下获得最佳性能。网络可以自优化负荷均衡以及干扰。

（3）协调和去干扰。使用 MIMO 和 CoMP 技术来改善系统中的 SIR，同时提高 QoS 和整体频谱利用率。引入非正交多路复用技术，利用先进的接收机来减小干扰。

（4）支持动态的无线拓扑。设备应通过拓扑结构进行连接，从而最小化耗电量和信令流量，网络不应限制设备的可见性和可达性。如果智能手机断电，可穿戴设备可以直接连接至网络。在某些情况下，可利用 D2D 通信以减轻网络业务负荷。因此，无线拓扑应根据环境和上下文动态变化。

（5）创建公共的可组合核心网。系统设计将抛弃掉之前 4G 网络完全统一设计的理念。网络中网元的某些功能将被剥离出来，控制面 / 用户面功能能够通过开放的接口完全分离以支持功能的灵活利用率及可扩展性。

（6）灵活的功能。利有相同的基础设施创建网络切片以支持多种用户场景。也就是说，可利用 NFV 和 SDN，实现网络 / 设备功能和 RAT 配置的定制化。为了增强网络的鲁棒性，状态信息应从功能和节点中分离出来，这样才能更加容易地重定位并还原上下文。

（7）支持新价值的创建。大数据分析和上下文感知是优化网络利用率的基础，同时也能为终端用户提供增值业务。在设计网络时，应注意重要数据的采集、存储和处理。此外，需充分利用网络的多种性能以促进 XaaS（一切皆服务）的实现。

（8）安全和隐私。安全性是 5G 网络必须考虑的问题，而且必须成为系统设计的重要部分。特别是用户位置和身份等信息必须受到严格的保护。

（9）简化的操作和管理。扩展的网络性能和灵活的功能分配并不意味着需要增加操作和管理的复杂度。繁杂的操作和管理可尽量自动化完成。明确定义的开放性接口可以解决多厂商之间的互操作性和互通问题。此外，网络还将嵌入监控功能而不需要运营商使用专门的监控工具。

5G 系统由 3 层组成：

（1）基础设施资源层。它是固定与移动融合网络的物理资源，由接入节点、云节点（用于处理或存储资源）、5G 设备、网络节点和相关链路组成。通过虚拟化原则，这些资源对于 5G 系统的更高层次和网络编排实体而言是可见的。

（2）业务实现层。在融合网络中所有的功能应以模块化的形式进行构建并录入资源库中。由软件模块实现的功能以及网络特定部分的配置参数可从资源库下载至所需的位置。这些功能将根据要求，通过相关的 API 由网络编排实体进行调用。

（3）业务应用层。该层部署了利用 5G 网络实现的具体应用和业务。

这 3 层通过网络编排实体相互关联，因此，在架构中起到至关重要的作用。网络编排实体能够管理虚拟化的端到端网络以及传统的 OSS 和 SON。该实体作为接入点可将用户实例和业务模式转化成实际的业务和网络切片，并为给定的应用场景定义相应的网络切片，关联相关的模块化网络功能，分配性能配置参数并将其映射至基础设施资源层。与此同时，网络编排实体还能管理这些功能的扩展和地理分布。在确定的商业模式中，第三方（如：MVNO、垂直行业）还能利用该实体的某些性能，通过 API 和 XaaS 创建和管理自己的网络切片。

网络切片，也叫作“5G 切片”，支持具体的通信业务，能通过具体的方法来操作业务的控制平面和用户平面。通常，5G 切片由大量的 5G 网络功能和具体的 RAT 集组成。网络功能和 RAT 集如何组合由具体的使用场景或商业模式而定。因此，5G 切片可以跨越所有的网络域，它包括运行在云节点上的软件模块，支持功能位置灵活化的传输网络配置，专用的无线配置或是具体的 RAT，以及 5G 设备的配置。但并非所有的切片都包括相同的功能，一些现在看来必不可少的移动网络功能可能不会出现在这些切片中。

5G 切片的目的是为用户实例提供必要的业务处理功能，而省去其他不必要的功能。切片背后的灵活性是扩展现有业务和创建新业务的关键。允许第三方实体通过适当的 API 来控制切片的某些方面，以提供定制化业务。

例如，智能手机应用的 5G 切片可通过设置成熟的分布式功能来实现。对于 5G 切片所支持的汽车使用场景而言，安全性、可靠性和时延是非常关键的。所有的关键功能可在云边缘节点中实例化，包括对时延要求严格的垂直化应用。为了在云节点中加载垂直化应用，系统必须定义开放的接口。为了支持大量的机械类设备（如传感器），5G 切片还将配置一些基本的控制平面功能，而省去移动性功能，针对这类设备的接入还可以适当地配置一些基于竞争的资源。

不考虑网络所支持的切片，5G 网络还应该包括相应的功能以确保在任何环境下对网络端到端业务的控制和安全性操作。

5G系统与之前网络"一刀切"的方式不同，5G网络可以通过将5G网络功能与适当5G RAT相结合的方式，为具体的应用量身定制最佳的网络。

虽然使用NFV的通用可编程硬件可以实现所有的网络处理功能，但在这种方式下，用户平面功能需使用专用的硬件才可以在降低成本的同时达到一定的性能目标。最近在虚拟化技术方面的研究，控制平面功能的实现则可以不使用专门的硬件。

5G网络的独特之处在于它能够定制网络功能以及这些功能在网络中实现的位置。因此，希望控制和用户平面在逻辑上是分离的，物理上也希望尽可能地分离。这样可以实现独立的扩容和位置的灵活性，使得以设备为中心的方式更易实现。在这种以设备为中心的方式下，控制平面可由宏小区处理，用户平面由微小区处理。将某些功能放置在最接近无线接口的位置能降低时延，还能通过直接在微基站中放置必要的功能实现本地数据分流机制。因此，专用核心网络的概念将过时，5G网络的功能将不再与硬件绑定，而是在最适合的位置灵活地实例化。

如果要在5G网络中完成优化工作，上下文感知功能就必不可少了。网络需要检测业务行为，而不管设备处于什么状态。因此，网络应能灵活地使用最佳的功能并将这些功能置于最佳的位置。例如，高速行驶的火车上使用视频流业务的体验类似于静止用户的体验。上下文感知是端到端管理和网络编排实体不可分割的一部分，还应与跨越整网的测量功能和数据采集功能配合使用。大数据统计分析则是提高控制精确度必不可少的组成部分。

上述系统架构和原则引出了5G系统的关键组件及术语，详情如下：

5G RAT簇（5GRF）：作为5G系统的一部分，5G RAT簇由一个或多个标准化的5G RAT组成，共同支持NGMN 5G需求，为用户提供更加完善的网络覆盖。

5G RAT（5GR）：5G RAT是5G RAT簇之间的无线接口。

5G网络功能（5GF）：5G网络功能主要支持5G网络内用户之间的通信。它是一种典型的虚拟化功能，但一些功能仍需5G基础设施通过专门的硬件实现。5G网络功能由具体的RAT功能和与访问无关的功能组成，包含支持固定接入的功能、必选功能和可选功能。必选功能是所有用户实例所需要的公共功能，如鉴权和身份管理等。可选功能并不适用于所有的应用场景，如：移动性，可根据业务类型和应用场景有所不同。

5G 基础设施（5GI）：5G 基础设施是基于 5G 网络的硬件和软件，包括传输网络、运算资源、存储单元、RF 单元和电缆。5GR 和 5GF 可通过 5GI 实现。

5G 端到端管理和网络编排实体（5GMOE）：5G 端到端管理和网络编排实体创建并管理着 5G 切片。它将用户实例和商业模式翻译成具体的业务和 5G 切片，确定相关的 5GF、5GR 和性能配置，并将其映射至 5GI。它还管理着 5GF 的容量、地理分布、OSS 和 SON。

5G 网络（5GN）：5G 网络由 5GF、5GR、相关 5GI（包括中继设备）和支持与 5G 设备进行通信的 5GMOE 组成。

5G 设备：5G 设备是用于连接至 5G 网络以获得通信业务的所有设备。

5G 系统：由 5G 网络和 5G 设备组成的通信系统。

5G 分片（5GSL）：5G 分片由 1 组 5GF 以及在 5G 系统中建立起来的相关设备功能组成，以支持特定的通信业务和用户类型。

5G 之前几代的蜂窝移动通信技术主要有：GRPS、3G、4G。

- GPRS

通用分组无线服务技术（General Packet Radio Service，GPRS），使用带移动性管理的分组交换模式以及无线接入技术（图 2-3-3）。GPRS 可说是 GSM 的延续。GPRS 和以往连续在频道传输的方式不同，是以封包（Packet）式来传输，因此使用者所负担的费用是以其传输资料单位来计算，并非使用其整个频道，理论上较为便宜。GPRS 的传输速率可提升至 56kbps 甚至 114kbps。但 GPRS 技术不太适合智能家居使用，主要应用在电信网络。

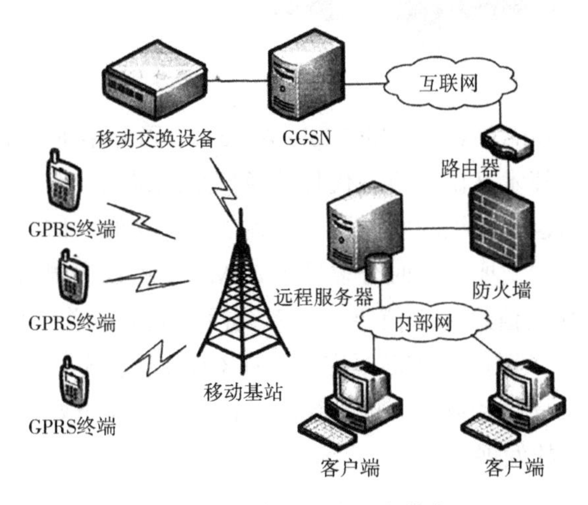

图 2-3-3　通用分组无线服务技术

• 3G

第三代移动通信技术（3rd — generation，3G），是指支持高速数据传输的蜂窝移动通信技术（图 2-3-4）。3G 服务能够同时传送声音及数据信息，速率一般在几百 kbps 以上。

目前 3G 存在四种标准：CDMA2000（美国版），WCDMA（欧洲版），TD-SCDMA（中国版），WiMAX。国际电信联盟（ITU）在 2000 年 5 月确定 WCDMA、CDMA2000、TD-SCDMA 三大主流无线接口标准，写入 3G 技术指导性文件《2000 年国际移动通讯计划》。2007 年，WiMAX 也被接受为 3G 标准之一。

图 2-3-4　第三代移动通信技术

CDMA 是 Code Division Multiple Access（码分多址）的缩写，是第三代移动通信系统的技术基础。第一代移动通信系统采用频分多址（FDMA）的模拟调制方式，而这种系统的主要缺点是频谱利用率低，信令干扰话音业务。第二代移动通信系统主要采用时分多址（TDMA）的数字调制方式，提高了系统容量，并采用独立信道传送信令，使系统性能大大改善，但 TDMA 的系统容量仍然有限，越区切换性能仍不完善。而 CDMA 系统以其频率规划简单、系统容量大、频率复用系数高、抗多径能力强、通信质量好、软容量、软切换等特点显示出巨大的发展潜力。

• 4G

4G 技术又称 IMT-Advanced 技术。准 4G 标准，是业内对 TD 技术向 4G

的最新进展的 TD-LTE-Advanced 称谓。对于 4G 中使用的核心技术，业界并没有太大的分歧。总结起来，有正交频分复用（OFDM）技术、软件无线电、智能天线技术、多输入多输出（MIMO）技术和基于 IP 的核心网五种。由于人们研究 4G 通信的最初目的就是提高蜂窝电话和其他移动装置无线访问 Internet 的速率，因此 4G 通信给人印象最深刻的特征莫过于它具有更快的无线通信速度。此外，4G 还有网络频谱宽、通信灵活、智能性能高 、兼容性好 、费用便宜等优点。

2.4　云计算和边缘计算

边缘计算是指在靠近物或数据源头的一侧，采用网络、计算、存储、应用核心能力为一体的开放平台，就近提供最近端服务（图 2-4-1）。其应用程序在边缘侧发起，产生更快的网络服务响应，满足行业在实时业务、应用智能、安全与隐私保护等方面的基本需求。边缘计算处于物理实体和工业连接之间，或处于物理实体的顶端。而云端计算，仍然可以访问边缘计算的历史数据[6]。

对物联网而言，边缘计算技术取得突破，意味着许多控制将通过本地设备实现而无须交由云端，处理过程将在本地边缘计算层完成。这无疑将大大提升处理效率，减轻云端的负荷。由于更加靠近用户，还可为用户提供更快的响应，将需求在边缘端解决。目前不少厂商在做这件事情，比如华为、HPE 等著名大厂。

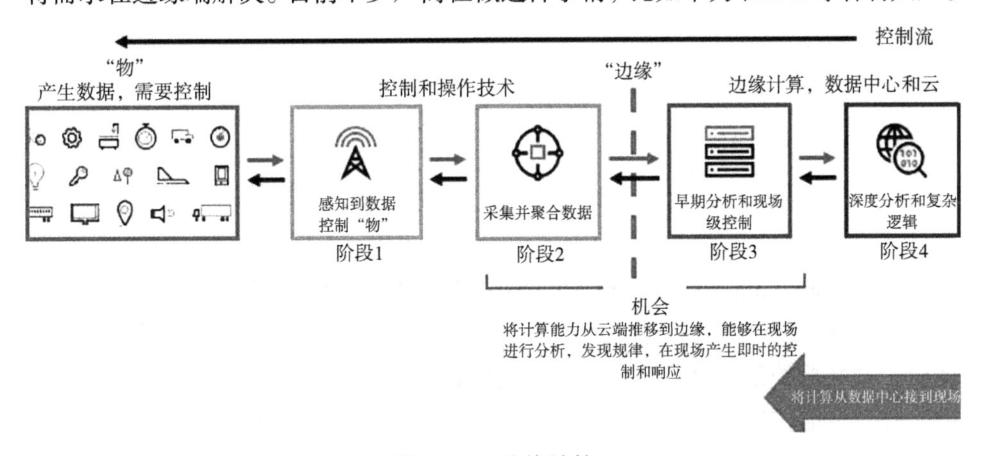

图 2-4-1　边缘计算

2.5 大数据

数据挖掘（Data Mining）是一门跨学科的计算机科学分支，它用人工智能、机器学习、统计学和数据库的交叉方法，在大规模数据中发现隐含模式。数据挖掘是知识发现（KDD）的一个关键步骤。1989 年 8 月，Gregory I. Piatetsky Shapiro 等人在美国底特律的国际人工智能联合会议（IJCAI）上召开了一个专题讨论会（workshop），首次提出了知识发现（Knowledge Discovery in Database，KDD）这一概念。数据挖掘技术从一开始就是面向应用的，源于商业的直接需求。目前数据挖掘在零售、旅游、物流、医学等领域都有所应用，可以大大提高行业效率和行业质量。

数据挖掘过程有五个步骤：选择、预处理、转换、挖掘以及分析和同化（图 2-5-1）。

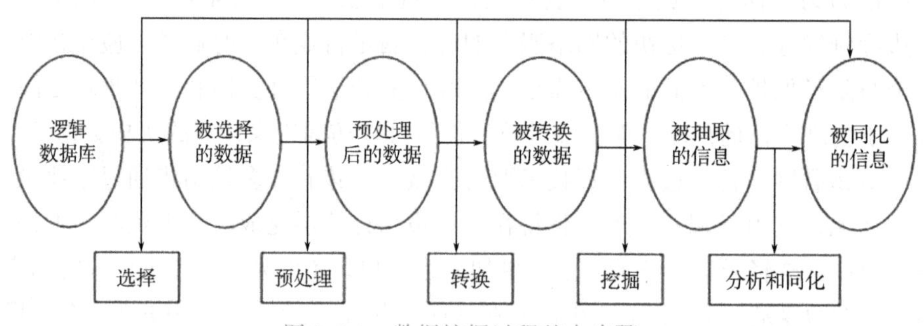

图 2-5-1　数据挖掘过程基本步骤

2.6 智能控制

智能控制（intelligent controls）是指在无人干预的情况下能自主地驱动智能机器实现控制目标的自动控制技术。控制理论发展至今已有 100 多年的历史，经历了“经典控制理论”和“现代控制理论”的发展阶段，已进入“大系统理论”和“智能控制理论”阶段。智能控制理论的研究和应用是现代控制理论在深度和广度上的拓展。20 世纪 80 年代以来，信息技术、计算技术的快速发展及其他相关学科的发展和相互渗透，也推动了控制科学与工程研究的不断深入，控制系统向智能控制系统的发展已成为一种趋势。

过程控制策略一般分为下面五类：

第一类：传统控制策略，包括：手动控制、PID 控制、比值控制、串级控制、前馈控制。

第二类：先进控制—经典技术，包括：增益调整、时滞补偿、解耦控制。

第三类：先进控制—流行技术，包括：模型预测控制、内模控制、自适应控制、统计质量控制。

第四类：先进控制—潜在技术，包括：最优控制、非线性控制、专家系统、神经控制、模糊控制。

第五类：先进控制—研究中的策略，包括：鲁棒控制、H ∞控制等。

基于遗传算法的模糊控制原理如图 2-6-1 所示。

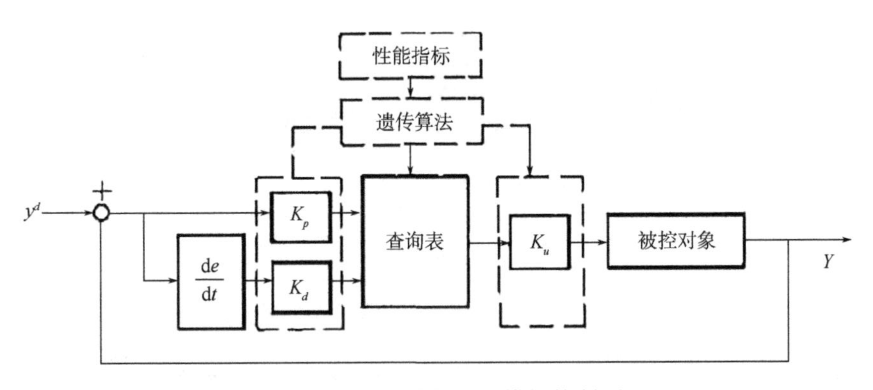

图 2-6-1　基于遗传算法的模糊控制原理

作为先进控制中的一种，由于预测控制在应用中所表现出来的简易性及控制的鲁棒性，使它得到了工业控制界的广泛重视和应用。预测控制不是某一种统一理论的产物，而是在工业实践过程中独立发展起来的。它是由美国和法国几家公司在 20 世纪 70 年代先后提出的。而且一经问世就在石油、电力和航空等工业中得到了十分成功的应用。随后又相继出现了各种其他相近的算法，到目前为止已有几十种之多，可统称之为预测控制算法。

自 1992 年 Hagglund 提出预测 PI 控制器的思想以来，预测 PID 算法得到了逐步发展和完善，并成功应用在一些复杂对象的控制上。目前文献上所述预测 PID 控制算法可以归纳为两种：

（1）有预测功能的 PID 控制器。本质上，它是一种 PID 控制器，只不过依据一些先进控制机理，如内模原理、广义预测原理、模糊理论、遗传算法和人工智能原理来设计控制器参数，或根据某种最优原则在线给定 PID 控制器参数，使之具有预测功能。

（2）预测算法和 PID 算法融合在一起的控制器。在这种控制器中，包括预测控制器和 PID 控制器。PID 控制器和过程的滞后时间无关，而预测控制器则主要依赖过程的滞后时间，根据以前的控制作用给出现在的控制作用。

工业控制网络一般为局域网，作用范围一般在几千米之内。将分布在生产装置周围的测控设备连接为功能各异的自动化系统。控制网络遍布在工厂的生产车间、装配流水线、温室、粮库、堤坝、隧道、各种交通管理系统、建筑、军工、消防、环境检测、楼宇家居等处。典型工业控制系统网络如图 2-6-2 所示。

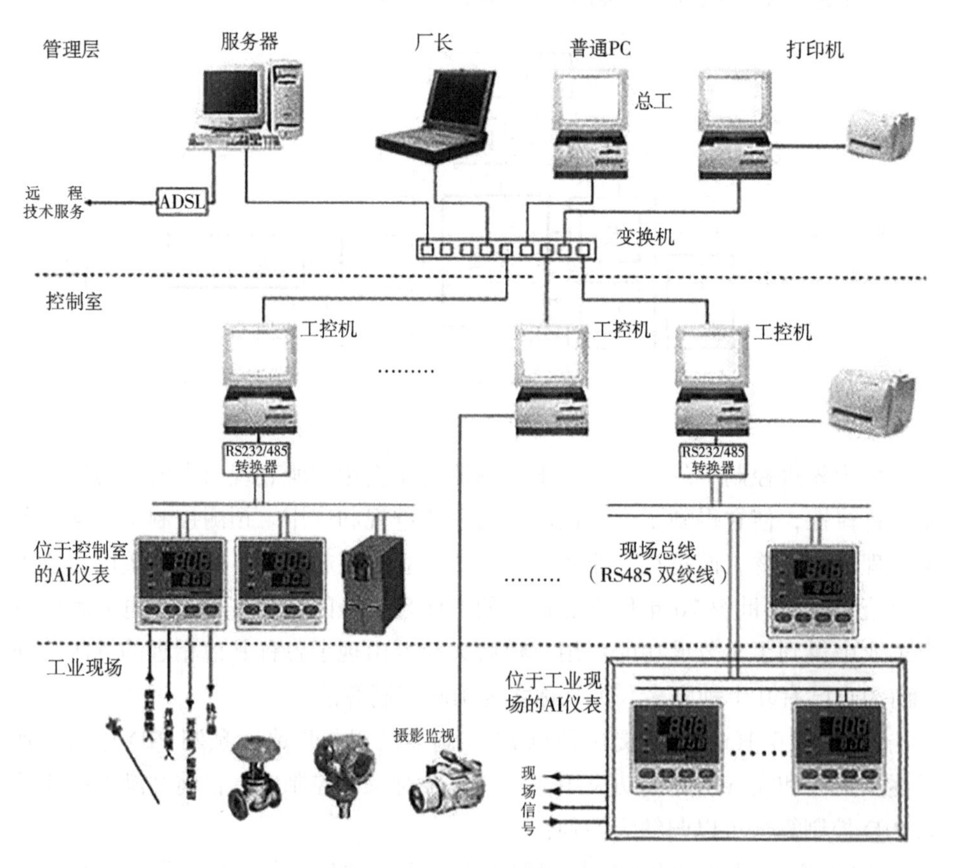

图 2-6-2　典型工业控制系统网络

工业控制网络的节点大都是具有计算与通信能力的测量设备。它们可能具有嵌入式 CPU，但功能比较单一，其计算能力也许远不及普通 PC，也没有键盘、显示器等人机交互接口。有的甚至不带 CPU、单片机，只带有简单的通信接口，例如限位开关、感应开关等各类开关，光电、温度、压力、流量、物位等各种传感器、变送器，各种数据采集装置等。

工业控制网络要面临工业生产的强电磁干扰，面临各种机械振动，面临严寒酷暑的野外工作环境，要使控制网络能适应这种恶劣的工作环境。另外，自控设备千差万别，实现控制网络的互联与互操作往往十分困难。

控制网络必须满足对控制的实时性要求。实时控制对某些变量的数据往往要求准确定时刷新，控制作用必须在一定时限内完成，或者相关的控制动作一定要按事项规定的先后顺序完成。

基于控制网络的这些特点，其中的各种接口必须保证满足控制网络的要求。目前工业现场的接口种类有以下四类：

（1）平台相关性通用协议：OPC/ DDE。

OPC 是为了不同供应厂商的设备和应用程序之间的软件接口标准化，使其间的数据交换更加简单化的目的而提出的。作为结果，从而可以向用户提供不依靠于特定开发语言和开发环境的可以自由组合使用的过程控制软件组件产品。

（2）平台无关性通信协议：ModBus、ProfiBus。

Modbus 协议是应用于电子控制器上的一种通用语言。通过此协议，控制器相互之间、控制器经由网络（例如以太网）和其他设备之间可以通信。它已经成为一通用工业标准。有了它，不同厂商生产的控制设备可以连成工业网络，进行集中监控。ProfiBus，是一种国际化、开放式、不依赖于设备生产商的现场总线标准。ProfiBus 传送速度可在 9.6kbaud~12Mbaud 范围内选择且当总线系统启动时，所有连接到总线上的装置应该被设成相同的速度。广泛适用于制造业自动化、流程工业自动化和楼宇、交通电力等其他领域自动化。ProfiBus 是一种用于工厂自动化车间级监控和现场设备层数据通信与控制的现场总线技术。

（3）平台无关专有协议：大部分 DCS 协议、工业以太网协议。

（4）特殊协议：编程口、打印口等特殊方式取得的协议。

工业传输通信的协议种类较多主要有历史遗留和人为垄断两方面的原因。

虽然目前还有大量的现场总线标准，但没有任何一种标准比工业以太网更具生命力。

2.7 BIM

建筑信息模型（Building Information Modeling，BIM）是以建筑工程项目的各项相关信息数据作为模型的基础，进行建筑模型的建立，通过数字信息仿真模拟建筑物所具有的真实信息。它具有信息完备性、信息关联性、信息一致性、可视化、协调性、模拟性、优化性和可出图性八大特点。

BIM 各阶段的具体应用：

项目概念阶段：项目选址模拟分析、可视化展示等。

勘察测绘阶段：地形测绘与可视化模拟、地质参数化分析与法案设计等。

项目设计阶段：参数化设计、日照能耗分析、交通线规划、管线优化、结构分析、风向分析、环境分析等。

招标投标阶段：造价分析、绿色节能、方案展示、漫游模拟等。

施工建设阶段：施工模拟、方案优化、施工安全、进度控制、实时反馈、工程自动化、供应链管理、场地布局规划、建筑垃圾处理等。

项目运营阶段：智能建筑设施、大数据分析、物流管理、智慧城市、云平台存储等。

项目维护阶段：3D 点云、维修检测、清理修整、火灾逃生模拟等。

项目更新阶段：方案优化、结构分析、成品展示等。

项目拆除阶段：爆破模拟、废弃物处理、环境绿化、废弃运输处理等。

2.8 GIS

地理信息系统（Geographic Information System，GIS）是一门综合性学科，

结合地理学与地图学以及遥感和计算机科学，已经广泛地应用在不同的领域，是用于输入、存储、查询、分析和显示地理数据的计算机系统，随着GIS的发展，也有称GIS为“地理信息科学”（Geographic Information Science），近年来，也有称GIS为“地理信息服务”（Geographic Information Service）。GIS是一种基于计算机的工具，它可以对空间信息进行分析和处理（简而言之，是对地球上存在的现象和发生的事件进行成图和分析）。GIS技术把地图这种独特的视觉化效果和地理分析功能与一般的数据库操作（例如查询和统计分析等）集成在一起。GIS与其他信息系统最大的区别是对空间信息的存储管理分析，从而使其在广泛的公众和个人企事业单位中解释事件、预测结果、规划战略等具有实用价值。

GIS可以分为以下五部分：

人员，是GIS中最重要的组成部分。开发人员必须定义GIS中被执行的各种任务，开发处理程序。熟练的操作人员通常可以克服GIS软件功能的不足，但是相反的情况就不成立。最好的软件也无法弥补操作人员对GIS的一无所知所带来的负作用。

数据，精确可用的数据可以影响到查询和分析的结果。

硬件，硬件的性能影响到软件对数据的处理速度，使用是否方便及可能的输出方式。

软件，不仅包含GIS软件，还包括各种数据库，绘图、统计、影像处理及其他程序。

过程，GIS要求明确定义，一致的方法来生成正确的可验证的结果。

GIS属于信息系统的一类，不同在于它能运作和处理地理参照数据。地理参照数据描述地球表面（包括大气层和较浅的地表下空间）空间要素的位置和属性，在GIS中的两种地理数据成分：空间数据，与空间要素几何特性有关；属性数据，提供空间要素的信息。

地理信息系统（GIS）与全球定位系统（GPS）、遥感系统（RS）合称3S系统。

地理信息系统（GIS）是一种具有信息系统空间专业形式的数据管理系统。在严格的意义上，这是一个具有集中、存储、操作和显示地理参考信息的计算机系统。例如，根据在数据库中的位置对数据进行识别。实习者通常也认为整个GIS包括操作人员以及输入系统的数据。

地理信息系统（GIS）技术能够应用于科学调查、资源管理、财产管理、发展规划、绘图和路线规划。例如，一个地理信息系统（GIS）能使应急计划者在自然灾害的情况下较易地计算出应急反应时间，或利用 GIS 来发现那些需要保护不受污染的湿地。

2.9 卫星导航定位系统

2007 年，联合国将美国 GPS、中国北斗、俄罗斯格洛纳斯、欧盟伽利略确定为全球四大导航系统。

1. GPS

美国自 1973 年开始研究 GPS 卫星导航系统，其发展经历了若干个阶段。1973—1979 年为概念构思分析测试阶段。1980—1989 年为系统建设阶段。1990—1999 年为系统建成并进入完全运作能力阶段，1993 年实现 24 颗在轨卫星满星运行，分布在 6 个轨道面上，保证在地球的任何地方可同时见到 4~12 颗卫星，使地球上任何地点、任何时刻均可实现三维定位、测速和测时。2000 年后为 GPS 现代化更新阶段。为了提高卫星定位精度和覆盖范围，美国不断提高卫星的数量，截至 2014 年 10 月，美国 GPS 在轨卫星为 30 颗，其中 Block IIA 卫星 3 颗，Block IIR 卫星 12 颗，Block IIR（M）卫星 7 颗，Block IIF 卫星 8 颗。

美国 GPS 卫星导航系统定位服务分为标准定位服务和精密定位服务。标准定位服务先前仅提供 L1C/A 信号。为了迎合美国 GPS 卫星导航系统现代化进程，2014 年 4 月，美国空军宣布在继续提供 L1 C/A 信号的同时增加提供 L2 和 L5 频点无线电信号。L2 和 L5 分别是美国第二代和第三代标准定位服务信号。美国 GPS 卫星导航系统采用 WGS84 坐标系统。根据美国联邦航空管理局的数据显示，其标准定位服务水平面误差为 3.5m、垂直误差为 3.6m。利用其他扩展设备，GPS 卫星导航系统的定位精度可以在几厘米以内。

2. 格洛纳斯

苏联自 1976 年开始组建格洛纳斯卫星导航系统，后由俄罗斯继续跟进。1995 年，建成由 24 颗卫星组成的卫星星座，第一次实现全球覆盖。但由于格洛纳斯卫星平均在轨道上的寿命较短，在随后的时间里，格洛纳斯卫星导航系统在轨可用卫星数量较少，不能独立组网。2011 年，格洛纳斯卫星导航系统第二次实现全球覆盖，共有 31 颗卫星在轨。

3. 伽利略

2002 年，欧盟批准建设伽利略卫星导航系统，整个系统的建设分为两个阶段。第一阶段是在轨测试，包括两颗试验卫星和一个由 4 颗运行卫星组成的卫星星座。2005 年发射了第一颗实验卫星 GIOVE-A，2008 年底再次发射一颗实验卫星 GIOVE-B。2011 年 10 月，欧洲航天局（空间局）发射了 2 颗运行卫星并成功送入第一轨道面，随后又于 2012 年 10 月，发射 2 颗运行卫星并成功送入第二轨道面。第二阶段是全面部署阶段。截至 2015 年，又发射了 14 颗卫星，与先前发射的 4 颗运行卫星形成初步运行系统。2020 年之前，继续再发射 12 颗卫星，届时形成由 30 颗卫星组成的卫星星座。

伽利略卫星导航系统是全球首个基于民用的全球定位系统。根据欧洲航天局（空间局）发布的消息，在轨测试阶段伽利略卫星导航系统的定位精度 95% 水平面误差为 3m、垂直误差为 6m。

4. 北斗

北斗卫星导航系统是我国正在实施的自主发展、独立运行的全球卫星导航系统。以独立自主、开发兼容、技术先进、稳定可靠为目标。卫星星座包括 5 颗静止轨道卫星和 30 颗非静止轨道卫星，地面包括主控站、注入站和监测站等若干个地面站，用户包括北斗用户终端以及与其他卫星导航系统兼容的终端。系统以开放和授权两种方式为用户提供服务，开放方式以免费的形式为用户提供定位、测速和授时服务，授权方式则为用户提供高精度、高可靠的定位、测速、授时和通信服务。北斗卫星导航系统的实施分为三个阶段：2000 年，建成“北斗一代”实验系统；2012 年，具备覆盖亚太地区的定位、导航和授时以及短报文通信服务能力；2020 年左右，建成覆盖全球的北斗卫星导航系统。

2.10 互联网及 IPv6

互联网（英语：Internet），又称网际网路，或音译因特网、英特网，是网络与网络之间所串连成的庞大网络，这些网络以一组通用的协议相连，形成逻辑上的单一巨大国际网络。电信网（telecommunication network）是构成多个用户相互通信的多个电信系统互联的通信体系，是人类实现远距离通信的重要基础设施，利用电缆、无线、光纤或者其他电磁系统，传送、发射和接收标识、文字、图像、声音或其他信号。互联网是所有网络的总称，而电信网只是网络供应商的接入网。

IPv6 是 Internet Protocol Version 6 的缩写，其中 Internet Protocol 译为“互联网协议”。IPv6 是 IETF（互联网工程任务组，Internet Engineering Task Force）设计的用于替代现行版本 IP 协议（IPv4）的下一代 IP 协议。

IPv6 的地址长度为 128b，是 IPv4 地址长度的 4 倍。于是 IPv4 点分十进制格式不再适用，采用十六进制表示。IPv6 有 3 种表示方法。

1. 冒分十六进制表示法

格式为 X:X:X:X:X:X:X:X，其中每个 X 表示地址中的 16b，以十六进制表示，例如：

ABCD:EF01:2345:6789:ABCD:EF01:2345:6789

这种表示法中，每个 X 的前导 0 是可以省略的，例如：

2001:0DB8:0000:0023:0008:0800:200C:417A→2001:DB8:0:23:8:800:200C:417A

2. 0 位压缩表示法

在某些情况下，一个 IPv6 地址中间可能包含很长的一段 0，可以把连续的一段 0 压缩为“::”。但为保证地址解析的唯一性，地址中“::”只能出现一次，例如：

FF01:0:0:0:0:0:0:1101 → FF01::1101

0:0:0:0:0:0:0:1 → ::1

0:0:0:0:0:0:0:0 → ::

3. 内嵌 IPv4 地址表示法

为了实现 IPv4 和 IPv6 互通，IPv4 地址会嵌入 IPv6 地址中，此时地址常表示为：X:X:X:X:X:X:d.d.d.d，前 96b 采用冒分十六进制表示，而最后 32b 地址则使用 IPv4 的点分十进制表示，例如：:192.168.0.1 与 ::FFFF:192.168.0.1 就是两个典型的例子，注意在前 96b 中，压缩 0 位的方法依旧适用。

IPv6 不可能立刻替代 IPv4，因此在相当一段时间内 IPv4 和 IPv6 会共存在一个环境中。要提供平稳的转换过程，使得对现有的使用者影响最小，就需要有良好的转换机制。这个议题是 IETF ngtrans 工作小组的主要目标，有许多转换机制被提出，部分已被用于 6Bone 上。IETF 推荐了双协议栈、隧道技术以及网络地址转换等转换机制。隧道技术就是必要时将 IPv6 数据包作为数据封装在 IPv4 数据包里，使 IPv6 数据包能在已有的 IPv4 基础设施（主要是指 IPv4 路由器）上传输的机制（图 2-10-1）。随着 IPv6 的发展，出现了一些运行 IPv4 协议的骨干网络隔离开的局部 IPv6 网络，为了实现这些 IPv6 网络之间的通信，必须采用隧道技术。隧道对于源站点和目的站点是透明的，在隧道的入口处，路由器将 IPv6 的数据分组封装在 IPv4 中，该 IPv4 分组的源地址和目的地址分别是隧道入口和出口的 IPv4 地址，在隧道出口处，再将 IPv6 分组取出转发给目的站点。隧道技术的优点在于隧道的透明性，IPv6 主机之间的通信可以忽略隧道的存在，隧道只起到物理通道的作用。隧道技术在 IPv4 向 IPv6 演进的初期应用非常广泛。但是，隧道技术不能实现 IPv4 主机和 IPv6 主机之间的通信。

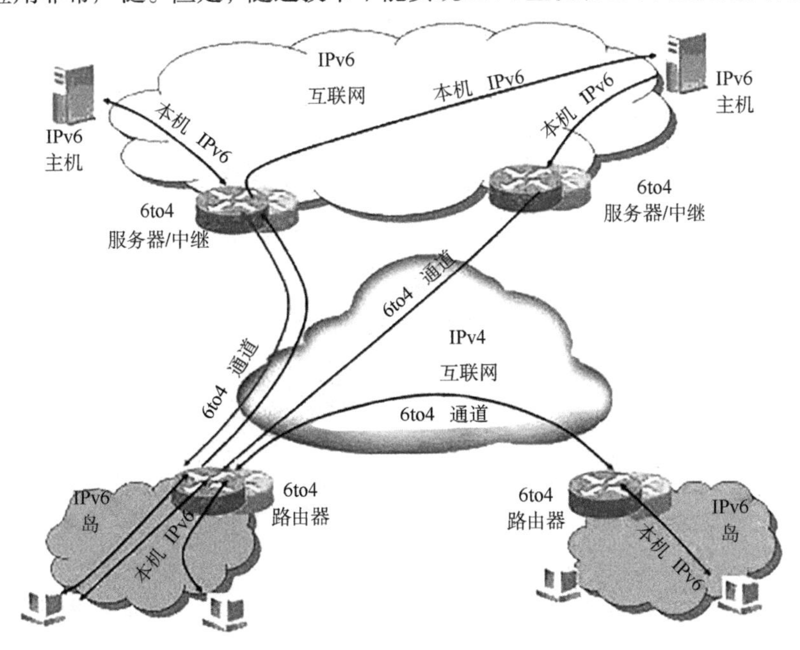

图 2-10-1　隧道技术

典型的 IPv6 网解决方案如图 2-10-2 所示。

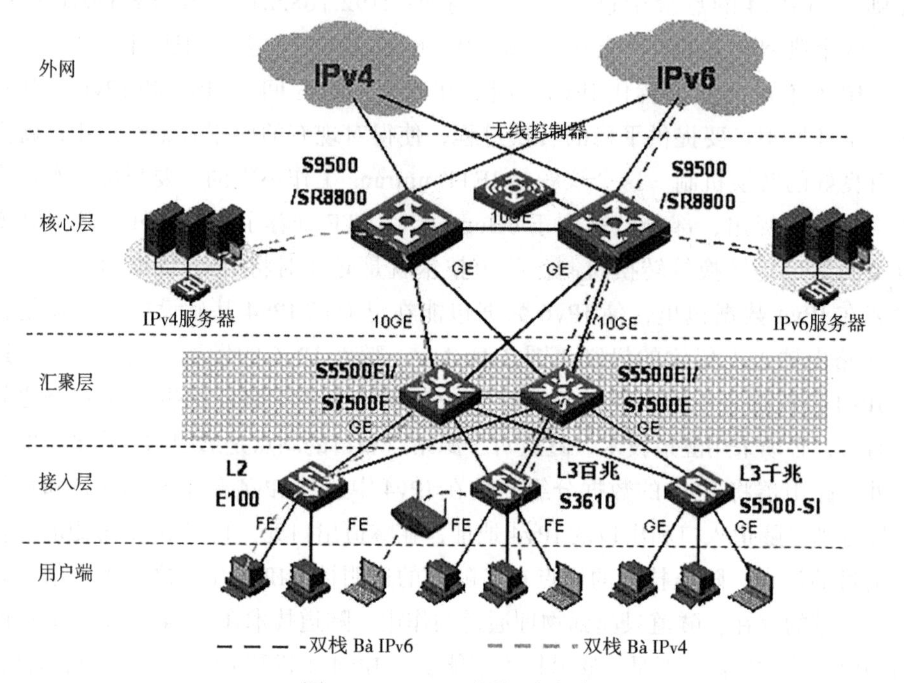

图 2-10-2 IPv6 网解决方案

第3章 人工智能建筑

本章是国内系统性论述“AI+智慧建筑”“AI建筑”的原创性研究成果。主要内容包括：AI建筑内涵，AI建筑云脑及类脑计算，AI建筑情感计算，多智能体建筑，AI建筑知识图谱，AI+智慧建筑场景，AI建筑产业链及产业生态，从AI建筑到AI城市和多智能体城市，AI建筑发展建议。本章的主要研究目标是将人工智能理论与技术应用到建筑产业，并与建筑场景进行深度融合，解决智慧建筑发展中的关键问题，在建筑节能、故障诊断、故障预警、风险防控、应急管理、多维度可视化、建模仿真、多源数据关联挖掘、多目标关联优化决策、BIM项目管理等细分领域做融合探索。对未来趋势做出如下研判：AI建筑产业链将牵动整个智慧城市产业链；AI建筑将引发和推动新一轮建筑工业革命；AI建筑将成为推动智慧城市发展的基石。在此基础上，未来城市理念下的AI城市、5G城市、数智城市等都将相继诞生并逐步走向成熟。

3.1 AI建筑内涵

本书给出的AI建筑定义为：具有实时感知、高效传输、自主精准控制、自主学习、个性化定制、自组织协同、自寻优进化、智能决策、价值互联与再造能力的建筑物。

“AI+智慧建筑”是指以人工智能理论、技术、方法为核心驱动力驱动智慧建筑发展的产业和学术新形态。“智慧建筑+AI”是指以智慧建筑为主体，融合人工智能的产业和学术新形态。兼容“AI+智慧建筑”“智慧建筑+AI”二者内涵的新建筑形态称为“AI建筑”，也称为“超智能建筑”。

近年来，随着人工智能与机器人技术的快速发展，AI与建筑呈现出紧耦合的趋势。典型的如：波士顿动力的四足BigDog机器人已经进入家庭、公共建筑物空间，辅助或代替人类实现一些诸如控制电梯、搬运物品的工作（图3-1-1）。

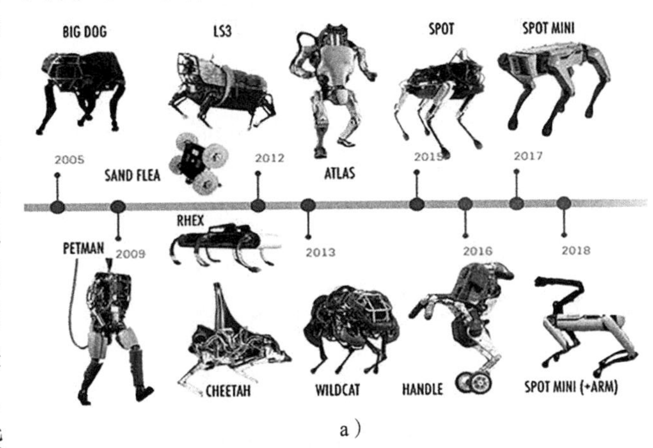

a）

图3-1-1 AI与建筑紧耦合例子

a）波士顿动力机器人家族

b）

图 3-1-1　AI 与建筑紧耦合例子（续）

b）机器人进入建筑空间

产业视角下，本书认为 AI 是建立在大数据、云、物联网及智能计算（主要是各种 AI 算法）基础上的概念，可简单表示为：AI = 大数据 + 云 + 物联网 + 智能计算。产业 AI 则是在以上基础上再加应用场景。建筑工业 AI 则是将“应用场景”聚焦到建筑应用场景的一类产业 AI。对于 AI、产业 AI 及建筑工业 AI 的理解如图 3-1-2 所示。

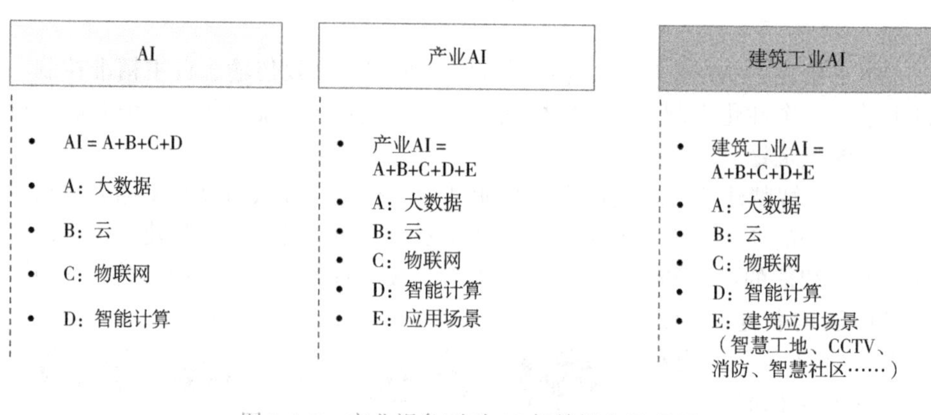

图 3-1-2　产业视角下对 AI 相关概念的理解

3.2　AI 建筑云脑及类脑计算

本书所述智慧建筑云脑的概念起源于智能机器人领域。近两年，麻省理工学院计算机科学和人工智能实验室与波士顿大学一起研制出了通过人脑直觉控制的手眼协调的智能机器人，如图 3-2-1 所示。

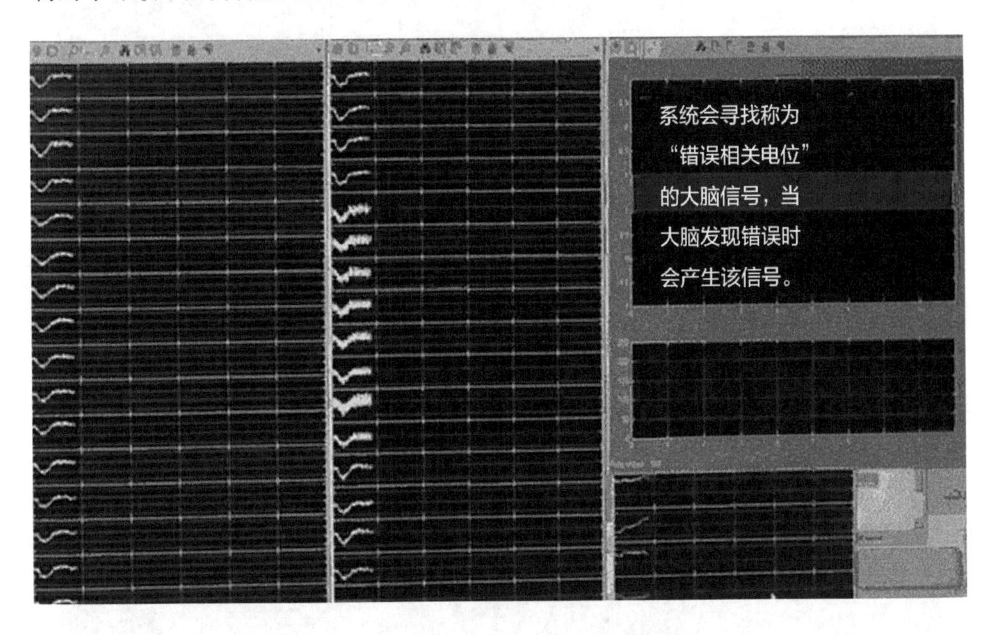

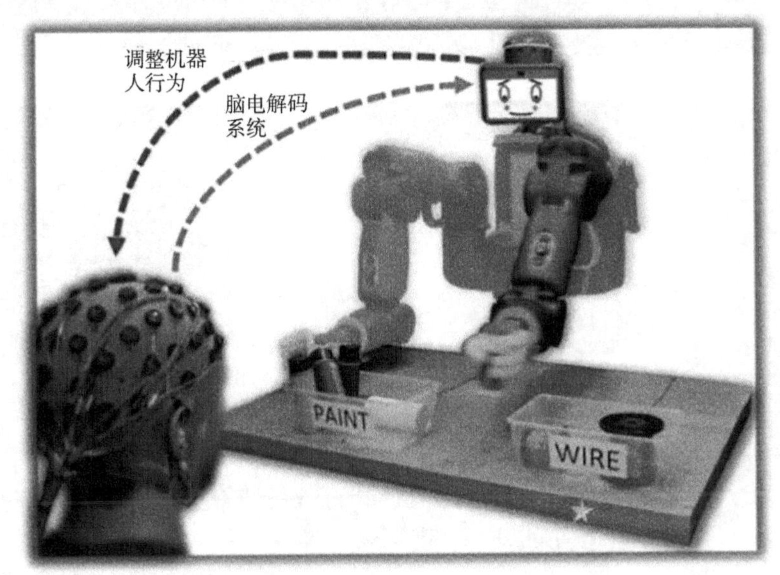

图 3-2-1　人脑直觉控制智能机器人项目

（来源：麻省理工学院、波士顿大学）

国内阿里巴巴公司提出的 ET 城市大脑的基本架构如图 3-2-2 所示。

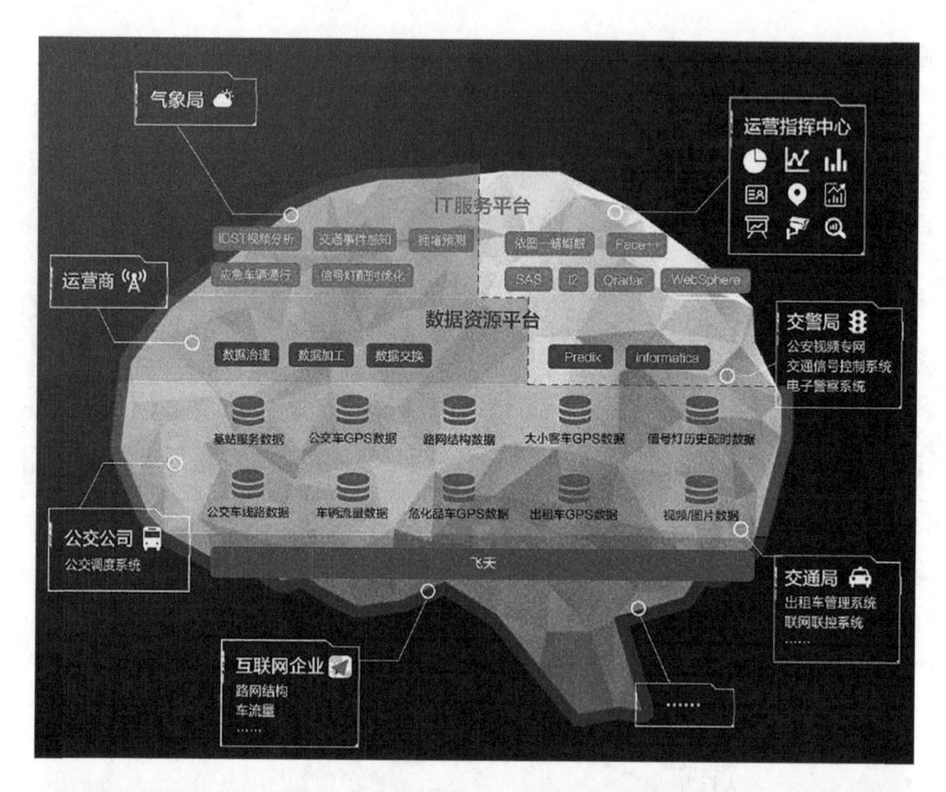

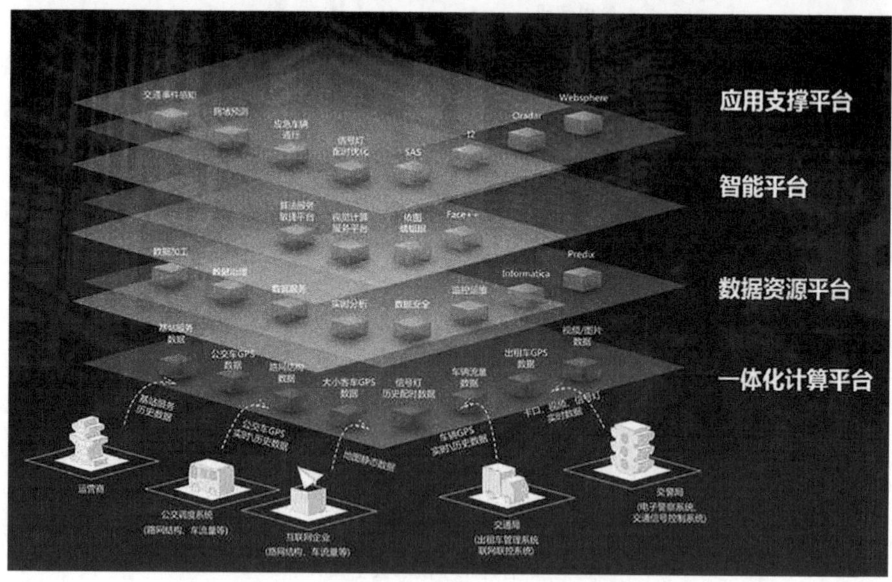

图 3-2-2 阿里巴巴公司提出的 ET 城市大脑

（来源：阿里云）

本书提出的智慧建筑云脑的基本架构如图 3-2-3 所示。

公共引擎资源
建筑系统数据库
建筑服务资源
建筑云脑管理软件
AI算法和平台
建筑云脑接口
云脑硬件

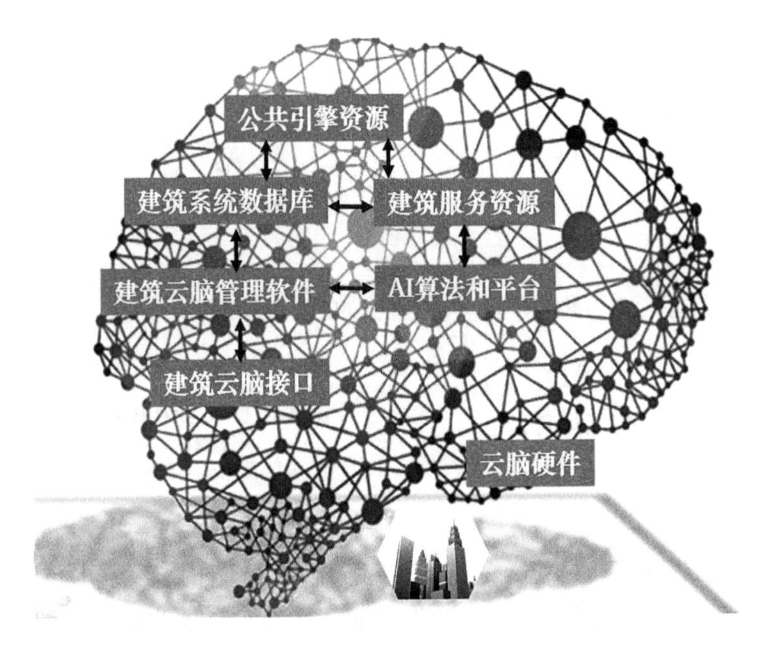

图 3-2-3　智慧建筑云脑

智慧建筑云脑 PaaS 层的一般解决方案（技术方案）如图 3-2-4 所示。

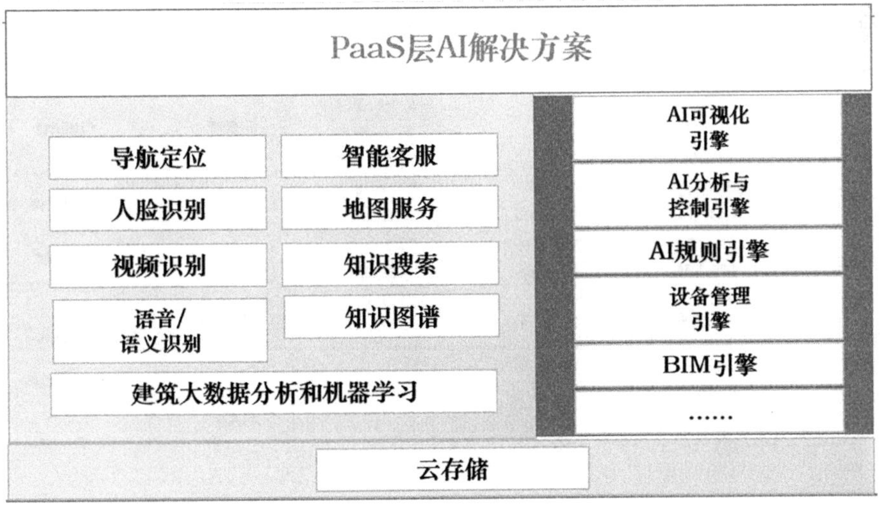

PaaS层AI解决方案
导航定位
智能客服
人脸识别
地图服务
视频识别
知识搜索
语音/
语义识别
知识图谱
建筑大数据分析和机器学习
AI可视化
引擎
AI分析与
控制引擎
AI规则引擎
设备管理
引擎
BIM引擎
……
云存储

图 3-2-4　智慧建筑云脑 PaaS 层技术方案

智慧建筑云脑 SaaS 层针对建筑后生命周期提供服务的一般解决方案（技

术方案）如图 3-2-5 所示。

针对建筑后生命周期SaaS服务
AI+
设备运行云
AI+
物业运维云
AI+
（专家系统、数据挖掘、预测、AI客服）
AI+
集团运营云
AI+
建筑工（产）业互联网
运营云

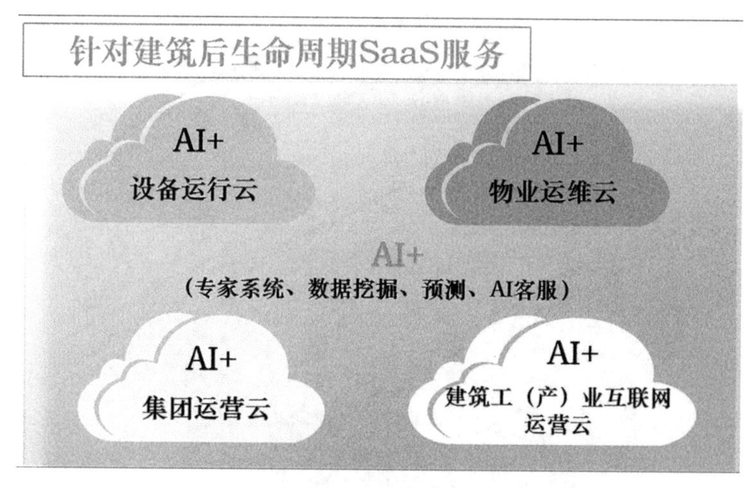

图 3-2-5　智慧建筑云脑 SaaS 层技术方案

智慧建筑云脑内涵的要点一：自主智能控制，强调人的干预尽可能少。

智慧建筑云脑内涵的要点二：数据智能。具备大数据智能挖掘分析及利用能力，如图 3-2-6 所示。

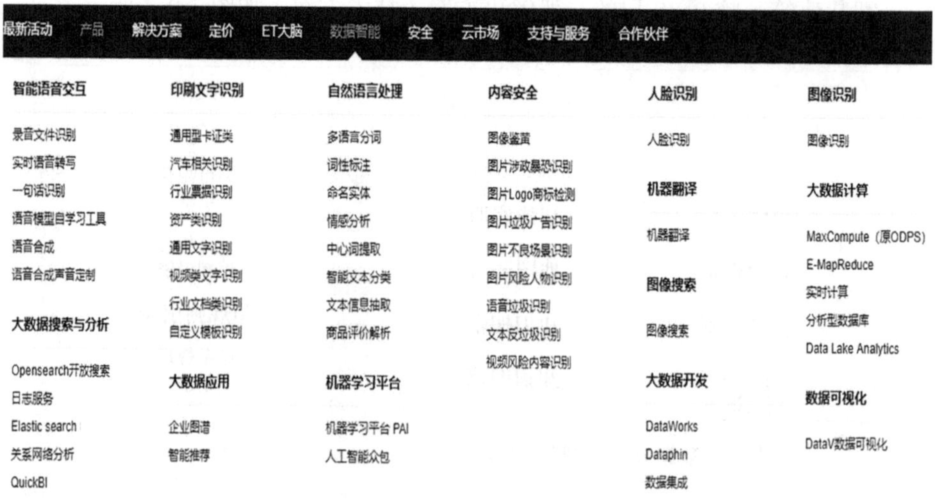

最新活动
产品
解决方案
定价
ET大脑
数据智能
安全
云市场
支持与服务
合作伙伴
智能语音交互
录音文件识别
实时语音转写
一句话识别
语音模型自学习工具
语音合成
语音合成声音定制
大数据搜索与分析
Opensearch开放搜索
日志服务
Elastic search
关系网络分析
QuickBI
印刷文字识别
通用型卡证类
汽车相关识别
行业票据识别
资产类识别
通用文字识别
视频类文字识别
行业文档类识别
自定义模板识别
大数据应用
企业图谱
智能推荐
自然语言处理
多语言分词
词性标注
命名实体
情感分析
中心词提取
智能文本分类
文本信息抽取
商品评价解析
机器学习平台
机器学习平台 PAI
人工智能众包
内容安全
图像鉴黄
图片涉政暴恐识别
图片Logo商标检测
图片垃圾广告识别
图片不良场景识别
图片风险人物识别
语音垃圾识别
文本反垃圾识别
视频风险内容识别
人脸识别
人脸识别
机器翻译
机器翻译
图像搜索
图像搜索
大数据开发
DataWorks
Dataphin
数据集成
图像识别
图像识别
大数据计算
MaxCompute（原ODPS）
E-MapReduce
实时计算
分析型数据库
Data Lake Analytics
数据可视化
DataV数据可视化

图 3-2-6　数据智能

（来源：阿里云）

智慧建筑云脑内涵的要点三：云端远程管理与控制。云管理与控制器架构如图 3-2-7 所示，其特点是可编程、可组态、智能化。

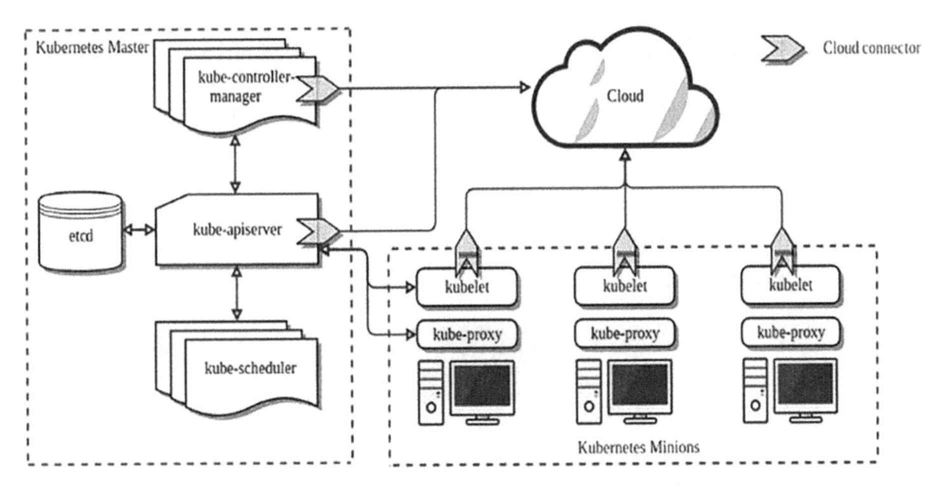

图 3-2-7 云管理与控制器

智慧建筑云脑的实际落地方式是“云 +AI”，即在原有建筑云平台基础上再增加 AI 功能。典型的“云 +AI”实现如阿里云机器学习和深度学习平台 PAI。阿里云机器学习和深度学习平台 PAI（Platform of Artificial Intelligence），为传统机器学习提供上百种算法和大规模分布式计算的服务；为深度学习客户提供单机多卡、多机多卡的高性价比资源服务，支持最新的深度学习开源框架；帮助开发者和企业客户弹性扩缩计算资源，轻松实现在线预测服务。PAI 提供的 AI 功能模块如图 3-2-8 所示。

图 3-2-8 PAI 提供的 AI 功能模块

其深度学习 GPU 支持 TensorFlow、MXNet、Caffe 行业主流深度学习框架及底层的 GPU 集群计算。

建筑现场接入智慧建筑云脑的技术方案如图 3-2-9 所示。

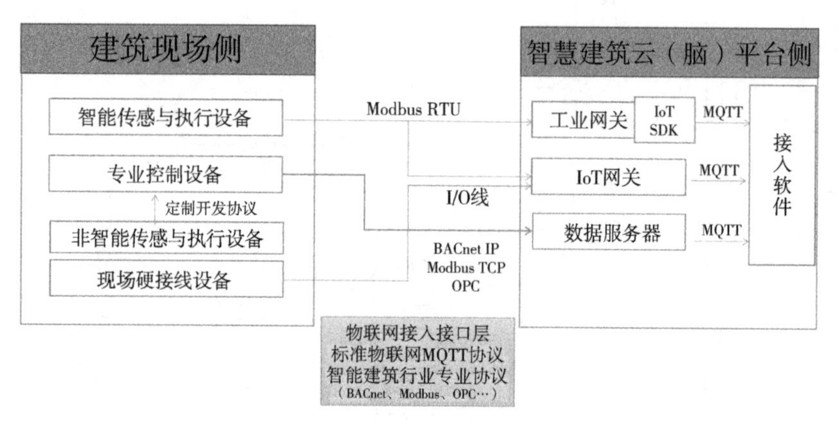

图 3-2-9　建筑现场接入智慧建筑云脑

智慧建筑云脑内涵的要点如下：

要点一：自主智能控制，强调人的干预尽可能少。

要点二：数据智能，具备大数据智能挖掘分析及利用能力。

要点三：远程云管控，具有云端管理与控制器，强调其可编程、可组态能力。

AI 建筑的产业化应用框架如图 3-2-10 所示。

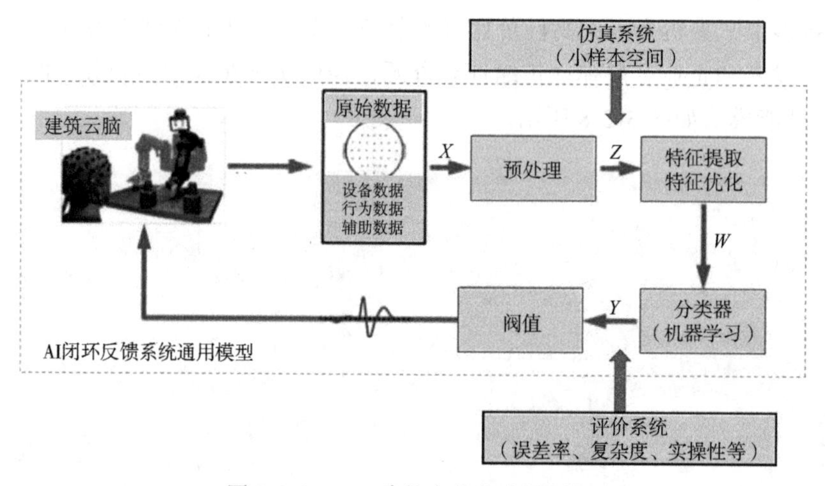

图 3-2-10　AI 建筑产业化应用框架

类脑计算是仿真、模拟和借鉴大脑生理结构和信息处理过程的装置、模型和方法，其目标是制造类脑计算机和类脑智能，相关研究已经有二十多年的历史。类脑计算采用的技术路线为：结构层次模仿脑（非冯·诺依曼体系结构），器件层次逼近脑（神经形态器件替代晶体管），智能层次超越脑（主要靠自主学习训练而不是人工编程）。从医学角度看，大多数神经学家都同意大脑也会进行某种计算的说法，但认为大脑是通过改变脑细胞或神经元之间的连接来实现计算的，即大脑输入一堆无序的信息，帮助大脑改变结构，进而产生更加适应环境需要的行为。这个观点是由 Locke、Hume、Berkeley 等经验主义哲学家提出来的。简单来说，就是经验对大脑产生影响，再影响大脑之后的经验。从数学模型、软硬件角度模拟、开发具备人类大脑智能化功能的器件和产品是人工智能领域近年来的热点方向。

深度学习（Deep Learning）是当今类脑计算中正在蓬勃发展的一类新兴算法，在图像、语音、文本等各种应用领域中正在取得令人振奋的结果。深度学习的快速发展和它的复杂非线性结构与人脑天然神经网络深层结构具有高度吻合性密切相关，深度学习对提取到的深度特征的处理机制有效地模仿了人脑对信息的分层过滤与处理机制。2006 年人工智能学家 Hinton 曾提出观点：多隐层神经网络具有优异的学习能力，学习到的特征能对数据进行更本质的表示。在互联网 + 和大数据时代真正到来的今天看来，我们需要充分挖掘利用深度学习、多隐层神经网络的优势，对数据进行优化与处理，让数据发挥更大的应用价值。

基于类脑计算的建筑云脑采用强化学习算法架构，智慧建筑 AI 闭环认知计算系统架构如图 3-2-11 所示。

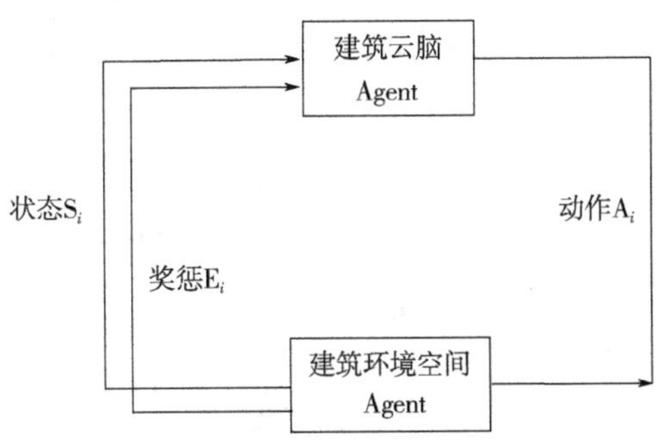

图 3-2-11　智慧建筑 AI 闭环认知计算系统架构

这种系统架构是一种基于“环境检测——状态驱动——直接反馈控制”AI 闭环机理的全新型架构，与传统的分布式控制系统架构具有本质区别。分布式控制系统架构更多强调的是分子系统进行逐层逐级控制和管理，对子系统的边界及控制管理层级的边界具有较为严格的约束。AI 闭环认知计算系统架构的特点是：

（1）并不强调子系统和层级的概念，弱化甚至消除边界约束，以建筑智慧化统一管理需求为依据，遴选并标注“元智能体”（Data Agent，简称 DA）。

（2）用建筑云脑智能体（Building Cloud Brain Agent，简称 BCBA）统一直接管理各“元智能体”，是制定并发出管理策略（Policy）的机构。

（3）以建筑系统状态（Building State，简称 BS）变化作为系统反馈动作（Building Action，简称 BA）的驱动力，是一种系统内部自组织、自适应的直接驱动，而非人工干预的驱动。

（4）通过建筑环境空间反馈给建筑云脑的奖惩变量（Building Error，简称 BE）来不断修正控制和管理偏差，并做奖惩累计，依据累计结果再给出动作输出修正。使系统在不断地探索尝试和循环迭代中实现人类“经验”的模拟，并进行“记忆”，从而实现自主学习和进化。

智慧建筑人工智能闭环认知计算系统核心要素的符号表示方法如下：

（1）元智能体：DA = {Data，AI}，一个“元智能体”包含两个维度——数据、人工智能算法。

（2）建筑云脑智能体：BCBA ={BigData，Policy，AI}，包含三个维度——大数据、策略、人工智能算法。

（3）状态：BS={S_1，S_2，…，S_n}，S_i 为状态变量，$i = 1$，2，…，n。

（4）动作：BA = {A_1，A_2，…，A_n}，A_i 为动作变量，$i = 1$，2，…，n。

（5）奖惩：BE= {E_1，E_2，…，E_n}，E_i 为奖惩变量，$i = 1$，2，…，n。

智慧建筑云脑类脑计算中的视觉计算实现途径——仿生视觉系统如图 3-2-12 所示。

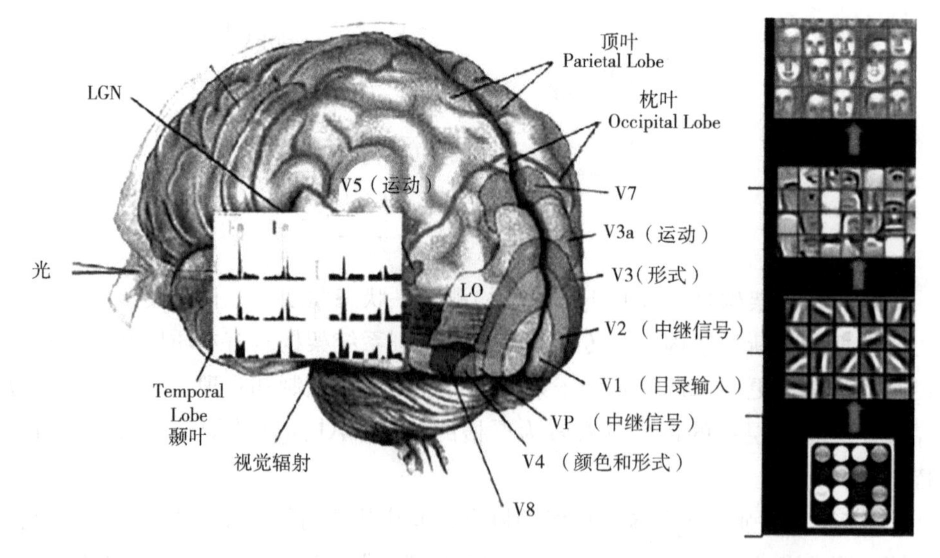

图 3-2-12　智慧建筑仿生视觉系统

仿生视觉系统中图像深度学习采用的卷积神经网络（CNNs）算法系统架构如图 3-2-13 所示。

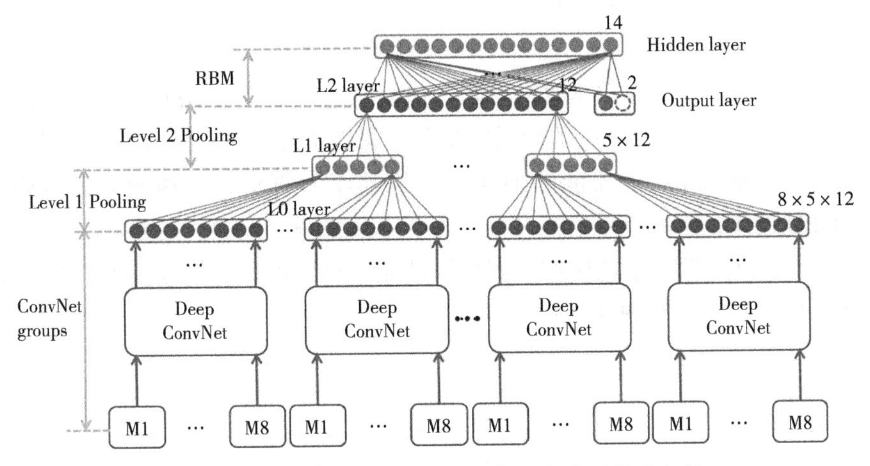

图 3-2-13　仿生视觉系统中的图像深度学习算法架构

可实现上述仿生视觉系统的卷积神经网络架构如图 3-2-14 所示。

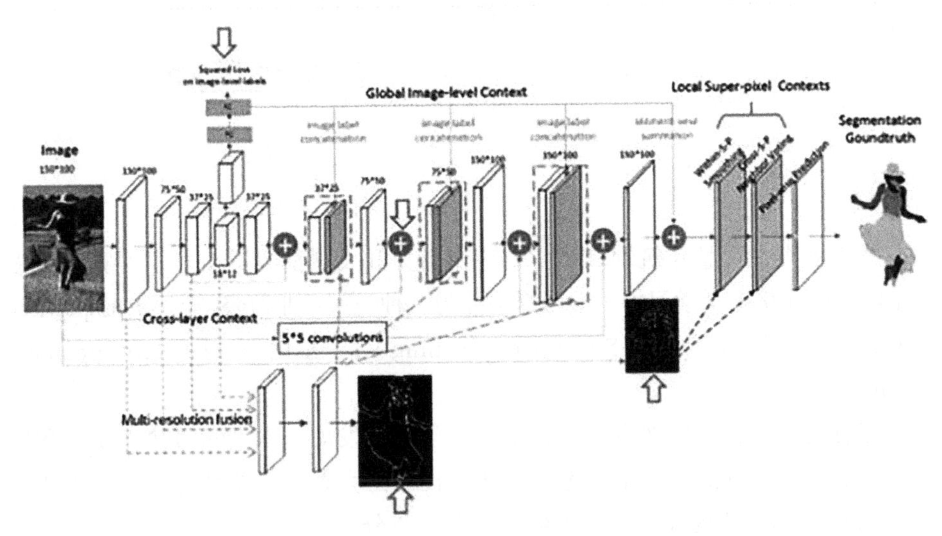

图 3-2-14　仿生视觉系统的卷积神经网络架构示意

目前深度学习中最广泛使用的神经网络是卷积神经网络（CNNs），它能够将非结构化的图像数据转换成结构化的对象标签数据。CNNs 的工作流程如下：第一步，卷积层扫描输入图像以生成特征向量；第二步，激活层确定在图像推理过程中哪些特征向量应该被激活使用；第三步，使用池化层降低特征向量的大小；第四步，使用全连接层将池化层的所有输出和输出层相连。

训练速度和算法的执行速度是制约深度学习产业化应用的一个重要瓶颈。深度学习加速器目前有三种：①图形处理器 GPU；②专用神经网络计算芯片；③大规模运算核集联。一片 GPU 通过编程可以加速各种各样的神经网络算法。神经网络芯片的加速效果更好，往往能达到同品级 GPU 的 1.5 倍左右，但是其通用性较差，一般一款神经网络芯片只能加速一种或几种神经网络算法。例如：PuDianNao 加速器能够加速若干机器学习算法，加速效果是 NVIDIA K20 GPU 的 1.2 倍。

目前，自主学习落地应用较好的算法是：神经网络、深度学习。其典型算法架构如图 3-2-15 和图 3-2-13 所示。

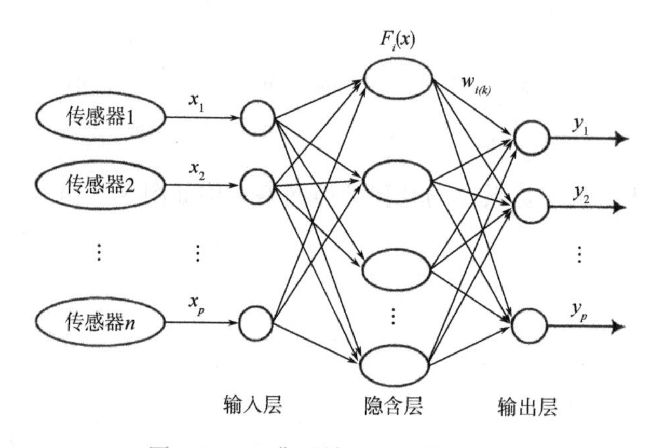

图 3-2-15　典型神经网络算法架构

另外一类在智慧建筑领域非常有应用潜力和发展前景的机器学习算法是强化学习。在连接主义学习中，学习算法分为三种类型：非监督学习（Unsupervised Learning），监督学习（Supervised Leaning），强化学习（Reinforcement Learning）。

智慧建筑云脑的发展主要依赖于机器学习的发展。深度学习快速发展和广泛应用取决于 3 方面：一是理论和算法的提出与完善；二是计算能力（主要是 GPU 并行计算）的提高；三是大数据的采集与分析。

智慧建筑类脑计算机的研制方法如图 3-2-16 所示。

智慧建筑类脑智能计算的发展依赖软件和硬件两个方面。软件方面包含两个角度：①使智能计算模型在结构上更加类脑；②在认知和学习行为上更加类人。模型和方法的探索和改善是关键，如：模拟人的少样本和自适应学习，可以使智能系统具有更强的小样本泛化能力和自适应性。硬件方面主要是要研发新型类脑计算芯片，如：神经网络计算芯片，目标是相比当前的 CPU 和 GPU 计算架构提高计算效率和降低能耗。

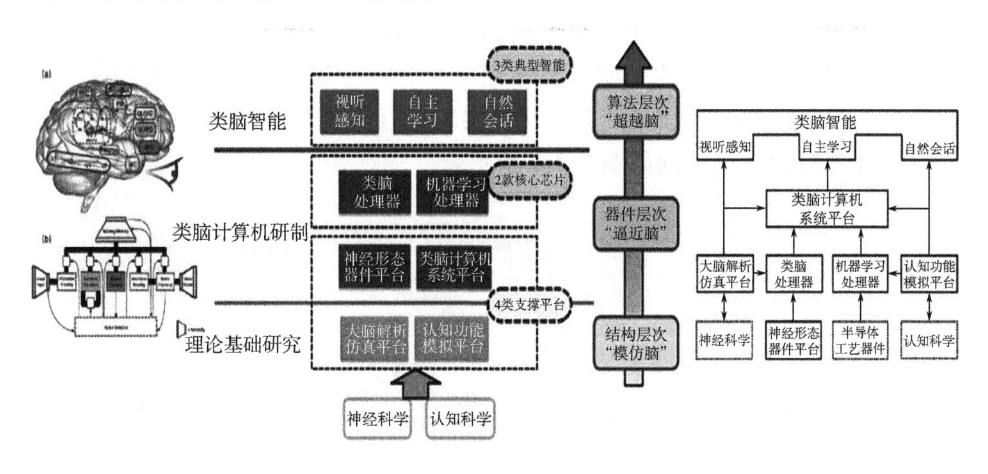

图 3-2-16　智慧建筑类脑计算机的研制方法

3.3　AI 建筑情感计算

情感计算的概念 1995 年由 Picard 提出，并于 1997 年正式出版《Affective Computing（情感计算）》。在书中，她指出“情感计算就是针对人类的外在表现，能够进行测量和分析并能对情感施加影响的计算”，开辟了计算机科学的新领域，其思想是使计算机拥有情感，能够像人一样识别和表达情感，从而使人机交互更自然。情感互动方法认为应从一个对情感建设性的、人文决定性视角展开，而非从认知和生物学这一更传统的角度出发，这种方法将重点放在使人们获得可以反映情感的体验并以某种方式来修改他们的反应。2015 年阅面科技推出了情感认知引擎：ReadFace。由云（利用数学模型和大数据来理解情感）和端（SDK）共同组成，嵌入任何具有摄像头的设备来感知并识别表情，输出人类基本的表情运动单元、情感颗粒和人的认知状态，广泛应用于互动游戏智能机器人（或智能硬件）、视频广告效果分析、智能汽车、人工情感陪伴等。目前国外已经有一部分研究者开始展开在深度情感计算方面的研究，如 Ayush Sharma 等人利用语言数据联盟（Linguistic Data Consortium，LDC）中的情绪韵律的语音和文本，基于交叉验证和引导的韵律特征提取与分类深层情感识别。随着后续情感方面的深度研究，多模型认知和生理指标相结合、动态完备数据库的建立以及高科技智能产品的加入等成为情感计算相关研究的一个趋势，从而更好地实现对用户行为进行预测、反馈和调制，从而实现更自然的人机交互。

情感计算的理论基础如图 3-3-1 所示。

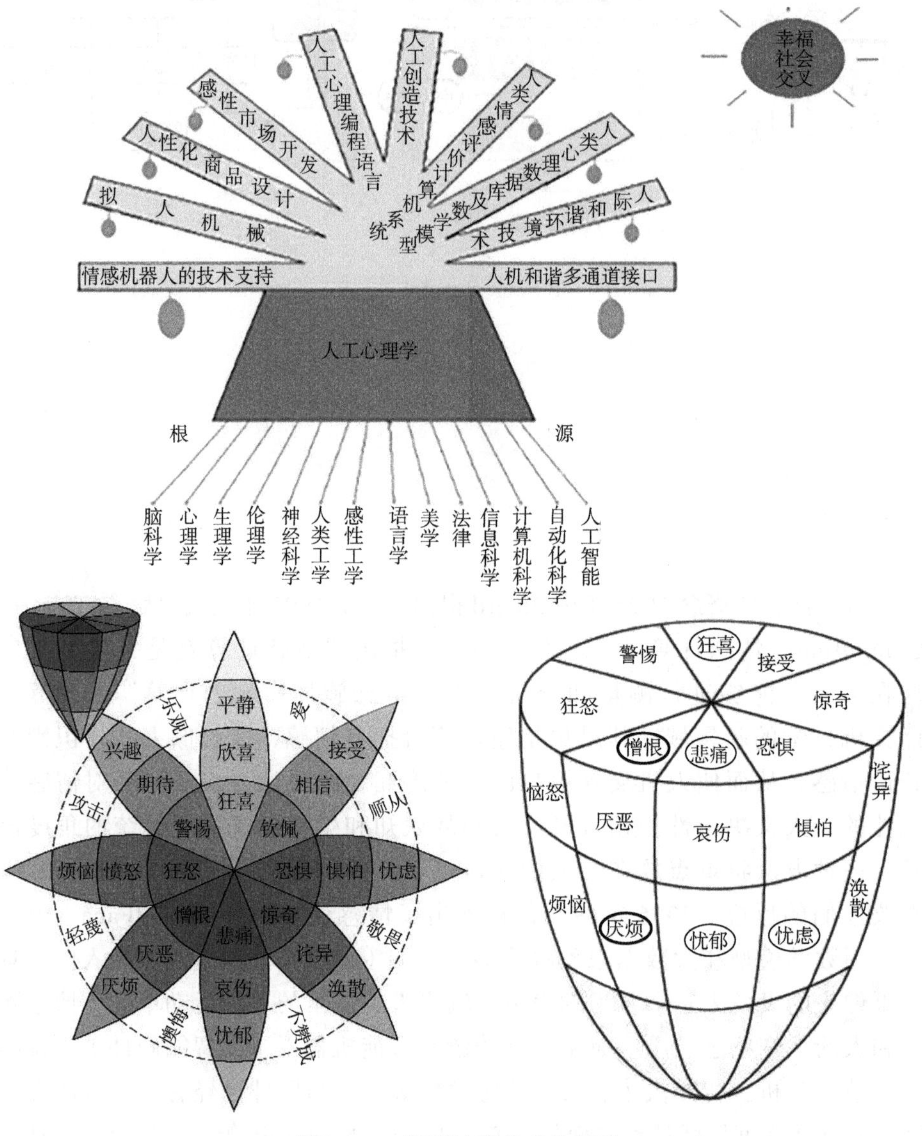

图 3-3-1 情感计算的理论基础

那么，建筑物有情感吗？建筑物可以进行情感计算吗？目前的人工智能还很难达到情感智能水平，智慧建筑在健康程度、节能程度、人机友好程度、设备（机器）运行状态方面的情感计算需要探索。例如，可以给出如图 3-3-2 所示的“建筑物情绪”初步诊断结果。

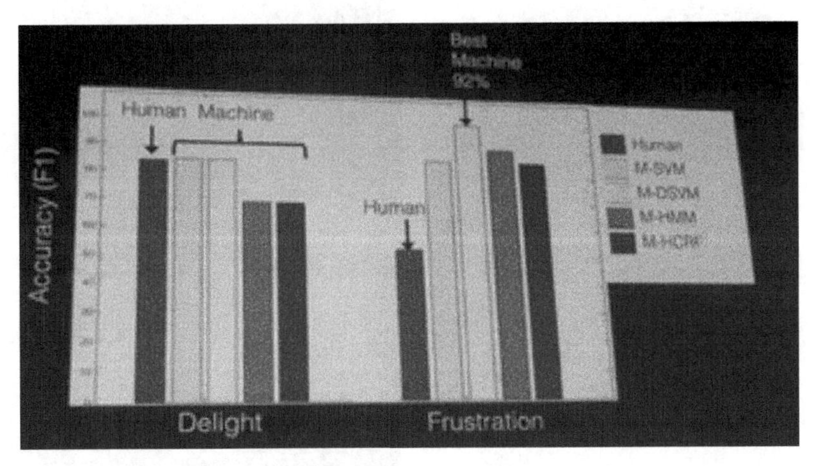

图 3-3-2　建筑物情绪初步诊断结果示意

3.4　多智能体建筑

3.4.1　多智能体理论

多智能体（Multi-Agent）理论目前已广泛应用于军事、城市、经济、工业、建筑、物流、供应链等领域，世界上许多数学家、经济学家、人工智能学家等都正在对该系统进行深入研究。

多智能体理论为多自主体传感器网络、自组织动态智能网络、无线传感网络、城市物联网络等的发展提供了理论支撑，能够很好地描述和解释现实世界中的智能化应用系统。智慧城市系统非常适合应用该理论。

多智能体理论的研究最初受到大自然中生物群体的启发，鱼群、蚁群、蜂群、雁群等生命群体可以自行组织编队，以应对自然界的特定环境冲击，这是多智能体理论得以诞生的灵感源泉（图 3-4-1）。

图 3-4-1　自然界中的群体智能

广义地看，ZigBee 协议的发明也可以看作是通信和网络空间中的一种群体智能，其组网与协同方式如图 3-4-2 所示。

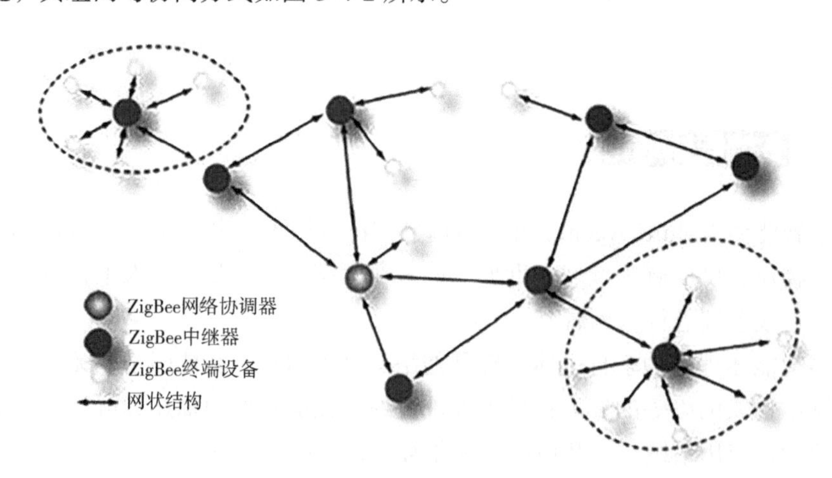

图 3-4-2　ZigBee 网络群体智能

多智能体系统（MAS）是多个智能体组成的集合，其多个智能体成员之间相互协调，相互服务，共同完成一个任务。它的目标是将大而复杂的系统建设成小的、彼此互相通信和协调的、易于管理的系统。各智能体成员之间的活动是自治独立的，其自身的目标和行为不受其他智能体成员的限制，它们通过竞争和磋商等手段协商和解决相互之间的矛盾和冲突。MAS 主要研究目的是通过多个智能体所组成的交互式团体来求解超出智能体个体能力的大规模复杂问题。

多智能体系统用于解决实际问题的优势，归纳起来主要有以下几点：

1）在多智能体系统中，每个智能体具有独立性和自主性，能够解决给定的子问题，自主地推理和规划并选择适当的策略，并以特定的方式影响环境。

2）多智能体系统支持分布式应用，所以具有良好的模块性、易于扩展性并且设计灵活简单，克服了建设一个庞大的系统所造成的管理和扩展的困难，能有效降低系统的总成本。

3）在多智能体系统的实现过程中，不追求单个庞大复杂的体系，而是按面向对象的方法构造多层次、多元化的智能体，其结果降低了系统的复杂性，也降低了各个智能体问题求解的复杂性。

4）多智能体系统是一个讲究协调的系统，各智能体通过互相协调去解决大规模的复杂问题；多智能体系统也是一个集成系统，它采用信息集成技术，将各子系统的信息集成在一起，完成复杂系统的集成。

5）在多智能体系统中，各智能体之间互相通信，彼此协调，并行地求解问题，因此能有效地提高问题求解的能力。

6）多智能体技术打破了人工智能领域仅仅使用一个专家系统的限制。在 MAS 环境，各领域的不同专家可协作求解某一个专家无法解决或无法很好解决的问题，提高了系统解决问题的能力。

7）智能体是异质和分布的。它们可以是不同的个人或组织，采用不同的设计方法和计算机语言开发而成，因而可能是完全异质和分布的。

8）处理是异步的。由于各智能体是自治的，每个智能体都有自己的进程，按照自己的运行方式异步地进行。

3.4.2 多智能体建筑及其学习框架

多智能体建筑是基于多智能体理论的人工智能建筑。在多智能体建筑内涵中，认为建筑由若干个各自独立又相互连接（通信）的多智能体组成，单个智能体称为“智慧建筑元细胞”（Smart Building Metacellular，SBM）。SBM

具有如下能力：自我传播、群体交互、自学习、自适应、持续优化、安全可信。多智能体建筑是一个自组织动态智能网络，是组成多智能体城市（Multi-Agent City，MAC）的“元细胞”，即“智慧城市元细胞”（Smart City Metacellular，SCM）。多种先进信息化技术可应用于“智慧建筑元细胞”及“智慧城市元细胞”，例如：区块链可用于构建并优化多智能体建筑、多智能体城市的商业模式，人工智能可用于优化多智能体建筑、多智能体城市局部和整体的智能性。

图 3-4-3　智慧城市元细胞（SCM）

智慧城市元细胞如图 3-4-3 所示。

多智能体城市由“智慧城市元细胞”（多智能体建筑）自组织生长而成，如图 3-4-4 所示。

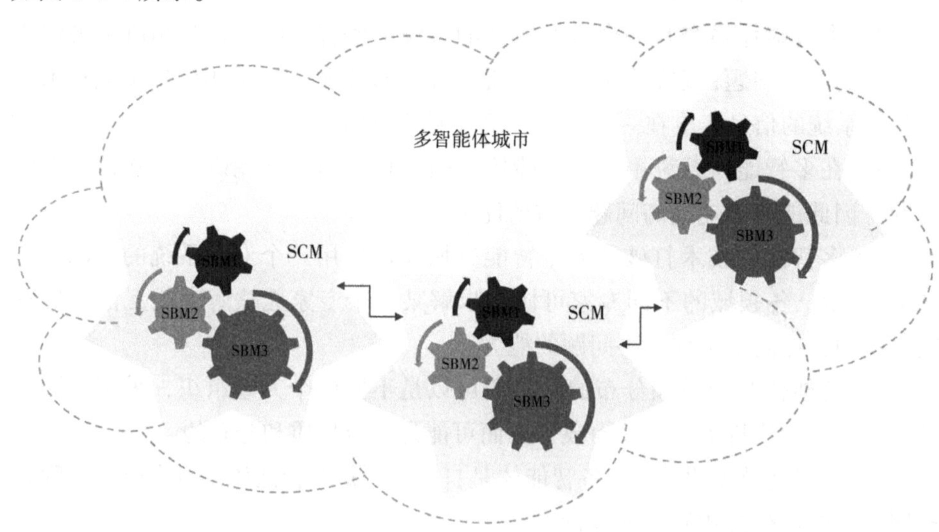

图 3-4-4　多智能体建筑连接而成的多智能体城市

多智能体建筑通过区块链、4G/5G 等加密或通信方式连接而成的多智能体城市如图 3-4-5 所示。

强化学习研究的是智能体与环境之间交互的任务，也就是让智能体像人类一样通过试错，不断地学习在不同的环境下做出最优的动作，而不是有监督地直

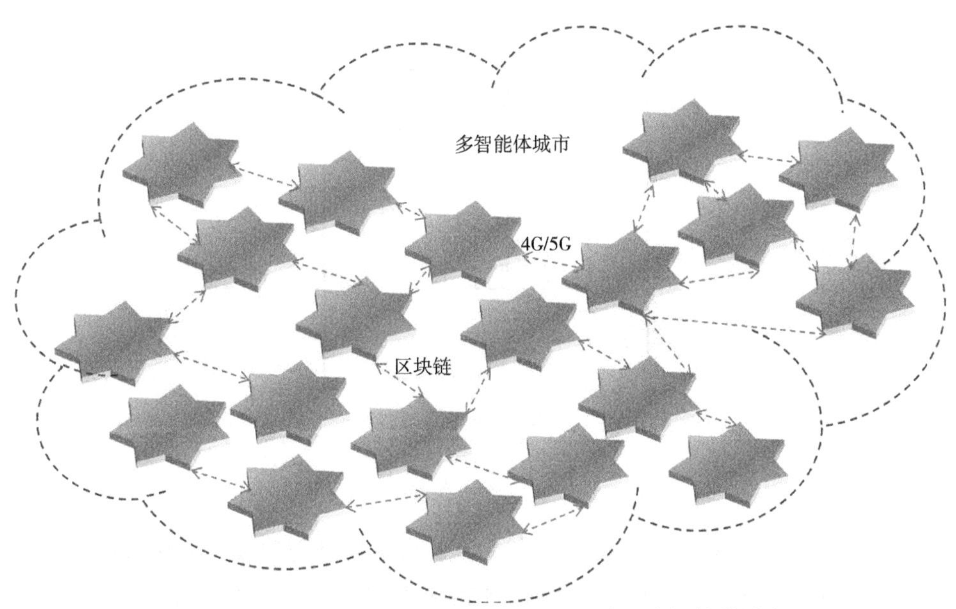

图 3-4-5　由多智能体建筑自组织生长而成的多智能体城市

接告诉智能体在什么环境下应该做出什么动作［“trial-and-error learning”，在尝试和试验中发现好的 policy（策略）］。采用边获得样例边学习的方式，在获得样例之后更新自己的模型，利用当前的模型来指导下一步的行动，下一步的行动获得 reward 之后再更新模型，不断迭代重复直到模型收敛（图 3-4-6）。算法分为两个部分：Actor 和 Critic。Actor 更新策略，Critic 更新价值。如图 3-4-7 所示。

1. Initialization
   $v(s) \in \mathbb{R}$ and $\pi(s) \in \mathcal{A}(s)$ arbitrarily for all $s \in \mathcal{S}$

2. Policy Evaluation
   Repeat
   　$\Delta \leftarrow 0$
   　For each $s \in \mathcal{S}$:
   　　$temp \leftarrow v(s)$
   　　$v(s) \leftarrow \sum_{s'} p(s'|s,\pi(s))\Big[r(s,\pi(s),s') + \gamma v(s')\Big]$
   　　$\Delta \leftarrow \max(\Delta, |temp - v(s)|)$
   until $\Delta < \theta$ (a small positive number)

3. Policy Improvement
   $policy\text{-}stable \leftarrow true$
   For each $s \in \mathcal{S}$:
   　$temp \leftarrow \pi(s)$
   　$\pi(s) \leftarrow \arg\max_a \sum_{s'} p(s'|s,a)\Big[r(s,a,s') + \gamma v(s')\Big]$
   　If $temp \neq \pi(s)$, then $policy\text{-}stable \leftarrow false$
   If $policy\text{-}stable$, then stop and return v and π; else go to 2

图 3-4-6　强化学习策略迭代算法过程

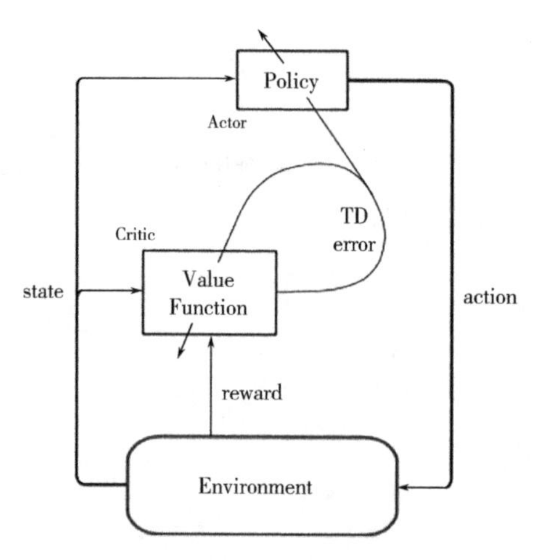

图 3-4-7　强化学习基本逻辑

强化学习强调的是：自组织、自学习、自主控制与决策（Self-play）。部分算法实现如图 3-4-8 所示。智能体强化学习框架如图 3-4-9 所示。

由于智慧建筑与智慧城市系统无法在实际项目中承受强化学习算法所要求的多次试错，就需要借助仿真系统完成这种试错过程。因此，提出一种采用 BIM 建模仿真实体建筑，在仿真空间中模拟和学习真实世界的方法。仿真空间将试错反馈信息关联到真实物理世界中的建筑与城市。二者构成数字孪生建筑，如图 3-4-10 所示。

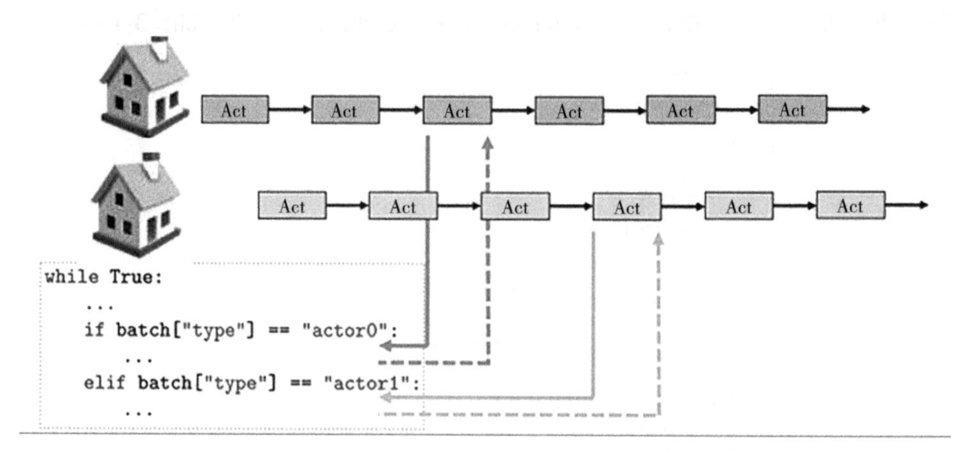

图 3-4-8　强化学习部分算法实现

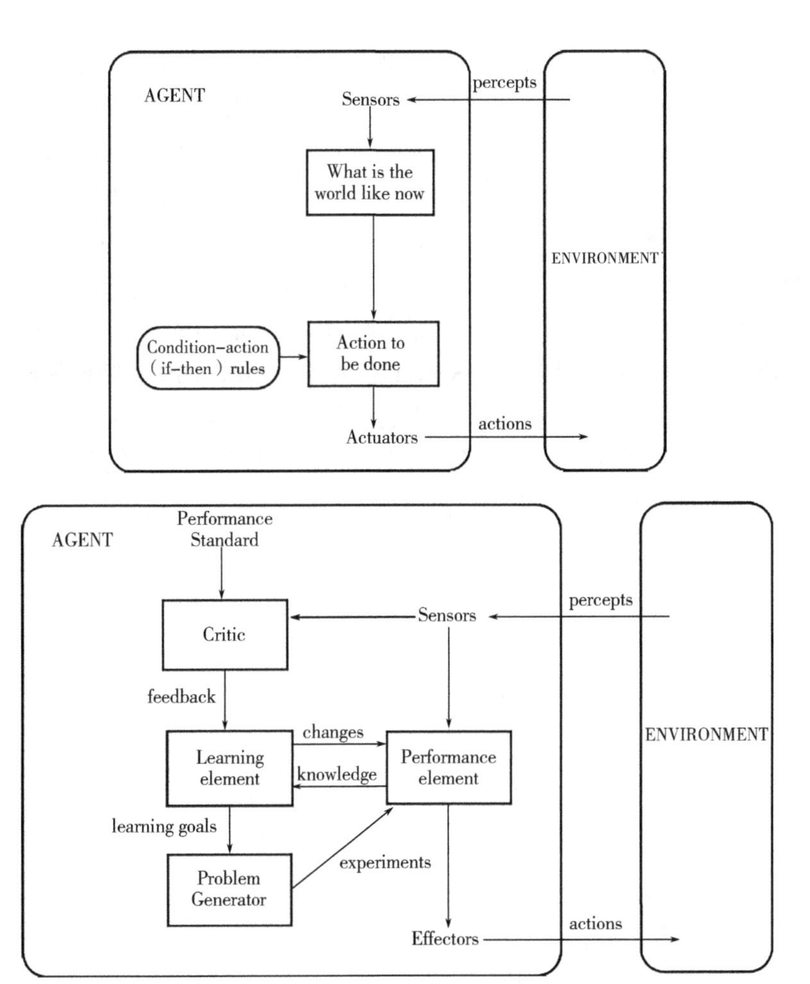

图 3-4-9　智能体强化学习框架

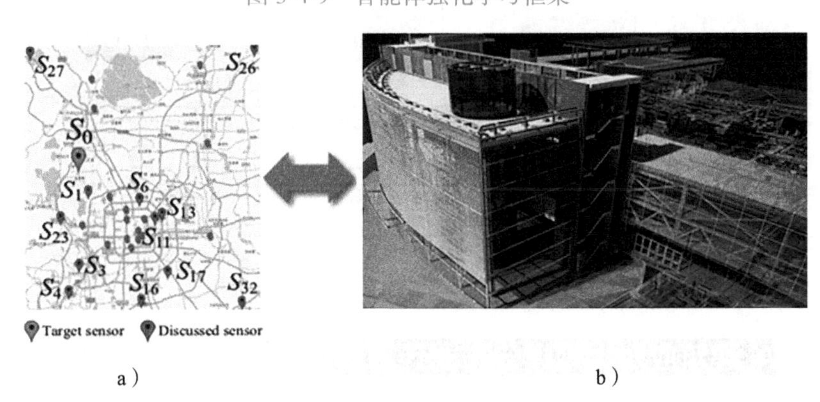

a）　　b）

图 3-4-10　数字孪生建筑

a）物理空间（P 端）　b）仿真空间（C 端）

智慧建筑多智能体运维软件开发实现思路如下：每个组件分别映射为一个智能体，现场层的每个通信接口也分别映射为一个智能体，并根据功能形成相应的智能体类。该系统主要包含通信接口智能体类（所含智能体与现场层异构网段一一对应）、设备驱动智能体类（所含智能体与现场层异构网段一一对应）、OPC Server 智能体类（含一个 OPC Server 智能体）、OPC Client 智能体类（含一个 OPC Client 智能体），它们都是自治的实体，组成一个分层的多智能体系统，需重点考虑的是分层协调与平等协调问题。智能体的通信包括三个层面：一是管理层与接口层之间即 OPC Server 智能体与 OPC Client 智能体间的通信问题；二是接口层内部 OPC Server 智能体与设备驱动智能体间的通信问题；三是接口层设备驱动智能体与现场层通信接口智能体间的通信问题。

智慧建筑多智能体运维软件架构如图 3-4-11 所示。

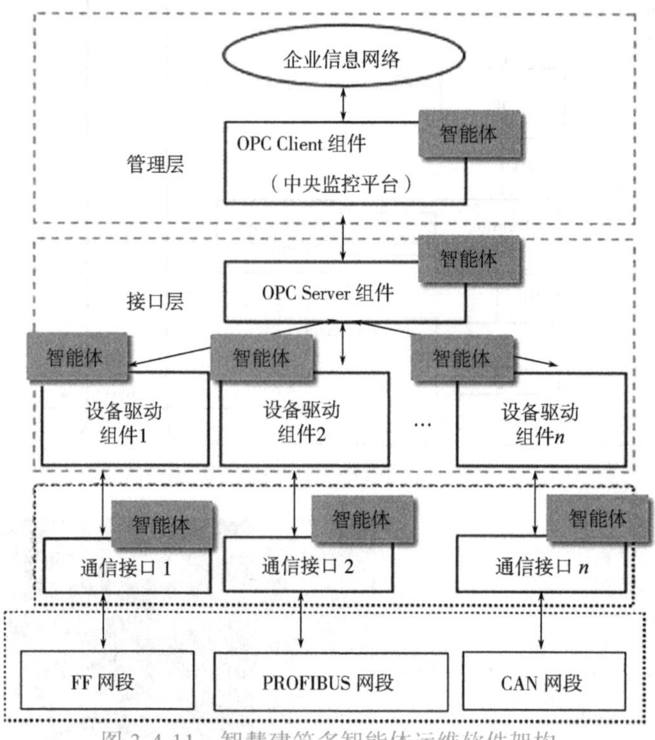

图 3-4-11 智慧建筑多智能体运维软件架构

3.4.3 AI 建筑应对大规模分布式计算方法

随着应用场景数据量增大，分布式机器学习技术的重要性日益显现。在智慧建筑领域，存在着大量设备实时数据采集与处理的刚性需求，如何开发出能够应对大规模系统脆弱性的机器学习系统存在着巨大挑战，也是当前行业智能化深入发展面临的难点。AI 建筑应对大规模分布式计算可选择的机器学习框架策略有：微软公司机器学习工具包，即计算网络工具包（Computational Network Toolkit，CNTK）和分布式机器学习工具包（DMTK）；谷歌开源人工智能系统 TensorFlow；IBM 开源机器学习平台 SystemML。DMTK 由一个服务于分布式机器学习的框架和一组分布式机器学习算法构成，是一个将机器学习算法应用在大数据上的工具包。DMTK 目前聚焦于解决 Offline-training 的并行化。除了分布式学习框架，它还包括主题模型和词向量学习算法，这些算法可以应用于自然语言处理方面，比如文本分类与聚类、话题识别以及情感分析等。为了适应不同的集群环境，DMTK 框架支持两种进程间的通信机制：MPI 和 ZMQ。应用程序端不需要修改任何代码就能够在这两种方式之间切换。DMTK 支持 Windows 和 Linux 两种操作系统，目前主要支持 C 和 C++ 语言，之后会考虑支持一些高级语言，比如 Python。

2015 年，微软亚洲研究院将 DMTK 通过 GitHub 开源。其主要由参数服务器和客户端软件开发包（SDK）两部分构成。

1）参数服务器。重新设计过的参数服务器在原有基础上从性能到功能都得到了进一步提升——支持存储混合数据结构模型、接收并聚合工作节点服务器的数据模型更新、控制模型同步逻辑等。

2）客户端软件开发包（SDK）。包括网络层、交互层的一些东西，支持维护节点模型缓存（与全局模型服务器同步）、节点模型训练和模型通信的流水线控制以及片状调度大模型训练等。用户并不需要清楚地知道参数和服务器的对应关系，SDK 会帮助用户自动将客户端的更新发送至对应的参数服务器端。

通用分布式机器学习算法如下：

LightLDA：LightLDA 是一种全新的用于训练主题模型的学习算法，是具有可扩展、快速、轻量级、计算复杂度与主题数目无关等特点的高效算法。在其分布式实现中，DMTK 团队做了大量系统优化使得其能够在一个普通计算机集群上处理超大规模的数据和模型。例如，在一个由 8 台计算机组成的集群上，只需要一个星期左右的时间，就可以在具有 1000 亿训练样本（token）的数据集上训练具有 1000 万词汇表和 100 万个话题（topic）的 LDA 模型（约 10 万亿个参数）。这种规模的训练以往在由数千台计算机组成的集群上也需要数月的时间才能得到相似结果。

DMTK 分布式机器学习框架如图 3-4-12 所示。

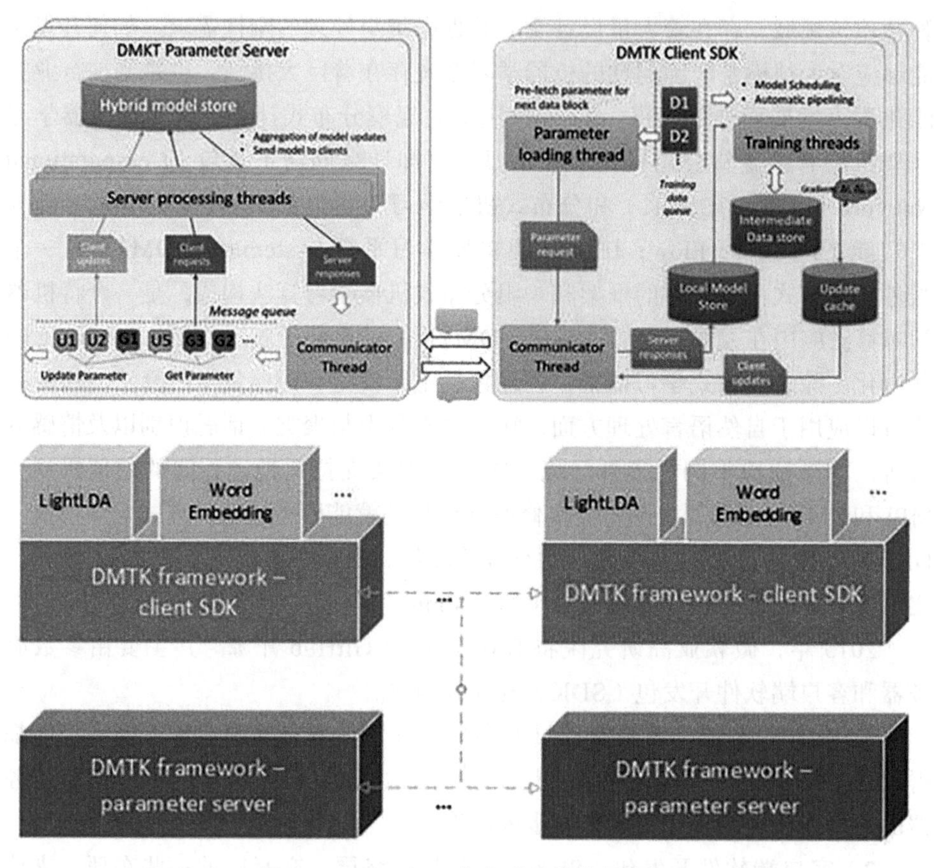

图 3-4-12　DMTK 分布式机器学习框架

分布式词向量：词向量技术近来被普遍地应用于计算词汇的语义表示，它可以用作很多自然语言处理任务的词特征。微软为两种计算词向量的算法提供了高效的分布式实现：一种是标准的 word2vec 算法，另一种是可以对多义词计算多个词向量的新算法。词向量的作用是为了比较两个词之前的距离，基于这个距离来判断语义上更深的信息。以前的词向量模型以单词为维度建立，每个单词学出一组参数，每组参数即为词向量，每个单词通过映射至词向量上来进行语义上的表达。一个向量在语义空间中对应一个点。而一词多义的现象极为普遍，但如果多个意思在语义空间中只用一个点来表达就不太科学。如果我们希望学出多个语义空间中的点，在建立模型时就不会让每个单词只表达出一个向量，而是最开始时就让每个单词选择 N 个向量进行定义，而后置入概率混合模型。这个模型通过在学习过程中不断地优化，产生对每个单词多个向量的概率分布，结合语境对每个向量分配概率，从而学习更有效率的词向量表达。

一词多义的学习框架和学习过程与一词一义并没什么不同，但它有更多的参数，并且需要在学习过程中分配多个向量各自对应的概率，因此复杂程度更高。由于整个过程通过多机进行并行，因此还是能够保证以足够快的速度完成训练。比如在对某网页数据集（约 1000 亿单词）进行训练时，8 台机器大概在 40 个小时内就可以完成模型训练。

DMTK 提供了丰富的 API 接口给研发人员。大数据接口主要集中在并行框架这部分，来解决很多机器一起学习时，单机的客户端如何调用参数服务器的问题。

未来的挑战存在于：

1）异质大数据：图像、语音、文本等不同类型的异源、异构、异质大数据的协同化、一致化转换与处理是富有挑战性的工作，也是人工智能建筑未来真正实现智慧化的难点。DMTK 可以利用多个机器一同完成处理，每个机器处理一部分数据。通过这种数据并行的方式，利用多个机器同时处理大规模的数据，大大加速了学习过程。一种可行的方案是分别处理相对小的数据分块，但是有时候模型参数非常多，以至于基于全部参数在内存中更新的算法变得不可行。

2）复杂模型：人工智能建筑系统里面包含着大量单元模型，这些单元模型构成了 AI 建筑复杂系统模型。在这个大规模模型中，学习参数在单个机器中可能存储空间不够，这就需要考虑多机器分布式存储模型及分段学习方法。

3）大规模传输：随着数据量的增大、模型复杂性的增强，数据和指令的传输问题也将成为难点，实际工程已经面临着大规模数据传输场景下实时性不高、丢包、时延较大等问题。5G 商用化进程的加速有望解决部分问题，但大规模传输始终是人工智能系统中面临的难点。

解决之道可简单地总结为：大数据并行分块处理，复杂模型分段学习、分布式存储，提供 API 开放接口等用户开发方法，如图 3-4-13 所示。

图 3-4-13 应对未来大规模复杂计算的途径

3.5 AI建筑知识图谱

知识图谱（Knowledge Graph）又称为科学知识图谱，在图书情报界称为知识域可视化或知识领域映射地图，是显示知识发展进程与结构关系的一系列不同的图形，用可视化技术描述知识资源及其载体，挖掘、分析、构建、绘制和显示知识及它们之间的相互联系。它是通过将应用数学、图形学、信息可视化技术、信息科学等学科的理论与方法与计量学引文分析、共现分析等方法结合，并利用可视化的图谱形象地展示学科的核心结构、发展历史、前沿领域以及整体知识架构，达到多学科融合目的的现代理论。

知识图谱中包含五种节点：

实体：是指具有可区别性且独立存在的某种事物。如某一个人、某一个城市、某一种植物、某一种商品等。世界万物由具体事物组成，此指实体。实体是知识图谱中的最基本元素，不同的实体间存在不同的关系。

语义类（概念）：具有同种特性的实体构成的集合，如国家、民族、书籍、计算机等。概念主要是指集合、类别、对象类型、事物的种类，例如人物、地理等。

内容：通常作为实体和语义类的名字、描述、解释等，可以由文本、图像、音视频等来表达。

属性（值）：从一个实体指向它的属性值。不同的属性类型对应于不同类型属性的边。属性值主要是指对象指定属性的值。属性值主要是指对象指定属性的值。

关系：形式化为一个函数，它把 *kk* 个点映射到一个布尔值。在知识图谱上，关系则是一个把 *kk* 个图节点（实体、语义类、属性值）映射到布尔值的函数。

知识图谱在逻辑上可分为模式层与数据层两个层次。数据层主要是由一系列的事实组成，而知识将以事实为单位进行存储。如果用（实体 1，关系，实体 2）（实体，属性，属性值）这样的三元组来表达事实，可选择图数据库作为存储介质，例如开源的 Neo4j、Twitter 的 FlockDB、sones 的 GraphDB 等。模式层构建在数据层之上，是知识图谱的核心，通常采用本体库来管理知识图谱的模式层。本体是结构化知识库的概念模板，通过本体库而形成的知识库不仅层次结构较强，并且冗余程度较小。

知识图谱的技术架构如图 3-5-1 所示。

事理图谱是非常具有潜力的适用于建筑产业的知识图谱，通过概率有向图

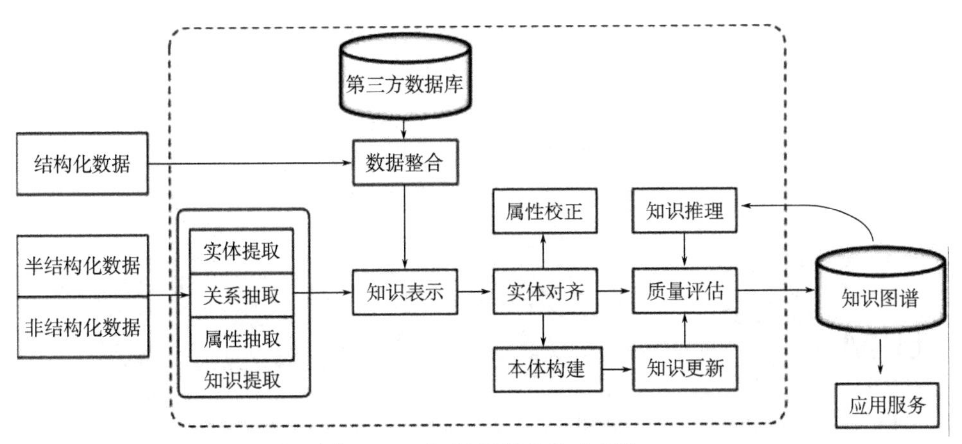

图 3-5-1　知识图谱的技术架构

表示。它与概率图模型中的贝叶斯网络、马尔科夫逻辑网络既有不同又有联系。事理图谱研究事件的链式依赖和表征事件发展方向的可能性。智慧建筑事理图谱复杂网络中的事件链条和链式依赖的智能挖掘与量化评价是一个全新的课题。

为了说明事理图谱如何设计和使用，可参考图 3-5-2 所示的出行领域事理图谱。

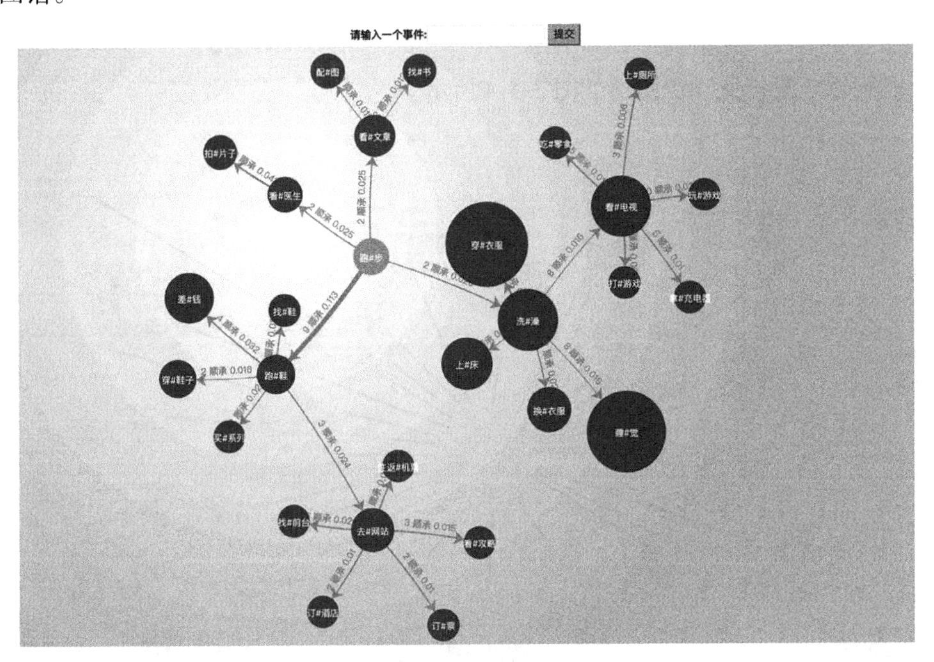

图 3-5-2　出行领域事理图谱

BIM 知识图谱如图 3-5-3 所示。

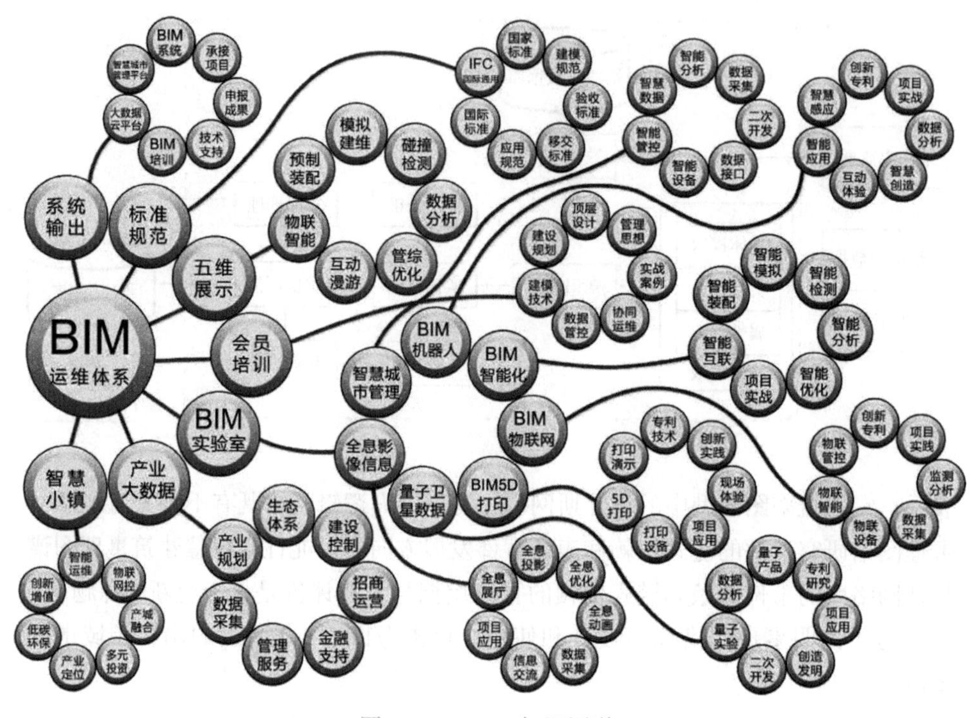

图 3-5-3　BIM 知识图谱

智慧建筑产业知识图谱如图 3-5-4 所示。

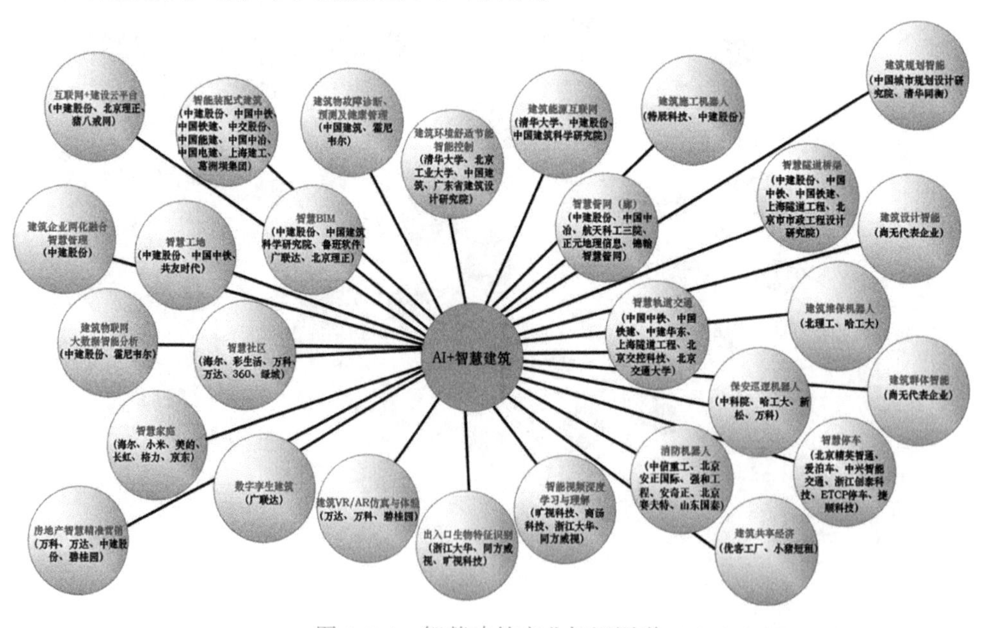

图 3-5-4　智慧建筑产业知识图谱

3.6　AI+ 智慧建筑场景

依据产业发展现状和未来 3~5 年发展趋势，本书总结提炼出 AI+ 智慧建筑 28 个核心应用场景，如图 3-6-1 所示。它们是：建筑物故障诊断、预测与健康管理，建筑环境舒适节能智能控制，建筑能源互联网及能源大数据，建筑施工机器人，建筑维保机器人，保安巡逻机器人，消防机器人，视频分析理解，出入口生物特征识别，智慧家庭，智慧社区，智慧工地，装配式建筑，BIM 项目管理，智慧管网（廊），智慧轨道交通，智慧隧道桥梁，智慧停车场，数字孪生建筑，建筑 VR/AR 仿真与体验，建筑运维管理平台商业大数据分析，建设云，建筑共享经济，建筑群体智能，建筑设计智能，建筑规划智能，房地产精准营销，建筑企业两化融合智慧化管理。这些应用场景又分为两大类，一类侧重于单个装备或通用技术（如图 3-6-1 所示的内环），一类侧重于综合性复杂场景（如图 3-6-1 所示的外环）。

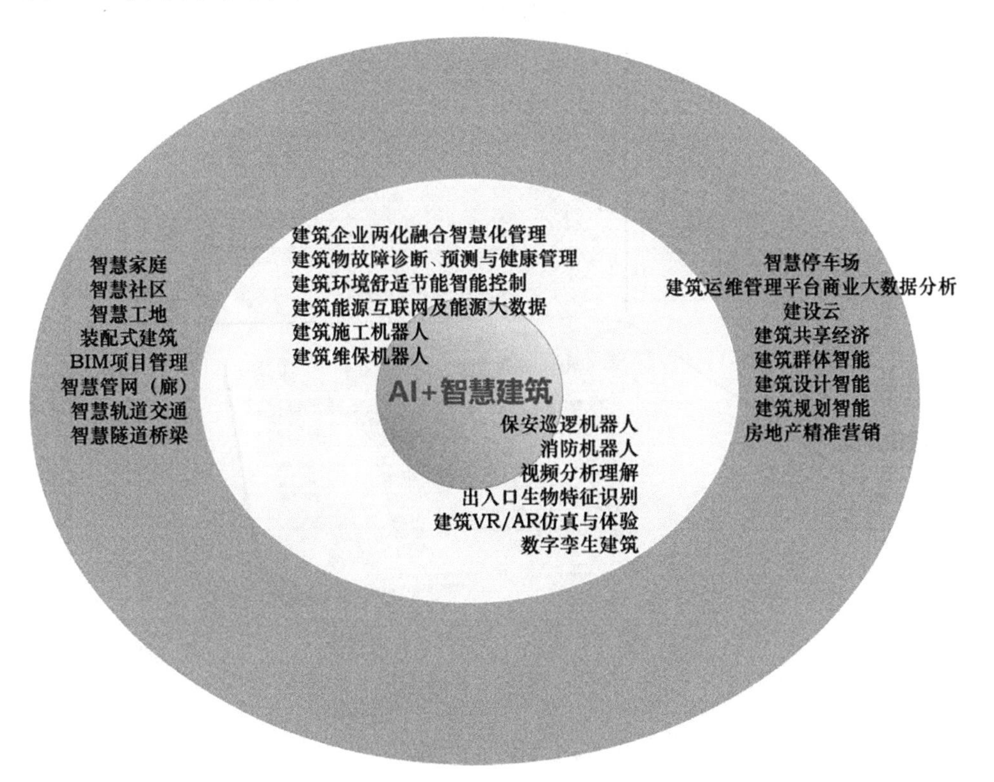

图 3-6-1　AI+ 智慧建筑 28 个核心应用场景

AI+ 智慧建筑的场景矩阵如图 3-6-2 所示。

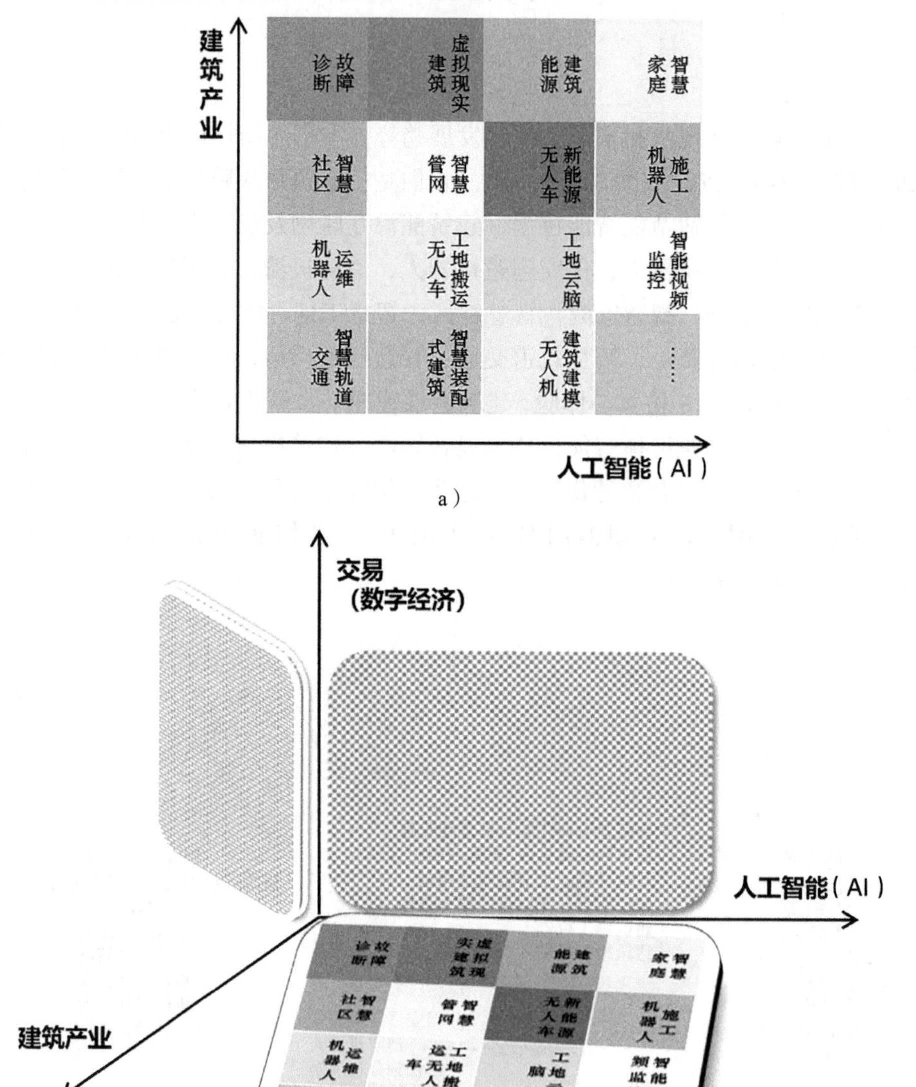

图 3-6-2　AI+ 智慧建筑场景矩阵

a）二维　b）三维

三维场景矩阵中加入了“交易”维度，在产业基础上产生资产交易与管理，从而催生出 AI 建筑基础上的数字经济。

目前，应用成熟度较高的 AI 建筑典型场景如图 3-6-3 所示。

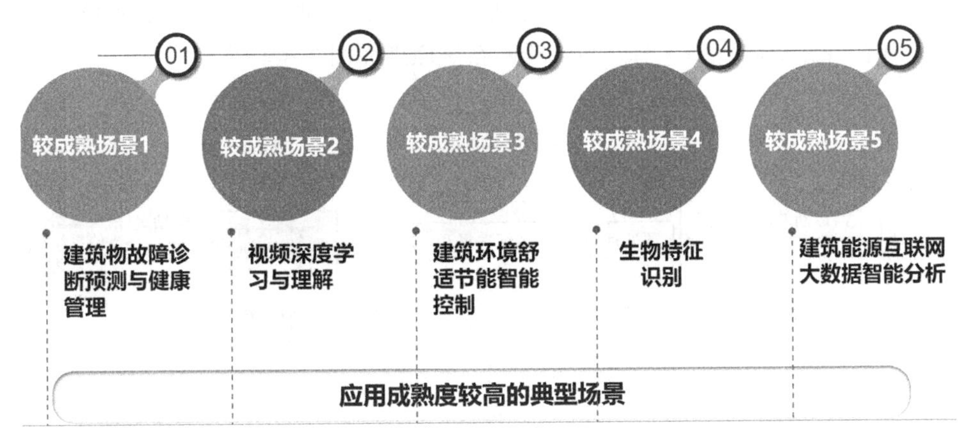

图 3-6-3　成熟度较高的 AI 建筑典型场景

3.6.1　建筑物故障诊断、预测与健康管理

楼宇自动化系统（BAS）+ 管理功能 = 建筑管理系统（Building Management System，BMS）。建筑物故障诊断、预测与健康管理（Building Prognostic and Health Management，B-PHM）是 BMS 系统的典型功能，也是 AI+ 智慧建筑的典型应用场景之一。设备监控 + 设备管理 + 能耗监测和能源管理 = 建筑能源管理系统（Building Energy Management System，BEMS）。利用 BEMS 数据库大数据的 AI 处理功能，可进一步实施建筑物故障诊断、预测与健康管理，对复杂建筑设备进行全生命周期故障诊断、预测、健康状态评估及健康管理。可用的 AI 方法有：神经网络法、强化学习法、故障树检索、故障数据挖掘等。

实际案例：空调水系统运行故障诊断与预测。

例如，空调水系统可采用 AI 方法实现运行故障诊断与预测，使系统变得更加智慧化。

首先做故障数据建模。空调水系统故障集合表示为：{ 制热能效比 COP 过低，制冷能效比 EER 过低，冷冻、冷却水泵输送系数过低，冷却塔效率过低，管网水力失调，主机喘振（离心机组），水泵电动机超载，水泵扬程不足，空调机组表冷器堵塞，阀门失灵，水管堵塞，能耗过大 }。将影响主机能效比 /

COP 的因素描述为：{冷机负荷率，0.4；冷却塔效率，0.4；蒸发器 / 冷凝器换热温差，0.1；制冷剂泄漏，0.1}。

然后建立基于神经网络的故障诊断流程模型，并进行学习训练，最终生成可实用的在线故障诊断工具。故障诊断系统原理如图 3-6-4 所示。

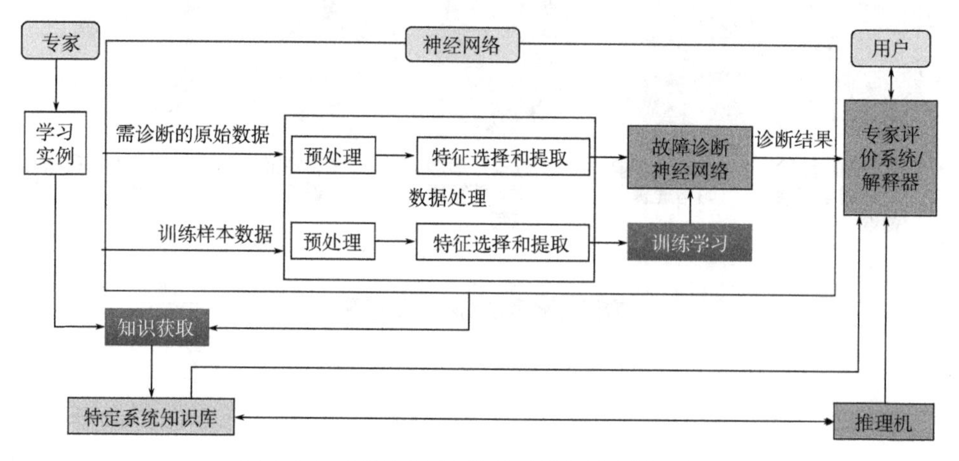

图 3-6-4　基于神经网络的故障诊断系统原理

故障诊断神经网络可选择 BP 神经网络、径向基函数（RBF）神经网络等，其网络结构如图 3-6-5 所示。

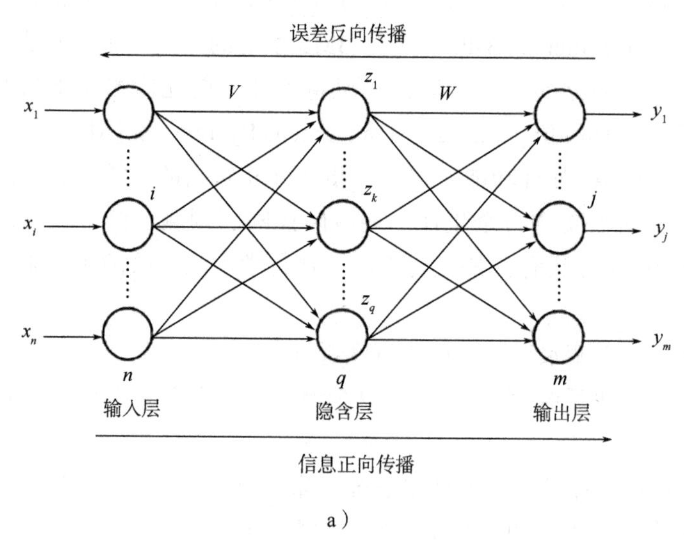

图 3-6-5　故障诊断神经网络

a）3 层 BP 神经网络

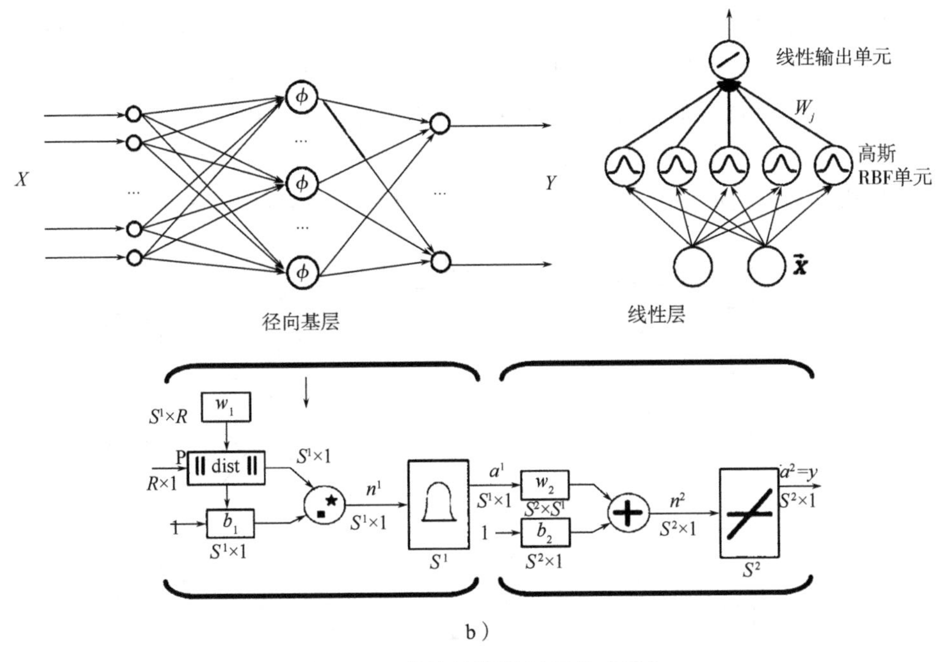

图 3-6-5　故障诊断神经网络（续）

b）径向基函数（RBF）神经网络

径向基函数（Radial Basis Function，RBF）神经网络是由 J.Moody 和 C.Darken 在 20 世纪 80 年代末提出的一种神经网络，它是具有单隐含层的三层前馈网络。径向基函数神经网络的每一层都有各自的作用：输入层由一些感知单元组成，它们将网络与外界环境连接起来；第二层是网络中仅有的一个隐含层，它的作用是从输入空间到隐含层空间进行非线性变换。在大多数情况下，隐含层空间有较高的维数；输出层是线性的，它为作用于输入层的激活模式提供响应。

RBF 网络模拟了人脑中局部调整、相互覆盖接受域（或称感受域，Receptive Field）的神经网络结构，已证明 RBF 网络能任意精度逼近任意连续函数。RBF 网络的学习过程与 BP 网络的学习过程类似，两者的主要区别在于各使用不同的作用函数。BP 网络中隐含层使用的是 Sigmoid 函数，其值在输入空间中无限大的范围内为非零值，因而是一种全局逼近的神经网络；而 RBF 网络中的作用函数是高斯基函数，其值在输入空间中有限范围内为非零值，因而 RBF 网络是局部逼近的神经网络。RBF 函数逼近的形式为：

$$y(x)=\sum_{i=1}^{N}\omega_i\phi(\|x-x_i\|)$$

RBF 网络是一种三层前向网络，由输入到输出的映射是非线性的，而隐含层空间到输出空间的映射是线性的，前者是一个非线性优化的问题，求解方法较复杂，目前可选用的学习方式较多，主要有随机选取 RBF 中心（直接计算法）、无监督学习选取 RBF 中心（K- 均值聚类法）、有监督学习选取中心（梯度下降法）和正交最小二乘法（OLS）等。RBF 网络结构如图 3-6-6 所示。

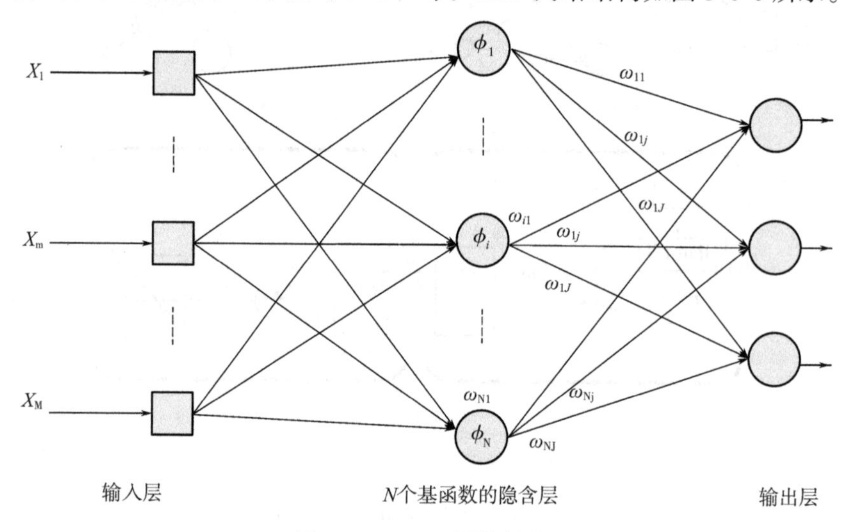

图 3-6-6　RBF 网络结构

当网络输入训练样本 X_k 时，网络第 j 个输出神经元的实际输出为：

$$y_{kj}(X_k)=\sum_{i=1}^{N}\omega_{ij}\phi(X_k, X_i)$$

一般“基函数”选为格林函数，当格林函数为高斯函数时：

$$\phi(X_k, X)=G(X_k, X_i)=G(\|X_k-X_i\|)=\exp\left(-\frac{1}{2\sigma_i^2}\sum_{m=1}^{M}(X_{km}-X_{im})^2\right)$$

RBF 网络训练过程为：由试验样本确定训练隐含层与输出层间的权值 ω 的最终权值

$$\omega=\phi^{-1}y$$

在 RBF 网络训练中，隐含层神经元数量的确定是关键，一般选取与输入向量的元素相等。然而，在输入向量很多时，过多的隐含层单元数使网络结构复杂化，影响训练时间。改进方法：从 0 个神经元开始训练，通过检查输出误差使网络自动增加神经元。每次循环使用，使网络产生的最大误差所对应的输入向量作为权值向量 ω，产生一个新的隐含层神经元，然后检查新网络的误差，重复此过程直至达到误差要求或最大隐含层神经元数为止。

针对故障诊断系统的训练和测试，需准备两张表格及相应的数据。一是特征样本数据及对应故障表，二是测试数据及对应故障表，表格形式见表 3-6-1。

表 3-6-1　特征样本数据、测试数据表模板（假设有 n 组样本数据）

序号	各种特征样本	故障
1	数据 1, 数据 2,......, 数据 m1	无故障
2	数据 1, 数据 2,......, 数据 m2	故障 1
3	数据 1, 数据 2,......, 数据 m3	故障 1
4	数据 1, 数据 2,......, 数据 m4	故障 2
5	数据 1, 数据 2,......, 数据 m5	故障 2
6	数据 1, 数据 2,......, 数据 m6	故障 3
7	数据 1, 数据 2,......, 数据 m7	故障 4
...	......	......
n	数据 1, 数据 2,......, 数据 mn	故障 n

利用 RBF 神经网络进行故障诊断时，采用数据驱动的正向推理策略，从初始状态出发，向前推理，直到到达目标状态为止。

在故障诊断的应用中，RBF 神经网络的应用能准确、快速地判断故障类型和原因，对及早发现和排除故障能够发挥重要作用。在实际运行中，引起故障的原因很多，不同故障表现出的征兆有时具有相似性。针对故障原因与故障征兆之间的非线性关系，应用 RBF 神经网络进行故障诊断能准确、快速判断故障类型和原因，对于提高系统运行的安全性具有重要意义。

3.6.2　视频深度学习与理解

智慧建筑的视频监控可采用目前流行的深度学习算法来模拟人类视觉系统的多尺度、特征不变性、显著性等特点，从而实现智能视频分析理解，基本机理如图 3-6-7 所示。目前深度学习最广泛使用的神经网络是卷积神经网络（CNNs），它能够将非结构化的图像数据转换成结构化的对象标签数据。CNNs 的工作流程如下：第一步，卷积层扫描输入图像以生成特征向量；第二步，激活层确定在图像推理过程中哪些特征向量应该被激活使用；第三步，使用池化层降低特征向量的大小；第四步，使用全连接层将池化层的所有输出和输出层相连。

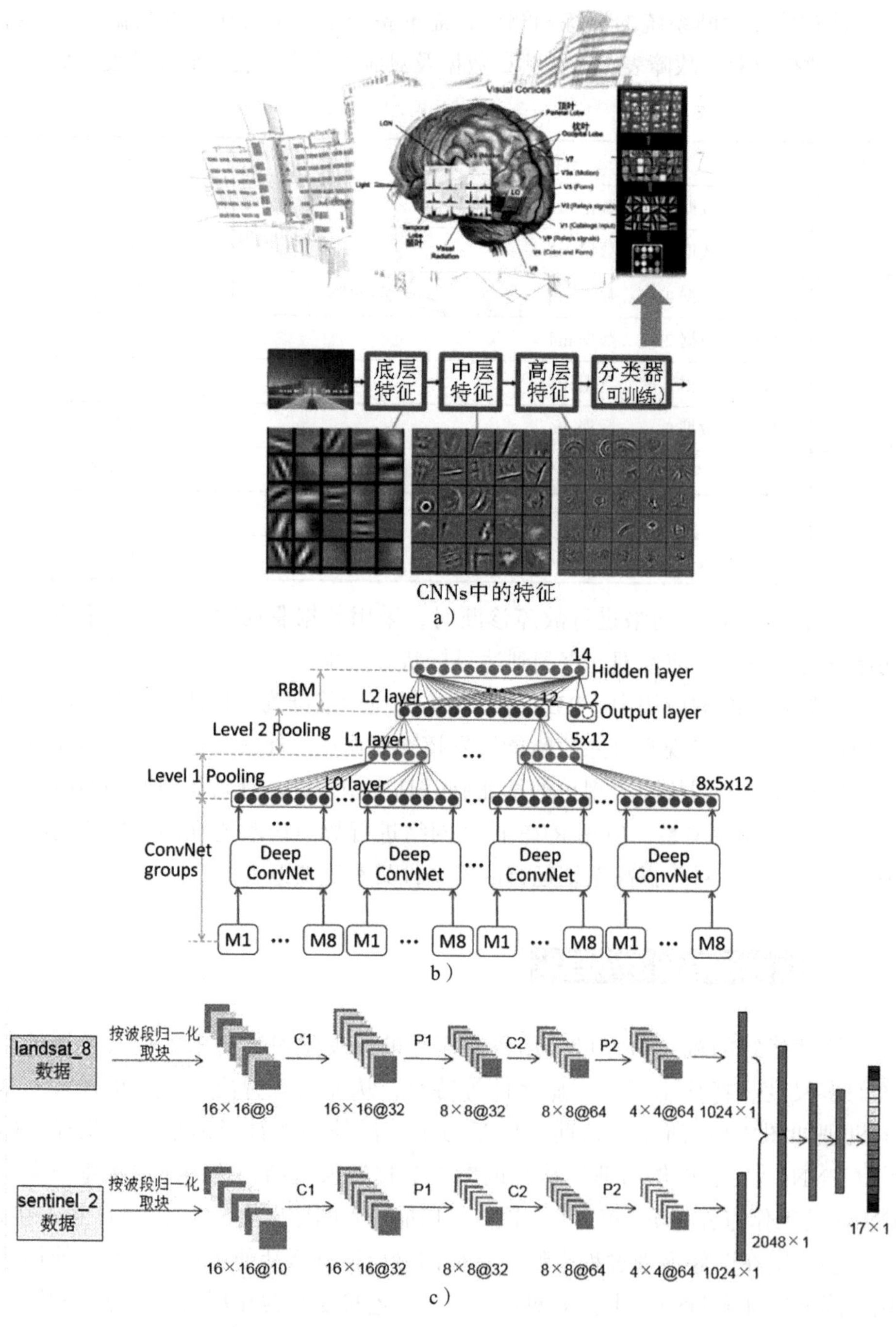

图 3-6-7 基于深度学习的智能视频分析理解

a）AI 建筑的仿生视觉实现 b）采用的深度学习算法架构
c）卷积神经网络 /CNNs 分类模型

训练速度和算法的执行速度是制约深度学习产业化应用的一个重要瓶颈。深度学习加速器目前有三种：①图形处理器 GPU；②专用神经网络计算芯片；③大规模运算核集联。随着芯片和算法技术的进展，未来智慧建筑广泛应用深度学习已为时不远。

3.6.3 智慧社区服务 +AI

智慧社区中可应用 AI 的细分领域如图 3-6-8 所示。

图 3-6-8　智慧社区中的 AI 细分应用领域

智慧社区服务中可应用 AI 的细分领域如图 3-6-9 所示。

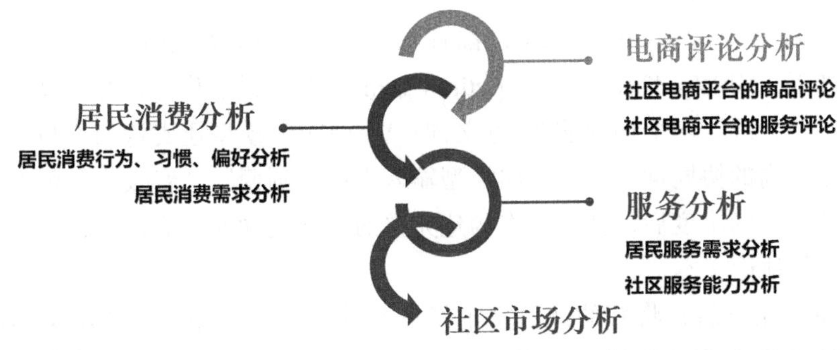

智慧社区O2O中的新零售AI

新零售边界模糊，未来很难区分零售企业的线上与线下身份。是一种共享零售，即实体和电商彼此分享各自的信用资产、库存信息、渠道能力及售后服务等资源要素，进而形成无缝链接与全程快速响应的零售商业系统。

图 3-6-9　智慧社区服务中可应用 AI 的细分领域

电商评论分析可采用的有效模型为 Word2vec。Word2vec 是一种预测模型（Predictive models），分为两个版本：Continuous Bag-of-Words 模型（CBOW）和 Skip-Gram 模型。Skip-Gram 模型是给定中心词预测它周围的词，与 CBOW 模型刚好相反。电商评论分析算法模型如图 3-6-10 所示。

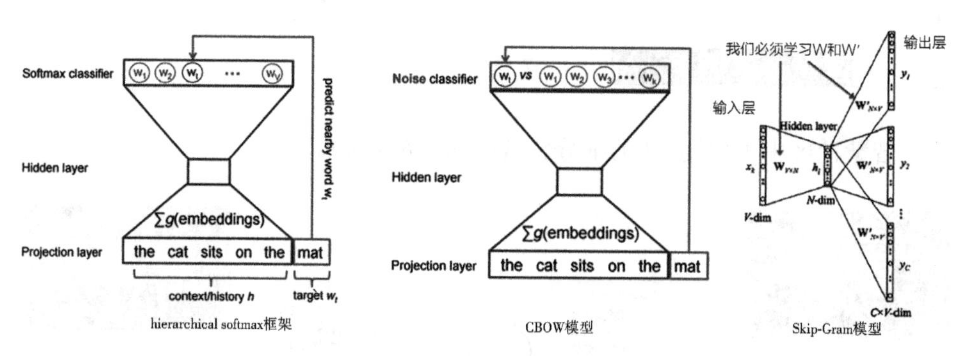

图 3-6-10 电商评论分析算法模型

其中，$Q\theta$（D=1|w,h）表示二分类 logistic 回归概率（binary logistic regression probability）在数据集 D 上，模型已知单词 w 在上下文 h 中，需要学习（或者说计算）的是词向量 θ。在电商评论聚类中，通过噪声分布（noise distribution）近似抽取 k 个 constrastive words。因此，目标变成了最大化真实词（real words）的概率和最小化噪声词（noise）的概率。

可以采用机器学习算法与模型对智慧社区 O2O 平台进行智慧化分析与处理，实现更加有效的信息挖掘、知识获取。例如：对智慧社区 O2O 平台上一款电视产品的评论进行聚类分析。

Word2vec 模型训练好后，每个词都有与其对应的一个多维向量。

方法如下：用 Word2vec 模块（python genism 包提供）作为训练工具，预测“画面”“音效”两个词的前 20 近义词；Word2vec 模型还支持预测与输入词出现概率最高的协同词。再重复向模型输入类似“画面”“音效”等可以用来评价电商评论的维度后，就可以将构建完整的近义词词典作为依据，聚类具有相似观点的评论文本。

系统建模完成后，将新的评论文本经过预处理后进行输入，匹配文本中是否包含词典中所有评价维度的近义词和协同词，将匹配结果作为观点标签标注在该条评论上。可采用模型批量地为评论文本打上标签，最后将所有标签的结果汇总相加，得到无偏差的关于商品的评论。参考评论意见，可辅助购买决策。评论信息聚类分析系统建模如图 3-6-11 所示。

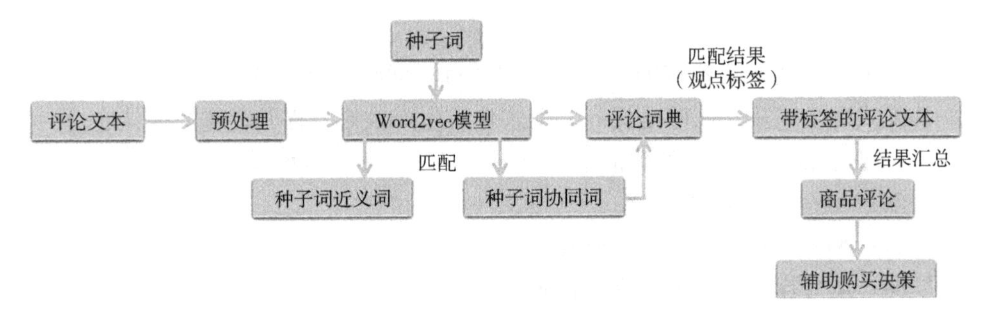

图 3-6-11 评论信息聚类分析系统建模

3.6.4 装配式建筑 + AI

建筑工业化是我国建筑业和制造业的热点。建筑工业化以设计的标准化、生产的工厂化、施工的机械化、管理的信息化为标志，具有减少环境污染、缩短工期、提高施工质量等优点，而建筑工业化的实现方法就是推行装配式建筑。智慧建造是装配式建筑下一步发展的方向。智慧建造采用适用的高新技术，对建造全过程技术和管理进行集成改造和创新，实现建造的数字化、自动化、智能化、工业化，确保建造过程的安全可靠和高效率。

装配式建筑规划自 2015 年以来密集出台，2015 年末发布《工业化建筑评价标准》，决定于 2016 年在全国全面推广装配式建筑，并取得突破性进展；2015 年 11 月 14 日住房和城乡建设部出台《建筑产业现代化发展纲要》，计划到 2020 年装配式建筑占新建建筑的比例达到 20% 以上，到 2025 年装配式建筑占新建筑的比例达到 50% 以上；2016 年 2 月 22 日国务院出台《关于大力发展装配式建筑的指导意见》，要求要因地制宜发展装配式混凝土结构、钢结构和现代木结构等装配式建筑，力争用 10 年左右的时间，使装配式建筑占新建建筑面积的比例达到 30%；2016 年 3 月 5 日政府工作报告提出要大力发展钢结构和装配式建筑，提高建筑工程标准和质量；2016 年 7 月 5 日住房和城乡建设部出台《住房和城乡建设部 2016 年科学技术项目计划——装配式建筑科技示范项目》并公布了 2016 年科学技术项目建设装配式建筑科技示范项目名单；2016 年 9 月 14 日国务院召开国务院常务会议，提出要大力发展装配式建筑，推动产业结构调整升级；2016 年 9 月 27 日国务院出台《国务院办公厅关于大力发展装配式建筑的指导意见》，对大力发展装配式建筑和钢结构重点区域、未来装配式建筑占比新建筑目标、重点发展城市进行了明确。

智慧建造是装配式建筑下一步发展方向，它采用适用的高新技术，对建造全过程技术和管理进行集成改造和创新，实现建造的数字化、自动化、智能化、工业化，确保建造过程的安全可靠和高效率。

当前，将装配式建筑的建造和管理全过程联结为完整的一体化产业链，建立装配式建筑工业互联网是提高装配式建筑生产效率、提升产能的最佳途径。

AI 在装配式建筑智慧建造中的应用，可从以下几方面设计：

端：AI+ 构件 RFID 标签。

云：AI+ 大数据装配式管理云平台。

网：AI+ 装配式建筑工业互联网。

链：AI+ 装配式建筑产业链。

例如，基于构件 RFID 标签和 AI+ 大数据智能管理云平台，实现构件精细化调度、统计、查询、分析、实时追踪，最终可实现装配式建筑全生命周期智慧管理。AI 提升装配式建筑产业能效的方法体系如图 3-6-12 所示。

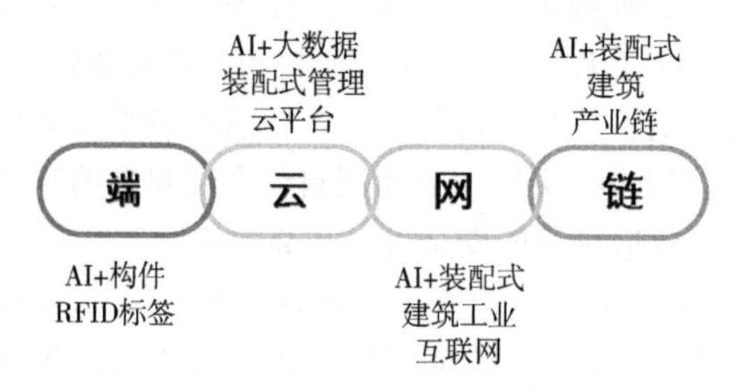

图 3-6-12　AI+ 装配式建筑

3.6.5　项目管理 +BIM+AI

项目管理的核心任务是目标控制，通常涉及三个主要目标：质量、成本、进度。将 AI 引入到 BIM 项目管理的全生命周期，可达到降低项目成本、提升项目质量、提高安全性的目的。BIM+AI 项目管理一般包括以下几方面内容：

1. 可视化施工

采用三维可视化模型，对关键工序进行施工模拟，进行工程施工流程的预先仿真建造，来论证施工的可行性，确保施工过程中的可靠性和准确性。进行施工交底，可以让施工人员更容易理解施工节点做法，有利于确保工程质量。

一个典型的例子是 AI 应用于施工前的管线排布与调整（图 3-6-13），具体方法为：

1）BIM 模型与实施现场通过图像匹配与模式识别技术进行智能比对，以发现设计错误或偏差，及时调整。

2）利用 AI 的推理技术进行碰撞检查与调整。

BIM模型

现场实施

BIM模型

现场实施

图 3-6-13 AI 应用于施工前的管线排布与调整

2. 进度管理

一般包括：

1）制订进度计划。进度计划需要用到工程量数据，通过 BIM 软件导出工程量清单，套用工程量清单和计价定额，计算出各阶段的人、材、机消耗量，然后与各方协调，进行流水节拍的计算。

2）控制进度计划。运用 BIM 软件导出进度计划，同时查看 4D 模拟施工，为下一工序做好充分准备。GPS 定位和现场测量确定准确坐标，然后通过网络设备传回到基于 BIM 的 4D 施工进度跟踪与控制系统，从而准确及时地衡量工程进度。

3）调整进度计划。当发生工程变更或其他影响进度的情况时，及时将信息输入到 BIM 中，这样管理者能迅速得到变更的工程量或者资金，并马上做出安排。在这样不断地对比过程中，各方都能更好地把握项目的进展。

由于 BIM 在信息集成上的优势，在工作滞后分析上可利用施工模拟查看工作面的分配情况，分析是否有互相干扰的情况。在组织赶工时利用施工进度模拟进行分析，分析因赶工增加资源对成本、进度的影响，分析赶工计划是否可行。

3. 施工管理（项目协同管理）

在线浏览各类工程文件、模型，提高信息解读效率；模型（文件）由各方共享，在线浏览审核，问题批注并发起任务解决。

4. 质量安全管控

在施工现场拍照和上传服务器，与图纸、模型、技术资料进行对比，直观反应施工过程中的质量、安全问题。

通过三维激光扫描、缺陷检测实现工程质量 AI 控制，如图 3-6-14 所示。

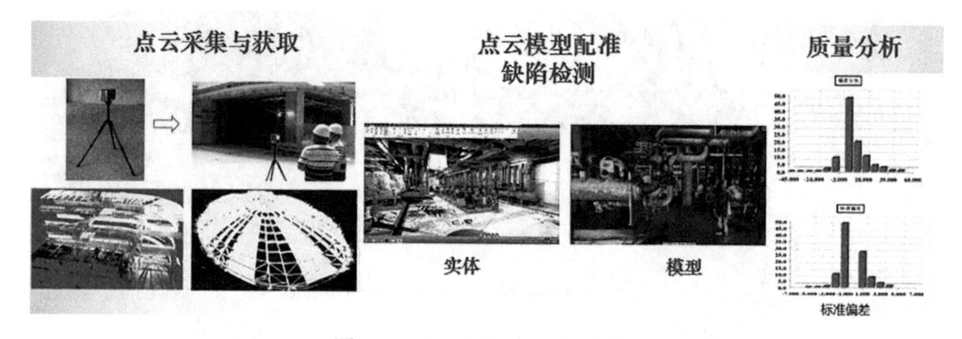

图 3-6-14　工程质量 AI 控制

AI应用于危险源辨识：借助三维虚拟仿真技术，查找危险源，排除安全隐患，如图 3-6-15 所示。

图 3-6-15　AI 应用于危险源辨识

5. 成本管理

成本管理共分为两阶段：计划阶段和合同实施阶段。

计划阶段主要是对成本进行估算，在 BIM 软件中，输入楼层信息，定义构件参数，然后进行三维模型的建立，可以进行准确的工程估算、概算，同时发现设计中的若干问题，再进行设计优化。BIM 模型能够将构件的各种信息分类统计并输出报告，同时也可以将信息文件通过云共享，提高了工作的准确性和效率。

在合同实施阶段，运用 BIM 软件导出成本，当发生工程变更时，及时变更信息修改模型，计算工程变更量再导出成本，可以动态地监测当前的成本，帮助工程师做出正确及时的决策。BIM 软件还可以进行成本分析，从而多角度地分析造价问题。利用 BIM+AI 技术可准确拆分、统计工程量，加快施工过程中进度款结算，减少时间成本。

3.7 AI 建筑产业链及产业生态

AI 建筑产业链如图 3-7-1 所示。

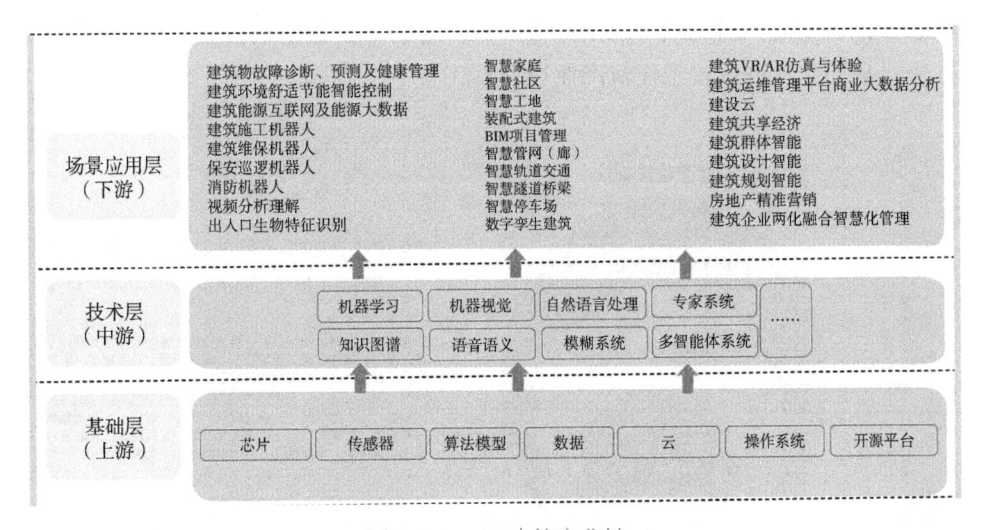

图 3-7-1　AI 建筑产业链

AI 建筑产业生态是 AI 建筑产业链的集聚效应。AI 建筑产业生态的实现途径是建筑工业互联网和建筑产业互联网。基于产品全生命周期互联及业务全生命周期智能协同的建筑产业互联网架构如图 3-7-2 所示。

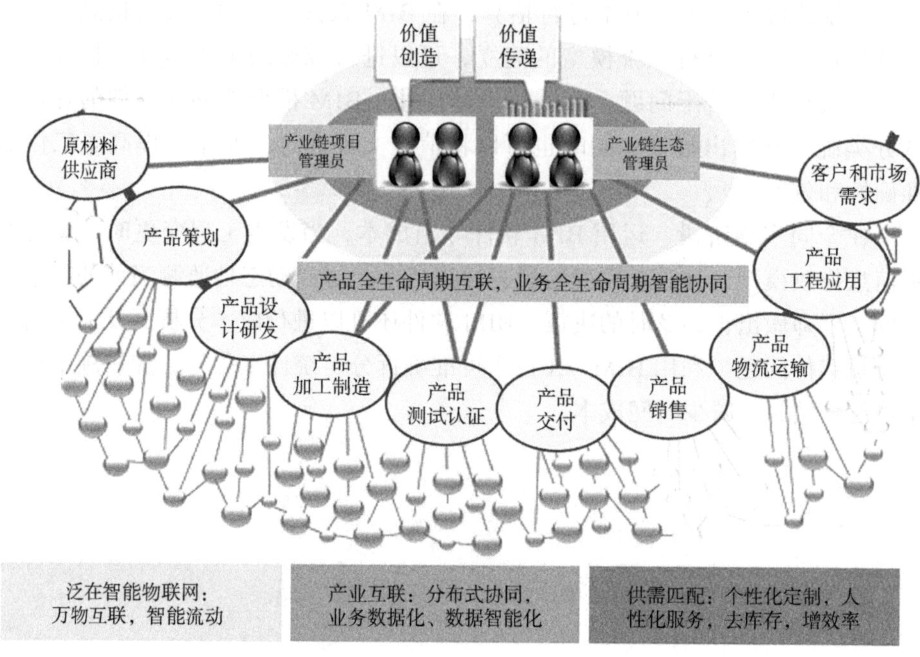

图 3-7-2　全生命周期建筑产业互联网

由 AI 核心业态出发，可构建 AI 核心业态—AI 相关业态—AI+ 智慧建筑业态—范智慧建筑业态体系（图 3-7-3），这也是智慧建筑新业态的一种表示方法，基于此可进行智慧建筑产业规划。

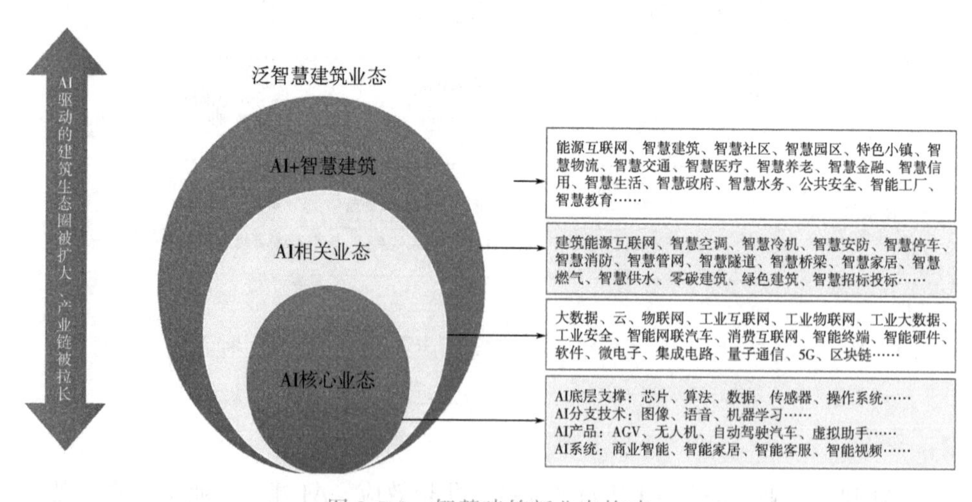

图 3-7-3　智慧建筑新业态构建

AI 建筑产业生态的培育方法如图 3-7-4 所示。

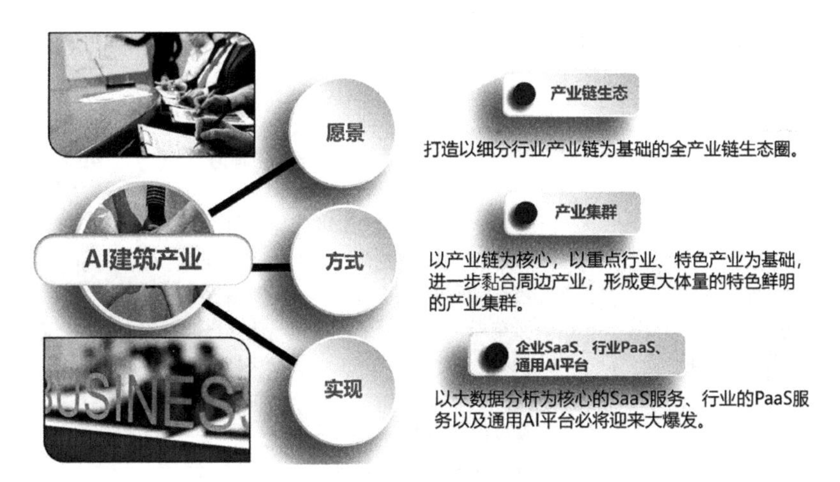

图 3-7-4　AI 建筑产业生态培育

未来趋势研判如下：AI 建筑产业链将牵动整个城市产业链；AI 建筑将引发和推动新一轮建筑工业革命；AI 建筑将成为推动智慧城市发展的基石。在此基础上，未来城市理念下的 AI 城市、5G 城市、区块链城市都将相继诞生并逐步走向成熟（图 3-7-5）。

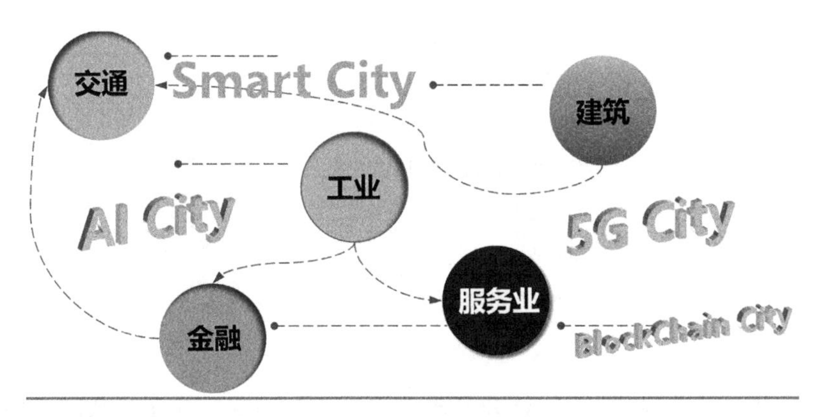

图 3-7-5　未来建筑与城市

3.8　AI 建筑发展建议

对 AI 建筑的可持续发展提出如下四条建议：

（1）建立基础理论体系（图 3-8-1）。

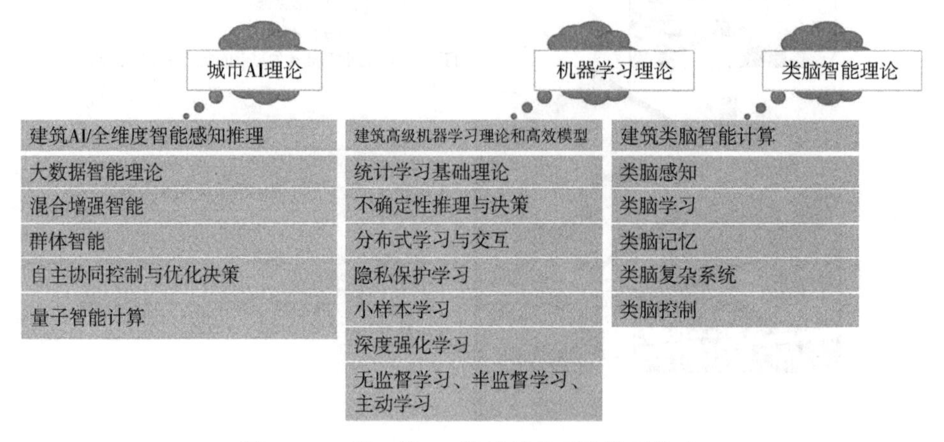

图 3-8-1　新一代 AI 建筑基础理论体系构建

（2）建立关键共性技术体系（图 3-8-2）。

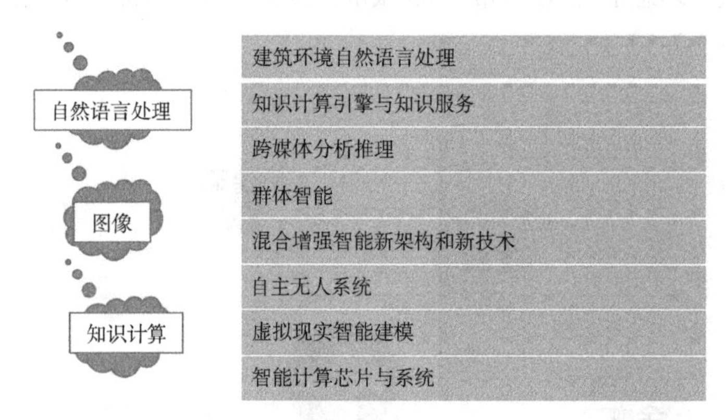

图 3-8-2　新一代 AI 建筑关键共性技术体系构建

（3）建立更加精准的 AI 建筑细分场景应用矩阵，并在此基础上构建多元价值互联网，培育 AI 建筑新业态及新经济形态。

（4）推进 AI+ 建筑场景的深度智能化和泛在互联网化。

对值得继续深入研究的方向建议如下：

（1）富有商业价值的建筑 AI 植入点 / 应用场景的深入挖掘及工程实现。

（2）“脑—眼—手”协同的建筑认知空间模型的建立。

（3）小样本的机器学习探索及产业化应用。

第4章 建筑工业互联网

本章以当今全球第四次科技革命为宏观背景，以工业互联网和建筑工业中国国家战略为重要依据，采用基础理论、行业特色、产业化融合的综合视角分析阐述关键问题，是国内完整地系统性论述“建筑工业互联网”这一新时代崭新命题的原创性研究成果。这一系统性研究工作旨在为正在探索中前进的智慧建筑、建筑工业化领域从业者提供技术参考和决策支持，帮助业界谋划建筑工业智慧化的新方向，希望能为推进“建筑工业互联网”理论、技术、产业的革命性创新和长足发展做出贡献。从工业互联网的核心要义分析入手，结合智能建筑集成控制系统和企业集成制造系统的理论技术原型，提出建筑工业互联网的定义、架构及理论技术原型。提出四种建筑工业互联网描述方法，方法一，基于物理层级的建筑工业互联网；方法二，基“大数据 +AI+ 敏捷供应链”的建筑工业互联网；方法三，基于建筑云脑的建筑工业互联网；方法四，基于“数据线索”的建筑工业互联网。对深度学习和边缘计算在建筑工业互联网中的部署及应用做了探讨。给出了森林城市中装配式建筑工业互联网案例。

4.1 工业 4.0 与工业互联网

4.1.1 第四次工业革命

18 世纪中叶以来，人类历史上先后经历了三次工业革命，均发源于西方国家。加上今天的第四次工业革命，迄今为止，人类历史上总共经历了四次工业革命（图 4-1-1）：蒸汽技术革命（第一次工业革命），电力技术革命（第二次工业革命），计算机技术革命（第三次工业革命），绿色智能工业革命（第四次工业革命）。当前阶段的第四次工业革命的实质和特征是：以 CPS 带动，以互联网产业化、工业智能化、工业一体化为代表，以人工智能、清洁能源、无人控制技术、量子信息技术、虚拟现实以及生物技术为主的全新技术革命。

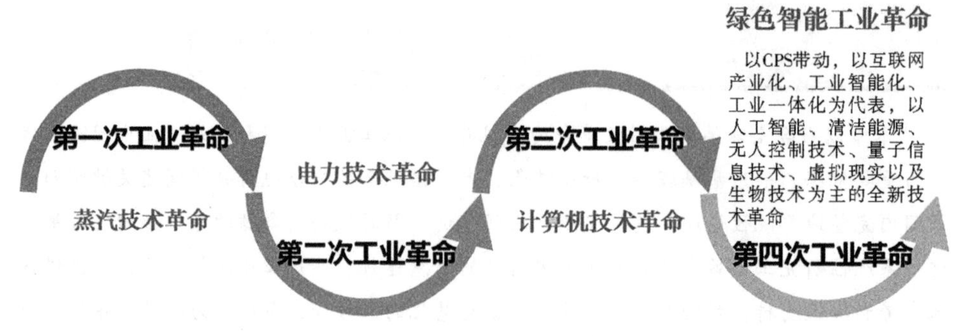

图 4-1-1 四次工业革命

工业 4.0 是由德国政府《德国 2020 高技术战略》中所提出的十大未来项目之一。旨在提升制造业的智能化水平，建立具有适应性、资源效率及基因工程学的智慧工厂，在商业流程及价值流程中整合客户及商业伙伴。其技术基础是网络实体系统及物联网。德国工业 4.0 是指利用信息物理系统（Cyber-Physical System，简称 CPS）将生产中的供应、制造、销售信息数据化、智慧化，最后达到快速、有效、个人化的产品供应。CPS 是工业 4.0 的核心，也是美国工业互联网、中国制造 2025 和两化融合战略的核心。CPS 是实现工业 4.0 战略的载体。

工业 4.0 的最终目标是：建立一个高度灵活的个性化和数字化的产品与服务的生产模式。在这种模式中，传统的行业界限将消失，并会产生各种新的活动领域和合作形式。创造新价值的过程正在发生改变，产业链分工将被重组。

4.1.2 信息物理系统 CPS

CPS 是 Cyber Physical System 的缩写，直译为"赛博物理系统"，被广泛翻译成"信息物理系统"。CPS 一词起源于美国 2006 年 2 月发布的《美国竞争力计划》。CPS 是一个包含计算、网络和物理实体的复杂系统，通过 3C（Computing、Communication、Control）技术的有机融合与深度协作，通过人机交互接口实现和物理进程的交互，使赛博空间以远程、可靠、实时、安全、智能化、协作的方式操控一个物理实体，实现大型工程系统的实时感知、动态控制和信息服务。在第四次工业革命中，CPS 不仅是一种技术，也是一种基于自动化、信息化、网络化的生产管理和工业经济模式。

从人类认知规律和社会学的视角来看，从感觉到记忆到思维这一过程，称为"智慧"，智慧的结果产生了行为和语言，将行为和语言的表达过程称为"能力”，两者合称“智能”。从专业科学技术的视角来看，“智能系统”应具备五个特征：智能传感检测、高效通信传输、自主控制决策、自组织协作、自学习优化。CPS 可以看作是“智能”在工业 4.0 体系下的一种实现形式。

4.1.3 工业互联网

1968 年 Dick Morley 的一场宿醉被认为是扇动现代工业互联网革命的蝴蝶翅膀。那一天他起草了《备忘录》，直接导致了 PLC（可编程逻辑控制器）的发明。此后，M2M（机器间通信）、以太网标准化、万维网（WWW）、用于 PLC 的 TCP/IP 协议发展起来，到凯文 · 阿什顿提出物联网概念，以太网在工业环境中已经无所不在了。而伴随着 IT 标准进入工业自动化领域，工业互联网（Industrial Internet）的未来渐露雏形。工业互联网是链接工业全系统、全产业链、全价值链，支撑工业智能化发展的关键基础设施，是新一代信息技术与制造业深度融合所形成的新兴业态和应用模式，是互联网从消费领域向生产领域、从虚拟经济向实体经济拓展的核心载体。工业互联网构建基于海量数据采集、汇聚、分析的服务体系，支撑制造资源泛在链接、弹性供给和高效配置。

“工业互联网”的概念最早是由美国通用电气（GE）公司于 2012 年提出的，随后联合另外四家信息技术巨头组建了工业互联网联盟，将这一概念大力推广开来。“工业互联网”的主要含义是，在工业系统中，能将机器、设备和网络在更深层次与信息世界的大数据及其计算、分析技术连接在一起，带动工业革命和网络革命快速发展，重构全球工业、激发生产力，让世界更美好、更快速、更安全、更清洁、更经济。简单地说，就是将机器、人连接在一起的泛在互联网。其初衷是利用互联网激活传统的生产制造过程，促进物理世界和信息世界的融合。其本质是在工业生产和经济中有数据的流动和分析。狭义地讲，工业互联网能够通过网络化、信息化的手段，对制造业进行更加精细、更加有效的管理；涉及从底层自动化到上层管理软件，是管理的闭环。广义地讲，是改变整个制造业原来的管理和盈利模式。“互联”是工业互联网的基本功能，在此基础上通过数据流动和分析，进一步实现智能化生产、网络化协同、个性化定制、服务化延伸，最终实现新商业模式，催生新业态。工业互联网的商业模式是：柔性制造 + 个性化定制。工业互联网涉及的核心技术是：网络协议、数据采集、数据分析、数据传输、数据存储及工作流、产业链。

美国工业互联网联盟（IIC）1.8 版工业互联网参考架构（IIRA）于 2017 年 1 月发布。IIRA 是由 IIC 成员（包括系统和软件架构师，业务专家和安全专家）

设计的基于标准的架构模板和方法，以协助 IIoT 系统架构师设计 IIoT 解决方案架构，并部署可互操作的 IIoT 系统 。IIRA v1.8 中涉及的 IIoT 核心概念和技术适用于制造、采矿、运输、能源、农业、医疗保健、公共基础设施和几乎所有其他行业中的每个小型、中型和大型企业的深度和广度。根据 IIRA 的观点，工业互联网的参考框架如图 4-1-2 所示。

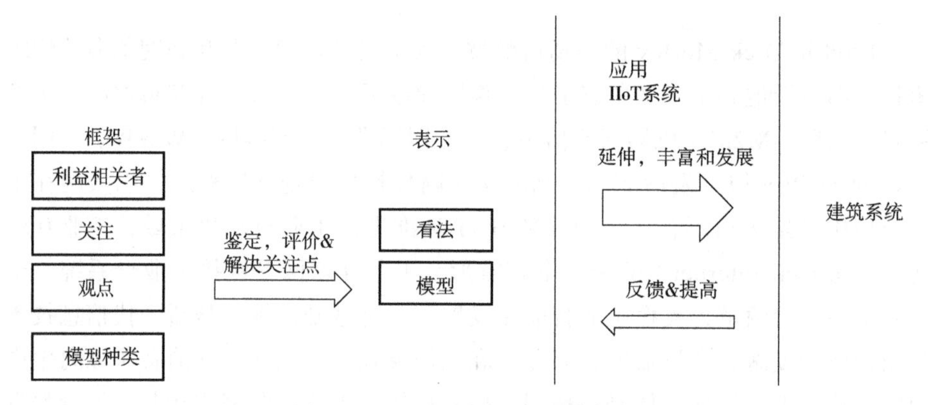

图 4-1-2　工业互联网的参考框架

IIRA 还认为工业互联网应贯穿于系统全生命周期，如图 4-1-3 所示。

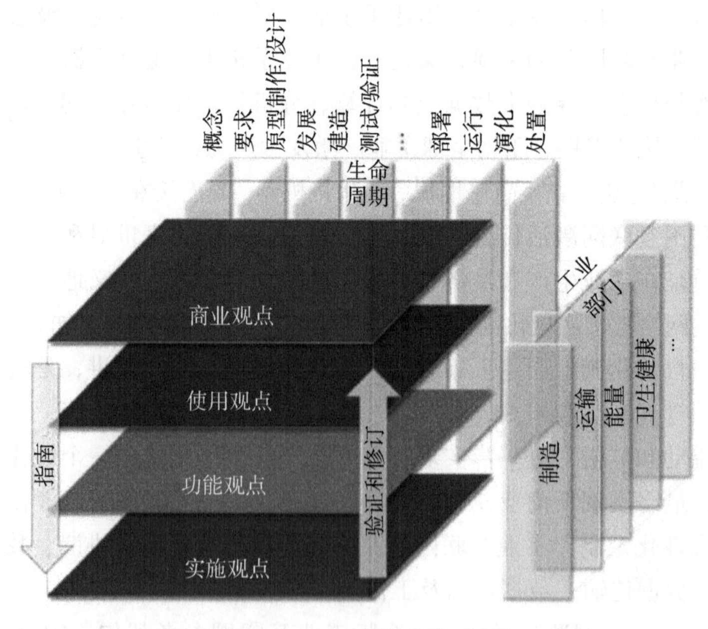

图 4-1-3　工业互联网的范围

我国《工业互联网体系架构（版本 1.0）》于 2018 年初发布，认为网络、数据、安全是工业互联网体系架构的三大核心。我国工业互联网体系架构如图 4-1-4 所示。

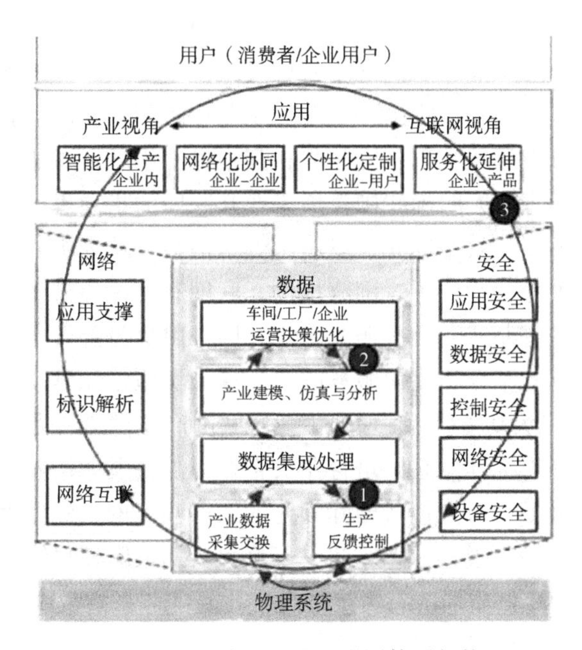

图 4-1-4　我国工业互联网体系架构

（来源：工业互联网产业联盟）

工业互联网基础共性标准包括：

（1）网络互联标准：主要规范网络互联所涉及的关键技术、设备及组网，包括整体网络架构、涉及 / 产品联网、工厂内部网络、工厂外部网络、网络资源管理、网络设备、互联互通标准等。

（2）标识解析标准：主要包括整体架构标准、编码与存储标准、采集与处理标准、解析标准、数据与交互标准、设备与中间件标准、异构标识互操作标准等。

（3）平台与支撑标准：包括工业互联网平台标准、边缘计算标准、联网资源接入标准、工业互联网服务标准、应用协议标准、系统互联与集成标准等。

（4）工业互联网数据标准：主要包括工业互联网数据交换标准、数据分析标准、数据管理标准、建模标准、大数据服务标准等。

（5）安全标准：主要包括安全基础支撑标准、安全管理及服务标准、设备安全标准、网络安全标准、控制安全标准、应用安全标准、数据安全标准等。

2017年11月，国务院发布了《国务院关于深化“互联网+先进制造业”发展工业互联网的指导意见》（以下简称《意见》，这是规范和指导我国工业互联网发展的指导性文件，为深化制造业与互联网融合发展提供了实现路径。《意见》提出的我国工业互联网“三步走”发展战略为：到2025年，实现覆盖各地区、各行业的工业互联网网络基础设施基本建成，标识解析体系不断健全并规模推广，形成若干家具有国际竞争力的工业互联网平台等；到2035年，我国工业互联网重点领域实现国际领先；到本世纪中叶，工业互联网综合实力进入世界前列。《意见》明确我国发展工业互联网的指导思想为：落实新发展理念，坚持质量第一、效益优先，以供给侧结构性改革为主线，以全面支撑制造强国和网络强国建设为目标，围绕推动互联网和实体经济深度融合，聚焦发展智能、绿色的先进制造业，按照党中央、国务院决策部署，加强统筹引导，深化简政放权、放管结合、优化服务改革，深入实施创新驱动发展战略，构建网络、平台、安全三大功能体系，增强工业互联网产业供给能力。促进行业应用，强化安全保障，完善标准体系，培育龙头企业，加快人才培养，持续提升我国工业互联网发展水平。努力打造国际领先的工业互联网，促进大众创业万众创新和大中小企业融通发展，深入推进“互联网+”，形成实体经济与网络相互促进、同步提升的良好格局，有力推动现代化经济体系建设。

经国家制造强国建设领导小组会议审议，在该小组下设立了工业互联网专项工作组。目前，工业和信息化部正在推动建设10家左右国家级工业互联网平台和一批行业互联网平台，同时积极推动企业加速向互联网化转型，实施工业互联网重大专项工程，鼓励企业开展数字化改造，制定支持企业上云的政策措施和操作指南，加快信息系统向云平台迁移的步伐。

工业互联网平台是实体经济全要素连接的枢纽、资源配置的中心和智能制造的大脑。2015年以来，全球工业互联网平台建设步伐明显加快，目前已经超过150个平台。我国工业互联网网络、平台体系正在加快构建，工厂内外网络改造升级加快推进，正成为支撑制造业乃至实体经济全要素、全产业链、全价值链连接互通的重要基础设施[6]。

美国政府的“再工业化”战略于2009年底启动。2009年12月美国政府公布了《重振美国制造业框架》。2012年3月，奥巴马提出投资10亿美元，创建15个美国“国家制造业创新网络”（NNMI）计划，以重振美国制造业的竞争力。2013年1月，美国总统办公室、国家科学技术委员会、国家先进制造业项目办公室联合发布《国家制造业创新网络计划》。

2012年8月以来，美国已经成立了4家制造业创新中心，这些中心涉及的相关技术和产业有望成为未来制造业的发展方向。2014 年 10 月，美国先进制造伙伴 2.0 指导委员会完成的《振兴美国先进制造业》（Accelerating U.S. Advanced Manufacturing）报告中，首先建议制定一个确保美国新兴制造技术领域优势的国家战略，明确要求各政府机构之间、企业之间以及政府机构与企业之间要开展跨界合作，并建议成立一个先进制造业咨询委员会，负责协调高科技企业投入到国家先进制造技术的研究和开发之中。世界上有三种以指数倍方式快速发展的技术——人工智能、机器人以及电子制造业，它们将重塑制造业的面貌，这也是美国工业互联网赖以发展的支撑性技术。

据中国工业互联网产业联盟测算，2017 年我国工业互联网直接产业规模约为 5700 亿元，预计 2017—2019 年，产业规模将以 18% 的年均增速高速增长，到 2020 年将达到万亿元规模。

2018 年 2 月 27 日，经国家发展和改革委员会批复，海尔 COSMOPlat 成为“国家级工业互联网 + 智能制造集成应用示范平台”。这是全国首个国家级工业互联网示范平台。今后，我国将培育 10 家左右国家级跨行业跨地区工业互联网平台，推动百万制造企业上云，百万工业 App 生态打造 。

“工业互联网”这个词承载着很重的使命，对外，它是全球各大工业国争相抢夺的制高点，对内，它被认为是中国制造业一次重生的转折点。我国工业互联网与发达国家基本同步启动，在框架、标准、安全等方面取得了初步进展，涌现出一批典型平台和企业。我国工业互联网技术体系日趋完善，应用场景不断丰富，推动制造业向数字化、网络化、智能化和云化发展，实现了更加高效、绿色、精准、个性化的制造服务。

4.1.4　工业互联网平台

工业互联网平台是在传统云平台的基础上叠加物联网、大数据、人工智能等新兴技术，实现海量异构数据汇聚与建模分析、工业经验知识软件化与模块化、工业创新应用开发与运行，从而支撑生产智能决策、业务模式创新、资源优化配置和产业生态培育的载体。平台是工业互联网的核心，它将物联网、大数据、人工智能及云计算等理念、架构和技术融入工业生产中。工业互联网包括工业软件、工业通信、工业云平台 / 工业互联网平台、工业互联网基础设施、工业安全等。工业互联网平台又分为 4 个部分：

1）边缘层：通过协议转化和边缘计算形成有效的数据采集体系，从而将物理空间的隐形数据在网络空间显性化。

2）IaaS 层：将基础的计算网络存储资源虚拟化，实现基础设施资源池化。

3）工业 PaaS 层：工业操作系统，向下对接海量工业装备、仪器、产品，向上支撑工业智能化应用的快速开发和部署。

4）工业 App：以行业用户和第三方开发者为主，第三方开发者主要是基于 PaaS 层做工业 App 的开发工作，通过调用和封装工业 PaaS 平台上的开发工具，形成面向行业和场景的应用。

工业互联网平台是工业互联网的核心要素，正成为制造业和互联网深度融合的新焦点、新抓手，驱动制造业加速向数字化、网络化、智能化方向延伸拓展。2020 年，我国工业互联网平台体系将初步形成，有望建成 10 个左右跨行业、跨领域，能够支撑企业数字化、网络化、智能化生产的企业级平台。到 2020 年，我国还将利用推进工业互联网发展的契机，培育 30 万个面向特定行业、特定场景的工业 App，推动 30 万家企业应用工业互联网平台开展研发设计、生产制造、运营管理等业务。届时，工业互联网平台对产业转型升级的基础性、支撑性作用将初步显现。

当前，国内外企业工业互联网平台正处于规模化扩张的关键期，毋庸置疑，工业互联网平台成为推动制造业与互联网融合发展的重要抓手。当前国内外主要的工业互联网平台大概有 30 家，典型的平台如：航天云网的 INDICS 平台、徐工的 Xrea 工业互联网平台、树根互联的根云平台、海尔的 COSMOPlat 平台、中国电信的 CPS 平台、华为的 OceanConnect IoT 平台、和利时的 HiaCloud 平台、中国移动的 OneNET 平台、石化盈科的 ProMACE 平台、阿里巴巴的阿里云 ET 工业大脑平台、富士康的 BEACON 平台、GE 的 Predix 平台、ABB 的 ABB Ability 平台、施耐德的 EcoStruxure 平台和西门子的 MindSphere 平台。对一些典型的平台简介如下。

1. 航天云网的 INDICS 平台

航天科工基于自身在制造业的雄厚实力和在工业互联网领域的先行先试经验，打造了工业互联网平台 INDICS。

INDICS 平台在 IaaS 层自建数据中心，在 DaaS 层提供丰富的大数据存储和分析产品与服务，在 PaaS 层提供工业服务引擎、面向软件定义制造的流程引擎、大数据分析引擎、仿真引擎和人工智能引擎等工业 PaaS 服务，以及面向开发者的公共服务组件库和 200 多种 API 接口，支持各类工业应用快速开发与迭代。

INDICS 提供 Smart IOT 产品和 INDICS-OpenAPI 软件接口，支持工业设备 / 产品和工业服务的接入，实现“云计算 + 边缘计算”混合数据计算模式。平台对外开放自研软件与众研应用 App 共计 500 余种，涵盖了智能研发、精益制造、智能服务、智慧企业、生态应用等全产业链、产品全生命周期的工业应用能力。

2. 徐工的 Xrea 工业互联网平台

Xrea 立足徐工在离散型制造的工业背景，把制造业基因快速推广，重点深耕十大行业，诸如机械制造、工业锅炉行业、环保设备、新能源汽车、建筑施工、风电、光电、有色金属冶炼等。历经数年发展，积累了海量高价值数据，实现了海量工业设备接入、搭建了端到端的安全体系。目前平台接入的设备已经超过 67 万台，设备种类 2066 种，管理的设备资产超过 4000 亿元，通过提供设备级、企业级、行业级多场景解决方案，先后为 63 个行业、400 多家客户提供服务，切实为客户提质、降本、增效，带来价值。

Xrea 工业互联网平台在不同垂直行业的应用效果举例如下。

建筑施工行业。徐工信息基于 Xrea 工业互联网平台，为某大型建筑施工集团构建了设备租赁交易平台，涵盖客商管理、资源管理、供需管理和交易管理四大板块，解决其缺乏设备资源管理手段、设备闲置率高、在线交易缺失等痛点问题。提高了社会交易占比，由原来的 2.3% 提高至 10%，提高了设备的综合复用率，比如盾构机，从原来的 29.6% 提高到 40.9%，凿岩台车从原来的 32.5% 提高到 60%，道路机械从原来的 58.6% 提高到 73.8%，提梁机从原来的 41.5% 提高到 63.2% 等。

生产制造行业。徐工信息为某减速机制造企业提供设备上云服务，解决其一直存在的诸如无法实时了解生产设备状况、无法实时跟踪订单加工实时信息、无法实现全流程质量追溯等痛点问题，基于 Xrea 工业互联网平台，实现对设备生产运行状况实时监测，实时跟踪订单生产情况，更好地衔接生产流程，统计分析设备利用效率，反馈给企业决策者，最终实现生产透明化，实现三个提高：提高了设备利用率 3.6%，提高了计划达成率 8.3%，提高了一次成品率 2.1%。

3. 树根互联的根云平台

树根互联是三一集团孵化的工业互联网赋能平台公司。创始团队融合了深厚的工业基因和互联网技术。目前拥有长沙树根互联子公司，并在持续扩张。树根互联打造了中国工业互联网赋能平台——根云，致力于给各工业细分行业进行赋能、创新和转型。

根云平台能够为各行业企业提供基于物联网、大数据的云服务，面向机器的制造商、金融机构、业主、使用者、售后服务商、政府监管部门提供应用服务，同时对接各类行业软件、硬件、通信商开展深度合作、形成生态效应。目前，平台已接入能源设备、纺织设备、专用车辆、港口机械、农业机械及工程机械等各类高价值设备 40 万台以上，采集近万个参数，连接数千亿资产，为客户开拓超百亿元收入的新业务。

4. 海尔的 COSMOPlat 平台

海尔集团基于家电制造业的多年实践经验，推出工业互联网平台 COSMOPlat，形成以用户为中心的大规模定制化生产模式，实现需求实时响应、全程实时可视和资源无缝对接。COSMOPlat 平台共分为四层（图 4-1-5）：第一层是资源层，开放聚合全球资源，实现各类资源的分布式调度和最优匹配；第二层是平台层，支持工业应用的快速开发、部署、运行、集成，实现工业技术软件化；第三层是应用层，为企业提供具体互联工厂应用服务，形成全流程的应用解决方案；第四层是模式层，依托互联工厂应用服务实现模式创新和资源共享。

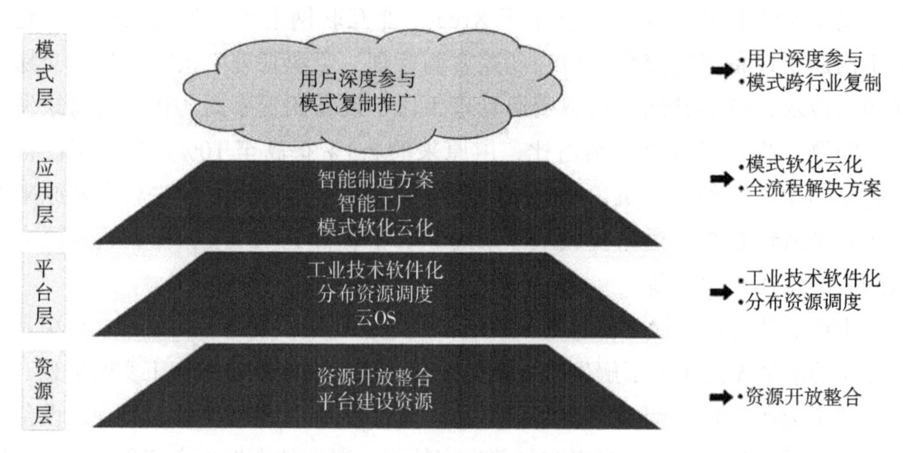

图 4-1-5　COSMOPlat 平台

目前，COSMOPlat 平台已打通交互定制、开放研发、数字营销、模块采购、智能生产、智慧物流、智慧服务等业务环节，通过智能化系统使用户持续、深度参与到产品设计研发、生产制造、物流配送、迭代升级等环节，满足用户个性化定制需求。

5. 华为的 OceanConnect IoT 平台

华为是全球领先的信息与通信技术解决方案供应商，在电信、企业、消费者等领域为客户提供有竞争力的产品和服务。华为推出的 OceanConnect IoT 平台在技术架构上分为垂直和水平两个方向。在垂直方向，又分为三层架构，分别为连接管理层、设备管理层和应用使能层。其中，连接管理层主要提供 SIM 卡生命周期管理、计费、统计和企业 Portal 等功能；设备管理层主要提供设备连接、设备数据采集与存储、设备维护等功能；应用使能层主要提供开放 API

能力，同时具备数据分析、规则引擎、业务编排等能力。在水平方向，通过与平台连接的分布式 IoT agent 对接行业智能设备网关，并提供边缘计算能力，实现与云端计算的协同。目前，OceanConnect IoT 平台主要服务行业包括公共事业、车联网、油气能源、生产与设备管理、智慧家庭等领域，构筑多个成熟解决方案并完成商用，并有约 40 个运营商 POC 项目及若干个企业 POC 项目等，提供 170 余个开放 API，聚合超过 500 个合作伙伴。

6. 中国移动的 OneNET 平台

中国移动是一家基于 GSM、TD-SCDMA 和 TD-LTE 制式网络的移动通信运营商，中国移动于 2014 年发布了 OneNET 平台。探索将在其数字技术和通信技术领域的优势与工业场景相结合，拓展工业互联网业务。

OneNET 平台包含接入层、处理层、存储层和表现层四大部分。其中接入层负责设备接入，支持 MQTT、CoAP、Http、EDP 等主流协议，实现海量设备接入；处理层负责进行数据处理及数据挖掘分析，可以为用户提供消息控制、事件智能推送、大数据分析等服务；存储层利用可扩展的分部署存储技术，保证数据的可靠存储；表现层对外提供平台 API 及门户，为用户提供平台能力开放及应用快速生成服务。

OneNET 平台目前已经孵化应用超过 2 万个，聚集开发者超过 4.4 万人，设备接入连接数超过 2100 万台，服务于环境监测、智能家居、智能穿戴、智慧农业、节能减排、车联网、物流追踪、智慧楼宇、智能制造等多个行业。

7. 石化盈科的 ProMACE 平台

石化盈科是大型管理咨询、信息技术及外包服务商，侧重能源领域的 IT 服务。2017 年石化盈科携手华为公司推出 ProMACE 平台，面向石油化工行业提供流程制造平台服务。

石化盈科 ProMACE 平台采用云计算、大数据、物联网、人工智能等技术，提供数据集成、实时计算、智能分析、物联网（IoT）接入、可视化等核心能力，支撑流程工业智能化转型升级。平台主要聚焦石化化工行业，围绕着“生产一体化优化”“生产集成管控”和“全生命周期资产管理”提供标准工业应用。目前，石化盈科 ProMACE 平台已在中国石化智能工厂成功试点并取得良好应用效果。

8. 阿里巴巴的阿里云 ET 工业大脑平台

阿里云 ET 工业大脑平台依托阿里云大数据平台，建立产品全生命周期数据治理体系，通过大数据技术、人工智能技术与工业领域知识的结合实现工业数据建模分析，有效改善生产良率、优化工艺参数、提高设备利用率、减少生产能耗，提升设备预测性维护能力。

阿里云 ET 工业大脑平台包含数据舱、应用舱和指挥舱 3 大模块，分别实现数据知识图谱的构建、业务智能算法平台的构建以及生产可视化平台的构建。目前，阿里云工业大脑平台已在光伏、橡胶、液晶屏、芯片、能源、化工等多个工业垂直领域得到应用。

9. 富士康的 BEACON 平台

富士康科技集团是专业从事生产消费性电子产品、网络通信产品、计算机周边产品的高新科技企业。富士康集团于 2017 年开发了工业互联网平台 BEACON。探索将数字技术与其 3C 设备、零件、通路等领域的专业优势结合，向行业领先的工业互联网公司转型。

BEACON 平台通过工业互联网、大数据、云计算等软件及工业机器人、传感器、交换机等硬件的相互整合，从而建立了端到端的可控可管的智慧云平台。将设备数据、生产数据、产业专业理论进行集成、处理、分析，形成开放、共享的工业级 App。

目前，富士康借助 BEACON 平台实现生产过程全记录、无线智慧定位、SMT 数据整体呈现（产能、良率、物料损耗等）、数据智能实现集中管理数据、基于大数据的智能能源管控和自适应测试平台。

10. GE 的 Predix 平台

GE（美国通用电气公司）是世界上最大的装备与技术服务企业之一，业务范围涵盖航空、能源、医疗、交通等多个领域。GE 于 2013 年推出 Predix 平台（图 4-1-6），探索将数字技术与其在航空、能源、医疗和交通等领域的专业优势结合，向全球领先的工业互联网公司转型。Predix 平台的主要功能是将各类数据按照统一的标准进行规范化梳理，并提供随时调取和分析的能力。

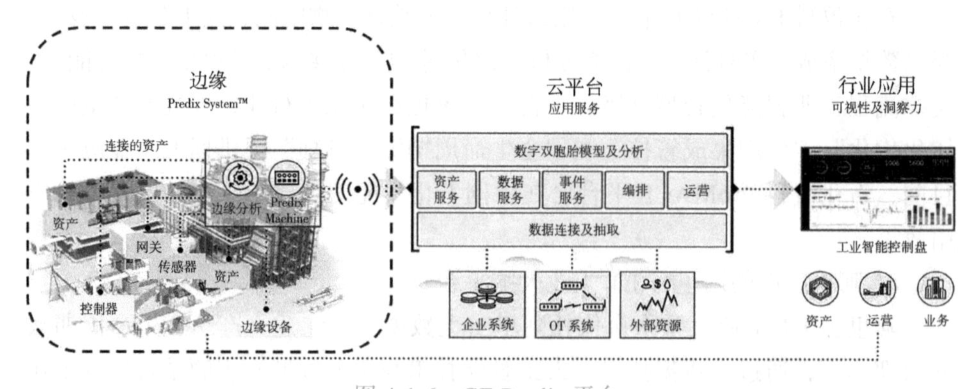

图 4-1-6 GE Predix 平台

Predix 平台架构分为三层，边缘连接层、基础设施层和应用服务层。其中，边缘连接层主要负责收集数据并将数据传输到云端；基础设施层主要提供基于全球范围的安全的云基础架构，满足日常的工业工作负载和监督的需求；应用服务层主要负责提供工业微服务和各种服务交互的框架，主要提供创建、测试、运行工业互联网程序的环境和微服务市场。

GE 目前已基于 Predix 平台开发部署计划和物流、互联产品、智能环境、现场人力管理、工业分析、资产绩效管理、运营优化等多类工业 App。

11. ABB 的 ABB Ability 平台

ABB 是设备制造和自动化技术领域的领导厂商，拥有电力设备、工业机器人、传感器、实时控制和优化系统等广泛的产品线。ABB 于 2017 年推出了工业互联网平台 ABB Ability，探索将数字技术与其在电气自动化设备制造等领域的专业优势结合，向全球领先的工业互联网公司转型。

ABB Ability 平台由 Ability Edge 和 Ability Cloud 组成。Ability Edge 主要用于数据的采集，包括设备及生产控制系统（SCADA，DCS）的数据，通过 Ability Edge 内置的数据模型进行预处理，并传输至云端。Ability Cloud 基于 Microsoft Azure 云基础架构及其应用服务，通过对数据进行集成管理和大数据分析，形成智能化决策与服务应用。未来，ABB 还计划将其 Ability 与其他工业互联网平台进行互联互通，实现业务协作。

目前 ABB Ability 平台主要应用于采矿、石化、电力、食品、水务、海运等领域。未来，ABB 计划依托其超过 7000 万个连接设备和 7 万个控制系统的存量设备，不断拓展 Ability 平台应用。

12. 施耐德的 EcoStruxure 平台

施耐德电气公司是全球著名的电气设备制造商和能效管理领域领导者，为 100 多个国家提供能源整体解决方案。施耐德于 2016 年发布 EcoStruxure 平台，探索将数字技术与其在电力设备等领域的专业优势结合，实现施耐德集团制造设备的互联。

EcoStruxure 平台包括三个层级：第一层是互联互通的产品。产品涵盖断路器、驱动器、不间断电源、继电器和仪表及传感器等。第二层是边缘控制。边缘控制层可以进行监测及任务操作，简化管理的复杂性。第三层是应用、分析和服务。应用可以实现设备、系统和控制器之间的协作，分析则通过运营人员的经验形成模型，用模型促进改善策略的形成，提升决策效率与精准度，服务提供可视化的人机接口，实现业务控制和管理。

EcoStruxure 平台目前已联合 9000 个系统集成商，部署超过 45000 个系统。

平台主要面向楼宇、信息技术、工厂、配电、电网和机器六大方向。

13. 西门子的 MindSphere 平台

西门子股份公司是全球电子电气工程领域的领先企业，业务主要集中在工业、能源、基础设施及城市、医疗 4 大领域。西门子于 2016 年推出 MindSphere 平台。该平台采用基于云的开放物联网架构，可以将传感器、控制器以及各种信息系统收集的工业现场设备数据，通过安全通道实时传输到云端，并在云端为企业提供大数据分析挖掘、工业 App 开发以及智能应用增值等服务。

MindSphere 平台包括边缘连接层、开发运营层、应用服务层三个层级。主要包括 MindConnect、MindClound、MindApps 三个核心要素，其中 MindConnect 负责将数据传输到云平台，MindClound 为用户提供数据分析、应用开发环境及应用开发工具，MindApps 为用户提供集成行业经验和数据分析结果的工业智能应用。MindSphere 平台目前已在北美和欧洲的 100 多家企业开始试用，并在 2017 年汉诺威展上与埃森哲、Evosoft、SAP、微软、亚马逊和 Bluvision 等合作伙伴展示了多种微服务和工业 App。

4.2 智能建筑集成控制系统

智能建筑系统集成（Intelligent Building System Integration）是指以搭建建筑主体内的建筑智能化管理系统为目的，利用综合布线技术、楼宇自控技术、通信技术、网络互联技术、多媒体应用技术、安全防范技术等将相关设备、软件进行集成设计、安装调试、界面定制开发和应用支持[1]。智能建筑系统集成实施的子系统包括综合布线、楼宇自控、电话交换机、机房工程、监控系统、防盗报警、公共广播、有线电视、门禁系统、楼宇对讲、一卡通、停车管理、消防系统、多媒体显示系统、远程会议系统。海信网络科技公司在智能建筑领域有 10 余年的工程经验，业务涉及商场、酒店、写字楼、住宅小区、学校、体育场馆、医院等多个领域。

传统智能建筑系统集成采用的是集散型计算机控制系统，也称分布式控制系统（Distributed control systems，DCS），如图 4-2-1 和图 4-2-2 所示。

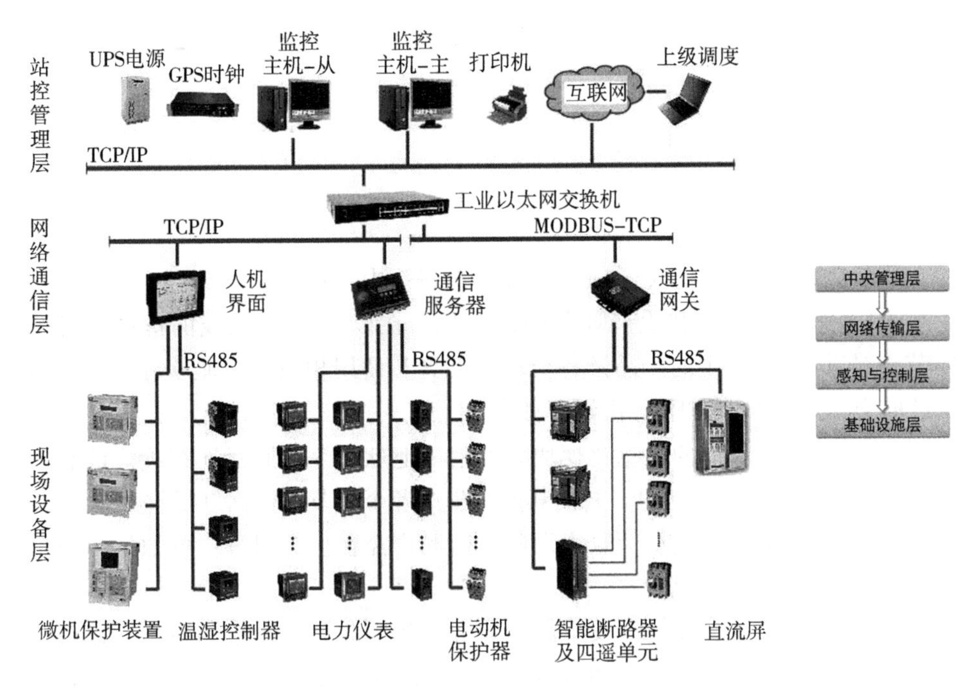

图 4-2-1　智能建筑系统集成的传统架构

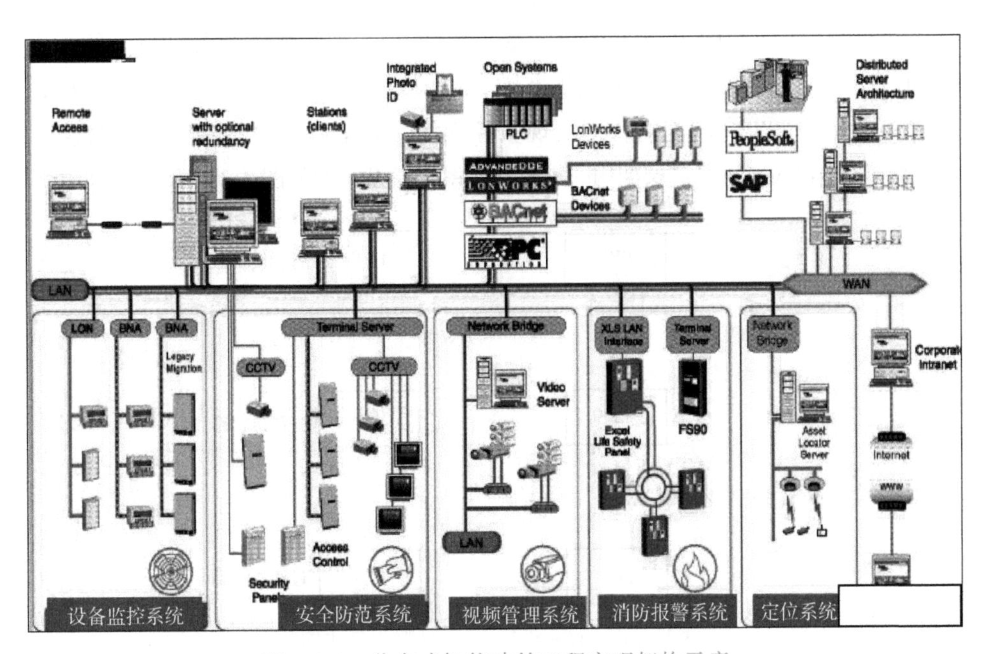

图 4-2-2　分布式智能建筑工程实现架构示意

（来源：Honeywell EBI）

4.3 企业集成制造系统

从制造业来看，制造业企业信息化包括以下内容：

（1）完善各业务和生产环节的信息化。在以 EPR 为主线的价值链各个环节，对以 PLM 为主的产品链各个环节部署和使用相应的工业软件，在这两条链的交叉点上的生产环境里实施 MES。

（2）将以上环节的信息化模块（专门工业软件）互联互通在价值链和产品链上逐步实现流程自动化，并使其能对生产各个环节的数据进行收集。

（3）对设备进行连接，收集设备运营和产品在生产过程中的数据，通过数据分析，优化生产过程。

（4）在对产品、设备以及生产和业务流程中收集了足够的数据后，可以进行不同周期和跨越生产、跨越业务环节的综合性大数据分析，识别和消除效率和绩效瓶颈，对整个生产和业务过程进行宏观性的优化。

（5）打通生态圈内企业之间信息系统的互联，实现企业之间的业务和生产的协同，把优化的范畴扩展到生态圈，以及对客户部署了的产品实行连接，通过对产品的全生命周期的管理实现服务延伸，为企业的业务转型开拓机遇。

基于 ERP/MES/PCS 三层架构的集成制造系统模型一般如图 4-3-1 所示。

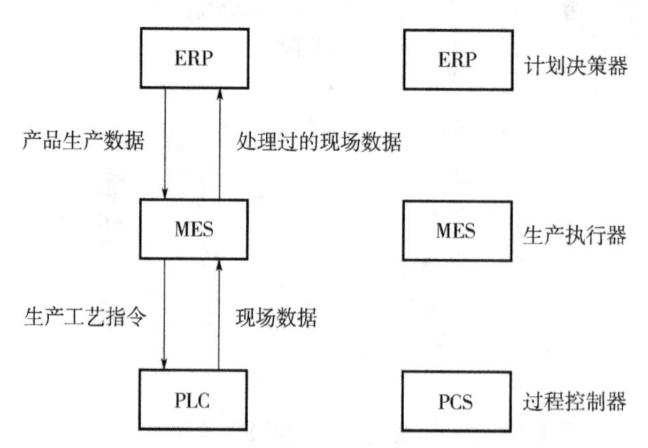

图 4-3-1 基于 ERP/MES/PCS 三层架构的集成制造系统模型

基于 OPC 的 MES 总体架构如图 4-3-2 所示。

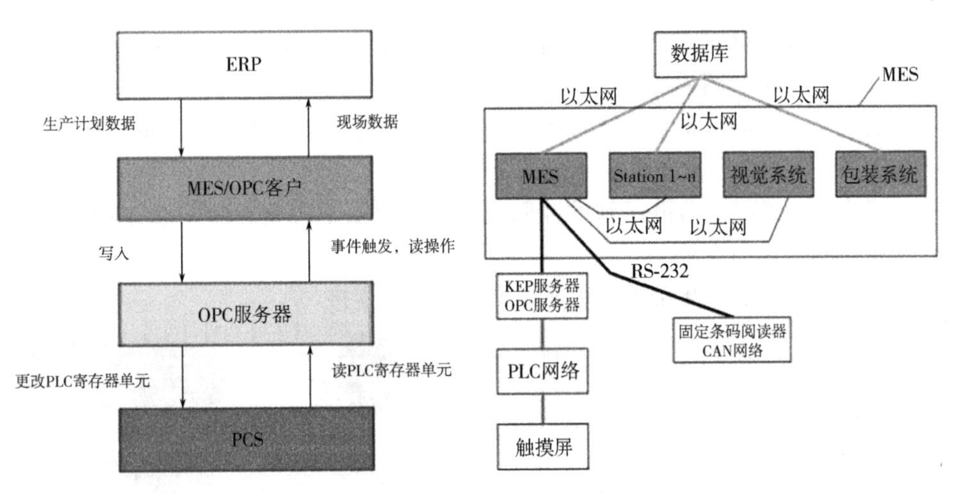

图 4-3-2　基于 OPC 的 MES 总体架构

4.4　建筑工业互联网

4.4.1　建筑工业互联网定义

随着全球工业 4.0 战略的推进，工业互联网正在重塑产业链和价值链，正在为重构全球工业、激发生产力做出重要贡献，各种垂直行业领域的工业互联网在不久的将来会被开发出来，并通过运营产生巨大价值。工业互联网的核心要义可用图 4-4-1 进行描述。

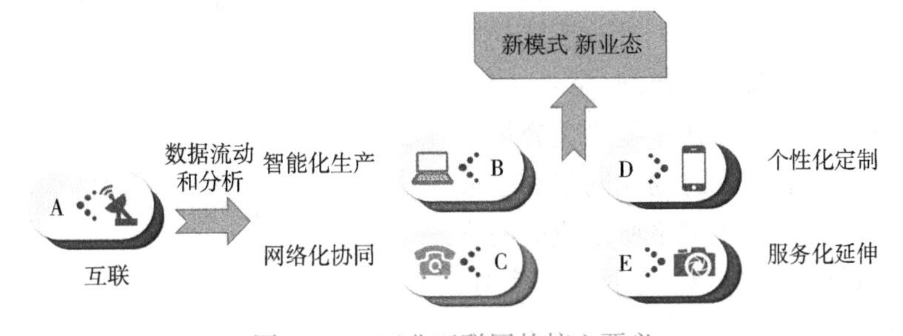

图 4-4-1　工业互联网的核心要义

从图 4-4-1 可清晰地看到，“互联”是工业互联网的基本功能，在此基础上通过数据的流动和分析，进一步实现智能化生产、网络化协同、个性化定制、服务化延伸。最终将构建出新商业模式，催生出新业态。

建筑工业互联网是指符合工业互联网定义和发展理念的建筑业互联网。包含以下三个层次（图 4-4-2）：

层次 1：企业内部生产域的互联，实现应用与设备的互联，实现上连应用，下连设备。

层次 2：实现供需链之间的互联互通，通过上下游企业间的业务互联，实现企业间的协作与发展。

层次 3：产业集群互联，实现整个产业生态连接。

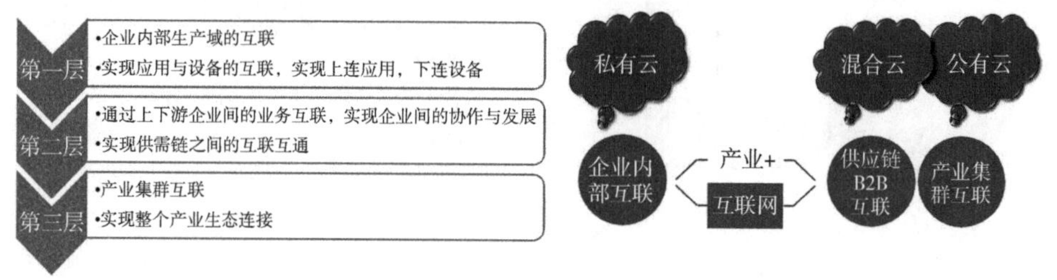

图 4-4-2　建筑工业互联网的三个层次

智慧建筑系统集成架构应基于建筑工业互联网。

4.4.2 基于物理层级的建筑工业互联网

建筑工业互联网的描述方法一：基于物理层级的建筑工业互联网，如图 4-4-3 所示。

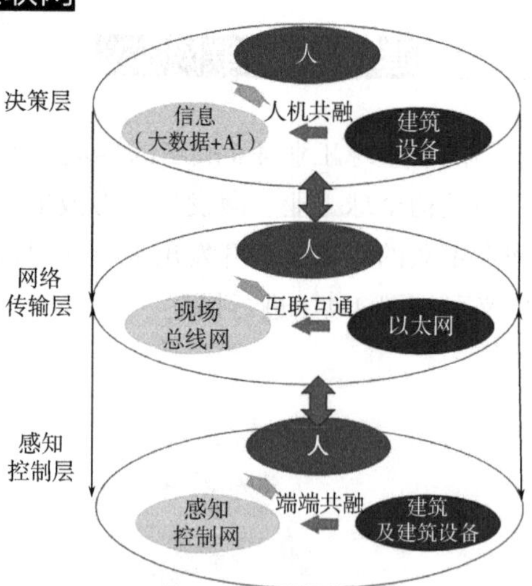

图 4-4-3　基于物理层级的建筑工业互联网

感知控制层：提供对建筑基础设施及环境的智能感知与控制功能，通过传感器、执行器、驱动器等底层装置实现对建筑、环境、设备和人员等要素的数据采集与处理，监测与控制。

网络传输层：为建筑提供大容量、高带宽、高可靠、实时的光网络和全域覆盖的无线宽带接入网络所组成的网络通信基础设施。包括以互联网、电信网、广播电视网等为主体的核心传输网，提供无线接入服务的蜂窝无线网络以及现场总线、集群专网等专用网络。

管理与决策层：包括数据池、智能模型、智慧服务、智慧应用、智慧决策等，实现基于大数据与人工智能的智能管理与决策，为建筑物用户、社会公众、企业用户、城市管理决策用户等提供综合信息化应用与服务。

4.4.3 基于“大数据 +AI+ 敏捷供应链”的建筑工业互联网

建筑工业互联网的描述方法二：基于建筑云脑的建筑工业互联网，如图 4-4-4 所示。

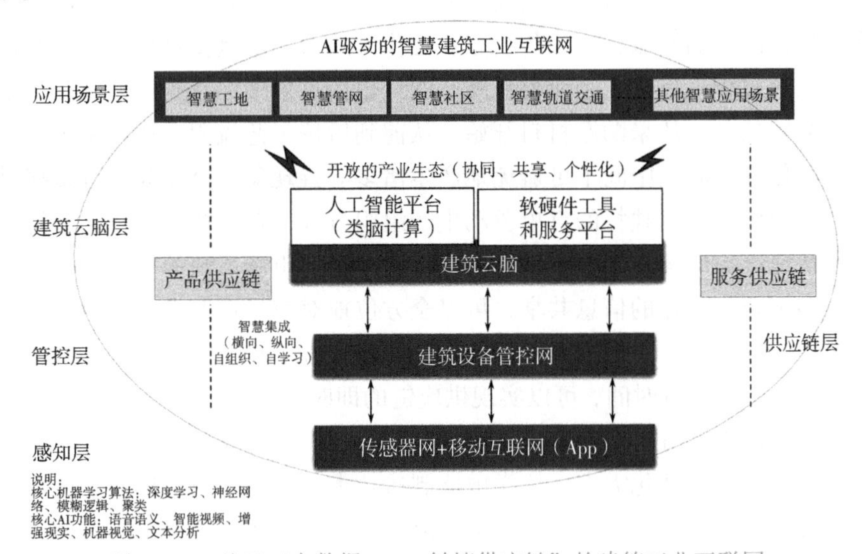

图 4-4-4　基于“大数据 +AI+ 敏捷供应链”的建筑工业互联网

图 4-4-4 中，建筑云脑层的“人工智能平台”模块适宜采用类脑计算模型相关理论和技术，是一个开放的生态平台。人工智能平台目前落地较好的核心机器学习算法包括深度学习、神经网络、强化学习等。核心 AI 功能包括：语音、视频、增强现实、机器视觉、机器学习、文本智能。供应链层由于 AI 的使用，大大简化了供应流程、减少了匹配环节、缩短了供应周期，最终促使生产和工作效率得到大幅提升，故可认为是“大数据 +AI”驱动的敏捷供应链。“敏捷”用于强调供应链对市场变化及用户需求变化的快速响应能力。其中，产品供应链是智慧建筑供应链的核心，建造供应链是主线，服务供应链是产业模式变革的引擎。建筑工业互联网中的敏捷供应链供需周转如图 4-4-5 所示。

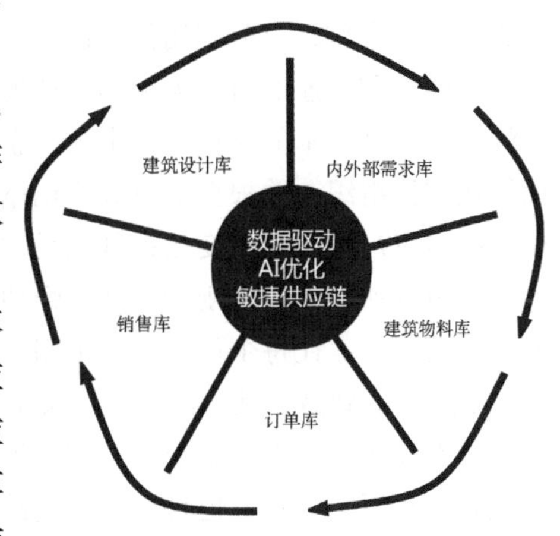

图 4-4-5　建筑工业互联网中的敏捷供应链

敏捷供应链是一种全新理念，它将突破传统管理思想，从以下几个方面为企业带来全新竞争优势，使企业能够在未来经济中具备强大竞争力。

敏捷供应链的竞争优势在于：

速度优势。可以尽可能快的速度满足消费者的个性化需求，企业能及时提供顾客所需的产品和服务。在传统企业运作方式中，从接受订单到成品交付是一个漫长的过程：首先，企业要将所有的订单信息集中汇总到计划部门，由计划部门分解任务，从采购原材料开始，从前到后按工艺流程完成订单生产，除了必备的作业时间，中间不可避免地产生诸多等待现象。企业如果按敏捷供应链观念组织生产，其独特的订单驱动生产组织方式，在敏捷制造技术支持下，可以最快速度响应客户需求。敏捷供应链增加了对市场反映的灵敏度，通过供应链上多个合作企业的信息共享，可以全方位地对市场情况做出响应，因此提高了企业的反应速度。同时，由于各个企业都专心于自己的核心优势，可以减少产品的生产与物流时间，可以实现供应链的即时销售、即时生产和即时供应，将消费者的订货提前期降到最低限度。

可满足顾客个性化需求。依靠敏捷制造技术、动态组织结构和柔性管理技术三个方面的支持，敏捷供应链解决了流水线生产方式难以解决的品种单一问题，实现了多产品、少批量的个性化生产，从而满足顾客个性化需求，尽可能扩大市场。首先是敏捷制造技术的突破，计算机辅助设计（CAD）、企业资源计划（ERP）、精益生产技术（JIT）等是敏捷供应链的主体核心技术，没有敏捷制造技术，敏捷供应链思想便成为没有具体内容的空壳；其二是动态变化的组织结构形成虚拟组织，动态联盟要求各个企业能用一种更加主动、更加默契的方式进行合作，充分利用供应链上各个企业的资源，使整条供应链保持良好的组织弹性和迅速的市场需求响应速度。敏捷供应链突破了传统组织的实体有界性，在信息技术的支持下，由核心企业根据每一张订单将若干相互关联的厂商结成虚拟组织，并根据企业战略调整和产品方向转移重新组合、动态演变，以随时适应市场环境的变化；其三是柔性管理技术，敏捷供应链观念摒弃单纯的“胡萝卜加大棒”式刚性管理，强调打破传统的严格部门分工界限，实行职能的重新组合，让每个员工或每个团队获得独立处理问题的能力，通过整合各类专业人员的智慧，获得团队最优决策。

成本优势。成本是影响企业利润最基本、最关键的因素，不断降低成本是企业管理永恒的主题，也是企业供应链管理的根本任务，而供应链管理是降低成本、增加企业利润的有效手段。成本管理是一项复杂的系统工程，涉及企业生产经营的全过程和每一个环节，只有将成本管理建立在全方位的供应链管理平台上，着眼于对企业活动全过程、全方位的系统化管理和控制，才能收到良好的效果。敏捷供应链通过流程重组，在上下游企业之间形成利益一致、信息共享的关系，通过敏捷性改造来提高效率从而降低成本。一是通过对供应链整体的合作与协调，产生拉动式的需求与供应，可以在加快物流速度的同时减少各个环节的库存数量，避免不必要的浪费；二是由于供应链各个企业之间是一种合作关系而不是竞争关系，因此避免了不必要的恶性竞争，降低了企业之间的交易成本，因此使整个供应链的成本降低。

敏捷供应链遵循的基本原则如下：

系统性原则。敏捷供应链是对参与供应链中的相关实体之间的物流、信息流、资金流进行计划、协调与控制，提高供应链中所有相关过程的运作效率和所有环节的确定性，在最大化整体效益的前提下实现各实体或局部效益的最大化或满意化。因此，必须坚持系统性原则，将供应链看成是一个有机联系的整体，运用系统工程的理论与方法，管理与优化供应链中的物流、信息流、资金流，达到整体效率及效益提高、成本降低、资源配置合理的目标。

信息共享原则。在敏捷供应链中，对物流及资金流进行有效的控制依赖于正确、及时的相关信息，预见并降低供应链中各环节的不确定性。形成供应链信息集成平台，为供应链企业之间的信息交流提供共享窗口和交流渠道，同时保证供应链同步化计划的实现，实现按照客户需要订单驱动生产组织方式，降低整条供应链的库存量。

敏捷性原则。敏捷供应链处于竞争、合作、动态的市场环境中，市场存在不可预测性，快速响应市场变化是敏捷供应链的要求。因此，必须坚持敏捷性原则，从供应链的结构、管理与运作方式、组织机制等方面提高供应链的敏捷性。

组织虚拟性原则。由于市场的变化和不可预测性，要求有效运作的企业组织结构具有灵活的动态性，根据市场的需要及时对企业组织结构进行调整或重组。

利益协调原则。企业或企业联盟的各种行为都是围绕价值最大化这个最终目标展开的，敏捷供应链管理的内在机制在于各成员利益的协同一致，没有共赢的利益协同机制，就会使参与实体的目标偏离整个供应链的目标。因此，必须坚持利益协同性原则，根据相关实体的特征、信誉等级、核心竞争力等因素，在实体间建立适当的协作关系，明确各自的责任义务与利益，使供应链中的相关实体在共赢的利益基础上，平等合作，取长补短，互惠互利。

敏捷供应链管理的研究与实现，是一项复杂的系统工程，它牵涉到一些关键技术，包括：统一的动态联盟企业建模和管理技术、分布计算技术，互联网环境下动态联盟企业信息的安全保障等。以上技术均可采用区块链技术加以优化，并开发实现。

（1）统一的动态联盟企业建模和管理技术。为了使敏捷供应链系统支持动态联盟的优化运行，支持对动态联盟企业重组过程进行验证和仿真，必须建立一个能描述企业经营过程和产品结构、资源领域和组织管理相互关系，并能通过对产品结构、资源领域和组织管理的控制和评价，来实现对企业经营管理的集成化企业模型。在这个模型中，将实现对企业信息流、物流和资金流以及组织、技术和资源的统一定义和管理。

为了保证企业经营过程模型、产品结构模型、资源利用模型和组织管理模型的一致性，可以采用面向对象的建模方法，如统一建模语言（unified modeling language,UML）来建立企业的集成化模型。

（2）分布计算技术。由于分布、异构是结成供应链的动态联盟企业信息集成的基本特点，而 Web 技术是当前解决分布、异构问题的常用代表，因此，必须解决如何在 Web 环境下，开展供应链的管理和运行。

Web 技术为分布在网络上各种信息资源的表示、发布、传输、定位、访问提供了一种简单的解决方案，它是现在互联网使用最多的网络服务，并正在被大量地用于构造企业内部信息网。Web 技术有很多突出的优点，它简单、维护方便、能够很容易地把不同类型的信息资源集成起来，构造出内容丰富、生动的用户界面。但是，随着应用的不断深入，Web 技术一些严重的缺陷也暴露了出来，主要有 Web 技术所依赖的传输协议 HTTP，从本质上来说，它是一个面向静态文档的协议，难以处理复杂的交互操作；Web 效率低，对复杂和大规模的应用越来越不适应； Web 服务器负担越来越重。

（3）互联网环境下动态联盟企业信息的安全保障。动态联盟中结盟的成员企业是不断变化的，为了保证联盟的平稳结合和解体，动态联盟企业网络安全技术框架要符合现有的主流标准，遵循这些标准，保证系统的开放性与互操作性。企业面对着巨大的压力来保护信息的安全，这种保护主要体现在如下五个方面：身份验证（authentication）用来确信用户身份的真实性。用户、服务器等任何参与通信的一方，均需要能明确对方的真实身份。访问控制（access control）则对任何资源仅允许被授权的用户访问。由安全策略管理员限定合适访问的资源。访问控制用于保护企业敏感信息不被非授权访问，并且针对不同的数据有不同的权限设置，像工资表、项目计划除相应工作岗位的人员外，可能只是有选择地对一些员工开放，而市场策略、谈判计划则只有极少数高层人员才有权访问。信息保密(provacy)是任何安全环境的基础。根据信息的重要性，不论是存储还是传送，信息必须被加密，并保证未授权的第三方不可解密。信息完整性（integrity）也很关键，因为通信双方必须确信信息在传送中没有被截获后篡改，或完全就是假造的信息。不可抵赖（non-repudiation）是指随着越来越多的商业事务的发生，不论是内部的还是外部的都需要通过电子形式来进行，这就有必要为发生了的事务提供法律上的证据，也就是“不可抵赖”。

4.4.4 基于智慧建筑云脑的建筑工业互联网

建筑工业互联网的描述方法三：基于智慧建筑云脑的建筑工业互联网，其系统架构如图 4-4-6 所示。

智慧建筑云脑（采用类脑计算架构，嵌入类脑计算算法）是智慧建筑的必备组件，也是智慧建筑的核心与灵魂。智慧建筑云脑的体系架构含义为：智慧建筑的计算模型采用模拟人类认知方法的类脑计算模式，感知端由视觉、听觉、触觉、味觉等传感器组成，传输层采用边缘计算（可 +AI）、雾计算（可 + AI）、宽带、5G、现场总线综合技术体系，控制决策层由控制器集群、执行器集群、决策集群、管理集群等组成，整个系统构成一个完整的闭环。智慧建筑云脑中含有“人工智能平台”，该平台的开发实现适宜采用开源方法，以更好地打造完全开放的 AI+ 智慧建筑生态。人工智能平台目前落地较好的机器学习算法有：深度学习、神经网络、强化学习、模糊逻辑，商业化程度较高的技术有：机器视觉、智能视频、语音语义、文本智能、虚拟现实、增强现实。

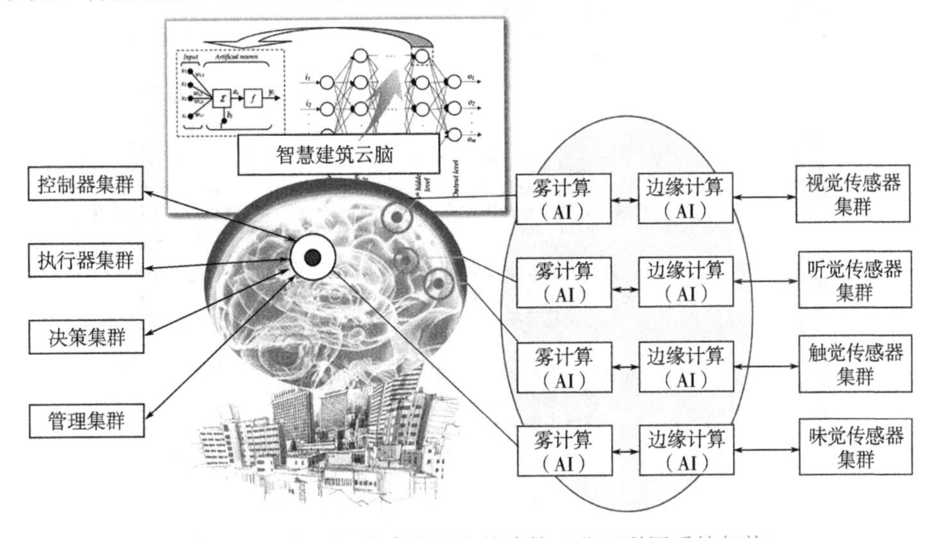

图 4-4-6 基于智慧建筑云脑的建筑工业互联网系统架构

4.4.5 基于“数据线索”的建筑工业互联网

美空军在 2013 年发布的《全球地平线》顶层科技规划文件中，将数字线索（Digital Thread）和数字孪生（Digital Twin）视为“改变游戏规则”的颠覆性机遇，并从 2014 财年起组织洛克希德·马丁、波音、诺斯罗普·格鲁门、通用电气、普拉特·惠特尼等公司开展了一系列应用研究项目，已陆续取得成果。数字线索旨在通过先进的建模与仿真工具建立一种技术流程，提供访问、综合并分析系统寿命周期各阶段数据的能力，使军方和工业部门能够基于高逼真度的系统模型，充分利用各类技术数据、信息和工程知识的无缝交互与集成分析，完成对项目成本、进度、性能和风险的实时分析与动态评估。数字线索的特点是“全部元素建模定义、全部数据采集分析、全部决策仿真评估”，能够量化并减少系统寿命周期中的各种不确定性，实现需求的自动跟踪、设计的快速迭代、生产的稳定控制和维护的实时管理。美空军认为，系统工程将在基于模型的基础上进一步经历数字线索变革。

本书借鉴美空军关于数字线索的战略思维，提出基于“数据线索”的建筑工业互联网系统架构描述方法及相关理论。

建筑工业互联网的描述方法四：基于“数据线索”的建筑工业互联网，其系统架构如图 4-4-7 所示。

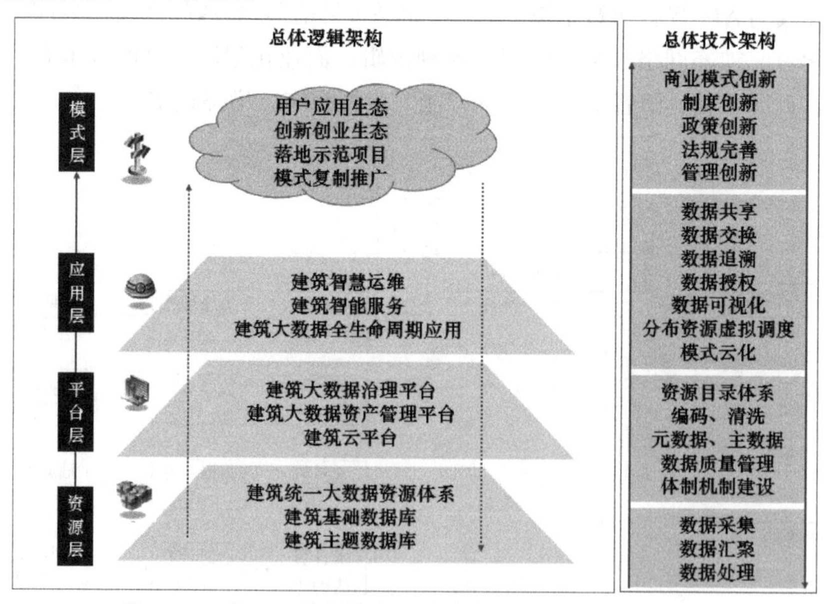

图 4-4-7 基于“数据线索”的建筑工业互联网系统架构
（即：基于“数据线索”的智慧建筑架构）

该架构在层级上包括资源层、平台层、应用层、模式层，在架构类型上包括总体逻辑架构和总体技术架构。总体逻辑架构的构建思路为：资源层主要完成建筑统一大数据资源体系的构建任务，相应的要建立建筑基础数据库和建筑主题数据库；平台层主要完成建筑大数据的治理与管理；应用层主要实现建筑智慧运维、建筑智能服务及建筑大数据全生命周期应用；模式层主要实现用户应用生态构建、创新创业生态构建、示范项目落地、模式复制推广。

结合 5G 技术，特别是 5G 网络切片技术的应用，构建基于“数智网”的 5G 智慧建筑工业互联网，其系统架构如图 4-4-8 所示。

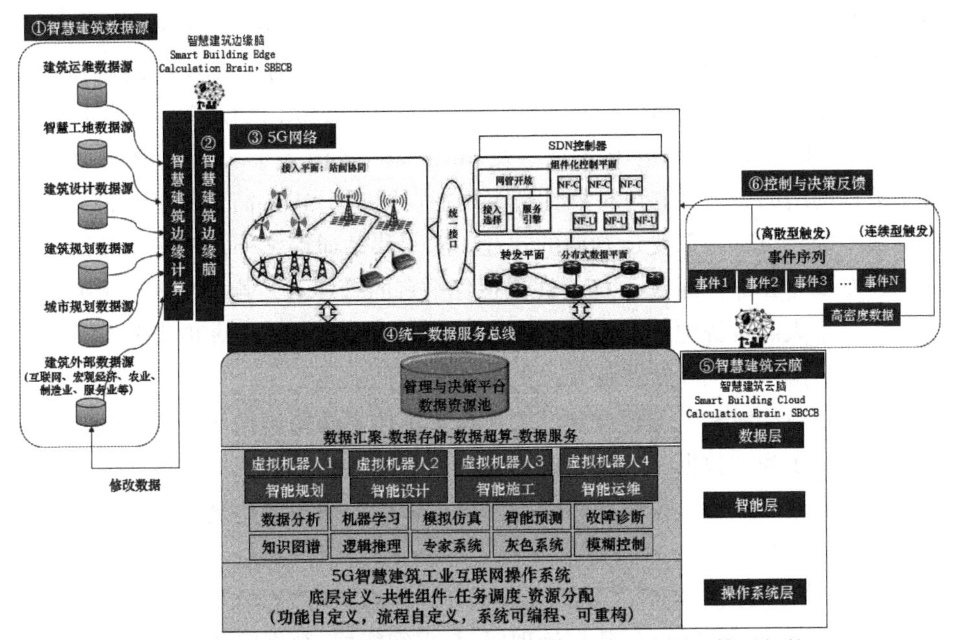

图 4-4-8　基于“数智网”的 5G 智慧建筑工业互联网体系架构

基于“数智网”的 5G 智慧建筑工业互联网体系架构在 5G 核心技术基础上，采用“数据闭环”思想，构建包含六大组成部分的建筑工业互联网。六大组成部分为：智慧建筑数据源、智慧建筑边缘脑（Smart Building Edge Calculation Brain，SBECB）（位于边缘端）、智慧建筑云脑（Smart Building Cloud Calculation Brain，SBCCB）（位于云端）、5G 网络、统一数据服务总线、控制与决策反馈。智慧建筑云脑又包括数据层、智能层、操作系统层。控制与决策反馈部分分为离散型触发与连续型触发两类触发反馈的模式，离散型触发由事件序列触发，事件序列由一系列事件组成，单个事件又由若干数据项组成。连续型触发由高密度数据触发，对应实时性相对较高或紧急的那部分数据。

基于“数智网”的5G智慧建筑工业互联网体系架构设计重点用到了5G的SDN（Software Defined Network，软件定义网络）和NFV（Network Function Virtualization，网络功能虚拟化）技术。云计算引入了虚拟化技术。SDN是控制和转发解耦，NFV是软件和硬件解耦。两者都是解耦，目的是灵活化，而灵活化的目的是服务于网络切片。网络架构采用SA组网，承载网采用SDN，核心网采用NFV，是5G成为“真5G”的先决条件。

SDN网络在网络之上建立了一个SDN控制器节点，统一管理和控制下层设备的数据转发。所有的下级节点管理功能被剥离（交给了SDN控制器），只剩下转发功能。SDN的工作过程是基于Flow（流）的。SDN控制器和下级节点之间的接口协议，就是OpenFlow。支持OpenFlow的设备，才能被SDN控制器管理。SDN控制的方式是下发FlowTable（流表）。采用SDN之后，整个数据网络的灵活性和可扩展性大大增加。同时，SDN简化网络配置、节约运维成本的特点，也深受运营商的欢迎。除了移动通信之外，很多广域网、城域网、专线业务都在拥抱SDN。在虚拟化平台的管理下，若干台物理服务器就变成了一个大的资源池。在资源池之上，可以划分出若干个虚拟服务器（虚拟机），安装操作系统和软件服务，实现各自功能。

基于“数据线索”的智慧建筑大数据管理体系架构遵循两个数据逻辑，数据逻辑路线1为“数据—信息—知识—智慧”模式，数据逻辑路线2为“数据—模型—服务—价值”模式。融合这两个逻辑思维的智慧建筑大数据管理体系架构如图4-4-9。

基于“数据线索”的智慧建筑大数据管理体系架构为“六横三纵”。“六横”为数据采集层、存储计算层、数据治理层、数据智能层、数据服务层、行业应用层，“三纵”为综合安全体系、政策标准体系、评价反馈体系。“三纵”贯穿于“六横”各层次。

基于“数据线索”的建筑工业互联网和智慧建筑大数据管理体系需要通过智慧建筑应用体系落地实施。本书提出如图4-4-10所示的智慧建筑应用体系架构模型。

该模型包括五大视图：智慧视图、工程视图、制度视图、服务视图、组织视图。在实际项目中，五大视图所涵盖的内容通过高度协同才能真正实现智慧型建筑工业互联网。

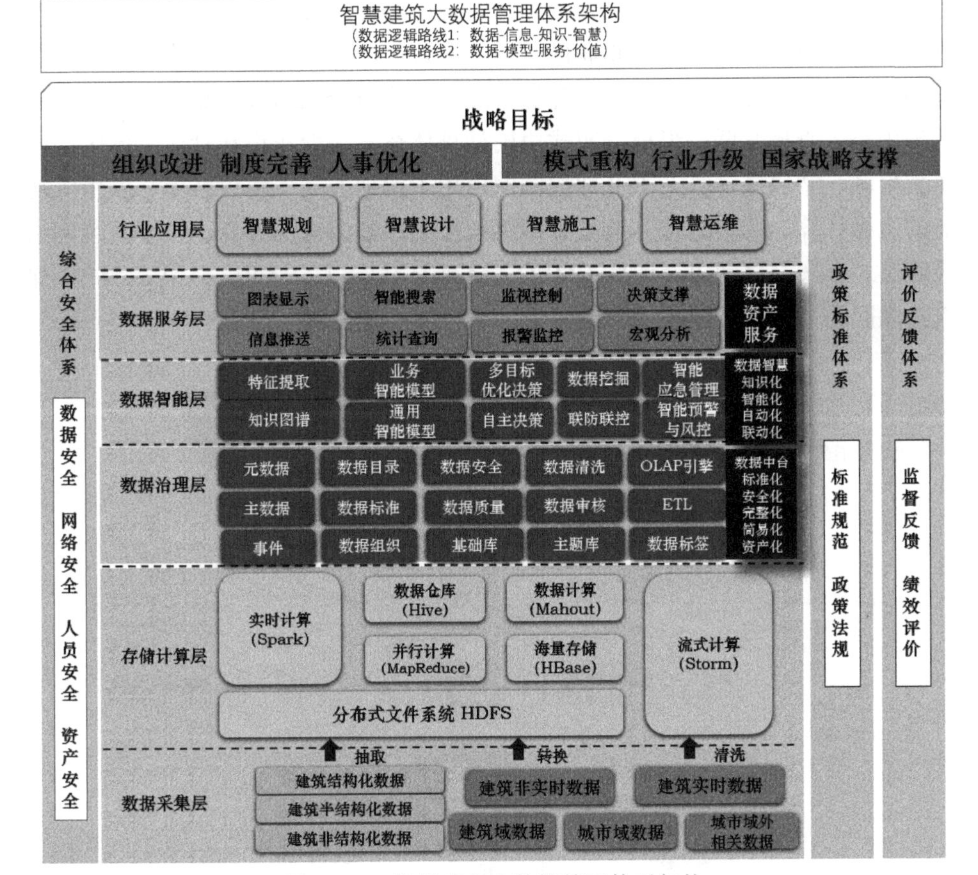

图 4-4-9　智慧建筑大数据管理体系架构

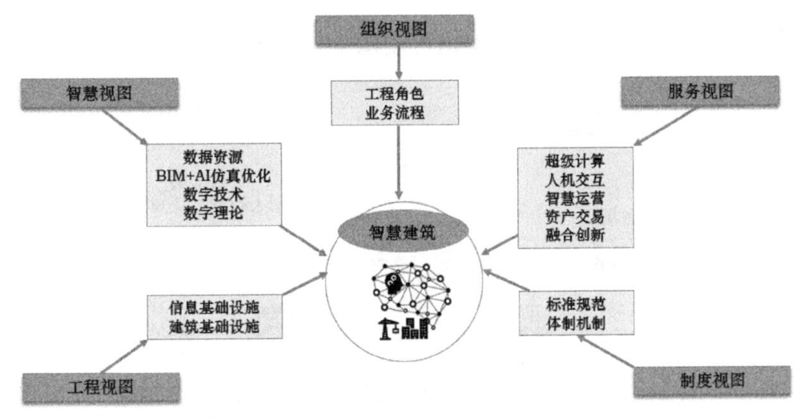

图 4-4-10　智慧建筑应用体系架构模型

未来的智慧建筑架构将朝着云、边、端一体化协同的智能计算体系发展演进，人工智能算法将被嵌入到云端运营管理中心、边缘计算端节点及移动端节点，形成智慧建筑泛在智能物联网（图 4-4-11）。相应的建筑边缘计算节点将进一步细分为三种类型：①边缘计算节点Ⅰ即建筑分脑边缘计算节点，与运营管理中心云直接互联，形成分布式协同计算体系，一般布设在社区、园区、商业集聚区。②边缘计算节点Ⅱ即控制网内用于就地控制、协议转换、路由等功能的边缘计算。③边缘计算节点Ⅲ即感知控制装置内嵌的计算，位于系统网络最底层。未来，移动边缘计算（MEC，Mobile Edge Computing）将成为 5G 建筑物联网的主流计算模式。

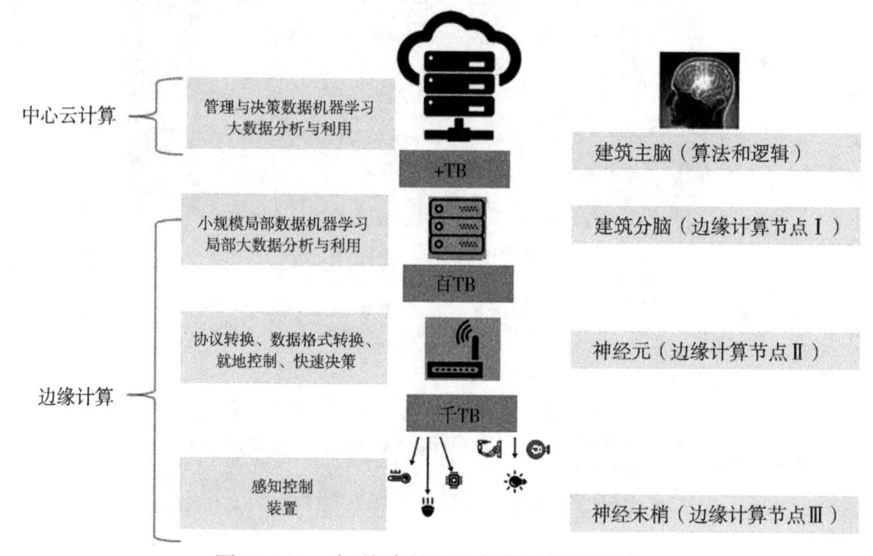

图 4-4-11　智慧建筑泛在智能物联网架构

建筑工业互联网的通用层级架构可用图 4-4-11 说明。

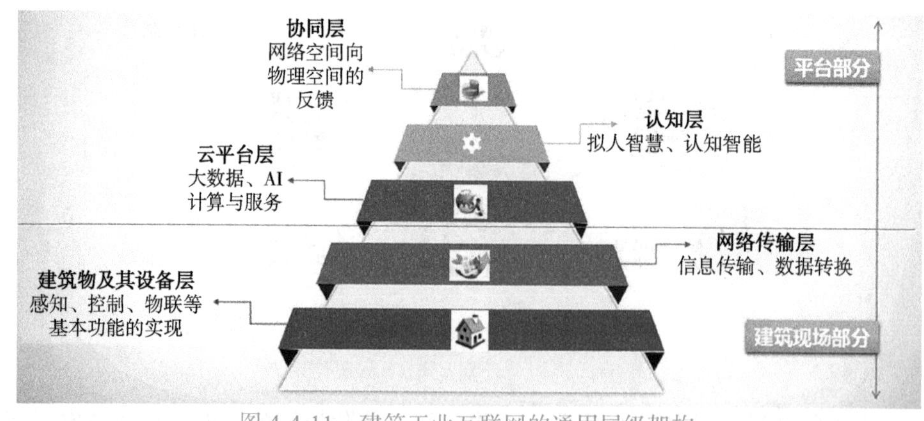

图 4-4-11　建筑工业互联网的通用层级架构

建筑工业互联网的商业模式是：P2C2B（平台 - 产业集群 - 企业），如图 4-4-12 所示。

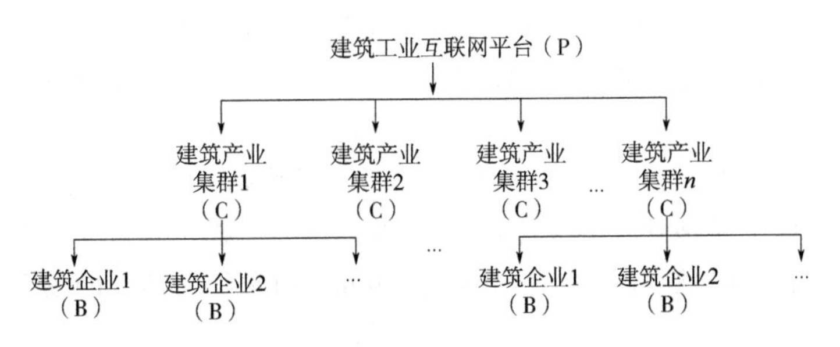

图 4-4-12　建筑工业互联网的商业模式

当前的建筑工业化发展正在遵循着这种模式，并在发展过程中不断优化着该系统的组成部件及网络体系。

未来的建筑工业互联网商业模式会逐步渗透区块链思想和技术，很有可能会发展成为去中心化系统，通过自组织方式管理。

建筑工业互联网中存在着三大类集成：横向集成、纵向集成、端端集成。这与德国工业 4.0 中提出的集成类型是一致的。随着移动互联网、BIM、智能终端等技术的发展，端端集成是近几年来发展迅速的一类集成方式。端端集成从工程全生命周期、产品全生命周期的角度，将产品研发、生产、服务等产品全生命周期活动以及建筑规划、设计、施工、监理、运维等工程全生命周期活动进行端到端的大范围集成，实现围绕产品和工程的企业间、个体间的集成与协作。端端集成为建筑工业互联网构建了更加完整和致密的产业链和生态圈，是创新服务模式的关键所在。

4.5　深度学习 + 边缘计算在建筑工业互联网中的部署

深度学习算法和平台在建筑工业互联网中的部署一般有三种方式：①部署在云端；②部署在终端嵌入式设备中；③部署在边缘计算节点设备中。

在实时性要求不太高的应用场景下可将深度学习算法和平台部署在云端。在满足数据采集、传输及识别的实时性需求的前提下，要综合考虑工业互联网中物联网的功耗和成本问题。深度学习的部署一般有两种方案，一种是在本地设备中，另一种是在云端。例如，可以在 Nvidia Jetson TX1 设备上实现基于 CNN 的图像目标识别和推理任务，也可将这个深度学习应用部署在云端。实测表明：在功耗方面，本地执行功耗为 7W，迁移到云端后功耗降低为 2W；在实时性方面，迁移到云端会导致 2~5s 的延迟，这在实时性要求较低的场合可以应用，在实时性要求高（例如要求 200ms 内必须反馈）的场合不适用。因此，深度学习是否部署到云端与系统实时性要求密切相关。在区域范围不大、实时性要求不太高的智慧产业园、智慧社区、智慧建筑综合体视频监控应用场景中，可以采用云端部署深度学习方案。

在实时性要求高的应用场景下可将深度学习算法和平台部署到终端嵌入式设备中。例如，针对消防灭火管控系统的机器学习，选择 ARM-Linux 片上系统，将深度学习平台 TesnsorFlow 移植到消防控制机器人核心控制板 ARM 片上系统中，并开发基于认知计算系统架构的消防深度学习与自主控制系统软件，即可完成消防系统的就地推理机和控制器的裸机研发。CNN 推理机的构建采用 ARM 的计算库（ACL，developer.arm.com/technologies/compute-library）。ACL 为 CNNs 提供了基本构建模块，包括激活、卷积、全连接和局部连接、规范化、池化和 softmax 功能。用 ACL 构建模块构建的 SqueezeNet 架构的 CNN 推理机，其内存占用空间小，适合于嵌入式设备应用。

在需要综合考虑计算资源优化部署时可引入边缘计算。在网络延迟大、网络负载重的情况下，单纯的云计算部署往往不是最佳策略，可以利用边缘节点（例如，路由器或离边缘设备最近的基站）作为云计算的有益补充，通过将计算分散到靠近数据源的地方执行提高响应和传输效率、改进服务。理论上，可以在位于边缘设备和云平台之间的某几个节点上完成边缘计算，包括接入点、基站、网关、业务节点、路由器、交换机等。例如：智慧家庭场景下会生成庞大数据流的视频、网络游戏等多媒体应用，单纯依赖云计算平台服务会给使用者造成类似于视频传输不畅、等待时间过长问题，无法满足用户的需求，此时可将部分存储和计算服务部署在边缘设备上，就近完成内容服务。

4.6 案例：森林城市中的装配式建筑工业互联网

由预制部品部件在工地装配而成的建筑，称为装配式建筑。装配式建筑，是建筑工业化的一种类型，也是建筑业转型升级的必由之路。装配式建筑符合绿色建筑的要求，节能环保，是当前打造森林城市的核心元素。据统计，相比传统建造方式，装配式建筑可以节水 90%，降低 70% 的废物、废渣以及大气污染。

2016 年 9 月 14 日召开的国务院常务会议，决定大力发展装配式建筑，推动产业结构调整升级。2016 年 9 月 27 日国务院出台《国务院办公厅关于大力发展装配式建筑的指导意见》，对大力发展装配式建筑和钢结构重点区域、未来装配式建筑占比新建筑目标、重点发展城市进行了明确。按照推进供给侧结构性改革和新型城镇化发展的要求，大力发展钢结构、混凝土等装配式建筑，具有发展节能环保新产业、提高建筑安全水平、推动化解过剩产能等一举多得之效。目前，京津冀、长三角、珠三角城市群和常住人口超过 300 万的城市都已将装配式建筑作为发展重点，装配式建筑占新建建筑面积的比例正在快速提高。目前全国已有 30 多个省市出台了装配式建筑专门的指导意见和相关配套措施。很多智慧城市项目也已纷纷引入了装配式建筑。按照目前的规划，未来雄安新区百分之八九十都将采用装配式建筑。图 4-6-1 为正在实施中的碧桂园森林城市装配式建筑基地施工现场。

图 4-6-1　碧桂园森林城市装配式建筑基地施工现场

碧桂园以装配式建筑为切入口打造森林城市，如图 4-6-2 所示。目前碧桂园已形成富有自身特色的“3+8+3+*N*”森林城市模式。含义为：3 个方面：从管理、生活、产业 3 个方面，建立一个协调发展的新型智慧城市。8 个领域：在安全、交通、运营、环保、社区、家居、产业、配套 8 个领域，搭建一个全方位的智慧体系。3 个中心：运营指挥中心、信息安全中心、数据资源中心，用大数据让生活更便捷、更个性，满足整个城市的“云生活”需求。*N* 个应用需求：通过诸如智慧安防、智慧家居、智慧医疗、智慧交通、智慧办公等各种应用系统，为人们提供更安全、便捷、舒适的品质生活。

图 4-6-2 碧桂园森林城市

装配式建筑的设计、生产、现场作业、管理可以采用建筑工业互联网的通用思维进行一体化设计与协同，关键环节包括：集成化设计、工业化生产、装配化施工、一体化装修。可将智慧城市中的装配式建筑基地设计成为一个集精益化设计、智能化工厂、数字化物流、信息化现场全产业链于一体的建筑工业互联网产业创新中心。在工厂车间中预制生产装配式建筑构件（构件种类主要有：外墙板、内墙板、叠合板、阳台、空调板、楼梯、预制梁、预制柱等），集中运送到施工现场组装；建筑、装修一体化设计、施工，理想状态是通过工业互联网云脑的统一调配，实现装修与主体施工同步进行，提高效率；健全与装配式建筑相适应的发包承包、施工许可、工程造价、竣工验收等制度，实现工程设计、部品部件生产、施工及采购统一管理和深度融合。强化全过程监管，确保工程质量安全。最终实现建筑工业化与信息化的两化深度融合。

4.7 建筑工业互联网发展展望

十三五规划指出我国经济社会发展的“五大任务”为：去产能、去库存、去杠杆、降成本、补短板。工业互联网有望成为去产能、去库存、去杠杆、降成本的有力工具。

根据业界的研判，建筑工业化的发展历程大致如下：

阶段一：2015 年，装配式，1.0 时代。

2015 年末发布《工业化建筑评价标准》，决定 2016 年全面推广装配式建筑。大量建筑部品由车间生产加工完成，构件种类主要有：外墙板，内墙板，叠合板，阳台、空调板、楼梯、预制梁、预制柱等。装配式主要停留在建筑基本结构与金属构件上。

阶段二：2018 年，集成化，2.0 时代。

已经出现以交通核为核心的集成模块，核心主要集成服务空间以及设备管线，室内空间围绕核心自由灵活布置，降低了空间复合可变成本。

阶段三：2023 年，集成化 + 框架，3.0 时代。

所有建筑房间都可以通过装配式组装实现连接使用，每个功能房间都可以灵活变动以及拆装，可根据需求订购替换功能房间。

阶段四：2050 年，集成化 + 框架 + 移动，4.0 时代。

居住模块与建筑完全实现装配化生产，居住模块连入自动驾驶技术进行行驶操作，建筑内不是唯一的居住地，居住模块通过可接驳式连接与建筑连通。建筑不再需要围护结构，转变为停靠居住模块的综合服务器。

当前，智能制造和智慧城市都已上升为核心国家战略。国家多部委联合发布《国家新型城镇化规划（2014—2020 年）》《关于促进智慧城市健康发展的指导意见》，提出到 2020 年建成一批特色鲜明的智慧城市。2014 年中国智慧城市的市场规模已达到 800 多亿元。2016 年住房和城乡建设部十三五规划中对智慧城市的投资总规模逾 5000 亿元，这将给中国相关行业企业带来数万亿元的市场“大蛋糕”。根据相关预测数据，建筑业市场将在 2020 年增长超过 10 万亿美元。可以预见，建筑工业互联网将成为下一个工业互联网应用和建筑业智慧化转型的爆发点。以此推算，建筑工业互联网的市场至少在数千亿元。而且，随着工业 4.0 时代的开启，工业互联网与建筑传统行业的融合发展将逐步走向深入，建筑工业互联网将成为新的蓝海。

第5章 建筑能源互联网

在分析能源互联网政策、研究、实践进展的基础上，参考德国 E-Energy 和 C-sells 、美国 FREEDM 网络等国际项目经验，提出了能源互联网落地实现的可行路径——建筑能源互联网（Building Energy Internet，BEI）。建筑能源互联网是以建筑为节点的能源互联网，是一个以建筑为载体的能源闭环控制系统。从能源结构变革、建筑能源产业链、建筑能源供需匹配、系统去中心化、用户体验几个角度综合分析了建筑能源互联网的主要特征。阐述了信息流 + 能源流主导下的建筑能源互联网六大流程化关联内容板块。给出了基于建筑能源云的建筑能源互联网网络体系架构，能源采集、传输及管理系统架构，技术 + 商业架构等多重思维模式下的系统架构。结合建筑能源大数据智能分析案例，介绍了 AI+ 建筑能源互联网的优化思路及落地实现方法。最后给出了中国建筑能源互联网的发展建议，指出建筑能源互联网新经济形态的培育有望成为我国城乡建设及经济社会发展的新动能。

5.1 能源互联网政策环境及发展现状

能源互联网（Internet of Energy）是综合运用先进的电力电子技术、信息技术和智能管理技术，将大量由分布式能量采集装置、分布式能量储存装置和各种类型负载构成的新型电力网络、石油网络、天然气网络等能源节点互联起来，以实现能量双向流动的能量对等交换与共享网络。

全球能源互联网技术领军企业远景能源率先提出了“能源互联网”这一概念。远景能源认为，能源的市场化、民主化、去中心化、智能化、物联化等趋势将注定要颠覆现有的能源行业。新的能源体系特征需要“能源互联网”，同时“能源互联网”将具备“智慧、能自学习、能进化”的生命体特征。2015 年 9 月 26 日，国家主席习近平在联合国发展峰会上发表了题为《谋共同永续发展做合作共赢伙伴》的讲话。提出：中国倡议探讨构建全球能源互联网，推动以清洁和绿色方式满足全球电力需求。2016 年 2 月，国家发展和改革委员会、国家能源局、工业和信息化部联合发布《关于推进“互联网 +”

智慧能源发展的指导意见》（发改能源〔2016〕392 号）。2016 年，国家能源局发布《国家能源局关于组织实施“互联网 +”智慧能源（能源互联网）示范项目的通知》（国能科技〔2016〕200 号），并公开组织申报“互联网 +”智慧能源（能源互联网）示范项目。近两年来，能源互联网已成为学术界、产业界探讨和积极实践的热点，正扮演着能源改革先行者的角色。国内的发展研究机构主要有清华大学、中国电力科学研究院、华北电力大学等。

与智能电网相比，能源互联网（图 5-1-1）试图把各种能源形式组合成一个超级网络，包含了智能通信、智能控制、人工智能、智能电网、智能交通等众多智能与绿色概念。目前主要有三种对能源互联网的理解：从通信的角度，强调各种设备的互联，以华为等通信公司为代表；从软件的角度，强调第三方数据的优化管理，以美国 Opower 等公司为代表；从国与国之间的广域角度，强调跨区域电网的互联，以国家电网为代表。在落地实践方面，2017 年 7 月，国家能源局正式公布包括北京延庆能源互联网综合示范区、崇明能源互联网综合示范项目等在内的首批 55 个“互联网 +”智慧能源（能源互联网）示范项目，并要求首批示范项目原则上应于 2017 年 8 月底前开工，并于 2018 年底前建成。其中城市能源互联网综合示范项目 12 个、园区能源互联网综合示范项目 12 个、其他及跨地区多能协同示范项目 5 个、基于电动汽车的能源互联网示范项目 6 个、基于灵活性资源的能源互联网示范项目 2 个、基于绿色能源灵活交易的能源互联网示范项目 3 个、基于行业融合的能源互联网示范项目 4 个、能源大数据与第三方服务示范项目 8 个、智能化能源基础设施示范项目 3 个。

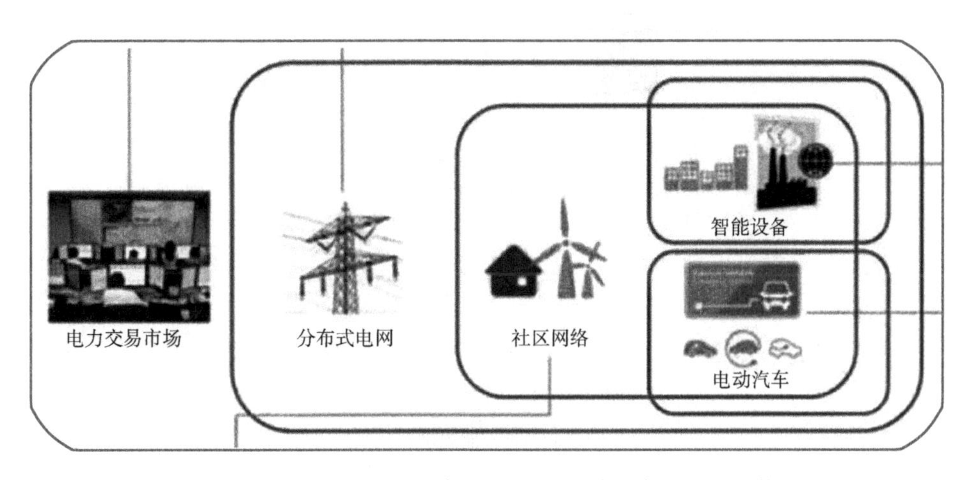

图 5-1-1　能源互联网 ={ 智慧工厂，电动汽车，社区网格，分布式电网，电力交易市场 }

能源互联网为解决可再生能源的有效利用问题提供了可行的技术方案。能源是现代社会赖以生存和发展的基础。为了应对能源危机，各国积极研究新能源技术,特别是太阳能、风能、生物能等可再生能源。可再生能源具有取之不竭、清洁环保等特点，受到世界各国的高度重视。可再生能源存在地理上分散、生产不连续、随机性、波动性和不可控等特点，传统电力网络集中统一的管理方式，难以适应可再生能源大规模利用的要求。对于可再生能源的有效利用方式是分布式的“就地收集、就地存储、就地使用”。但分布式发电并网并不能从根本上改变分布式发电在高渗透率情况下对上一级电网电能质量、故障检测、故障隔离的影响，也难于实现可再生能源的最大化利用，只有实现可再生能源发电信息的共享，以信息流控制能量流，实现可再生能源所发电能的高效传输与共享，才能克服可再生能源不稳定的问题，实现可再生能源的真正有效利用。

从架构上看，能源互联网由局域网、广域网、主干网三层网络互联而成，如图 5-1-2 所示。

中国能源互联网产业链、价值链及重点领域如图 5-1-3 所示。

目前能源互联网在中国的发展现状简单总结为以下几个特点：

（1）允许多能接入，但真正实现的案例并不多。

（2）多能协同方面仍有较大上升空间。

（3）能源分布式异构网络需要进一步畅通和完善。

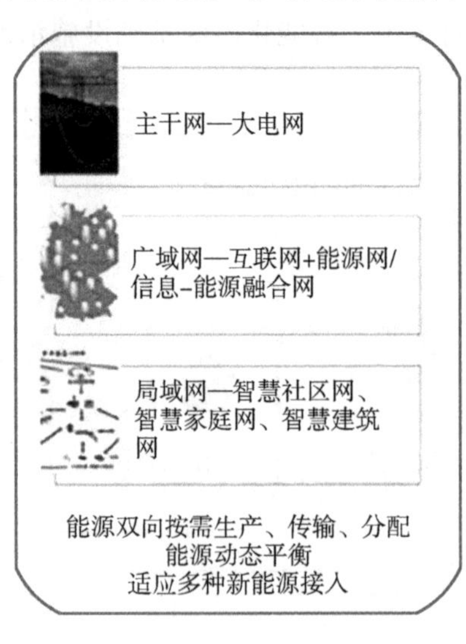

图 5-1-2　能源互联网架构

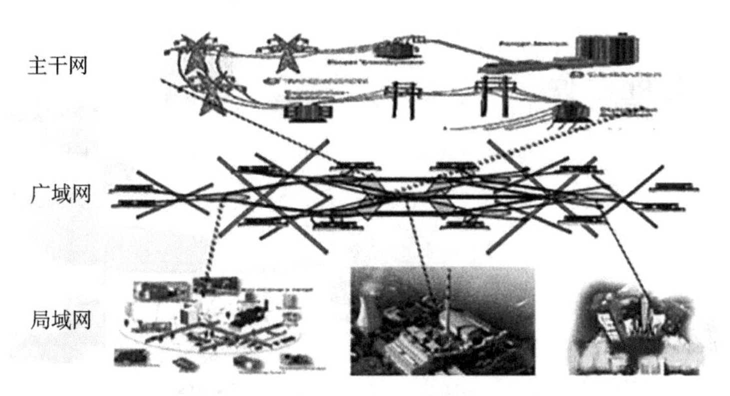

图 5-1-2　能源互联网架构（续）

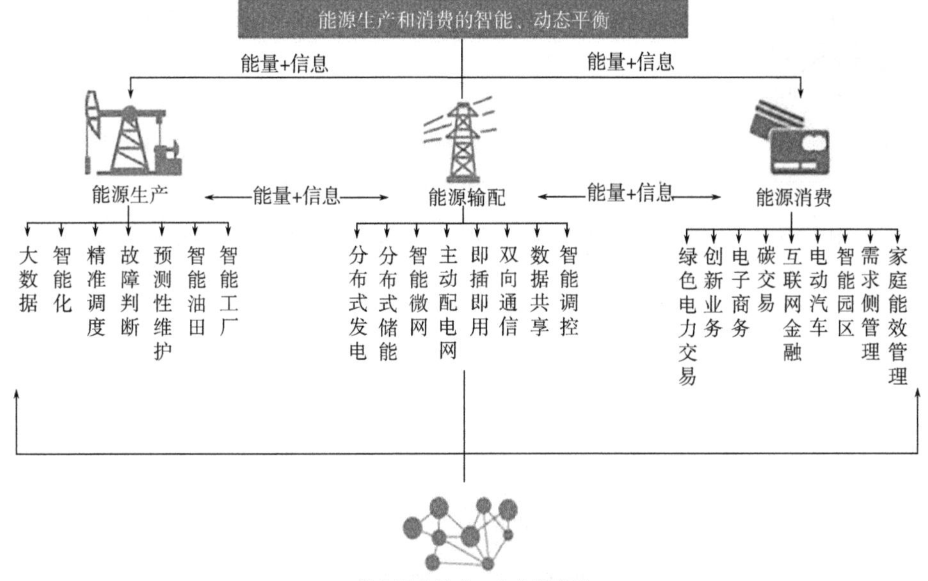

图 5-1-3　中国能源互联网产业链、价值链及重点领域

（4）在市场机制介入方面仍需下大力气完善相关政策、规则及保障措施。

（5）基于能源互联网的大规模能源供需优化仍需在供给侧结构性改革的前提下，充分发挥市场调节作用。

多能接入能源互联网情况如图 5-1-4 所示。

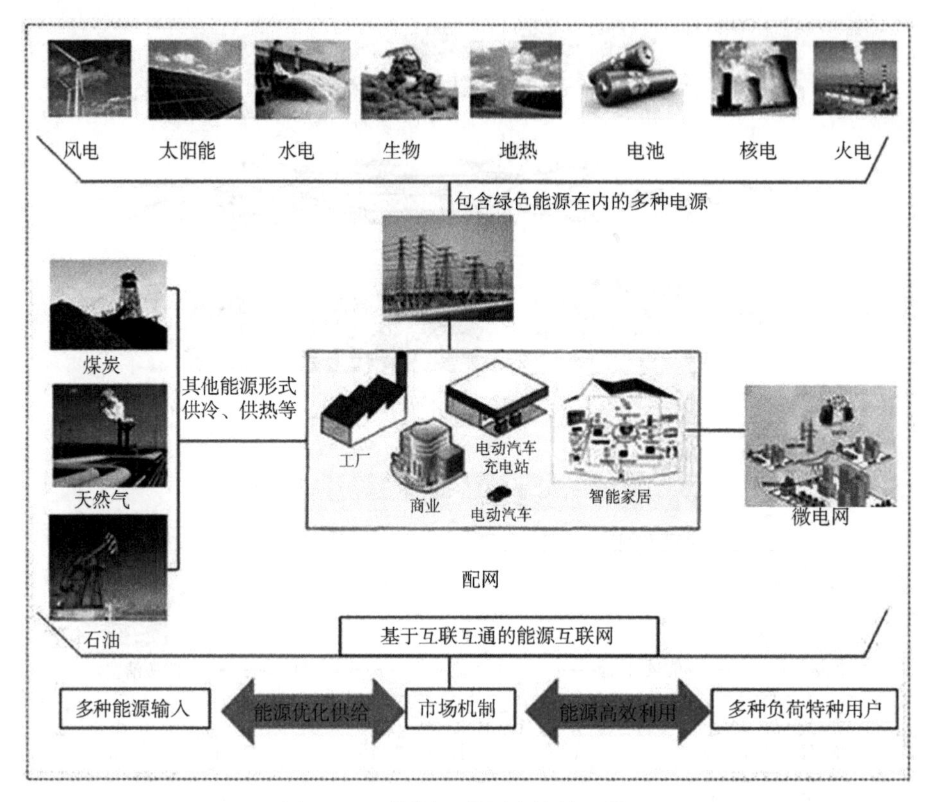

图 5-1-4　能源互联网多能接入情况

5.2　建筑能源互联网

作为新生事物，能源互联网正在探索中前进，不断渗透到各传统能源利用领域。建筑是能源消耗和利用的主要载体之一，在能源互联网体系中扮演着重要角色。目前，关于建筑能源互联网的概念、架构、实施方法等具体问题研究尚不算多，需要基于建筑智能化多年来业已形成的研究基础进行进一步探索。本书认为，建筑能源互联网（Building Energy Internet，BEI）是以建筑为节点的能源互联网。能量、信息（分布式产生、供应、消耗）以建筑物为载体，通过网络互联，得到实时传感信息，并根据需求施以智能控制，是一个以建筑为载体的能源闭环控制系统。

建筑能源互联网特征可从能源结构变革、建筑能源产业链、建筑能源供需匹配、系统去中心化、用户体验几个角度综合分析。本书认为，建筑能源互联网应具有以下主要特征：

（1）多元能源结构，多能协同，新能源的价值更加突出。

（2）从更大范围即建筑本体以外构建和运行建筑能源产业链及泛建筑生态。

（3）建筑能源供需系统通过“互联网 +”得到优化匹配。

（4）去中心化，以平等、无中心、无边界、安全、可信任的方式构建建筑能源信息网络。

（5）从用户体验角度看，建筑能源的使用更加舒适、节约、高效、便捷、安全、普惠。

建筑能源互联网的直观示意如图 5-2-1 所示。

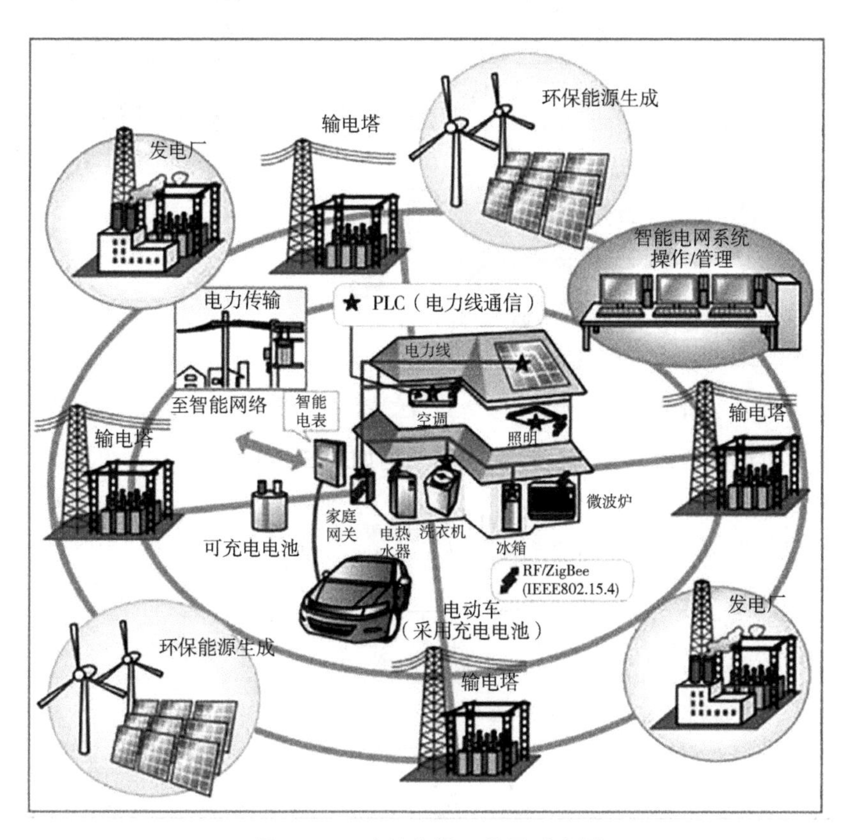

图 5-2-1　建筑能源互联网示意图

建筑能源互联网可理解为包含六大板块内容，且根据能源利用规律具有先后衔接顺序。六大板块解释如下：

智能发电：分布式发电、太阳能光伏、风力发电、地热、空气能等。

智能供配电：建筑供配电、负荷曲线。

智能储能：冰蓄冷、电动车充电、建筑设备电源技术等。

智能用能：智能建筑、智能家电、智能家居用能节能技术，针对用户的个性化用电方案定制。

智能运维：建筑大数据、节能改造、合同能源管理等。

智能交易：新型建筑能源市场，自发电、新能源、节能等交易，引入建筑能源期货、共享经济等。

建筑能源互联网六大板块内容及其关联可用图 5-2-2 集中展示。

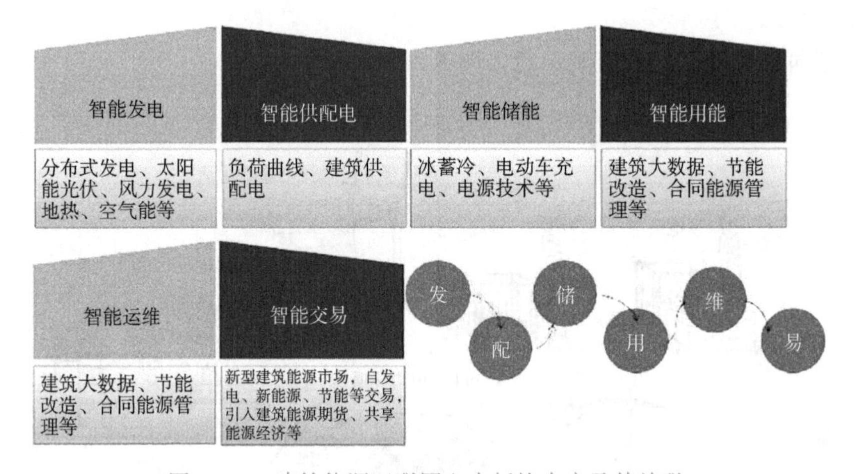

图 5-2-2　建筑能源互联网六大板块内容及其关联

基于建筑能源云的建筑能源互联网架构如图 5-2-3 所示。

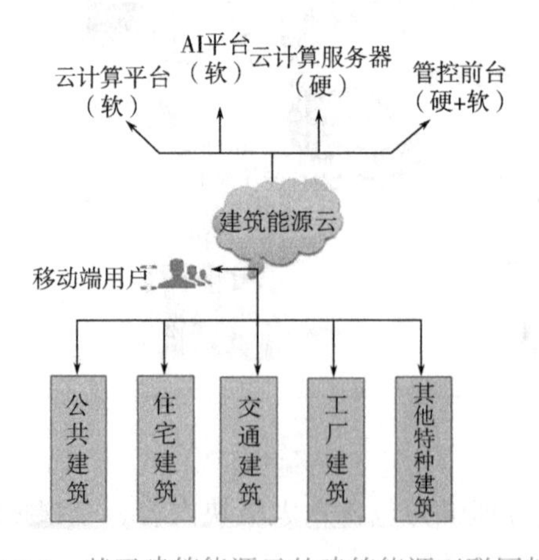

图 5-2-3　基于建筑能源云的建筑能源互联网架构

建筑能源互联网的能源采集与传输系统架构如图 5-2-4 所示。

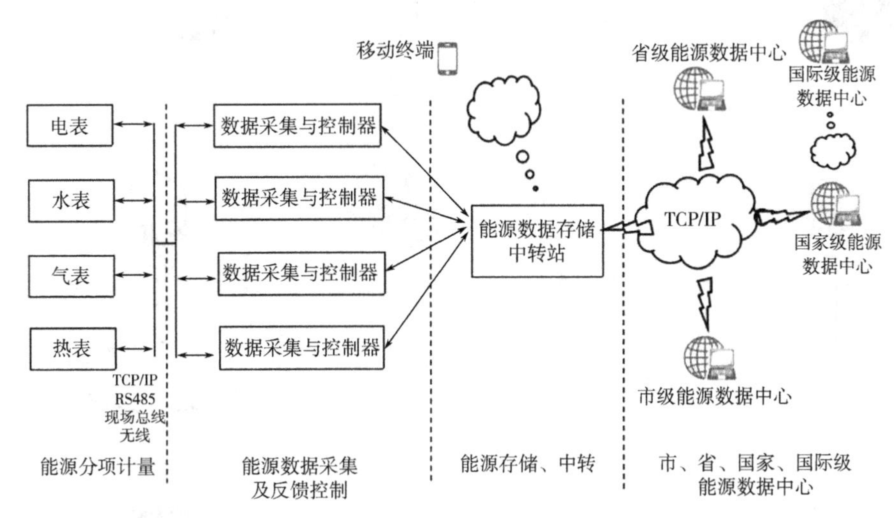

图 5-2-4　能源采集与传输系统架构

微建筑能源互联网的典型形态有：智慧家庭能源互联网、智慧社区能源互联网、单体智慧建筑能源互联网等。

智慧家庭能源互联网基本组成如图 5-2-5 所示。

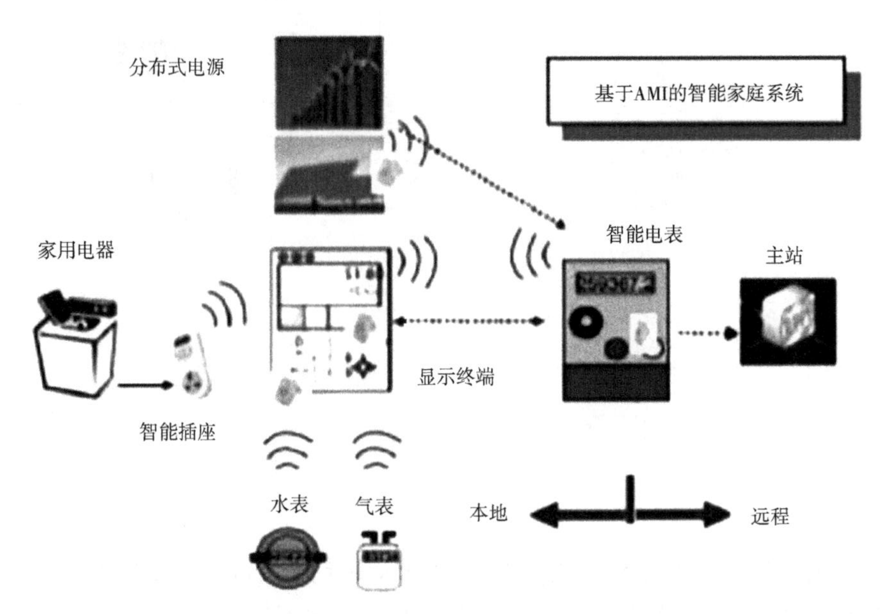

图 5-2-5　微建筑能源互联网典型——智慧家庭能源互联网

智慧社区能源互联网基本组成如图 5-2-6 所示。

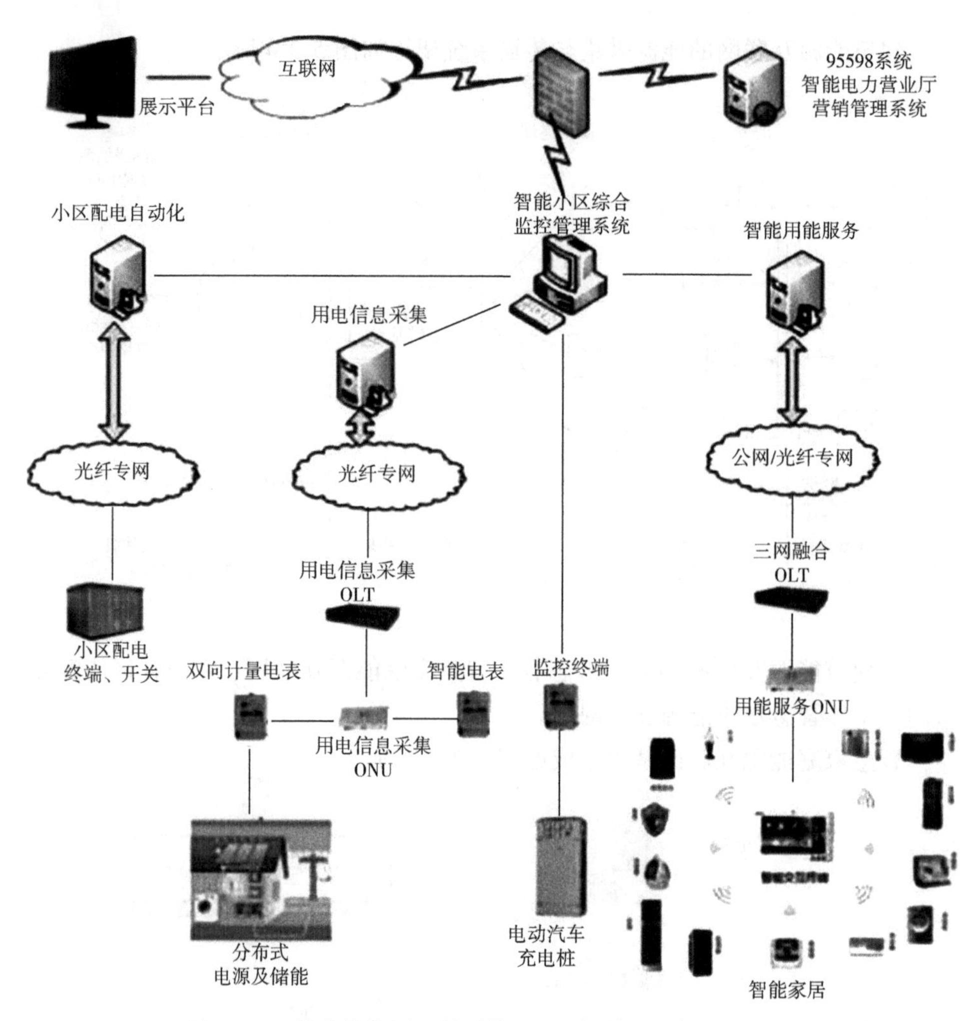

图 5-2-6　微建筑能源互联网典型——智慧社区能源互联网

5.3 AI+ 建筑能源互联网

建筑能源互联网是 AI+ 智慧建筑的典型应用场景。可以在设备和系统故障诊断及健康管理，能耗与能效统计分析，能耗与能效评估，能效管理、决策及改进四个层级上逐级植入 AI 算法与技术，如图 5-3-1 所示。

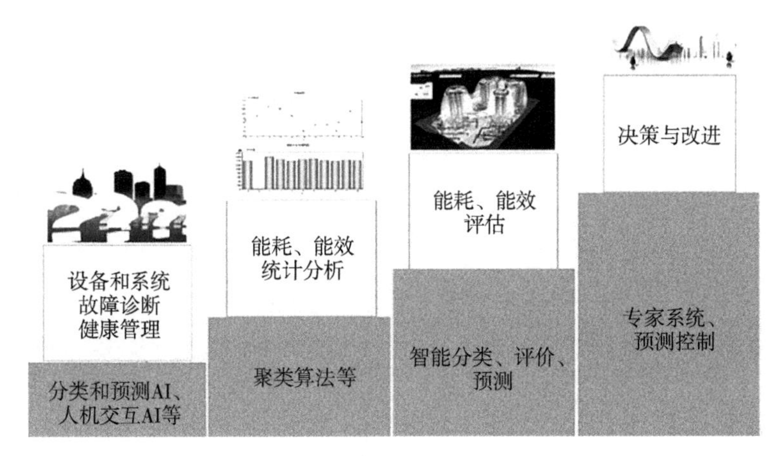

图 5-3-1　建筑能源互联网逐级植入 AI

以通风和空调耗能分析（周一到周五）为例，建筑能源互联网 AI+ 建筑能源大数据实现效果如图 5-3-2~ 图 5-3-4 所示。

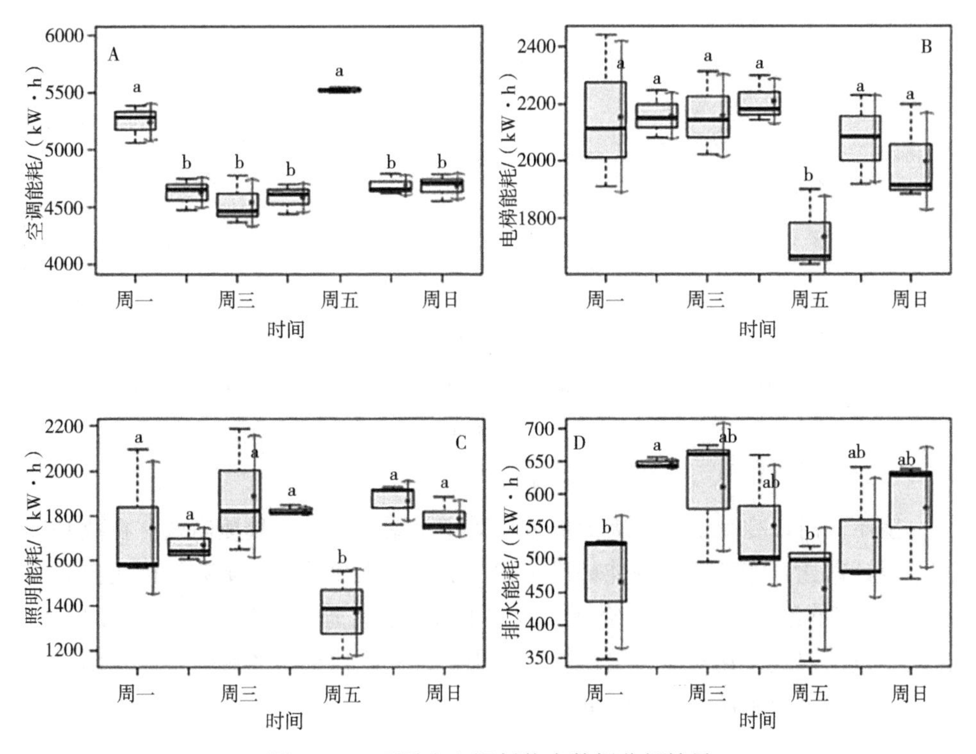

图 5-3-2　通风和空调耗能大数据分析结果

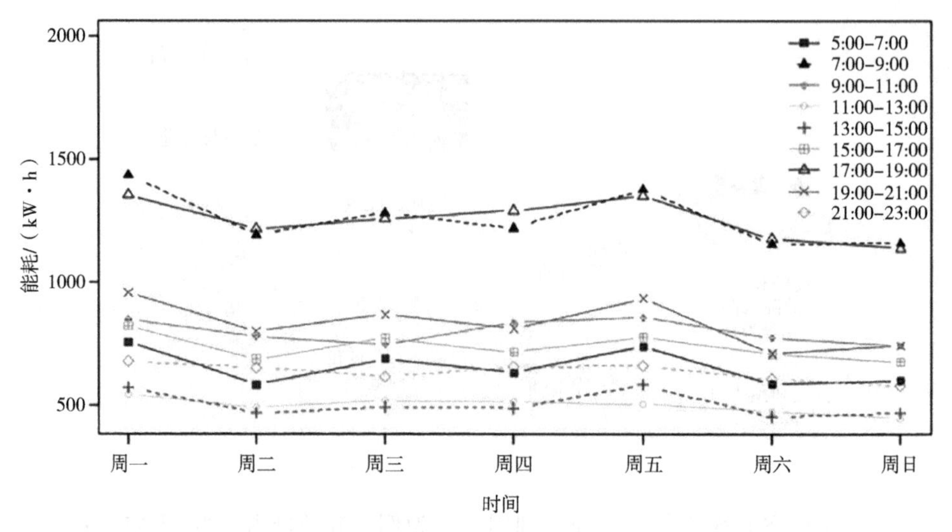

图 5-3-3　能耗逐日变化大数据分析结果

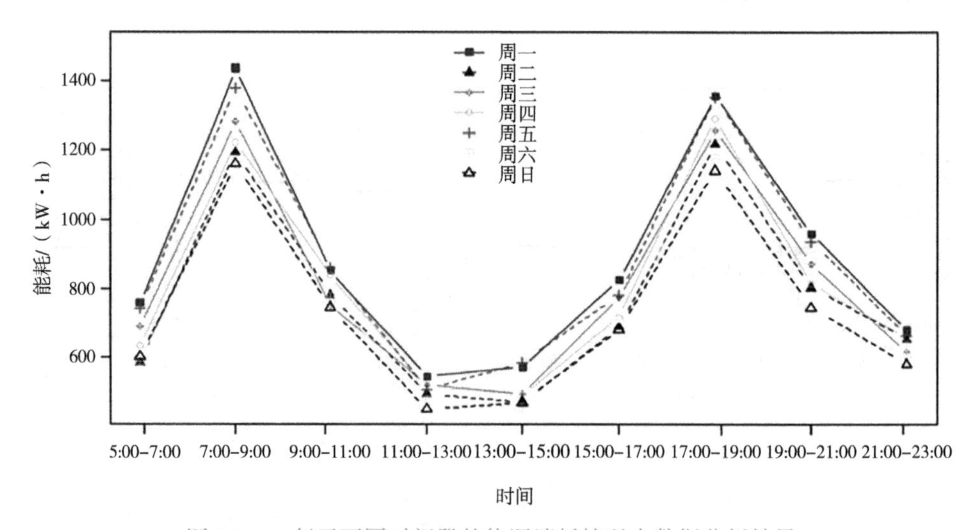

图 5-3-4　每天不同时间段的能源消耗情况大数据分析结果

随不同时段变化的能耗大数据分析采用了聚类算法，快捷高效。在此基础上，设计以建筑能源互联网能耗最小化、能效最大化为目标函数的优化控制方法，用神经网络、强化学习等算法预测未来状态点的能耗，提前启停设备，自动、自主、自学习式优化控制建筑能耗装置集群，使之达到群体智能。以上结果和方法的使用可为能耗管控提供决策支持。

5.4　相关国际经验

1. 美国

美国智能电网与能源互联网的内涵有诸多相似之处。

FREEDM 网络：由美国北卡罗纳州立大学提出。美国政府自 2008 年开始资助该模型，每年仅官方资助经费就高达 1800 万美元，此外还联合了其他若干著名大学和跨国企业进行共同研究。

FREEDM 针对的问题是分布式发电大量发展可能引起的电网不适应性，各种分布式电源、分布式储能设备和负载通过固态变压器提供的接口接入系统，各个固态变压器连接的子系统采用并联结构，而其中的 FID 是一种新型电子断路器，其可以起到故障隔离的作用，同时还集成了通信单元可以实现对系统智能开关。

FREEDM 与现有电网的不同在于：传统电网中电能的流向是单向的，即只能由发电厂流向用户。而在 FREEDM 中，电能的流动是多向的，它是一个能源互联网，每个电力用户既是能源的消费者，也是能源的供应者，且用户可以将分布式能源产生的多余电能卖回给电力公司。

FREEDM 是绿色网络，主要特点在于：①系统内分布式电源、负载、储能设备可以即插即用；②通过分布式智能网络通信中枢来管理分布式电源和储能设备；③供电稳定高质，供电效率高。

截至目前，FREEDM 项目仍处于试验阶段。

2. 德国

德国一直是全球能源转型的先行者。2015 年，德国可再生能源发电在总用电量中的比例已达 32.5%。此外，2015 年德国风、光装机占比超过 40%，而弃风弃光率仅为 1% 左右。德国能源转型已取得阶段性成果。

德国在能源互联网和能源转型方面的重要推进举措如下。

E-Energy：德国于 2008 年在智能电网基础上选择了 6 个试点地区进行为期 4 年的 E-Energy 技术创新促进计划，成为实践能源互联网最早的国家之一。该计划提出打造新型能源网络，在整个能源供应体系中实现综合数字化互联以及计算机控制和监测的目标。

C-sells：C-sells 隶属于在 2016 年 12 月正式启动的 SINTEG 项目（Smart Energy Showcases-Digital Agenda for the Energy Transition），是继 E-Energy 6 个示范项

目后在能源互联网方面的进一步探索。C-sells 展现未来能源系统应该具备细胞般的自主性、分布式的参与性以及完整的多样性。能源网络和 IT 设施将分布式能源等能源生产者与能源用户连接起来，通过多能互补进行灵活性的市场化交易，实现从一个细胞结构到跨区域的能源系统优化。C-sells 采用的是使能量系统更加灵活的蜂窝方式图 5-4-1，加上各种智能属性，可以对不同的技术方案和商业模式进行测试，而不会危及区域互连系统的稳定性。

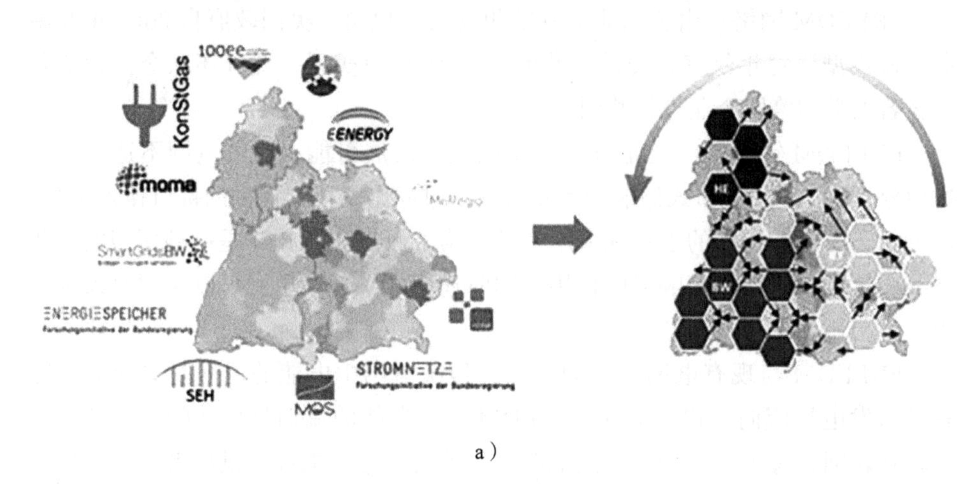

a）

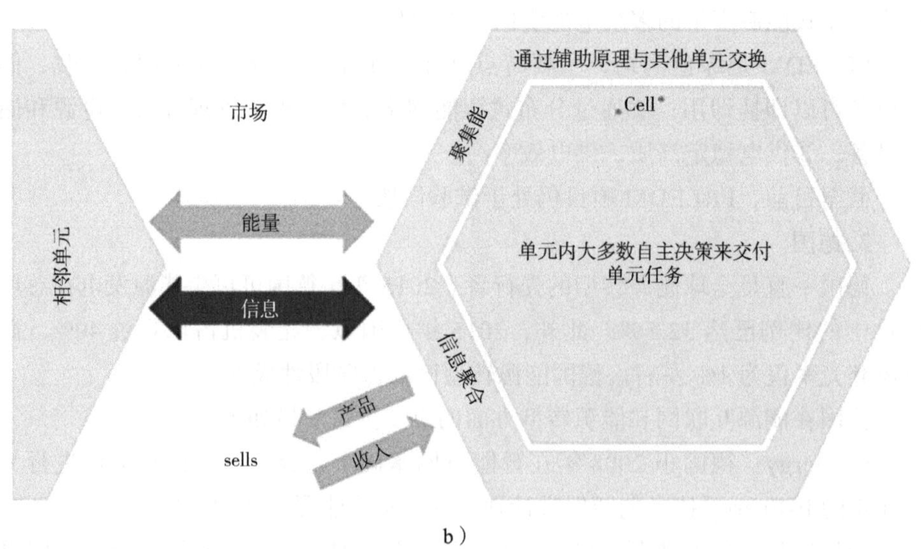

b）

图 5-4-1　德国 C-sells 项目

a）C-sells 项目　b）C-sells 运行机制

根据最新的“VDE-Zell-Studie”研究成果，尤其是其中关于能源网络设施的部分，电能的生产和消费应该尽可能在基础的配网层面实现动态平衡（微平衡）。

5.5 建筑能源互联网发展建议

建筑能源互联网的总体发展方向建议从以下几个方面重点考虑：

1）重视清洁能源、新能源在智慧建筑及建筑能源互联网中的引入、培育及深入应用。

2）深入探索并构建符合中国国情的建筑能源互联网内容体系、技术体系、网络体系、交易体系等多重系统架构。

3）构建可持续发展的建筑能源互联网商业模式，提高商业模式的清晰化、确定性、实操性程度并凝练相关理论成果。

4）培育建筑能源互联网新经济形态，使之成为城乡建设发展及经济社会发展的新动能。

对我国建筑能源互联网具体发展重点的建议：

1）可再生能源方面，将可再生能源作为主要能源廉价供应，并合理联网调度、利用。

2）跨行业融合方面，支持电力行业与建筑行业跨界融合的一体化储能、输配及消费能源互联网（电建融合型能源互联网）的建设。

3）平台方面，支持超大规模分布式多品类、多层级能源终端接入平台的建设。

4）互联网 + 方面，基于深度互联网 + 实现能源供需优化调配、共享及商业模式重构。

5）大规模智能自组织网络构建方面，大力发展基于“移动互联网 +AI”“智能终端 +AI”“5G+AI”驱动和连接下的分布式、自组织建筑智能能源互联网。

6）市场与经济方面，优先实现局部范围内基于微建筑能源互联网的多微能源供需平衡，再连接汇聚后自然形成大范围具有良好供需匹配性的大规模建筑能源互联网。

随着全球能源互联网研究开发及产业化热潮的到来，能源互联网理论技术和方法理念的研究将进一步快速发展。从建筑领域自身来看，本领域对节能化、智能化、高效化、便捷化存在巨大需求，建筑能源互联网的建设与发展将在城市治理、环境治理、社会治理中发挥越来越重要的作用，具备越来越重要的地位。因此，建筑能源互联网将在今后一个历史时期具有光明的发展前景。

第6章 建筑信息模型（BIM）及工程智慧管理

本章在介绍BIM概念、BIM政策、BIM标准、BIM发展情况及BIM典型案例基础上，结合多年实践经验和理论研究提出了一套将BIM与人工智能核心理论分支Multi-Agent相结合的运维软件设计方法，能够指导智慧建筑及城市运维软件的研发，同时也指明了由智慧建筑运维通向智慧城市运维的数字化和信息化路径。BIM与AI的融合应用将有助于数字经济发展，有助于社会治理模式转型。当前社会治理模式三个转变为：从单向管理向双向互动，从线下向线上线下融合，从单纯政府监管向更加注重社会协同治理。在整个经济社会发展逻辑层面，政府正在加大力气提升数字化能力。智慧建筑是数字经济的重要组成部分，也是奠定智慧城市快速稳定发展的重要基石。在BIM、人工智能理论和技术得到充分发展的今天，BIM与人工智能融合驱动智慧建造、智慧城市、数字经济的发展已成为历史的必然，在不久的将来，一定可以探索出更多优秀模式和方法。

6.1 BIM的概念

建筑信息模型（BIM）是指建筑物在设计和建造过程中创建和使用的“可计算数码信息”。而这些数码信息能够被程式系统自动管理，使得通过这些数码信息所计算出来的各种文件，自动地具有彼此吻合、一致的特性。简言之，可以将建筑信息模型视为数字化的建筑三维几何模型，在这个模型中，所有建筑构件所包含的信息，除了几何外，同时具有建筑或工程的数据。这些数据为程序系统提供充分的计算依据，使这些程序能根据构件的数据，自动计算出查询者所需要的准确信息。建筑信息模型涵盖了几何学、空间关系、地理资讯、各种建筑元件的性质及数量（例如供应商的详细资讯），用数字化的建筑元件表示真实世界中用来建造建筑物的构件，各阶段连通后可用于展示建筑全生命周期。工程界认同的建筑信息模型技术一般是指以三维数字技术为基础，集成了建筑工程项目各种相关信息的工程数据模型。

BIM的核心是数据与工作流程的互联互通，通过全生命周期信息化建立高效协作关系，从而提高行业效率。目前，经过业界多年探索形成的较为成熟协作思路如图6-1-1所示。

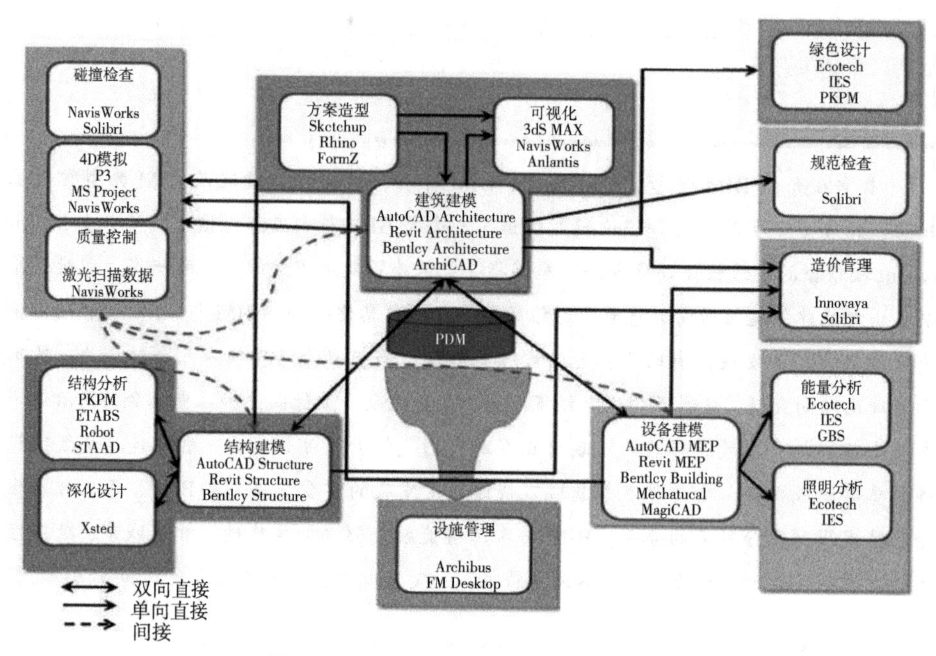

图 6-1-1 基于 BIM 的信息化协作关系

BIM 对建筑工程全生命周期各阶段的连接如图 6-1-2 所示。

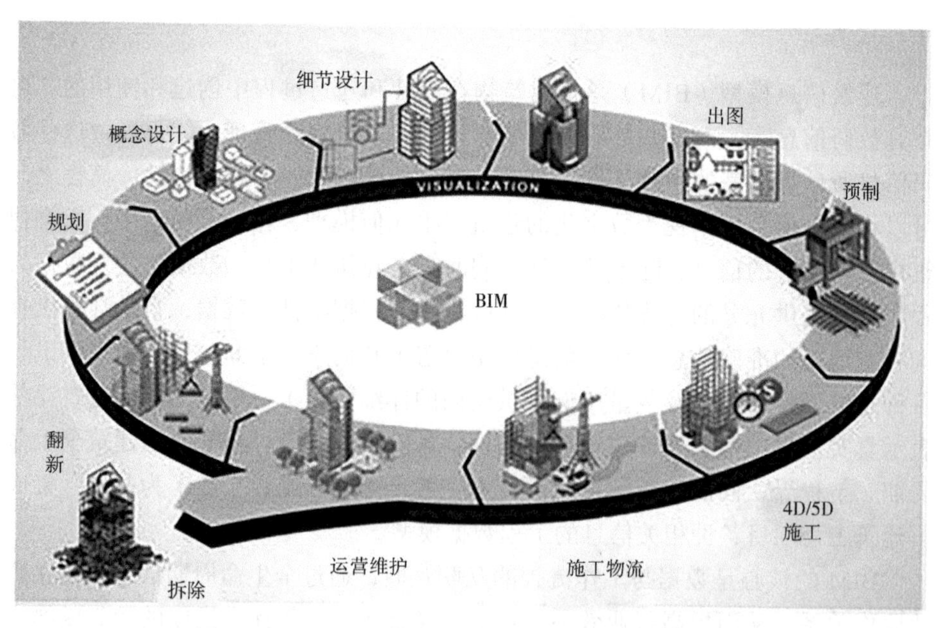

图 6-1-2 BIM 对建筑工程全生命周期各阶段的连接

BIM 对参与建筑工程的人员群体的连接如图 6-1-3 所示。

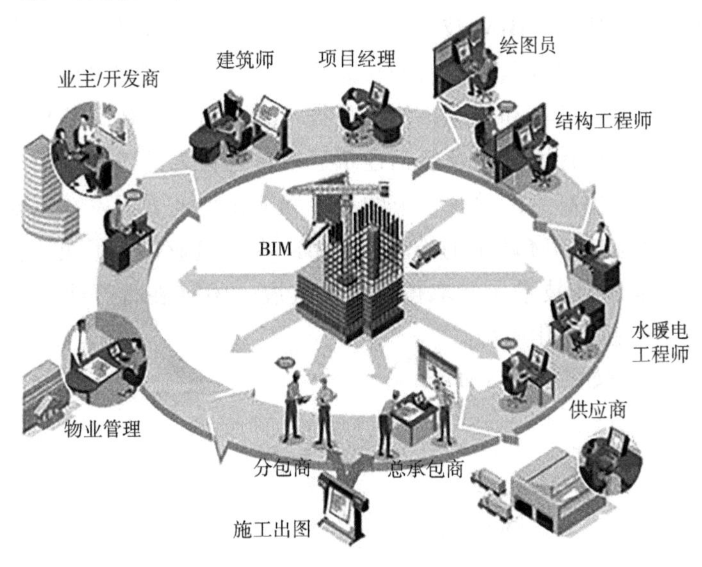

图 6-1-3　BIM 对人的连接

在 Autodesk 中研发 BIM 项目的典型开发界面如图 6-1-4 所示。

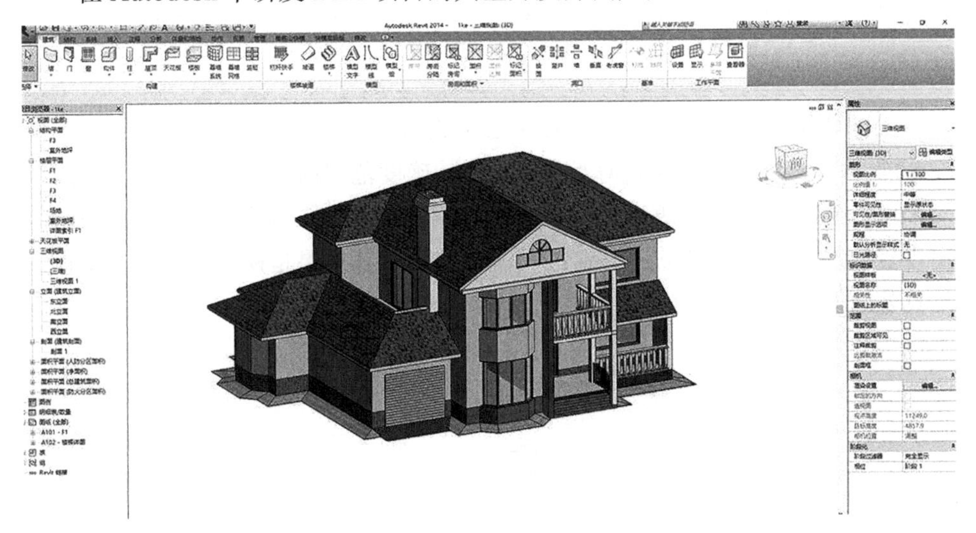

图 6-1-4　BIM 开发环境界面

BIM 中的信息可能具有很多种表达形式，如：建筑平面图、立面图、剖面图、详图、三维立体视图、透视图、材料表或计算每个房间自然采光的照明效果、所需要的空调通风量、冬、夏季需要的空调电力消耗等。BIM 以建筑工程项目的各项相关信息数据作为基础，通过数字信息仿真模拟建筑物所具有的真实信息，通过三维建筑模型，实现工程监理、物业管理、设备管理、数字化加工、工程化管理等功能。BIM 技术作为一种应用于工程设计建造管理的数据化工具，通过参数模型整合各种项目的相关信息，在项目策划、运行和维护的全生命周期过程中进行共享和传递，使工程技术人员对各种建筑信息做出正确理解和高效应对，为设计团队以及包括建筑运营单位在内的各方建设主体提供协同工作的基础，在提高生产效率、节约成本和缩短工期方面发挥重要作用。近年来，在国家和地方 BIM 政策的推动下，BIM 在建筑业得到了快速普及推广，自主知识产权的 BIM 技术研发取得突破性进展，BIM 在智慧建筑工程和智慧城市建设中已实现规模化应用。

BIM 工作范畴如图 6-1-5 所示。

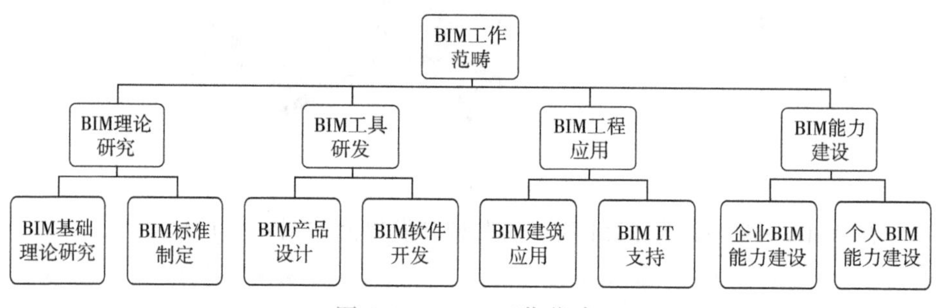

图 6-1-5　BIM 工作范畴

美国斯坦福大学整合设施工程中心（CIFE）总结出 BIM 有如下优势：消除 40% 预算外变更，造价估算控制在 3% 精确度范围内，造价估算耗费时间缩短 80%，通过发现和解决冲突，将合同价格降低 10%，项目时限缩短 7%，缩短投资回报时间。可以说，BIM 的灵魂是信息，其结果是模型，重点是协作，工具是软件。

6.2　BIM 政策及发展情况

6.2.1　国内外 BIM 发展概况

从全球看，BIM 发展较好地区源自现代 BIM 技术的起源地美国、欧洲、韩国、新加坡等地。近年来，这些发达国家制定了相关政策助推 BIM 发展。国外代表性 BIM 政策措施见表 6-2-1。

表 6-2-1　国外代表性 BIM 政策措施

国家	相关政策措施
美国	2006 年，美国陆军工程兵团（USACE）发布了为期 15 年的 BIM 发展路线规划，承诺未来所有军事建筑项目都将使用 BIM 技术。美国建筑科学研究院（BSA）下属的美国国家 BIM 标准项目委员会专门负责美国国家 BIM 标准的研究与制定，目前 BIM 标准已发布第三版，正准备出第四版。美国总务署 3D-4D-BIM 计划推行至今，超过 80% 建筑项目已经开始应用 BIM
俄罗斯	2017 年 5 月，俄罗斯政府建筑合同开始增加包含应用 BIM 技术的条款要求。到 2019 年，俄罗斯要求政府工程中的参建方均要采用 BIM 技术
韩国	韩国政府 2016 年前实现了全部公共工程的 BIM 应用
英国	英国政府一直强制要求使用 BIM，2016 年前企业实现 3D-BIM 的全面协同
新加坡	新加坡建筑管理署要求所有政府施工项目都必须使用 BIM 模型。在 BIM 技术的传承和教育方面，建筑管理署鼓励大学开设 BIM 相关课程
日本	建筑信息技术软件产业成立国家级国产解决方案软件联盟。日本建筑学会积极发布日本 BIM 从业指南，对 BIM 从业者进行全方面的指导和交流

国际上主要的 BIM 标准如下：

1. 美国 BIM 国家标准

美国国家 BIM 标准的全称为 National Building Information Modeling Standard（NBIMS），主编单位为美国建筑科学研究院（National Institute of Building Sciences，NIBS），同时也是国际智慧建造联盟的北美分部（Building Smart Alliance，BSA）。该标准比较系统地总结了在北美地区常见的 BIM 应用方式方法，于 2007 年完成第 1 版的第 1 部分《综述、原则与方法》（另有第 2 部分《策划》），于 2012 年完成第 2 版，第 3 版也已完成编制，即将发布。

2. 英国 BIM 国家标准

英国标准学会（BSI）也发布实施了工程应用方面的 BIM 国家标准 BS1192，该标准目前有 5 部分，覆盖了工程项目不同阶段，具体是：

第一部分 BS 1192：2007《建筑工程信息协同工作规程》

（Collaborative production of architectural，engineering and construction information-Code of practice）。

第二部分 BS PAS 1192-2：2013《BIM 工程项目建设交付阶段信息管理规程》（Specification for information management for the capital/delivery phase of construction projects using building information modelling）。

第三部分 BS PAS 1192-3：2014《BIM 项目 / 资产运行阶段信息管理规程》（Specification for information management for theoperational phase of assets using building information modelling）。

第四部分 BS 1192-4：2014《使用 COBie 满足业主信息交换要求的信息协同工作规程》（Collaborative production of informationPart 4：Fulfilling employers information exchange requirementsusing COBie-Code of practice）。

第五部分 BS PAS 1192-5：2015《建筑信息模型、数字建筑环境与智慧资产管理安全规程》（Specification for security minded building information modelling，digital built environments and smart asset management）。

此外，美国、英国、澳大利亚、新加坡等国家的机构和组织均发布了多个 BIM 应用指南，但由于针对或涉及的是具体软件产品，这些文件均不纳入标准的范畴。

英、美等国的 BIM 应用标准现已基本覆盖工程项目各个阶段，使得工程技术应用有标可依；但其应用对工程技术人员的信息技术水平和能力有较高要求，因此目前大多采用专门的 BIM 团队形式开展工作。为了更好地适应我国的工程项目招标投标、施工图审查、竣工验收等制度，降低我国广大工程建设各专业人员实施 BIM 的难度，有利于 BIM 在当前形势下的推广，有必要编制和施行我国的 BIM 应用标准。

国内对于 BIM 的认识，主要是基于国际智慧建造联盟（Building Smart International Ltd.）提出的 BIM 理念，涉及数据模型用的 IFC（Industry Foundation Classes）标准、数据字典用的 IFD（International Framework for Dictionaries）标准（现改称 The buildingSMART Data Dictionary，bsDD）、数据处理用的 IDM（Information Delivery Manual）标准、模型视图用的 MVD（Model View Definition）标准等。这些标准现已大部分转化为国际标准。此外，另有一系列普适于多个行业的产品模型数据交换国际标准 STEP（ISO 10303 Industrial automation systems and integration—Product data representation and exchange）。

我国虽然先后等效和等同采用了国际 IFC 标准（分别是 JG/T 198—2007《建筑对象数字化定义》和 GB/T 25507—2010《工业基础类平台规范》），但这些标准仍然只适用于 BIM 模型本身及相关软件开发，对 BIM 模型在工程建设方面的实际应用作用有限。

在我国，“十五”期间便立项了科技攻关计划研究课题“基于 IFC 国际标准的建筑工程应用软件研究”，重点放在对 BIM 数据标准 IFC 和应用软件的研究上，开发了基于 IFC 的结构设计和施工管理软件。“十一五”期间，科学技术部制定国家科技支撑计划重点项目《建筑业信息化关键技术研究与应用》，基于项目的总体目标，重点开展以下 5 个方面的研究与开发工作：建筑业信息化标准体系及关键标准研究；基于 BIM 技术的下一代建筑工程应用软件研究；勘察设计企业信息化关键技术研究与应用；建筑工程设计与施工过程信息化关键技术研究与应用；建筑施工企业管理信息化关键技术研究与应用。在国家“十一五”科技支撑计划中，清华大学、中国建筑科学研究院、北京航空航天大学共同承接的“基于 BIM 技术的下一代建筑工程应用软件研究”项目目标是将 BIM 技术和 IFC 标准应用于建筑设计、成本预测、建筑节能、施工优化、安全分析、耐久性评估、信息资源利用 7 个方面。2004 年，中国首个建筑生命周期管理（BLM）实验室在哈尔滨工业大学成立，并召开 BLM 国际论坛会议。清华大学、同济大学、华南理工大学在 2004—2005 年间先后成立 BLM 实验室及 BIM 课题组，BLM 正是 BIM 技术的一个应用领域。国内先进的建筑设计团队和房地产公司也纷纷成立 BIM 技术研究机构，如清华大学建筑设计研究院、中国建筑设计研究院、中国建筑科学研究院、中建国际建设有限公司、上海现代建筑设计集团等。2008 年，中国 BIM 门户网站（www.chinabim.com）成立。BIM 软件在我国本土的研发和应用已初见成效，在建筑设计、三维可视化、成本预测、节能设计、施工管理及优化、性能测试与评估、信息资源利用等方面都取得了一定的成果。

2011 年，住房和城乡建设部印发的《2011—2015 年建筑业信息化发展纲要》提出，“十二五”期间，普及建筑企业信息系统的应用，加快建设信息化标准，加快推进 BIM、基于网络的协同工作等新技术的研发，促进具有自主知识产权软件的研究并将其产业化，使我国建筑企业对信息技术的应用达到国际先进水平。2012 年 6 月 29 日，中国 BIM 发展联盟主办的中国 BIM 标准研究项目发布暨签约会议在北京隆重召开。北京理正软件股份有限公司与中国建研院合作承担了全生命周期 BIM 标准研究项目，该项目包括 6 个课题、33 个子课题，重点研究规划、设计、施工、运维四个阶段 BIM 数据的生成、存储、流转及协同工作。

2013 年，由中国 BIM 发展联盟组织申报的中国工程建设协会系列 BIM 标准正式列入《2013 年中国 BIM 标准制修订计划》。2013 年 7 月 2 日，《地基基础设计 P-BIM 软件技术与信息交换标准》《工程地质勘察 P-BIM 软件技术与信息交换标准》《绿色建筑设计评价 P-BIM 软件与信息交换标准》编制组成立，标志着中国 BIM 系列标准编制工作正式启动。

建筑信息模型（BIM）产业技术创新战略联盟成立于 2012 年 1 月。2014 年 3 月，国家建筑信息模型（BIM）产业技术创新战略联盟试点工作启动。科学技术部同意将建筑信息模型（BIM）产业技术创新战略联盟作为第三批国家产业技术创新战略试点联盟。各产业领域对 BIM 标准的响应非常积极。2015 年 7 月 2 日，住房和城乡建设部发布《关于推进建筑信息模型应用的指导意见》，明确提出推进 BIM 应用的发展目标——到 2020 年末，建筑行业甲级勘察、设计单位以及特级、一级房屋建筑工程施工企业应掌握并实现 BIM 与企业管理系统和其他信息技术的一体化集成应用。到 2020 年末，新立项的以国有资金投资为主的大中型建筑、申报绿色建筑的公共建筑及绿色生态示范小区项目在勘察设计、施工、运营维护中集成应用 BIM 的项目比率达到 90%。2015 年 9 月，住房和城乡建设部科技与产业化发展中心联合业界公司开发的“住房和城乡建设产品 BIM 大型数据库”上线运行。

6.2.2 全球 BIM 推进现状

在英国，政府明确要求 2016 年前企业实现 3D-BIM 的全面协同。

在美国，政府自 2003 年起，实行国家级 3D-4D-BIM 计划；自 2007 年起，规定所有重要项目通过 BIM 进行空间规划。

在韩国，政府计划于 2016 年前实现全部公共工程的 BIM 应用。

在新加坡，政府成立 BIM 基金；计划于 2015 年前，超过 80% 的建筑业企业广泛应用 BIM。

在北欧，挪威、丹麦、瑞典和芬兰等国家，已经孕育 Tekla、Solibri 等主要的建筑业信息技术软件厂商。

在日本，建筑信息技术软件产业成立国家级国产解决方案软件联盟。

在中国，2014 年，BIM 普及率超过 10%，BIM 试点提高近 6%。

中国第一高楼——上海中心、北京第一高楼——中国尊、华中第一高楼——武汉中心等应用 BIM 的工程项目层出不穷。其中，中国博览会会展综合体工程证明：通过应用 BIM 可以排除 90% 的图纸错误，减少 60% 的返工，缩短 10% 的施工工期，提高项目效益。

更多招标项目要求工程建设的 BIM 模式。部分企业开始加速 BIM 相关的数据挖掘，聚焦 BIM 在工程量计算、投标决策等方面的应用，并实践 BIM 的集成项目管理。

6.2.3　BIM 业务模式和人才情况

一方面，使用 BIM 在建模阶段就要预测实施阶段的问题和方案，并确定各参与方的对接标准与协调机制，前期需要投入比传统模式大得多的时间和人力成本。

国外注重长期发展，行业市场化、专业化、标准化、规范化程度高，项目规划有成熟环境和机制，一旦启动很少变动，本身体现一以贯之的 BIM 作风。

国内偏重短期利益，工程管理粗放。赶设计、抢工期、临场变阵的工程节奏，与 BIM 有明显冲突。

不过目前，IPD 模式也开始在国内工程普及了。在该模式下，业主开工前即召集设计单位、施工单位、材料供应商等项目参与方，共同确定统一的 BIM 模型。一旦模型确立，既不允许施工过程的设计改图，也不允许材料应用的方案变更。

BIM 应用必然导致工作量大幅度向设计单位倾斜，同时对与设计对接的 BIM 人才有旺盛需求。

在国外，业主成立专业的咨询团队，一对一对接设计团队；并对项目启动全过程的软件类型、数据接口、信息规范等细节有严格规定。

在国内，很多设计单位都在积极组建自己的 BIM 团队，急缺 BIM 人员。

目前的困境就是“工程经验丰富的，受困于传统图纸思维和固有工具操作习惯，难以快速掌握 BIM；可以快速掌握 BIM 的，又往往工程经验不足。”

6.2.4　BIM 政策支持

相比国外，国内对 BIM 的政策支持更有力。前者是市场推进政策，后者是政策推进市场。

2011 年，住房和城乡建设部在《2011—2015 年建筑业信息化发展纲要》中，将 BIM、协同技术列为“十二五”建筑业重点推广技术。

2013 年 9 月，住房和城乡建设部发布《关于推进 BIM 技术在建筑领域内应用的指导意见》（征求意见稿），明确指出“2016 年，所有政府投资的 2 万平方米以上的建筑的设计、施工必须使用 BIM 技术”。

2015年，政府正式公布《关于推进建筑业发展和改革的若干意见》，把BIM和工程造价大数据应用正式纳入重要发展项目。

2015年7月1日，《国家安全法》出台，其中第二十五条强调信息核心技术、关键基础设施和重要领域信息系统的数据安全。7月8日，全国人大常委会公开《网络安全法（草案）》并征求意见，其中第三十条规定：关键信息基础设施的运营者采购网络产品或者服务，可能影响国家安全的，应当通过国家网信部门会同国务院有关部门组织的安全审查。

根据上述法案，境外BIM技术公司可能被纳入国家安全审查范围，将BIM模型存放于境外服务器或由境外提供的行为，可能涉嫌违法。

上述政策无不表明政府对BIM，尤其对国内BIM发展的高度重视。

国内BIM实践虽然存在问题，但都是已经暴露的问题；问题一旦暴露，就会有解决的希望。而且国内在建设工程体量方面远远领先世界，有更广阔的BIM应用空间。

6.3 BIM标准制定和修订情况

在BIM领域，关于数据的基础标准一直围绕着三个方面进行，即：数据语义（Terminology）、数据存储（Digital Storage）和数据处理（Process）。由国际BIM专业化组织buildingSMART提出，并被ISO等国际标准化组织采纳，上述三个方面逐步形成了三个基础标准，分别对应为国际语义字典框架（IFD）、行业（工业）基础分类（IFC）和信息交付手册（IDM），由此形成了BIM标准体系。BIM基础标准如图6-3-1所示。

BIM标准体系由两部分组成，核心层是围绕IFD、IFC、IDM，衍生出了MVD（Model View Definition，模型视图定义）、Data Dictionary（数据字典）等拓展概念。在核心层之外是应用层，直接面向用户数据应用的各项标准，包括QTO（Quantity Take-Off，工程量提取）、冲突检测等。核心层标准面向数据描述，应用层标准规定数据使用方法。

国际BIM标准体系如图6-3-2所示。

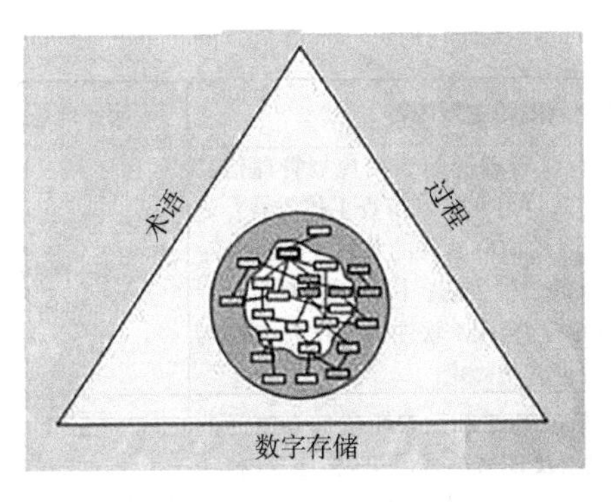

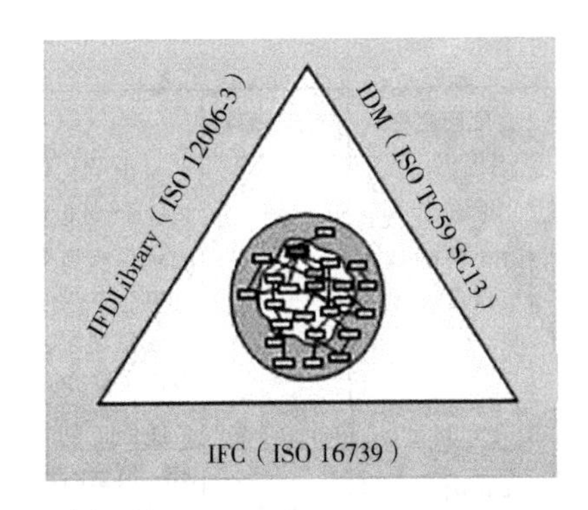

图 6-3-1　BIM 基础标准

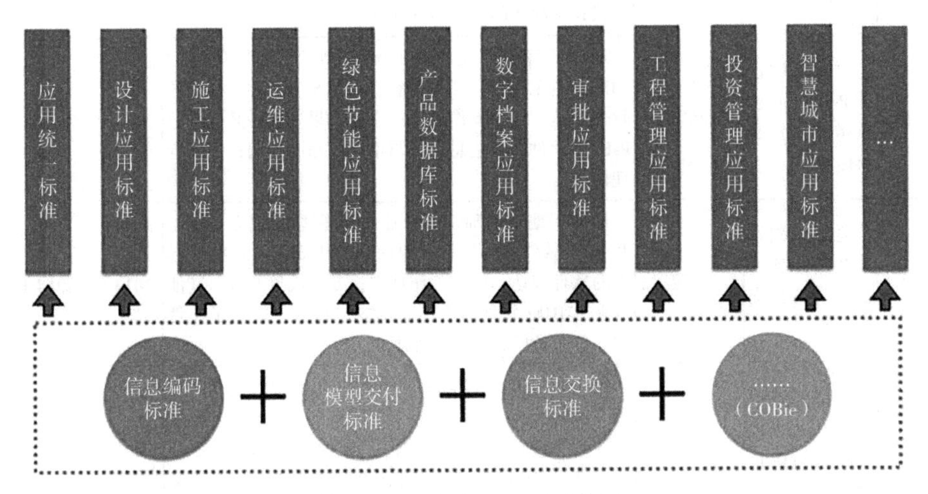

图 6-3-2　国际 BIM 标准体系

为规范行业发展，我国从 2013 年起开始制定 BIM 标准。中国 BIM 标准的归口管理单位是中国工程建设标准化协会建筑信息模型专业委员会（中国 BIM 标委会）。2013 年中国 BIM 标委会颁布的 BIM 标准制定和修订情况见表 6-3-1。

表 6-3-1　2013 年中国 BIM 标准制定和修订情况

序号	项目名称	制定、修订	适用范围和主要内容	起止年限
1	规划和报建 P-BIM 软件技术与信息交换标准	制订	适用于总体规划、控制性详细规划、修建性详细规划、建设项目的总平面图、单体的规划设计和报建专业 BIM 模型的建立、应用及 BIM 软件的编制。主要内容：法规与专业技术标准的软件表达；协同工作规定；专业成果要求；其他专业 P-BIM 软件需求信息内容与格式；修改访问；数据管理规定	2013.7—2014.12

（续）

序号	项目名称	制定、修订	适用范围和主要内容	起止年限
2	规划审批P-BIM软件技术与信息交换标准	制定	适用于各级规划行政管理部门利用规划管理信息系统实现建设项目行政许可和技术审查工作所需专业BIM模型的建立、应用及BIM软件的编制。主要内容：法规与专业技术标准的软件表达；协同工作规定；专业成果要求；其他专业P-BIM软件需求信息内容与格式；修改访问；数据管理规定	2013.7—2014.12
3	工程地质勘察P-BIM软件技术与信息交换标准	制定	适用于初步勘察阶段和详细勘察阶段的勘察专业BIM模型的建立、应用及BIM软件的编制。主要内容：法规与专业技术标准的软件表达；协同工作规定；专业成果要求；其他专业P-BIM软件需求信息内容与格式；修改访问；数据管理规定	2013.7—2014.12
4	建筑基坑设计P-BIM软件技术与信息交换标准	制定	适用于建筑基坑设计BIM模型的建立、应用和BIM软件的编制。主要内容：法规与专业技术标准的软件表达；协同工作规定；专业成果要求；其他专业P-BIM软件需求信息内容与格式；修改访问；数据管理规定	2013.7—2014.12
5	地基基础设计P-BIM软件技术与信息交换标准	制定	适用于地基基础设计专业BIM模型的建立、应用及BIM软件的编制。主要内容：法规与专业技术标准的软件表达；协同工作规定；专业成果要求；其他专业P-BIM软件需求信息内容与格式；族库子文件夹；修改访问；数据管理规定	2013.7—2014.12
6	混凝土结构设计P-BIM软件技术与信息交换标准	制定	适用于混凝土结构设计专业BIM模型的建立、应用及BIM软件的编制。主要内容：法规与专业技术标准的软件表达；协同工作规定；专业成果要求；其他专业P-BIM软件需求信息内容与格式；族库子文件夹；修改访问；数据管理规定	2013.7—2014.12
7	钢结构设计P-BIM软件技术与信息交换标准	制定	适用于钢结构设计专业BIM模型的建立、应用及BIM软件的编制。主要内容：法规与专业技术标准的软件表达；协同工作规定；专业成果要求；其他专业P-BIM软件需求信息内容与格式；族库子文件夹；修改访问；数据管理规定	2013.7—2014.12
8	砌体结构设计P-BIM软件技术与信息交换标准	制定	适用于砌体结构设计专业BIM模型的建立、应用及BIM软件的编制。主要内容：法规与专业技术标准的软件表达；协同工作规定；专业成果要求；其他专业P-BIM软件需求信息内容与格式；族库子文件夹；修改访问；数据管理规定	2013.7—2014.12
9	给水排水设计P-BIM软件技术与信息交换标准	制定	适用于建筑给水排水设计专业BIM模型的建立、应用及BIM软件的编制。主要内容：法规与专业技术标准的软件表达；协同工作规定；专业成果要求；其他专业P-BIM软件需求信息内容与格式；族库子文件夹；修改访问；数据管理规定	2013.7—2014.12

（续）

序号	项目名称	制定、修订	适用范围和主要内容	起止年限
10	供暖通风与空气调节设计P-BIM软件技术与信息交换标准	制定	适用于民用建筑供暖、通风与空气调节设计专业BIM模型的建立、应用及BIM软件的编制。主要内容:法规与专业技术标准的软件表达；协同工作规定；专业成果要求；其他专业P-BIM软件需求信息内容与格式；族库子文件夹；修改访问；数据管理规定	2013.7—2014.12
11	建筑电气设计P-BIM软件技术与信息交换标准	制定	适用于民用建筑电气设计专业BIM模型的建立、应用及BIM软件的编制。主要内容：法规与专业技术标准的软件表达；协同工作规定；专业成果要求；其他专业P-BIM软件需求信息内容与格式；族库子文件夹；修改访问；数据管理规定	2013.7—2014.12
12	施工图审查P-BIM软件技术与信息交换标准	制定	适用于建筑工程行业中建筑、结构、供热、通风与空调、建筑给水排水、建筑电气专业的施工图设计审查专项BIM模型的建立、应用及BIM软件的编制。主要内容：法规与专业技术标准的软件表达；协同工作规定；专业成果要求；其他专业P-BIM软件需求信息内容与格式；族库子文件夹；修改访问；数据管理规定	2013.7—2014.12
13	绿色建筑设计评价P-BIM软件技术与信息交换标准	制定	适用于绿色建筑设计评价BIM模型的建立、应用及BIM软件的编制。主要内容：法规与专业技术标准的软件表达；协同工作规定；专业成果要求；其他专业P-BIM软件需求信息内容与格式；族库子文件夹；修改访问；数据管理规定	2013.7—2014.12
14	混凝土结构施工P-BIM软件技术与信息交换标准	制定	适用于混凝土结构施工专业BIM模型的建立、应用及BIM软件的编制。主要内容：法规与专业技术标准的软件表达；协同工作规定；专业成果要求；其他专业P-BIM软件需求信息内容与格式；修改访问；数据管理规定	2013.7—2014.12
15	钢结构施工P-BIM软件技术与信息交换标准	制定	适用于钢结构施工专业BIM模型的建立、应用及BIM软件的编制。主要内容：法规与专业技术标准的软件表达；协同工作规定；专业成果要求；其他专业P-BIM软件需求信息内容与格式；修改访问；数据管理规定	2013.7—2014.12
16	机电施工P-BIM软件技术与信息交换标准	制定	适用于机电施工专业BIM模型的建立、应用及BIM软件的编制。主要内容：法规与专业技术标准的软件表达；协同工作规定；专业成果要求；其他专业P-BIM软件需求信息内容与格式；修改访问；数据管理规定	2013.7—2014.12

（续）

序号	项目名称	制定、修订	适用范围和主要内容	起止年限
17	工程监理P-BIM软件技术与信息交换标准	制定	适用于建设工程项目工程监理专业BIM模型的建立、应用及BIM软件的编制。主要内容：法规与专业技术标准的软件表达；协同工作规定；专业成果要求；其他专业P-BIM软件需求信息内容与格式；族库文件夹；修改访问；数据管理规定	2013.7—2014.12
18	工程造价管理P-BIM软件技术与信息交换标准	制定	适用于工程造价管理专业BIM模型的建立、应用及BIM软件的编制。主要内容：法规与专业技术标准的软件表达；协同工作规定；专业成果要求；其他专业P-BIM软件需求信息内容与格式；修改访问；数据管理规定	2013.7—2014.12
19	竣工验收管理P-BIM软件技术与信息交换标准	制定	适用于竣工验收管理专业BIM模型的建立、应用及BIM软件的编制。主要内容：法规与专业技术标准的软件表达；协同工作规定；专业成果要求；其他专业P-BIM软件需求信息内容与格式；修改访问；数据管理规定	2013.7—2014.12
20	建筑绿色施工评价P-BIM软件技术与信息交换标准	制定	适用于建筑工程绿色施工评价BIM模型的建立、应用及BIM软件的编制。主要内容：法规与专业技术标准的软件表达；协同工作规定；专业成果要求；其他专业P-BIM软件需求信息内容与格式；修改访问；数据管理规定	2013.7—2014.12
21	建筑空间管理P-BIM软件技术与信息交换标准	制定	适用于新建、改建、扩建及既有建筑物空间管理专业BIM模型的建立、应用及BIM软件的编制。主要内容：法规与专业技术标准的软件表达；协同工作规定；专业成果要求；其他专业P-BIM软件需求信息内容与格式；族库子文件夹；修改访问；数据管理规定	2013.7—2014.12

截至2018年6月，国家层面的六大BIM标准已发布三项。在国家级BIM标准不断推进的同时，各地也针对BIM技术应用出台了部分相关标准，如北京市地方标准《民用建筑信息模型（BIM）设计基础标准》等。同时还出台了一些细分领域标准，如门窗、幕墙等行业制定的相关BIM标准及规范，以及企业自己制定的企业内的BIM技术实施导则。

住房和城乡建设部建标〔2012〕5号文《关于印发2012年工程建设标准规范制订修订计划的通知》，立项5项BIM国家标准。住房和城乡建设部建标〔2013〕6号文《住房城乡建设部关于印发2013年工程建设标准规范制订修订计划的通知》，立项1项BIM国家标准。住房和城乡建设部建标［2014］189号文《住房城乡建设部关于印发2015年工程建设标准规范制订、修订计划的通知》，立项 1 项 BIM 行业标准。截至 2019 年 8 月 3 日，已发布、报批中、送审中的 BIM 国家标准如下。

1.《建筑信息模型应用统一标准》

已发布，编号为 GB/T 51212—2016，自 2017 年 7 月 1 日起实施。是我国第一部建筑信息模型应用的工程建设标准，提出了建筑信息模型应用的基本要求，是建筑信息模型应用的基础标准，可作为我国建筑信息模型应用及相关标准研究和编制的依据。对建筑信息模型在工程项目全寿命期的各个阶段建立、共享和应用进行统一规定，包括模型的数据要求、模型的交换及共享要求、模型的应用要求、项目或企业具体实施的其他要求等，其他标准应遵循统一标准的要求和原则。

2.《建筑信息模型分类和编码标准》

已发布，编号为 GB/T 51269—2017，自 2018 年 5 月 1 日起实施。

3.《建筑信息模型施工应用标准》

已发布，编号为 GB/T 51235—2017，自 2018 年 1 月 1 日起实施。标准规定在施工阶段 BIM 具体的应用内容、工作方式等。

4.《建筑信息模型设计交付标准》

已发布，编号为 GB/T 51301—2018，自 2019 年 6 月 1 日实施。该标准含有 IDM 的部分概念，也包括设计应用方法。规定了交付准备、交付物、交付协同三方面内容，包括建筑信息模型的基本架构（单元化）、模型精细度（LOD）、几何表达精度（Gx）、信息深度（Nx）、交付物、表达方法、协同要求等。另外，该标准指明了“设计 BIM”的本质，就是建筑物自身的数字化描述，从而在 BIM 数据流转方面发挥了标准引领作用。行业标准《建筑工程设计信息模型制图标准》是该标准的细化和延伸。

5.《建筑工程信息模型存储标准》

该标准已完成送审稿，正处于送审阶段。

各项具体领域的 BIM 国家标准编制工作正在进行中，距离结构完整的 BIM 国家标准体系、BIM 标准矩阵的真正形成尚有一段时间。目前，BIM 的产业化工作也正在全国范围内逐步展开，BIM 标准的落地将在未来几年内见到实效。我国将进入 BIM 大发展的热潮时期及关键性阶段。具体来说，BIM 将形成一套标准序列，该序列的架构如图 6-3-3 所示。

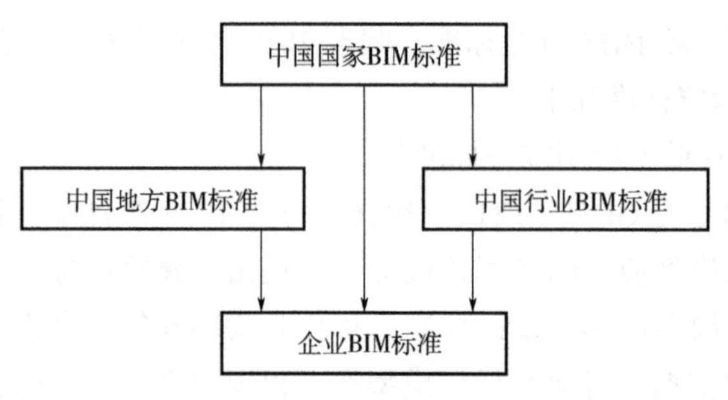

图 6-3-3 中国 BIM 标准序列

美国国家 BIM 标准的发展模式可总结为：市场 + 科研 + 行业，我国国家 BIM 标准的发展模式则为：政府 + 市场 + 科研 + 行业。在我国，政府的主导与支持作用还是非常关键的。

我国 BIM 应用技术落后于发达国家，有人把 2010 年称为中国 BIM 元年。

基于专业应用软件与 BIM 技术结合产生的 P-BIM 可以完全符合中国特色工程管理，具有广泛实用基础，其推广应用无须政府（过多地）变革现行管理办法。P-BIM 以应用为王的实施战略推动我国 BIM 技术发展，P-BIM 技术的开发、实施、推广必将提升行业技术进步，推动政府管理进步，引领企业技术改造，可以预期，中国式的 BIM 时代为期不远了。

6.4 核心 BIM 国家标准

1.《建筑信息模型应用统一标准》

《建筑信息模型应用统一标准》共分 6 章，主要技术内容是：总则、术语和缩略语、基本规定、模型结构与扩展、数据互用、模型应用。其中：第 2 章“术语和缩略语”，规定了建筑信息模型、建筑信息子模型、建筑信息模型元素、建筑信息模型软件等术语，以及“P-BIM”基于工程实践的建筑信息模型应用方式这一缩略语。第 3 章“基本规定”，提出了“协同工作、信息共享”的基本要求，并推荐模型应用宜采用 P-BIM 方式，还对 BIM 软件提出了基本要求。第 4 章“模型结构与扩展”，提出了唯一性、开放性、可扩展性等要求，并规定了模型结构由资源数据、共享元素、专业元素组成，以及模型扩展的注意事项。第 5 章“数据互用”，对数据的交付与交换提出了正确性、协调性和一致性检查的要求，规定了互用数据的内容和格式，对数据的编码与存储也提出了要求。第 6 章“模型应用”，不仅对模型的创建、使用分别提出了要求，还对 BIM 软件提出了专业功能和数据互用功能的要求，并给出了对于企业组织实施 BIM 应用的一些规定。

2.《建筑信息模型分类和编码标准》

已发布，编号为 GB/T 51269—2017，自 2018 年 5 月 1 日起实施。

3.《建筑信息模型施工应用标准》

已发布，编号为 GB/T 51235—2017，自 2018 年 1 月 1 日起实施。

4.《建筑信息模型设计交付标准》

已发布，编号为 GB/T 51301—2018，自 2019 年 6 月 1 日起实施。

5.《建筑工程信息模型存储标准》

已于 2019 年 5 月 28 日送审。

6.5　国家和地方 BIM 政策

2011 年住房和城乡建设部发布《2011—2015 年建筑业信息化发展纲要》，第一次将 BIM 纳入信息化标准建设内容，2013 年推出《关于推进建筑信息模型应用的指导意见》，2016 年发布《2016—2020 年建筑业信息化发展纲要》，BIM 成为“十三五”建筑业重点推广的五大信息技术之首。从 2014 年开始，在住房和城乡建设部的大力推动下，各省市相继出台 BIM 推广应用文件，到目前我国已初步形成 BIM 技术应用标准和政策体系，为 BIM 的快速发展奠定了坚实的基础。2016 年是 BIM 政策集中出台的一年，各地纷纷出台 BIM 推广意见。2017 年，各地继续出台 BIM 政策，并呈现出如下新特点：

1）更加细致，更具操作性。2016 年及以前，住房和城乡建设部及各地建设负责部门主要出台的是应用推广意见，提出了推广 BIM 的方案以及 2020 年 BIM 发展的目标。2017 年以来出台的 BIM 政策更加细致，落地、实操性更强，如 2017 年 5 月发布的《建筑信息模型施工应用标准》。2017 年，上海、广东、江苏发布 BIM 收费标准或参考依据（征求意见稿），指导 BIM 技术服务收费，有利于营造更加透明、健康的 BIM 服务市场。

2）BIM 推广范围更加广泛。2017 年，贵州、江西、河南等省正式出台

BIM推广意见，明确提出在省级范围内推广BIM技术应用。我国出台BIM推广意见的省市数量逐渐增多，全国BIM技术应用推广的范围更加广泛。

3）BIM技术应用领域更加专业化。因为房建工程结构相对简单，BIM建模、应用相对容易上手，再加上我国建筑工程项目主要以房建项目为主，出台的BIM政策虽未明确提出应用BIM技术的工程类型，但BIM技术推行以来，主要应用还是集中在房建工程项目中。2017年9月，交通运输部办公厅发布《关于开展公路BIM技术应用示范工程建设的通知》，2018年1月，发布《关于推进公路水运工程BIM技术应用的指导意见》，拉开了公路水运工程项目广泛应用BIM技术的新篇章。另外，黑龙江等省发布了关于推进BIM技术在装配式建筑中的应用，促进了BIM技术与装配式建筑的融合。

4）重视程度进一步提高。目前BIM技术在工程建设领域逐步落地，价值日益凸显。当前，固定资产投资增速放缓，BIM技术成为建筑企业提升项目精细化水平和实现建筑企业集约化管理的重要抓手。政策多次明确提出了大力发展BIM技术，为建设工程提质增效、节能环保创造条件，实现建筑业可持续发展。

2017年，国家和地方加大BIM政策与标准落地，《建筑业10项新技术（2017版）》将BIM列为信息技术之首。2017年国家层面出台的主要BIM相关政策见表6-5-1。

表6-5-1　2017年国家层面出台的主要BIM相关政策

部门	发布时间 / 文件名称	主要内容 / 目标
国务院	2月，《关于促进建筑业持续健康发展的意见》	加快推进建筑信息模型(BIM)技术在规划、勘察、设计、施工和运营维护全过程的集成应用
住房和城乡建设部	3月，《“十三五”装配式建筑行动方案》	建立适合BIM技术应用的装配式建筑工程管理模式，推进BIM技术在装配式建筑规划、勘察、设计、生产、施工、装修、运行维护全过程的集成应用
	3月，《建筑工程设计信息模型交付标准》	面向BIM信息模型的交付准备、交付过程、交付成果做出规定，提出了建筑信息模型工程设计的四级模型单元
	5月，《建设项目工程总承包管理规范》	采用BIM技术或者装配式技术的，招标文件中应当有明确要求：建设单位对承诺采用BIM技术或装配式技术的投标人应当适当设置加分条件
	5月，《建筑信息模型施工应用标准》	从深化设计、施工模拟、预制加工、进度管理、预算与成本管理、质量与安全管理、施工监理、竣工验收等方面，提出建筑信息模型的创建、使用和管理要求
	8月，《住房城乡建设科技创新“十三五”专项规划》	特别指出发展智慧建造技术，普及和深化BIM应用，建立基于BIM的运营与监测平台，发展施工机器人、智能施工装备、3D打印施工装备，促进建筑产业提质增效

（续）

部门	发布时间 / 文件名称	主要内容 / 目标
住房和城乡建设部	8 月,《工程造价事业发展“十三五”规划》	大力推进 BIM 技术在工程造价事业中的应用
	9 月，《建设项目工程总承包费用项目组成（征求意见稿）》	明确规定 BIM 费用属于系统集成费，这意味着国家工程费用中明确 BIM 费用的出处
交通运输部	2 月，《推进智慧交通发展行动计划 (2017—2020 年）》	到 2020 年在基础设施智能化方面，推进建筑信息模型 (BIM) 技术在重大交通基础设施项目规划、设计、建设、施工、运营、检测维护管理全生命周期的应用
	3 月，《关于推进公路水运工程应用 BIM 技术的指导意见》征求意见函	推动 BIM 在公路水运工程等基础设施领域的应用

2017 年地方出台的主要 BIM 相关政策见表 6-5-2。

表 6-5-2　2017 年地方出台的主要 BIM 相关政策

地区	发布时间 / 文件名称	主要内容
北京市	7 月，《北京市建筑信息模型 (BIM) 应用示范工程的通知》	确定“北京市朝阳区 CBD 核心区 Z15 地块项目（中国尊大厦）”等 22 个项目为 2017 年北京市建筑信息模型 (BIM) 应用示范工程立项项目
	11 月，《北京市建筑施工总承包企业及注册建造师市场行为信用评价管理办法》	BIM 在信用评价中加 3 分
广东省	1 月，广州市《关于加快推进建筑信息模型 (BIM) 应用意见的通知》	到 2020 年，形成完善的建设工程 BIM 应用配套政策和技术支撑体系。建设行业甲级勘察设计单位以及特级、一级房屋建筑和市政工程施工总承包企业掌握 BIM；政府投资和国有资金投资为主的大型房屋建筑和市政基础设施项目在勘察设计、施工和运营维护中普遍应用 BIM
	8 月，《广东省 BIM 技术应用费的指导标准》（征求意见稿）	根据建造过程中的应用阶段、专业、工程复杂程度确定 BIM 应用费用标准，鼓励全过程、全专业应用 BIM
上海市	4 月，《关于进一步加强上海市建筑信息模型技术推广应用的通知》	土地出让环节：将 BIM 技术应用相关管理要求纳入国有建设用地出让合同。规划审批环节：在规划设计方案审批或建设工程规划许可环节，运用 BIM 模型进行辅助审批。报建环节：对建设单位填报的有关 BIM 技术应用信息进行审核。施工图审查等环节：对项目应用 BIM 技术的情况进行抽查，年度抽查项目数量不少于应当应用 BIM 技术项目的 20%。竣工验收备案环节：采用 BIM 模型归档，在竣工验收备案中审核建设单位填报的 BIM 技术应用成果信息
	6 月，《上海市建筑信息模型技术应用指南 (2017 版）》	上海市住建委组织对《上海市建筑信息模型技术应用指南 (2015 版）》进行了修订，深化和细化了相关应用项和应用内容
	7 月，《上海市住房发展“十三五”规划》	建立健全推广建筑信息模型 (BIM) 技术应用的政策标准体系和推进考核机制，创建国内领先的 BIM 技术综合应用示范城市

（续）

地区	发布时间 / 文件名称	主要内容
广西壮族自治区	2月，《建筑工程建筑信息模型施工应用标准》	提出了建筑信息模型（BIM）应用的基本要求，可作为BIM应用及相关标准研究和编制的依据
	4月，《关于印发推进建筑信息模型应用指导意见的通知》	在全区房屋建筑、市政基础设施工程建设和运营维护中开展BIM技术应用试点申报工作
浙江省	6月，宁波市《关于推进建筑信息模型技术应用的若干意见》	部分政府投资的市重点建设项目将率先应用BIM技术。2021年起，新立项的建设工程项目将普遍应用BIM技术
	9月，《浙江省建筑信息模型 (BIM) 技术推广应用费用计价参考依据》	对BIM技术推广应用费用计价提供参考标准
河南省	7月，《河南省住房和城乡建设厅关于推进建筑信息模型 (BIM) 技术应用工作的指导意见》	到2017年底，初步建成房屋建筑和市政基础设施工程建设领域BIM技术应用的标准框架体系；骨干甲级工程勘察设计企业，特级、一级施工企业，综合、甲级监理企业，甲级工程造价咨询和部分一类图审机构基本具备BIM技术应用能力 到2018年底，基本形成满足房屋建筑和市政基础设施工程建设领域BIM技术应用推广的技术体系和配套政策；主要甲级工程勘察设计企业，特级、一级施工企业，综合、甲级监理企业，甲级工程造价咨询和一类图审机构普遍具备BIM技术应用能力 到2020年底，建立完善房屋建筑和市政基础设施工程建设领域BIM技术的政策法规、标准体系。本省甲级工程勘察设计企业，特级、一级施工企业，甲级监理企业，甲级工程造价咨询，全省一类及部分二类图审机构要全面普及BIM技术，基本实现BIM技术与企业信息管理系统和其他信息技术的一体化集成应用，BIM技术应用水平进入全国先进行列
安徽省	3月，《2017年合肥市建筑业发展和建筑市场监管工作要点》	拟定《关于在全市开展建筑信息模型（BIM）技术推广应用工作的通知》。一级及以上总承包、甲级及以上监理等建筑业企业及单项投资1亿元以上的建筑工程和市政工程，必须在施工管理中应用BIM技术
吉林省	6月，《加快推进全省建筑信息模型应用的指导意见》	加快推进BIM技术在建筑领域应用。自2017年起，加快推进BIM在房屋建筑和市政基础设施工程项目中的应用，重点选择投资额1亿元以上或单体建筑面积2万m^2以上的政府投资工程、公益性建筑、大型公共建筑及大型市政基础设施工程等开展BIM应用试点，现代木结构公共建筑必须使用BIM技术。各地区所辖范围内每年试点项目不少于2个，并应逐年增加。力争到2020年底，全省以国有资金投资为主的大中型建筑及桥梁、地下市政基础设施工程、申报绿色建筑的公共建筑和绿色生态示范小区，集成应用BIM的项目比率达到90%

（续）

地区	发布时间 / 文件名称	主要内容
江西省	6 月，《关于推进建筑信息模型（BIM）技术应用工作的指导意见》	从 2018 年开始，政府投资的 2 万 m^2 以上的大型公共建筑，装配式建筑试点项目，申报绿色建筑的公共建筑项目的设计、施工应当采用 BIM 技术；省优质建设工程、省新技术示范工程、省优秀勘察设计项目在设计、施工、运营管理等环节普遍应用 BIM 技术；到 2020 年底，以下新立项项目勘察设计、施工、运营维护中，集成应用 BIM 的项目比率达到 90%：以国有资金投资为主的大中型建筑；申报绿色建筑的公共建筑和绿色生态示范小区
江苏省	10 月，《江苏建造 2025 行动纲要》	到 2020 年，BIM 技术在大中型项目应用占比 30%，初步推广基于 BIM 的项目管理信息系统应用；60% 以上的甲级资质设计企业实现 BIM 技术应用，部分企业实现基于 BIM 的协同设计。到 2025 年，BIM 技术在大中型项目应用占比 70%，基于 BIM 的项目管理信息系统得到普遍应用；设计企业基本实现 BIM 技术应用，普及基于 BIM 的协同设计
	11 月，《江苏省关于促进建筑业改革发展的意见》	提出江苏建筑业改革发展 20 条，建造领域重点发力 BIM 应用
内蒙古自治区	11 月，《关于促进建筑业持续健康发展的实施意见》	到 2020 年底，全区特级和一级施工总承包企业以及甲级勘察、设计、监理等类别企业全面推开 BIM 在工程项目勘察、设计、施工、运营维护全过程的集成应用。以国有投资为主的大中型建筑、申报绿色建筑的公共建筑和绿色生态示范小区项目等集成应用 BIM 的比率达到 60%
陕西省	10 月，《陕西省人民政府办公厅关于促进建筑业持续健康发展的实施意见》	推进建筑产业现代化，加强建筑信息模型（BIM）技术的研究运用
湖北省	9 月，《武汉市城建委关于推进建筑信息模型 (BIM) 技术应用工作的通知》	到 2018 年底，制定推行 BIM 技术的政策、标准，建立基础数据库，对装配式建筑采用 BIM 技术进行试点，试点 BIM 技术建设项目监管方式，总结 BIM 技术应用情况。到 2019 年 6 月底，全部装配式建筑优先采用 BIM 技术。到 2020 年底，新立项项目勘察设计、施工、运营维护中，集成应用 BIM 的项目比率达到 90%

2018 年以后，更多关于 BIM 的政策被陆续推出，BIM 技术进一步在全国各城市深入推广应用，逐步实现在全国范围内的普及应用。未来 BIM 政策导向的趋势将是：大力推进 BIM 技术与装配式建筑、绿色建筑、智能建筑的融合；大力推进 BIM 与智慧城市建设发展的融合；制定更多细分领域的 BIM 标准。

6.6 BIM 典型工程案例

近年来，全国各地涌现出了多座运用 BIM 打造的地标性建筑，也涌现出一些采用 BIM 技术打造的智慧园区、智慧城市。

6.6.1 北京新机场航站区工程 BIM 应用

1. 项目概况

（1）项目基本信息。北京新机场航站区工程项目，是以航站楼为核心，由多个配套项目共同组成的大型建筑综合体（图 6-6-1）。总建筑面积约 143 万 m^2，属于国家重点工程。其中，航站楼及换乘中心核心区工程建筑面积约 60 万 m^2，为现浇钢筋混凝土框架结构。结构超长超大，造型变化多样，施工人员众多，对施工技术与管理的要求较高，需引进新技术协助项目施工。

图 6-6-1 北京新机场航站区整体图

（2）项目难点。

1）东西最大跨度 562m，南北最大跨度 368m，结构超长超大，施工段多，这些因素可能会使施工部署及技术质量控制的风险增大。

2）上下混凝土结构被隔震系统分开，节点处理非常复杂，对技术方案的制订和技术交底的细节把控提出挑战。

3）钢结构的竖向支撑柱形式多样，包括 C 形柱、筒柱、幕墙柱等，生根于不同楼层，不能同时安装，且需要与屋面钢网架结构连接，安装难度大。

4）屋面钢网架结构本身造型变化大，与竖向钢支撑 C 形柱相连，可能造成屋面钢网架结构及室内顶棚复杂多变，安装难度大。

5）机电系统复杂，机电施工图设计过程调整量大。在机电工程深化设计过程中，所涉专业众多，各系统覆盖面广，交互点多，协同工作量大，可能会对项目施工过程中的协同工作造成隐患。

6）参与单位多，参与施工人员高峰期预计超过 8000 人，人员过多可能会产生现场施工管理混乱等问题。

（3）应用目标。为了配合集团公司 BIM 技术推广应用的总体规划，在该项目 BIM 技术应用中，要实现两个目的，第一，解决项目本身管理过程中的问题；第二，验证和积累 BIM 应用方法，为后续的类似项目应用提供经验。在此之前，集团已经在多个房建项目上进行了 BIM 应用，对于房建项目的建模方法、建模标准、项目应用方法等，已经有一定的积累。这些积累成果是否都可以在机场项目上应用？机场项目的 BIM 应用还有哪些特殊的要求？为了实现上述目的，该项目应用中确定了如下四个目标：

1）项目技术管理目标：根据项目特点进行施工部署和技术质量控制，制订技术方案和进行技术交底时注意项目中的难点细节、多造型钢结构的精准安装、项目协同管理及现场施工管理等问题。

2）BIM 人才培养：建模人才、BIM5D 平台应用人才。

3）BIM 应用方法总结与验证：BIM 建模标准的优化、项目部各管理岗利用 BIM5D 进行项目管理的方法总结。

4）新技术应用的探索：GNSS 全球卫星定位系统、三维数字扫描、测量机器人及 MetroIn 三维测量系统、大跨度钢网架构件物流管理系统。

2. BIM 应用方案

针对以上项目难点和 BIM 应用目标，该工程在项目管理、方案模拟、商务管理、动态管理、预制加工和深化设计六大方面应用了 BIM 技术（图 6-6-2）。

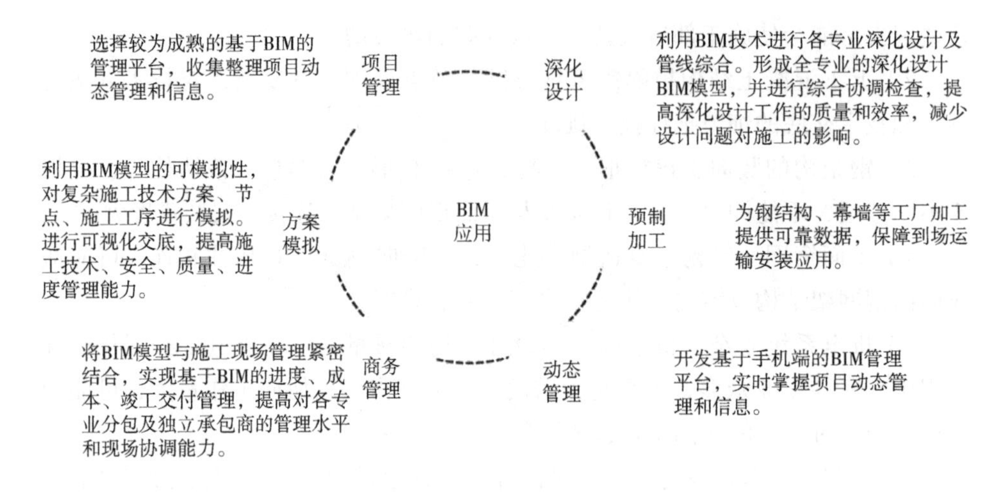

图 6-6-2　BIM 应用内容

3．实施过程

（1）BIM 应用准备。

1）模型创建。

模型创建的流程：建模标准交底—模型创建—模型验收—建模标准的调整。

模型创建的内容：基于 BIM 的建筑模型、结构模型、机电模型、钢网架屋盖模型、幕墙模型、地表模型、土方模型、边坡模型、桩基模型的创建（图 6-6-3）。

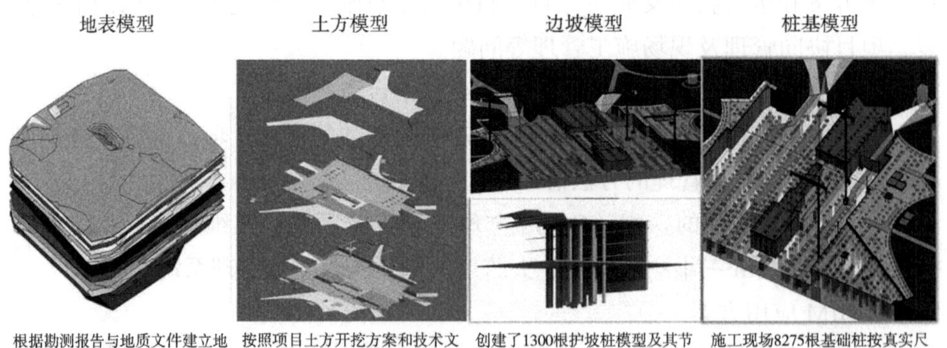

图 6-6-3　模型创建

2）Revit、Navisworks、Magicad、Fuzor、Lumion、BIM5D 等专业应用软件的操作培训。

（2）BIM 应用过程。

1）BIM 与技术管理的结合。

①模型的应用。利于地表模型、土方模型、边坡模型和桩基模型，进行地质条件的模拟和分析、土方开挖工程算量、节点做法可视化交底，对桩基的精细化管理，将 BIM 模型作为技术交底动画制作和 BIM 管理平台应用的基础数据。

图 6-6-4　二次洞口族文件

②创建洞口族文件及标注族文件（图 6-6-4）。自动生成二次结构洞口及标注，大大减少了标注的工作量，并且避免由于人为失误导致的标注错误的发生，极大地提高了标注的准确性和统一性。

③劲性钢结构工艺做法模拟。由于该工程劲性钢结构具有体量大、分布广、种类多、结构复杂等特点，用钢量达 1 万余 t，与混凝土结构大直径钢筋连接错综复杂。在正式施工前，深化设计人员利用 BIM 技术，将所有劲性钢结构和钢筋进行放样模拟（图 6-6-5），在钢结构加工阶段，完成钢骨开孔和钢筋连接器焊接工作。通过与结构设计师密切沟通，形成完善的深化设计方案指导现场施工。

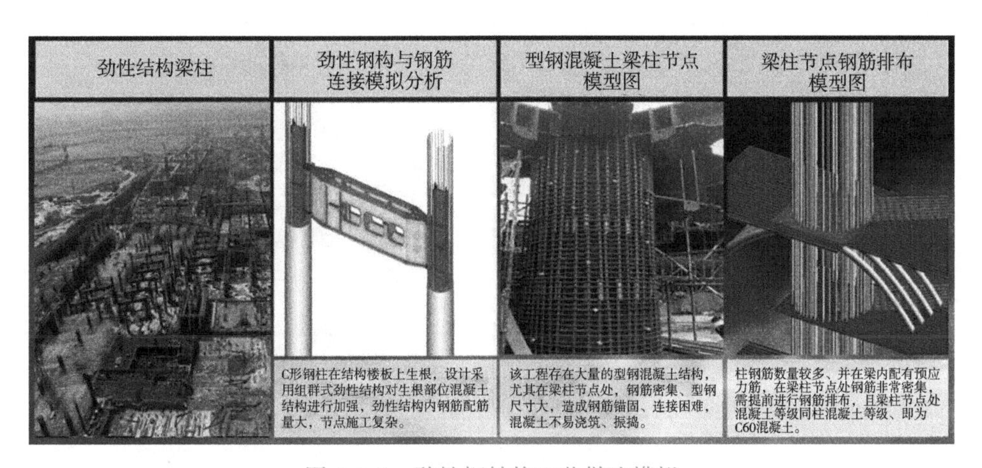

图 6-6-5　劲性钢结构工艺做法模拟

④隔震支座施工工艺模拟。通过建立 BIM 模型，对隔震支座近 20 道工序进行施工模拟（图 6-6-6），增强技术交底的准确性和一致性，提高现场施工

图 6-6-6 隔震支座工艺模拟

人员对施工节点的理解程度，缩短工序交底的时间。该工程建成后将成为世界上最大的单体隔震建筑之一，共计使用隔震橡胶支座 1124 套，如此大面积大规模使用超大直径隔震支座的工程，在国内外尚属首次。

⑤临时钢栈道施工方案模拟。该工程首次将钢栈道应用在超大平面的建筑工程中，以解决深槽区中间部位塔式起重机吊次不足的问题。在应用过程中，钢栈道的结构设计、使用方式、位置选择是钢栈道工程的难点，优化设计、节约材料是体现钢栈道经济性的关键。

在钢栈道的方案策划和设计过程中，充分利用 BIM 技术进行方案比选，对钢栈道的生根形式、支撑体系、构件选择以及货运小车在运行中的受力情况，进行了详细的 BIM 模拟和验算（图 6-6-7）。其中，方案模拟为最终决策起到了至关重要的作用。

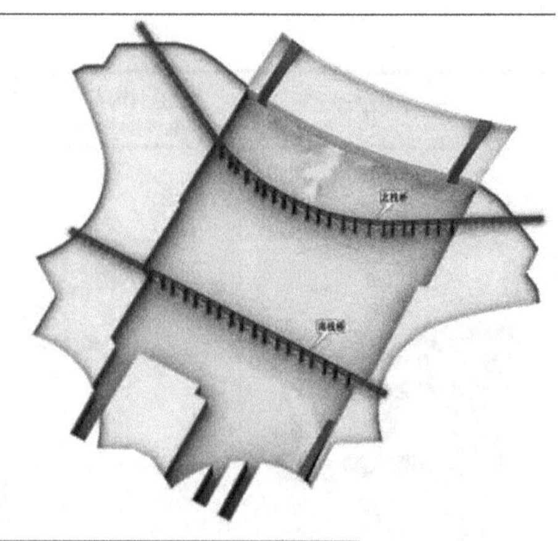

图 6-6-7 临时钢栈道施工方案模拟

⑥钢结构方案模拟。通过 MST、XSTEEL、ANSYS、SAP、MIDAS、3D MAX 等专业软件建立空间模型，进行节点建模及有限元计算、结构整体变形计算和施工过程模拟（图 6-6-8）。

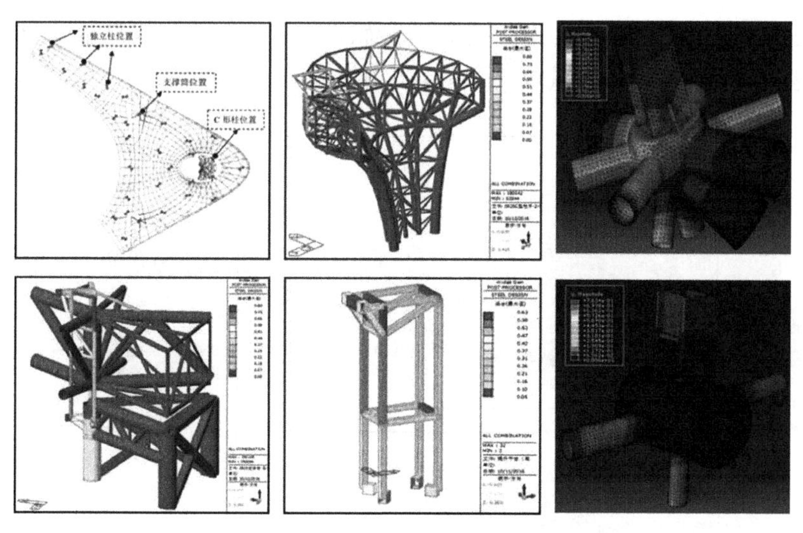

图 6-6-8　钢结构分析软件

2）BIM 技术与现场管理的结合。现场管理采用 BIM5D 管理平台（图 6-6-9），BIM5D 基于云平台共享，能够实现 PC 端、网页端、移动端协同应用。以 BIM 平台为核心，集成土建、钢筋、机电、钢构、幕墙等全专业模型，并以集成模型为载体，关联施工过程中的进度、成本、质量、安全、图纸、物料等信息。BIM 模型可以直观快速地计算分析，为项目进度、成本管控、物料管理等方面提供数据支撑，协助管理人员进行有效决策和精细管理，从而达到项目无纸化办公、减少施工变更、缩短项目工期、控制项目成本、提升项目质量的目的。

图 6-6-9　BIM5D 管理平台

通过 Revit 模型的 GFC 接口导入算量软件，可以直接生成算量模型，避免重复建模，提高各专业算量效率（图 6-6-10）。

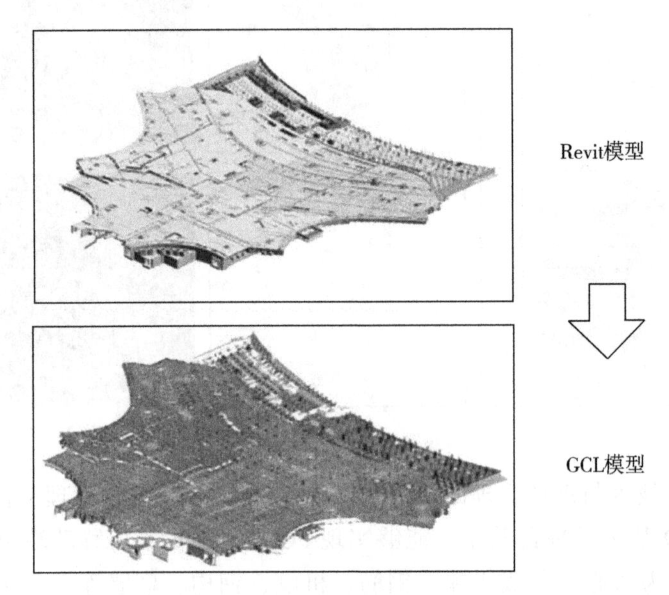

图 6-6-10　Revit 模型导入 GCL 算量软件

①通过基于 BIM 模型的流水段管理。通过基于 BIM 模型的流水段管理（图 6-6-11），能够对现场施工进度、各类构件完成情况进行精确管理。

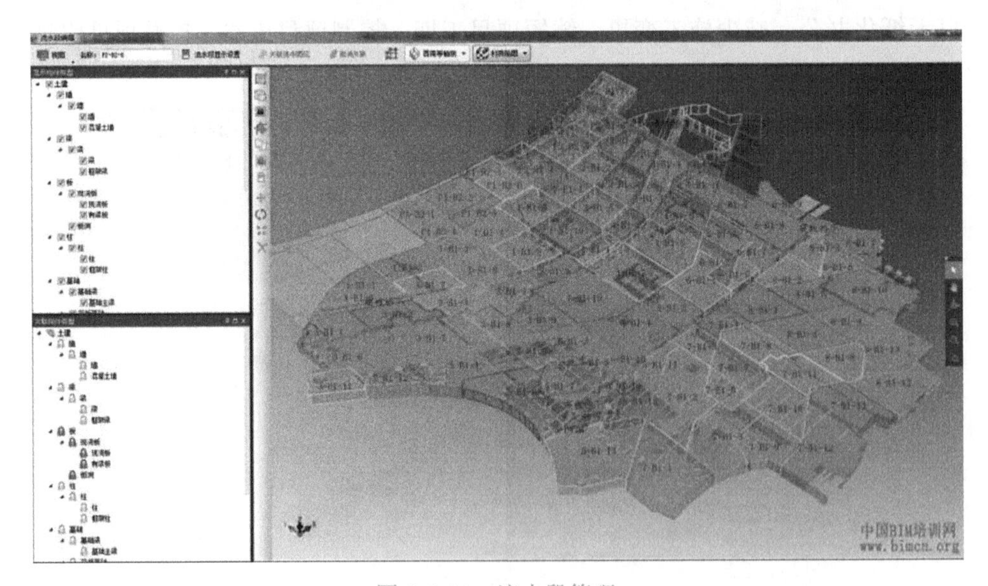

图 6-6-11　流水段管理

②基于 BIM 的物料提取。将模型直接导入 BIM5D 平台，软件会根据操作者所选的条件，自动生成土建专业和机电专业的物资计划需求表，提交物资采购部门进行采购（图 6-6-12）。

图 6-6-12　基于 BIM 的物料提取

③进度及资金资源曲线分析。通过将 BIM 模型与进度计划相关联，可以直观地掌握工程进度情况，还可以利用 BIM 软件进行工程资金、资源曲线分析，实现对施工进度的精细化管理（图 6-6-13）。

图 6-6-13　进度及资金资源曲线分析

④质量安全管理。

a. 责任明确。质量安全问题可在 BIM 模型上直接定位，问题责任单位和整改期限清晰明确，为工程结算和奖惩决策提供了准确的记录数据。

b. 多媒体资料清晰直观。除可以输入文本信息外，该平台还支持手机拍照，将图片文件实时上传，更加直观地反映现场质量问题。

c. 移动端实时管理。通过移动端采集信息，能够实时记录问题、下发和查看整改通知单、实时跟踪整改状态，有理有据方便追溯和复查质量问题（图 6-6-14）。

图 6-6-14　移动端实时管理

d. 模型轻量化。通过先进的图形平台技术，将各专业软件创建的模型在 BIM 平台中转换成统一的数据格式，极大地提升了大模型显示及加载效率。

⑤桩基础专项应用。对桩基施工每区段、每个桩、每道工序进行进展监控，并通过数据平台进行多维度分析，包括总体、各区段、各工序、各队伍的进展分析。在模型平台中，“正常开始”“延时开始”“正常完成”“延时完成”等状态均以不同的颜色显示，并附有实际和计划工程量对比图，能够快捷直观地展示各个部位的施工进展情况，实时掌握工程量变化情况（图 6-6-15）。通过移动端平台，能够即时发布桩基施工进展情况和施工偏差检查结果，第一时间通报偏差责任单位，并可对比计划与实际情况，以及工序完成情况，从而实现管理高效性和记录准确性。

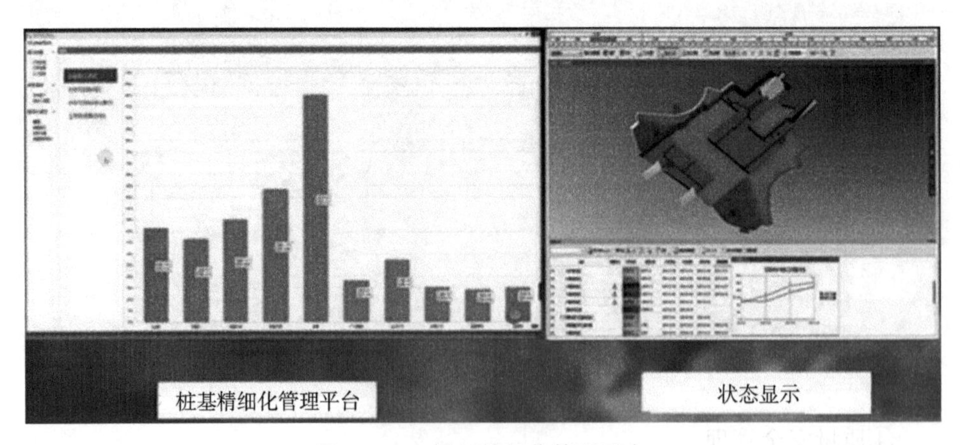

图 6-6-15　桩基精细化管理平台

3）BIM 与其他新技术的结合。

①三维扫描与高精度测量设备的应用。该工程土方开挖量约 270 万 m^3，通过对基坑进行三维数字扫描，将形成的点云文件，通过 REALWORKS 软件转换后，与创建的基坑模型进行比对校验，快速准确地发现土方开挖的差值，及时调整开挖工作，能够有效避免重复作业。在基础底板和结构施工阶段，引进 GNSS 全球卫星定位系统进行测量控制，并采用全站仪对基坑进行高精度测量（图 6-6-16）。采用该项技术，仅用两人就完成了全场区的测量工作。

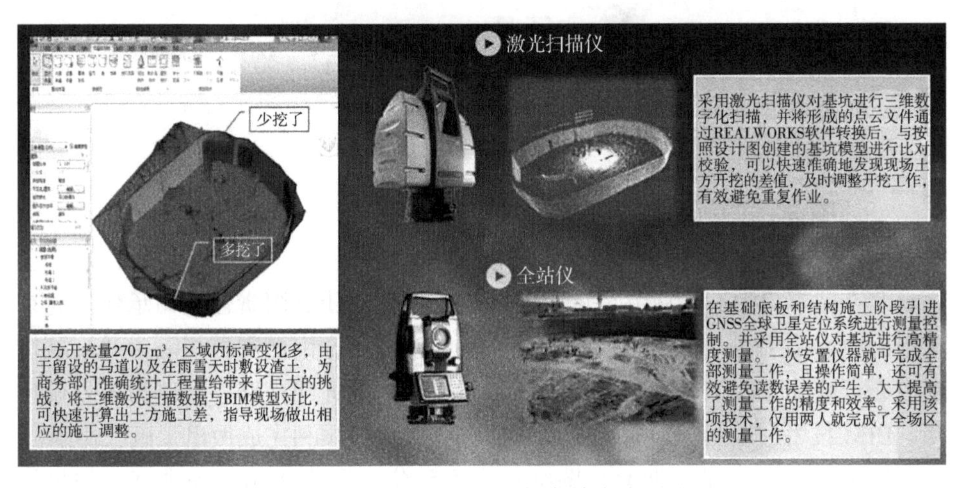

图 6-6-16　三维扫描与高精度测量

②三维扫描与放样机器人的结合应用。首次采用基于测量机器人及 MetroIn 三维测量系统的精密空间放样测设技术，实现了大型复杂钢结构施工快速、准确的空间放样测设。

③大跨度钢网架构件物流管理系统。针对 63450 根屋盖钢结构杆件和 12300 个焊接球的管理，项目上研发了以 BIM 模型、数据库及二维码为核心的物流管理系统。将物联网技术与 BIM 模型结合，利用物联网技术实现了构件管控的高效化和精准化。此外，还研发了移动端手机 App，通过实时显示所有构件的状态信息，把控项目的实际进度，适时调整计划。手机 App 还可记录生产全过程中各类影像资料，通过 BIM 模型清晰展现构件到场和安装进度，实时显示各阶段构件到场数量（图 6-6-17）。

图 6-6-17　物联网管理系统

6.6.2　北京城市副中心项目 BIM 应用

北京城市副中心行政办公区项目由北京城建集团有限责任公司承建。北京城市副中心位于通州区潞城镇。北侧为运河东大街，南侧围挡相隔为北京城市副中心行政办公区工程施工现场，东侧为废除的老通胡南路，西侧为规划设计路。BIM 技术应用为项目带来了极大便利，为项目顺利完成做出了巨大贡献。

该工程的难点是工期紧、图纸一直不到位，严重影响工程进度。如果用传统方式排砖难度非常大，工程中排一面墙用 45 分钟左右，单单地下一层就有几百面墙，排完需要十多天时间，施工人员没有足够时间进行 CAD 排砖（图 6-6-18、图 6-6-19）。

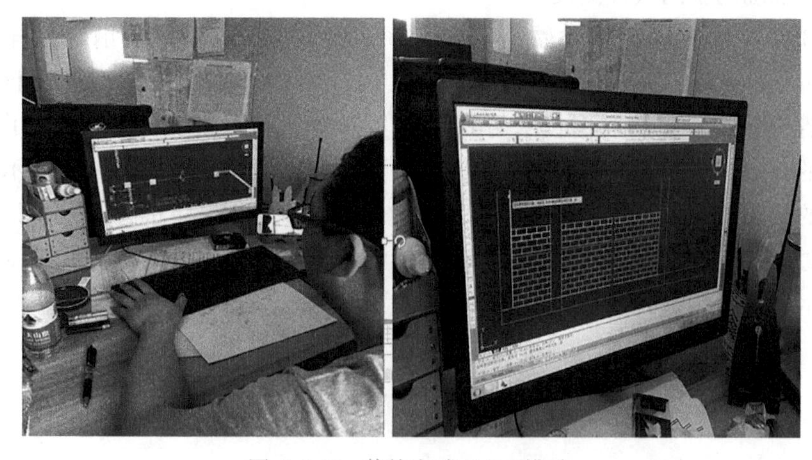

图 6-6-18　传统方式 CAD 排砖

图 6-6-19　传统 CAD 排砖图

项目应用 BIM5D 自动排砖（图 6-6-20）。首先生产部提供项目的二次结构施工方案，BIM 中心根据方案在 BIM5D 软件里进行快速排砖，出砌筑量以及施工图。在此基础上物资部根据 BIM 中心提供的数据进行物资采购，生产部根据施工图进行施工管理。

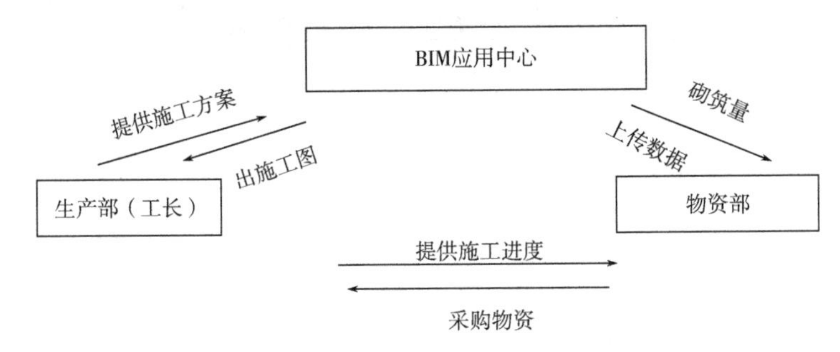

图 6-6-20　项目应用 BIM5D 自动排砖流程

在软件里统一设置相关参数，点击自动排砖功能，快速完成排砖，在此基础上可以将细节稍作调整。排完如图 6-6-21 所示的一面墙大约只需 6 分钟左右。整个楼层排完只需要半天左右时间。

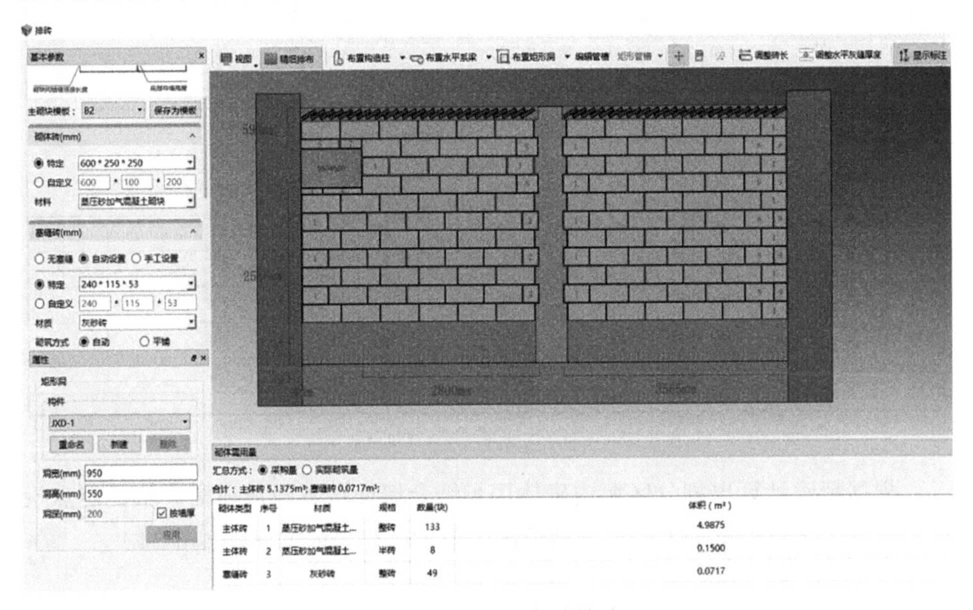

图 6-6-21　BIM 自动排砖

同时在控量方面，与GCL土建算量软件（图6-6-22）计算出的工程量相比较，BIM自动排砖精确控量节省3%（图6-6-23）。大幅度节约成本、提高内控能力。

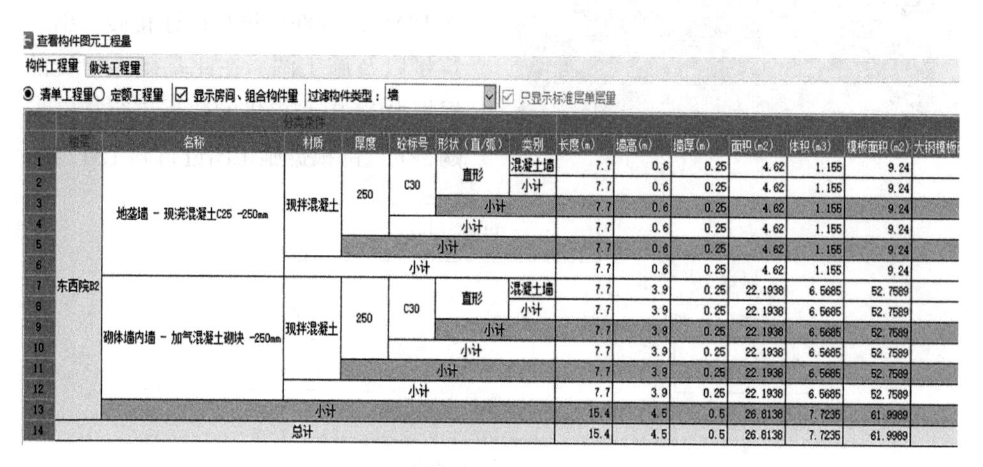

查看构件图元工程量

构件工程量 | 做法工程量

◉ 清单工程量 ○ 定额工程量 ☑ 显示房间、组合构件量 过滤构件类型：墙 ☑ 只显示标准层单层量

	楼层	名称	材质	厚度	砼标号	形状（直/弧）	类别	长度(m)	墙高(m)	墙厚(m)	面积(m2)	体积(m3)	模板面积(m2)	大钢模板面
1	东西院B2	地垄墙 - 现浇混凝土C25 -250mm	现拌混凝土	250	C30	直形	混凝土墙	7.7	0.6	0.25	4.62	1.155	9.24	
2							小计	7.7	0.6	0.25	4.62	1.155	9.24	
3						小计		7.7	0.6	0.25	4.62	1.155	9.24	
4					小计			7.7	0.6	0.25	4.62	1.155	9.24	
5				小计				7.7	0.6	0.25	4.62	1.155	9.24	
6			小计					7.7	0.6	0.25	4.62	1.155	9.24	
7		砌体墙内墙 - 加气混凝土砌块 -250mm	现拌混凝土	250	C30	直形	混凝土墙	7.7	3.9	0.25	22.1938	6.5685	52.7589	
8							小计	7.7	3.9	0.25	22.1938	6.5685	52.7589	
9						小计		7.7	3.9	0.25	22.1938	6.5685	52.7589	
10					小计			7.7	3.9	0.25	22.1938	6.5685	52.7589	
11				小计				7.7	3.9	0.25	22.1938	6.5685	52.7589	
12			小计					7.7	3.9	0.25	22.1938	6.5685	52.7589	
13		小计						15.4	4.5	0.5	26.8138	7.7235	61.9989	
14	总计							15.4	4.5	0.5	26.8138	7.7235	61.9989	

图6-6-22 土建算量GCL软件算量

砌筑材料需用计算表

填报单位： 填报时间：2017-04-05 编号：

序号	物资名称	规格型号	计量单位	使用部位	商务部计…	施工部计…	计划使用…	联络人及电话	备注
2471	蒸压砂加气混凝土砌块	600×250×73	块	区域-1 中楼B2		34	2017-03-13		
2472	蒸压砂加气混凝土砌块	600×250×75	块	区域-1 中楼B2		29	2017-03-06		
2473	蒸压砂加气混凝土砌块	600×250×75	块	区域-1 中楼B2		60	2017-03-13		
2474	蒸压砂加气混凝土砌块	600×250×76	块	区域-1 中楼B2		3	2017-03-13		
2475	蒸压砂加气混凝土砌块	600×250×77	块	区域-1 中楼B2		2	2017-03-06		
2476	蒸压砂加气混凝土砌块	600×250×80	块	区域-1 中楼B2		7	2017-03-13		
2477	蒸压砂加气混凝土砌块	600×250×85	块	区域-1 中楼B2		4	2017-03-13		
2478	蒸压砂加气混凝土砌块	600×250×86	块	区域-1 中楼B2		7	2017-03-06		
2479	蒸压砂加气混凝土砌块	600×250×91	块	区域-1 中楼B2		12	2017-03-13		
2480	蒸压砂加气混凝土砌块	600×250×93	块	区域-1 中楼B2		4	2017-03-06		
2481	蒸压砂加气混凝土砌块	600×250×93	块	区域-1 中楼B2		5	2017-03-13		
2482	蒸压砂加气混凝土砌块	600×250×97	块	区域-1 中楼B2		1	2017-03-06		
2483	蒸压砂加气混凝土砌块	600×250×97	块	区域-1 中楼B2		6	2017-03-13		
部门经理签字栏				商务部：			施工部：		

图6-6-23 BIM自动排砖精确控量节省3%

根据精确计算出划分区域内砌体用量结合墙面位置投放所需砌块，定点投放，减少了场内砌筑工人二次搬运情况，节约了砌筑时间（图6-6-24）。

图 6-6-24　现场砌筑

传统情况下排砖效率低、工作量大，导致领料难把控、二次搬运多、穿插作业打架等问题层出。现利用 BIM 自动排砖功能，效率提高 10 倍，精确控量节省 3% 左右，极大地减少了浪费及二次搬运等问题。

6.6.3　其他 BIM 典型应用案例

BIM 已成功应用于众多工程项目，一些典型案例简介如下：

BIM 应用于北京凤凰传媒中心。凤凰国际传媒中心项目位于北京朝阳公园西南角，占地面积 1.8hm^2，总建筑面积 6.5 万 m^2，建筑高度 55m。这座建筑在北京是独一无二的，非线性的形体迫使项目团队必须寻求全新的工作方法。与传统的工作流程相比，应用 BIM 技术，削减了不少风险，节约时间的同时还提高了工程质量。最终，一个地标性建筑出现在北京的天际线上，而一个可以在运维阶段进行 FM 调度与分析的强大信息模型也被创建了。整个楼宇的安保控制、能耗等 FM 数据要素均被整合进信息模型，在竣工时交付给了业主。

BIM 应用于亚洲最大生活垃圾发电厂。老港再生能源利用中心是目前亚洲地区最大的生活垃圾发电厂项目，应用 BIM 技术使其在设计过程中节约了 9 个月时间，并且通过对模型的深化设计，节约成本数百万元，实现了节能减排、绿色环保的成效，响应了国家号召，真正实现了老港再生能源利用中心的存在价值。

BIM 应用于国家会展中心。国家会展中心室内展览面积 40 万 m^2，室外展览面积 10 万 m^2，整个综合体的建筑面积达到 147 万 m^2，是世界上最大的综合体项目之一，首次实现大面积展厅“无柱化”办展效果。总承包项目部引入 BIM 技术，为工程主体结构进行建模，然后把各专业建好的模型与总包建好的主体结构模型进行合模，有效地修正模型，解决施工矛盾，消除隐患，避免了返工、修整。

BIM 应用于广州东塔。广州周大福金融中心（东塔）位于广州天河区珠江新城 CBD 中心地段，占地面积 2.6 万 m^2，建筑总面积 50.77 万 m^2，建筑总高度 530m，共 116 层。通过 MagiCAD、GBIMS 施工管理系统等 BIM 产品应用取得良好成效，实现技术创新和管理提升。建成后的广州东塔和广州西塔将构成广州新中轴线。

BIM 应用于苏州中南中心。苏州中南中心建筑高度为 729m，应用 BIM 技术解决项目要求高、设计施工技术难度大、协作方众多、工期长、管理复杂等诸多挑战。该项目的业主谈道：“这个项目建成后将成为苏州城市的新名片，为保证项目的顺利进行，我们不得不从设计、施工到竣工全方面应用 BIM 技术。”为保障跨组织、跨专业的超高层 BIM 协同作业顺利进行，业主方选择了与广联云合作，共同搭建“在专业顾问指导下的多参与方的 BIM 组织管理”协同平台。

BIM 应用于珠海歌剧院。珠海歌剧院是世界上为数不多三面环海，也是中国唯一建设在海岛上的歌剧院。在剧场的设计过程中，运用欧特克 BIM 软件帮助实现参数化的座位排布及视线分析，借助这一系统，可以切实地了解剧场内每个座位的视线效果，并做出合理、迅速的调整。在施工中，珠海歌剧院外形的薄壁大曲面施工主要采取先进的三维建模 BIM 技术。

BIM 应用于白玉兰广场。上海北外滩白玉兰广场为浦西第一高楼，建设过程中上海建工运用了曾在上海中心建造时成功应用的 BIM 技术，不仅提高了施工效率，还节约了钢材、实现装备的重复利用。在工程前期，通过 BIM 等信息化技术设计、制造，整体钢平台实现了标准化、模块化，一改以往平台的支撑钢柱必须建在墙体中，造成钢材浪费的情况。

一些堪称经典的工程，如“中国尊”“上海中心大厦”“上海迪士尼”“望京 SOHO”“武汉绿地中心”等，也应用了 BIM。随着 BIM 技术的大力推广和广泛应用，BIM 将会应用到越来越多的工程中去，为推动我国建筑业做出更大的贡献。

6.7 基于BIM的智慧建筑与智慧城市模型

美国斯坦福大学的C IFE于1996年提出了4D模型，将建筑构件的3D模型与施工进度的各种工作相链接，动态地模拟这些构件的变化过程。2003年C IFE又开发了基于IFC标准的4D产品模型PM4D，该系统可以快速生成建筑物的成本预算、施工进度、环境报告等信息，实现了产品模型的3D可视化以及施工过程模拟。以往国内外对BIM的研究大多基于IFC标准展开，在体系架构、数据标准、交互模型、应用软件开发等方面积累了丰富成果。建筑信息模型属于建筑学和信息学交叉领域中的一项命题，以往的研究工作绝大多数由建筑学领域的人来承担，成果也多出自于建筑学相关领域。但从本质上看，BIM的重点与核心在于信息技术，建筑是载体。BIM研究在我国起步比较早，自1998年就已引进。在后续的十几年间，政府在BIM的研究开发方面给予了大力支持，投入了大量资金。我国在BIM的基础性研究、IFC推广、BIM标准研制等方面已取得了一定进展。代表性的研究工作是清华大学张建平教授于2002年带领研究组开发出4D施工管理扩展模型4DSMM++，将建筑物及其施工现场3D模型与施工进度相链接，并与施工资源和场地布置信息集成一体。在“十五”期间，中国建筑科学研究院和清华大学该研究组承担的国家科技攻关计划课题“基于国际标准IFC的建筑设计及施工管理系统研究”，对IFC标准的应用进行了研究和探索，并基于IFC标准开发了建筑结构设计系统和4D施工管理系统。

经过多年发展，BIM已在建筑设计和施工阶段获得广泛应用，但在运行维护阶段中的成功应用案例并不多见，而基于建筑工程全生命周期和城市数字经济的交易系统也尚未被开发出来。目前，由“BIM+智慧建筑”扩展到“BIM+智慧城市”的可行技术路线图及商业模式路线图依旧处于模糊状态。实际上，在智慧城市的开发建设及运营维护阶段，BIM技术的需求量已非常大，尤其是对于商业地产的运营维护，其创造的价值不言而喻。目前，加大我国BIM技术在智慧城市中的开发应用是一个重要契机。

本书在BIM基本方法理念基础上，结合信息物理系统CPS的理论支撑，提出一种基于BIM的绿色智慧建筑参考框架模型，并由该模型出发进一步构建智慧城市现代经济体系，如图6-7-1所示。

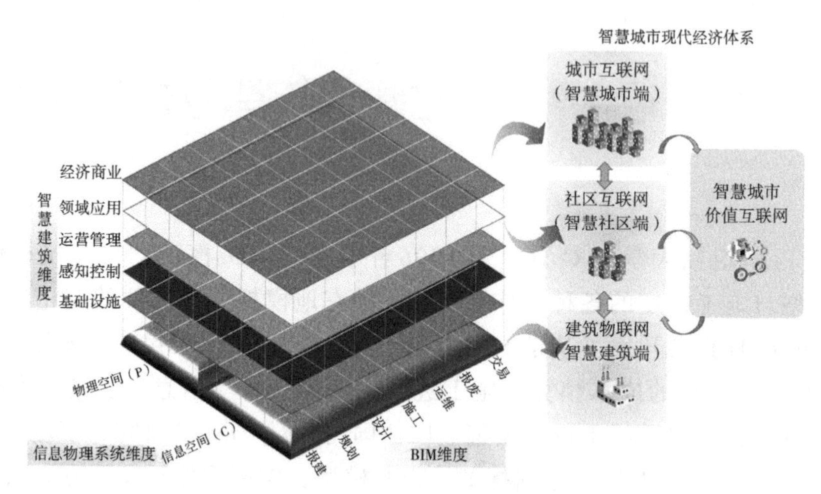

图 6-7-1　基于 BIM 的智慧建筑参考框架模型（BIM-based Smart Building Model）及智慧城市现代经济体系

在图 6-7-1 所示的模型中，BIM 维度涵盖建筑工程全生命周期的主要阶段事件：报建、规划、设计、施工、运维、报废、交易。智慧建筑维度涵盖：基础设施、感知控制、运营管理、领域应用、经济商业五个层次。

如果在图 6-7-1 基本方法理念基础上，增加“绿色”约束，则可以构建出基于 BIM 的绿色生态智慧城市参考框架模型“BIM-based Green Smart City Model（BGSCM）”，如图 6-7-2 所示。由“BIM-based Green Smart City Model”出发进而可以构建出绿色智慧城市现代经济体系，从而支撑生态智慧城市经济学模型的建立。

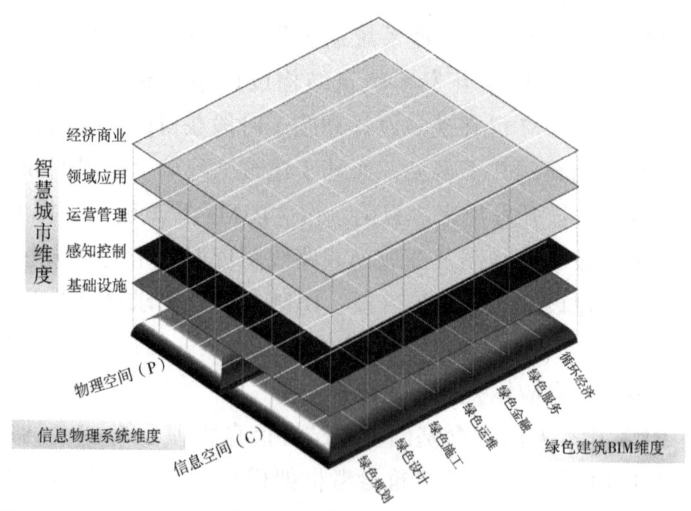

图 6-7-2　基于 BIM 的绿色生态智慧城市参考框架模型（BGSCM）

6.8 基于 BIM+ 多智能体的建筑及城市运维软件设计

6.8.1 BIM 运维软件现状

如果把 BIM 形象地比喻为智慧建造项目的 DNA，根据美国国家 BIM 标准委员会的资料，一个建筑物生命周期 75% 的成本发生在运维阶段（使用阶段），而建设阶段（设计、施工）的成本只占项目生命周期成本的 25%。

在建筑运营管理软件方面，美国的 ArchiBUS 是最有市场影响力的软件之一，现已基本成熟。目前 ArchiBUS 在我国主要应用于智慧校园，还不能和 BIM 模型相结合，是基于平面数据的运营管理模式，需要和 BIM 模型做接口。在建筑能耗监测与分析软件方面，主要有国外的 EcoDesigner、IES、Green Building Studio 以及国内的 PKPM 等。总的来看，自主知识产权的国产 BIM 运维软件目前仍是 BIM 技术领域的短板，其发展速度远远跟不上智慧建筑和智慧城市的需求，需要投入更多力量去关注和研发。

6.8.2 运维阶段业务内容剖析

运维阶段在实时采集人流、车流、室内外环境等动态数据信息的基础上，结合建筑所在地的气象数据、环境舒适度设定信息，提取运维 BIM 模型中相关信息，在可视化及参数化的环境中，提供多种条件下建筑风环境、声环境、光环境、热环境、烟气模拟和人流聚集模拟等分析模拟应用，为优化建筑环境管理提供决策依据。

目前，运维阶段的业务内容主要包括：①设备远程监测与控制。例如：通过 RFID 获取电梯运行状态并监测其是否正常运行，通过远程控制打开或关闭照明系统灯具等。②设备空间定位。把原来编号或者文字表示变成三维图形位置，赋予各系统各设备空间位置信息。例如：消防报警时在 BIM 模型上快速定位报警点所在位置，并查看周边的疏散通道和重要设备。③内部空间及设施可视化管理。利用BIM将建立一个可视三维模型，所有数据和信息可以从模型里面调用。④运营维护数据累积与分析。商业地产运营维护数据的积累，对于管理来说具有很大的价值。可以通过数据来分析目前存在的问题和隐患，预测未来的趋势，也可以通过数据的人工智能分析来优化管理。例如：通过累积数据分析不同时间段空余车位情况，进行车库智能化管理。可表示为相对独立的5个方面：建筑空间与设备运维管理、公共安全运维管理、建筑资产运维管理、建筑能耗监测与分析、建筑环境监测与分析。

6.8.3 建筑及城市运维BIM+多智能体系统设计

1. 多智能体强化学习理论基础

2017年，国务院印发了《新一代人工智能发展规划》，业界对人工智能与智能建筑、智慧城市的融合发展做了一定探索，但相较于中国的产业和市场规模，这种探索仍处于初期阶段，远远不能满足实际需求。

强化学习（Reinforcement Learning，也称为增强学习）是机器学习的一个热门研究方向。强化学习应用于智慧建筑中的一大问题是强化学习模型需要成千上万次的试错来迭代训练，但由于建筑工程的安全性、可靠性、复杂性等特殊特点，很难在现实场景中进行实际训练，也无法在工程项目中承受如此多的试错。目前强化学习在智慧建筑场景中应用的研究非常少，落地实践仍是空白领域。一种可行的方法是使用BIM虚拟建筑模拟器来进行智能体的仿真训练，但这种仿真场景和真实场景存在很大差别，训练出来的模型一般不能很好地泛化到真实场景中，也不能满足实际的建筑智慧化需求。因此提出一种新的实现方法：通过解释网络搭建虚拟到现实（Virtual to Real）的桥梁，将基于BIM技术构建的虚拟建筑模拟器中生成的虚拟场景解释成真实场景，来进行强化学习训练，这样可取得更好的泛化能力，并可以迁移学习应用到真实世界中的实际建筑物，满足真实世界的建筑智慧化要求。

多智能体系统是分布式人工智能（Distributed Artificial Intelligence，DAI）的一个重要分支。智能体应该具有以下四个基本特征：自治性、反应性、能动性、社交性。多智能体理论目前已广泛应用于经济、工业、建筑、城市等领域，世界上许多数学家、经济学家、人工智能学家等都正对该系统进行深入研究。多智能体理论为多智能体传感器网络、自组织动态智能网络、无线传感网、城市物联网等的发展提供了理论支撑，能够很好地描述和解释现实世界中的智能化应用系统。

智能体与环境之间的交互流程及智能体强化学习框架如图 6-8-1 所示。

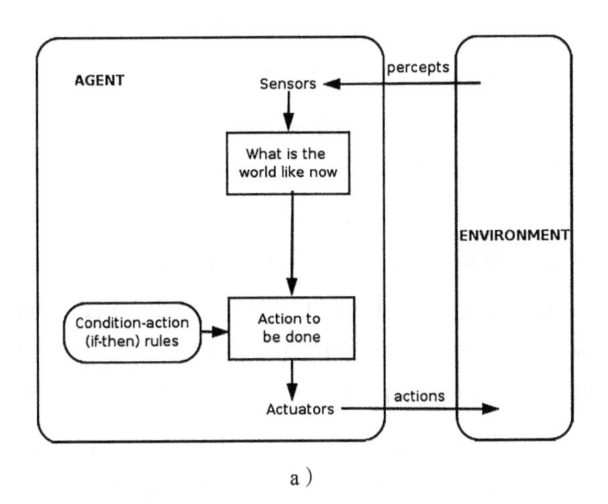

a）

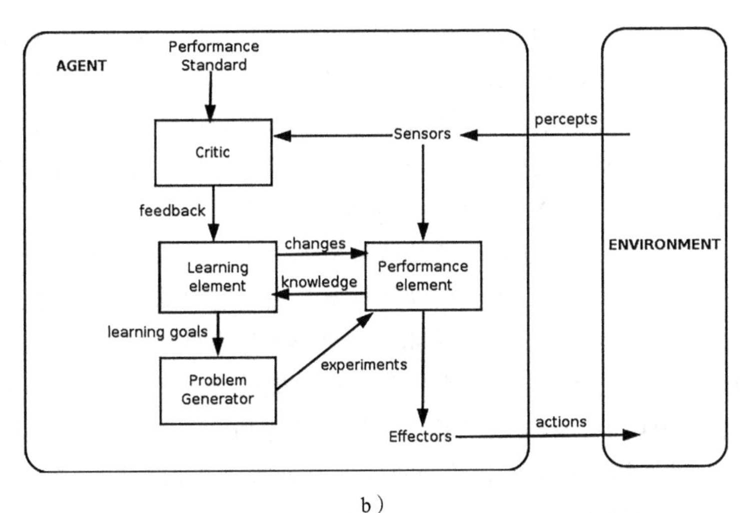

b）

图 6-8-1　智能体与环境的交互及智能体强化学习框架

a）智能体与环境的交互　b）智能体强化学习框架

MAS 的关键问题是该系统中每个智能体功能的确定以及各智能体之间的协作、协商、交流。单个智能体的功能即该智能体的自主性，即该智能体个体所能完成的功能；智能体之间的协作即某个智能体将要完成的任务分配给其他智能体然后综合各智能体的结果将最后的结果输出给用户的过程；协商即智能体之间解决冲突并最后达到一致的过程。多智能体技术打破了传统人工智能领域仅仅使用一个专家系统的限制，在多智能体系统环境下，各领域的不同专家可能协作求解某一个专家无法解决或无法很好解决的问题，提高了系统解决问题的能力。

目前，全世界通用的多智能体仿真软件工具是Swarm，它是一种基于复杂适应系统（Complex Adaptive System，CAS）发展起来的支持“自下而上”或称“基于过程”的建模工具集。复杂适应系统则是对经济、生态、免疫、胚胎、神经及计算机网络等系统的统称，它是由遗传算法（Genetic Algorithms，GA）的创始人霍兰（J. Holland）于1994年在SFI成立十周年时正式提出的，也迅速引起国内外学术界的极大关注，并被尝试用于观察和研究各种不同领域的复杂系统，成为当代系统科学引人注目的一个热点。借助Swarm的建模能力，智慧建筑和智慧城市可以方便地搭建仿真系统模型，模型要素之间的交互方式可以根据实际情况定制化设置。1992年曾经有人预言：“基于智能体的计算将可能成为下一代软件开发的重大突破。”随着人工智能和计算机技术在建筑业及城市中的广泛应用，多智能体系统理论和技术为城市规划、设计、施工、运营以及贯穿其间的产品设计、加工制造乃至服务、交易等多领域多环节间的协调合作提供了一种有效的方法，也为并行设计、系统集成、城市区块链构建等提供了更可行的方法。例如，为解决智慧城市系统的建模与仿真问题，可以将智慧城市看作一个多智能体系统，采用多智能体作为理论支撑构建智慧城市多智能体系统（Smart City Multi-Agent System，SCMAS）。

另一方面，由于智慧建筑与智慧城市系统无法在实际项目中承受强化学习算法所要求的多次试错，就需要借助仿真系统完成这种试错过程。因此，本书提出采用BIM建模仿真建筑，并模拟真实世界操作事件的方法。在设计阶段，BIM可以对设计上需要模拟的一些事件进行模拟试验，例如，碰撞检测、节能模拟、紧急疏散模拟、照度模拟等。在招标投标和施工阶段，可以进行4D模拟（3D模型维度加项目时间进度维度），从而加强项目管控。进一步还可以进行5D模拟（再增加造价维度），从而实现成本控制。在运营阶段，可以进行故障模拟及处理、突发事件模拟及处理、能耗模拟计算及预测等。

2. 运维BIM+多智能体软件系统架构设计

本书基于IFC标准和我国BIM相关国家标准设计开放型运维阶段BIM集成平台。中央服务器端的文件夹结构设计如下：［Project Name］= Project Number（PHDP）+ Phase Code，即工程名称由工程编号加阶段代码构成。设置Model文件夹，用于存储所有工作模型。运维阶段的主要工作模型包括：建筑空间与设备运维管理模型、公共安全运维管理模型、建筑资产运维管理模型、建筑能耗监测与分析模型、建筑环境监测与分析模型。每个模型又进一步细分为不同的子模型。

建筑空间与设备运维管理模型包括以下子模型：建筑物空间类型、火灾报警系统、安全防范系统、中央空调系统、照明系统、供配电系统、给水排水系统、电梯系统等。公共安全运维管理模型包括以下子模型：结构安全性态监测、幕墙安全监测、视频监控、门禁、防盗、消防、危险源检测。建筑资产运维管理模型按照建筑物内固定资产及设施设备的种类划分并定义各种子模型。建筑能耗监测与分析模型包括以下子模型：人流量、电能消耗、水消耗、燃气消耗、设施设备损耗等。建筑环境监测与分析模型包括以下子模型：人流、车流、风环境、声环境、光环境、热环境、烟气、建筑所在地的气象数据、环境舒适度设定信息等。

本书运维软件的实现思路是：在建筑运维专业软件基础上综合 BIM 标准二次开发实现。在专业软件平台基础上，采用 OPC（OLE for Process Control）标准开发一个接口软件，该接口软件能够从专业数据库中获取需要集成的数据信息，将这些数据信息进行 P-BIM 格式封装后再提供给上游专业，封装好的数据存储在该环节创建的 P-BIM 数据库中，供上游专业访问和调用。

与相应阶段协同工作系统信息的共享采用如下方法：在专业软件平台基础上，采用 OPC 标准开发一个接口软件，由于专业的开放性，该接口软件能够从专业软件数据库中获取需要集成的数据信息，将这些数据信息进行 P-BIM 格式封装后再提供给相应阶段协同工作系统，封装好的数据存储在该环节创建的 P-BIM 数据库中，供相应阶段协同工作系统访问和调用。P-BIM 数据库应该具备良好的通用性和开放性，且存储能力强。

3. 多智能体智慧建筑集成系统软件设计

采用工业通用 OPC 标准作为模块集成接口，实现局域网内的设备集成。而 OPC 实质上是基于 COM/ DCOM 技术的。采用 Web Services 实现基于 Internet 广域网的数据服务。同时考虑到系统和设备子系统在 Internet 上连接的需求，则采用 Web Services 技术支持一些服务的公开调用，并实现 Internet 上的集成管理。最终实现分布式系统集成以及基于 Internet 的数据服务。基于 OPC 的多现场总线系统实质上是利用 OPC 进行系统集成的综合自动化系统，这种集成主要运用 OPC 技术来实现，其核心思想为：中央监控站作为 OPC 客户端，在它和现场子系统之间开发一个 OPC 服务器，保证这个 OPC 服务器与 OPC 客户端使用的是同一套 OPC 标准类型，可直接互通。OPC 服务器做成一个标准组件，包含可扩展的若干接口，以实现对不同设备驱动组件的调用。设备驱动组件依据不同的设备接口类型及协议封装，实现 OPC 服务器组件规定的若干接口或某些关键接口成员函数，与 OPC 服务器组件形成DCOM架构，共同运行在中央监控平台和现场子系统之间，作为通信的中介，称为“接口层”。对中央监控平台来讲，接口层屏蔽了控制层中各种现场总线协议的不统一性及各种网络的异构性，从宏观上实现了“即插即用”。接口层中的各组件可运行在不同的计算机上，具有位置透明性；设备接口组件的数量可根据具体系统的需求任意增减、自由拆装。

仿真空间将试错反馈信息关联到真实物理世界中的建筑与城市。二者构成数字孪生建筑。如图6-8-2所示。

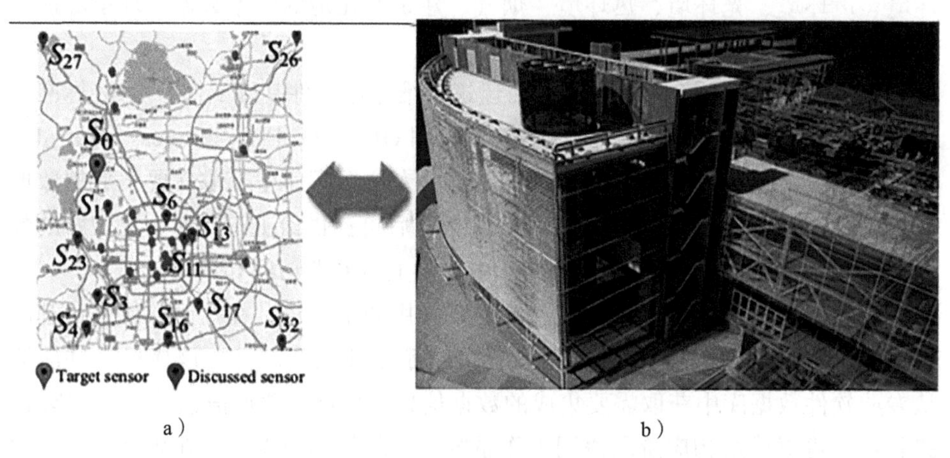

a）　　　　b）

图6-8-2　数字孪生建筑

a）物理空间（P端）　b）仿真空间（C端）

智慧建筑多智能体运维软件开发实现思路如下：每个组件分别映射为一个智能体，现场层的每个通信接口也分别映射为一个智能体，并根据功能形成相应的智能体类。该系统主要包含通信接口智能体类（所含智能体与现场层异构网段一一对应）、设备驱动智能体类（所含智能体与现场层异构网段一一对应）、OPC Server智能体类（含一个OPC Server智能体）、OPC Client智能体类（含一个OPC Client智能体），它们都是自治的实体，组成一个分层的多智能体系统，需重点考虑的是分层协调与平等协调问题。智能体的通信包括三个层面：一是管理层与接口层之间即OPC Server智能体与OPC Client智能体间的智能体通信问题；二是接口层内部OPC Server智能体与设备驱动智能体间的通信问题；三是接口层设备驱动智能体与现场层通信接口智能体间的通信问题。

智慧建筑多智能体运维软件架构如图6-8-3所示。

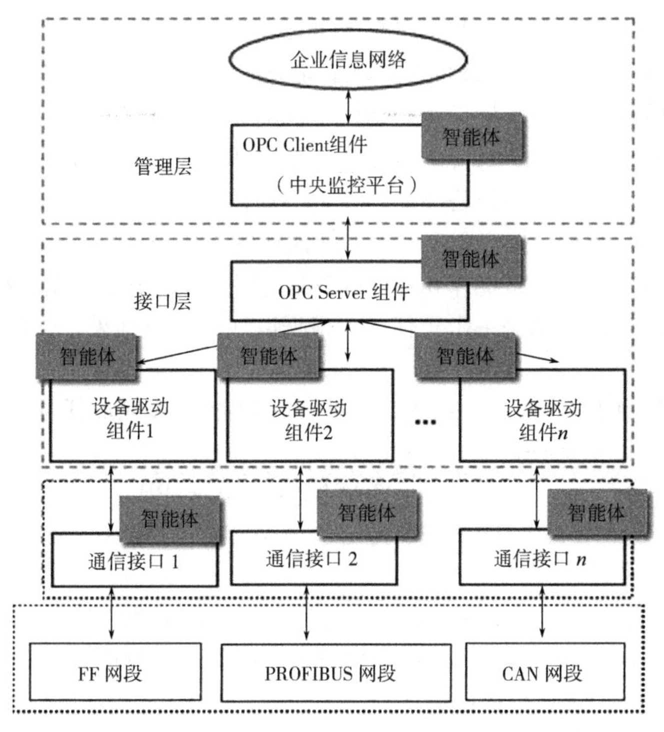

图 6-8-3　基于 OPC 和智慧建筑多智能体运维软件架构

实现方法描述如下：

（1）OPC Server 智能体与 OPC Client 智能体间。

OPC Server 智能体与 OPC Client 智能体都是 COM 组件，组件的访问只能通过组件接口进行。即 OPC Client 智能体通过创建 OPC Server 智能体 COM 对象，访问其接口成员函数，从而完成二者间的通信。

智能体可根据系统通信的需要，灵活地选择通信方式，提高系统的整体性能。依据 OPC 标准，具体的数据访问方式有以下几种：同步 / 异步读写；数据更新；数据订阅。以上功能的实现靠调用 OPCGroup 对象的 IOPCSyncIO、IOPCASyncIO2 接口的相应函数。

（2）OPC Server 智能体与设备驱动智能体间。

各设备驱动智能体具有高度的自治性，在系统中是并行运行的关系；在对系统资源的占有方面是竞争关系，这主要靠 OPC Server 智能体来协调。多智能体系统中智能体的运行状态分为：激活状态（Active）、等待状态（Wait）、工作状态（Run）。一个处在等待状态的智能体，接收来自其他智能体的请求后被激活，然后进入工作状态。OPC Server 智能体与设备驱动智能体间的通信和协调也遵循以上过程，通过不同的现场总线协议来约束和实现，如 ModBus

RTU、ISO1745、LonTalk、ProfiBus、DeviceNet 协议等。

程序实现过程是：在 OPC Server 智能体中创建对应各设备驱动智能体的实例，然后分别通过调用接口函数访问不同的设备驱动智能体的内部数据。程序中通过 CreateDevInstance（ ）函数产生了设备驱动智能体的一个实例，然后转入协议处理函数建立与设备驱动智能体的通信。处理一个智能体实例时考虑了内存的分配与释放，这实际上对应着智能体的生成与消亡。

可认为 OPC Server 智能体和各种设备驱动智能体构成了一棵 k 叉树（$k \geqslant 2$），每个设备驱动智能体都是一个子任务。根据以往的研究结果，子任务间的关系有三种：

1）任务间的时序关系（＜），表明：在智能体 A 完成任务前不能开始智能体 B 的任务，形式化描述如下：

$$TASKPA < TASKPB |= PA < PB$$

其中：TASKPA 和 TASKPB 为智能体 A 和智能体 B 启动进程 PA 和 PB 来完成任务。

2）任务间的“与”关系（∨），表明：智能体 A 和智能体 B 并发地执行子任务 PA 和 PB，并在 PA 和 PB 都执行完了以后才由智能体 C 开始它们共同的后继任务 PC。形式化描述为：

$$TASKPA \vee TASKPB |= (PA \parallel PB) < TASKPC |= (PA \parallel PB) < PC$$

3）任务间的“或”关系（∧），表明：具有“或”关系的智能体 A 和智能体 B 并发地执行子任务 PA 和 PB，无论哪个先完成都可以由智能体 C 开始它的后继任务 PC。形式化描述为：

$$TASKPA \wedge TASKPB |= (PA < TASKPC) \parallel (PB < TASKPC) | = (PA < PC) \parallel (PB < PC)$$

令 OPC Server 智能体为任务 PX，设备驱动智能体分别为 PA、PB、PC、PD、PE……根据以上结论，可描述 OPC Server 智能体与设备驱动智能体间的关系如下：$TASKMAS = (PA < PX) \parallel (PB < PX) \parallel (PC < PX) \parallel (PD < PX) \parallel (PE < PX)$……。

（3）设备驱动智能体与通信接口智能体间。

若从设备驱动智能体与通信接口智能体的主从关系来分析，所有现场总线协议可归为两类：第一类是设备驱动智能体为主，通信接口智能体为从，即只有设备驱动智能体发出请求时通信接口智能体才作应答；第二类是通信接口智能体为主，设备驱动智能体为从，即通信接口智能体主动发送现场数据，设备驱动智能体不用发出任何请求。若令设备驱动智能体为任务 P_i，通信接口智能体为任务 P_j，则第一类情况可描述为：$TASKMAS = TASKP_i < TASKP_j$，第二

类情况可描述为：TASKMAS = $TASKP_j$ < $TASKP_i$。

某建筑物采用基于 BIM 的集成系统，该系统信息集成的需求是：将建筑空间信息、消防、冷机、电梯、扶梯、配电、安防、空调等若干运维阶段涉及的独立子系统实现统一监视、协同控制和管理。采用基于 OPC 的 MAS 系统框架作为理论指导开发了该系统的 BIM 监控软件，令 OPC Client 智能体为任务 PY，OPC Server 智能体为任务 PX，MAS 网络结构如图 6-8-4 所示：

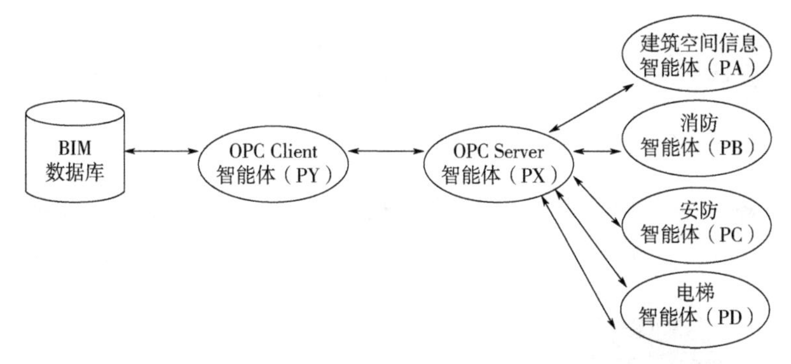

图 6-8-4　基于 BIM+ 多智能体的运维软件开发实例

MAS 的任务执行关系可描述为：TASKMAS= PY <［（PA < PX）‖（PB < PX）‖（PC < PX）‖（PD < PX）‖……］。运行结果表明：运用 MAS 理论作为指导开发出的 BIM 软件更加智能化，协同性和稳定性更好。

4. 应用案例：智慧建筑能源管理系统

按照以上方法开发的智慧建筑能源管理系统软件划分为 3 个模块：设备监控模块、能耗监测与分析模块、建筑空间管理模块。运行效果如图 6-8-5 所示。各模块的设计方法描述如下。

1）设备监控模块设计。设备信息。该管理系统集成了对设备的搜索、查阅、定位功能。通过点击 BIM 模型中的设备，可以查阅所有设备信息，如供应商、使用期限、联系电话、维护情况、所在位置等；该管理系统可以对设备生命周期进行管理，比如对寿命即将到期的设备及时预警和更换配件，防止事故发生；通过在管理界面中搜索设备名称，或者描述字段，可以查询所有相应设备在虚拟建筑中的准确位置；管理人员或者领导可以随时利用四维 BIM 模型，进行建筑设备实时浏览。

设备运行和控制。所有设备是否正常运行在 BIM 模型上直观显示，例如绿色表示正常运行，红色表示出现故障；对于每个设备，可以查询其历史运行数据；另外可以对设备进行控制，例如某一区域照明系统的打开、关闭等。

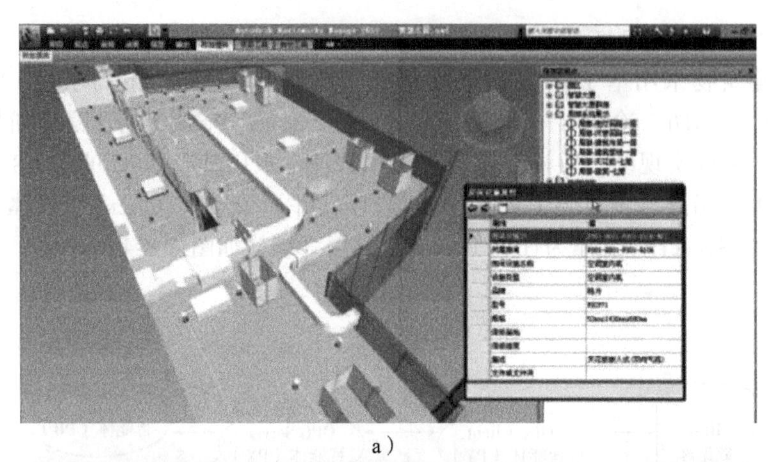

a）

b）

c）

图 6-8-5　运维软件应用效果

a）设备监控模块　b）能耗监测与分析模块　c）建筑空间管理模块

2）能耗监测与分析模块设计。通过物联网技术的应用，使得日常能源管理监控变得更加方便。安装具有传感功能的电表、水表、煤气表后，在管理系统中可以及时收集所有能源信息，并且通过开发的能源管理功能模块，对能源消耗情况进行自动统计分析，比如各区域、各租户的每日用电量，每周用电量等，并对异常能源使用情况进行警告或者标识。

3）建筑空间管理模块设计。通过查询定位可以轻易查询到商户空间，并且查询到租户或商户信息，如商户名称、建筑面积、租约区间、租金、物业费用；系统可以提供收租提醒等客户定制化功能。同时还可以根据租户信息的变更，对数据进行实时调整和更新，形成一个快速共享的平台。

5. 总结与展望

本书结合作者多年实践经验和理论研究提出一套将 BIM 与人工智能核心理论分支多智能体相结合的运维软件设计方法，能够指导智慧建筑及城市运维软件的研发，同时也指明了由智慧建筑运维通向智慧城市运维的数字化和信息化路径。

随着互联网，特别是移动互联网的发展，社会治理模式发生了三个转变：从单向管理向双向互动，从线下向线上线下融合，从单纯政府监管向更加注重社会协同治理。在整个逻辑层面，政府也在加大数据的运用能力和数字化生产能力。这三个转变有可能是数字经济未来治理模式的重要方向。数字建筑是数字经济的重要组成部分，也是奠定智慧城市稳定快速发展的重要基石，在 BIM、人工智能理论和技术得到充分发展的今天，BIM 与人工智能融合驱动智慧建造、智慧城市、数字经济的发展已成为历史的必然，相信在不久的将来，一定可以探索出更多优秀模式和方法，也必将涌现出更多成功案例。

第7章 绿色建筑

十九大提出，践行绿色发展理念，改善生态环境，建设美丽中国。研究显示，全球碳排放的约40%来自建筑领域，建筑节能在我国的生态文明建设中承担着重大责任。本章介绍了绿色发展的战略环境和相关政策，提出了绿色智慧建筑和生态智慧城市的概念，认为它是在遵循绿色发展理念下，以满足城市生态、社会文明及绿色经济为核心任务的绿色发展新模式。提出了基于“绿色智慧城市价值互联网”的生态智慧城市框架模型ESCRA，该模型基于信息物理系统和绿色发展体系交叉网格形成基底层，然后在此基底层之上规划发展智慧城市。提出一种以技术为驱动、需求为牵引、商业模式为保障的生态智慧城市规划方法，该方法以人工智能理论和技术为核心驱动要素，以绿色智慧城市细分领域为应用场景。阐述了生态智慧城市规划的5个重点：绿色智慧建筑与社区、绿色智能制造、绿色智慧交通、绿色智慧能源、绿色众筹金融。最后介绍了合肥滨湖新区生态智慧城市的落地实践案例。

7.1 国家绿色发展战略

十九大提出，践行绿色发展理念，改善生态环境，建设美丽中国。近5年来，国家将生态文明建设纳入中国特色社会主义事业“五位一体”总体布局，“美丽中国”成为中华民族追求的新目标。

围绕着绿色发展，2015年4月，中共中央、国务院印发了《关于加快推进生态文明建设的意见》，意见提出：到2020年，资源节约型和环境友好型社会建设取得重大进展，主体功能区布局基本形成，经济发展质量和效益显著提高，生态文明主流价值观在全社会得到推行，生态文明建设水平与全面建成小康社会目标相适应。2016年12月，中共中央办公厅、国务院办公厅印发了《生态文明建设目标评价考核办法》。国家发展和改革委员会、国家统计局、环境保护部、中央组织部制定了《绿色发展指标体系》和《生态文明建设考核目标体系》。2016年1月，环境保护部印发了《国家生态文明建设示范区管理规程（试行）》和《国家生态文明建设示范县、市指标（试行）》，旨在以市、县为重点，全面践行“绿水青山就是金山银山”理念，积极推进绿色发展，不断提升区域生态文明建设水平。

在国家政策的指导下，各省、市生态文明创建行动计划、生态文明建设目标评价考核办法和指标体系纷纷出台，生态文明建设进入历史高峰期。典型的行动计划如：2018 年 5 月，浙江省发布了《浙江省生态文明示范创建行动计划》，根据该行动计划，到 2020 年，浙江要高标准打赢污染防治攻坚战；到 2022 年，各项生态环境建设指标处于全国前列，生态文明建设政策制度体系基本完善，使浙江成为实践生态文明思想和美丽中国的示范区。典型的生态文明建设目标评价考核办法如：中共北京市委办公厅、北京市人民政府办公厅于 2017 年 12 月印发的《北京市生态文明建设目标评价考核办法》，旨在加快首都绿色发展，高质量、高水平推进生态文明建设。

7.2　绿色建筑和生态智慧城市框架模型

生态智慧城市（Eco Smart City，ES City）是指在遵循绿色发展理念前提下，以满足城市生态、社会文明及绿色经济为核心任务的智慧城市新模式。它以绿色生态文化为精神引领，以绿色数字经济为发展核心，以绿色智慧建筑为基础支撑，可依据实际需求采用以城市大脑为管理中心的有中心架构模式或去中心化自组织的无中心架构模式，具有实时感知、智能控制、自主学习、智能决策、产业集聚、资源集约、能效最优、知识溢出八大特征，如图 7-2-1 所示。

实时感知、智能控制、自主学习、智能决策是生态智慧城市的基础特征，也是基本功能。产业集聚对劳动生产率提高、企业协作高效化、创新能力培育均可产生积极影响，是产业转型升级的重要保障。资源集约和能效最优是生态智慧城市的标签，也是终极目标，贯穿于城市生产、生活、建设等全领域。知识溢出是新思想的来源，是促成集聚经济的原动力，对创新社区、创新社会的形成起到直接推动作用，也是生态智慧城市可持续发展的关键支撑。

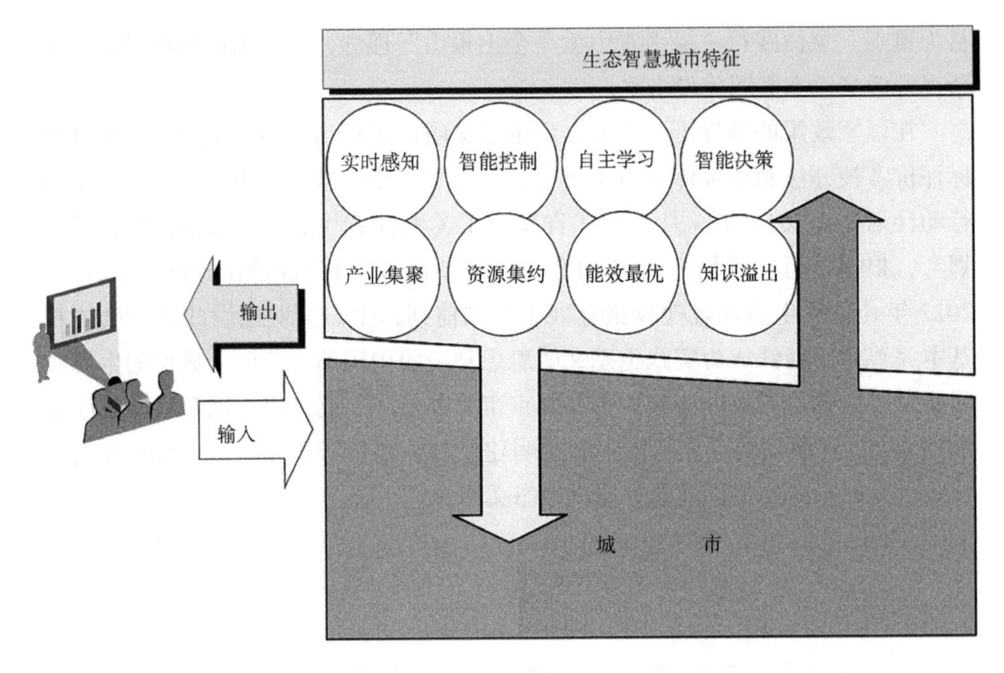

图 7-2-1 生态智慧城市特征

为了更清晰地描述生态智慧城市，我们提出以绿色建筑为组成单元、基于“绿色智慧城市价值互联网”的生态智慧城市框架模型 ESCRA（Eco Smart City Reference Architecture），如图 7-2-2 所示。ESCRA 首先基于信息物理系统（Cyber Physical System，CPS）和绿色发展体系交叉形成基底层，然后在此基底层之上发展智慧城市涉及的基础设施层、感知控制层、运营管理层、领域应用层、城市商业层，由此形成一个由绿色发展为支撑的城市化与生态化协同发展的网状模型，该模型首先在基底层实现绿色物联网社区，然后再由绿色物联网社区延伸衔接至城市消费互联网社区，最终形成开放、创新、低成本、高价值的生态城市现代经济体系。

党的十九大报告强调要重视现代化经济体系建设。现代化经济体系的框架特征包含：三个环节、三个层面和七个组成方面。三个环节：生产、分配、消费；三个层面：产业体系、运行机制、监管体制；七个组成方面：产业、市场、收入分配、城乡区域发展、绿色发展、全面开放、经济体制。生态智慧城市框架模型 ESCRA 可以看作是现代化经济体系的一个具体承载，该模型指导下的智慧城市建设工作是我国当前历史阶段建设现代化经济体系的重要实践。

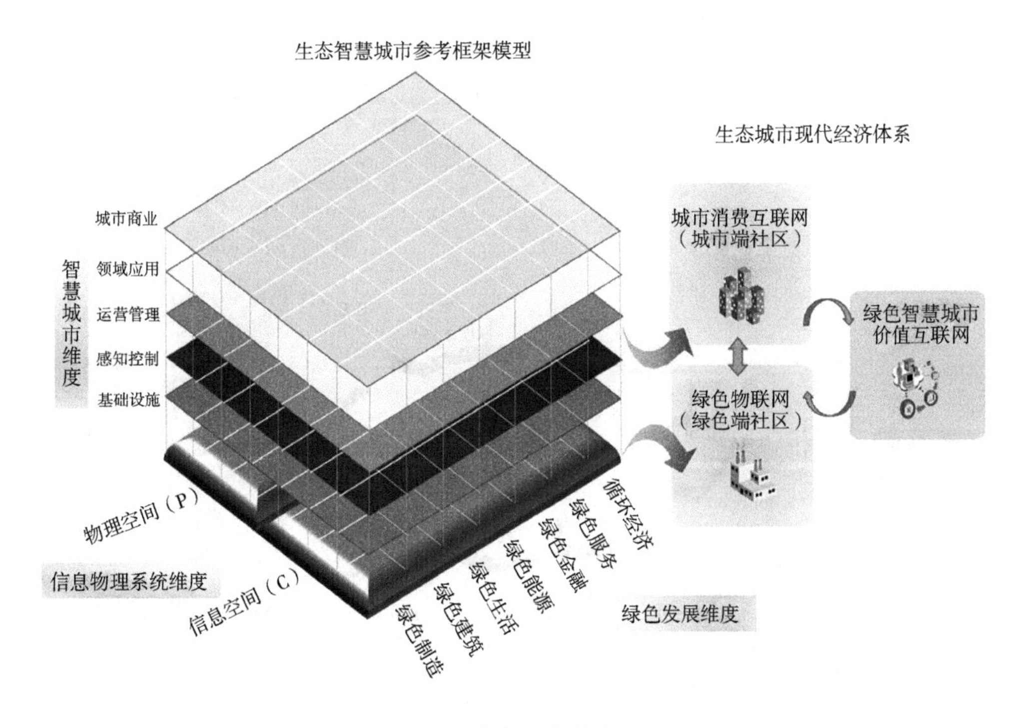

图 7-2-2　生态智慧城市框架模型 ESCRA

7.3　生态智慧城市规划思路

本书提出一种如图 7-3-1 所示的生态智慧城市的规划方法，该方法所涵盖的具体思路为：以人工智能理论和技术为核心驱动要素，以人工智能伴随技术——物联网（NBIoT、LoRa 等）、大数据、云计算、5G、IPv6 为辅助驱动要素，以智能化应用技术与系统为技术支撑要素，以绿色智慧城市细分领域为应用场景。总的来说，是一种以技术为驱动、需求为牵引的自底向上的构建方法。

在图 7-3-1 所示的生态智慧城市体系中，以产业升级、生态宜居为主要目标，综合考虑保证城市可持续发展的动态适应能力等因素，重点规划 5 个方面的内容：绿色智慧建筑与社区、绿色智能制造、绿色智慧交通、绿色智慧能源、

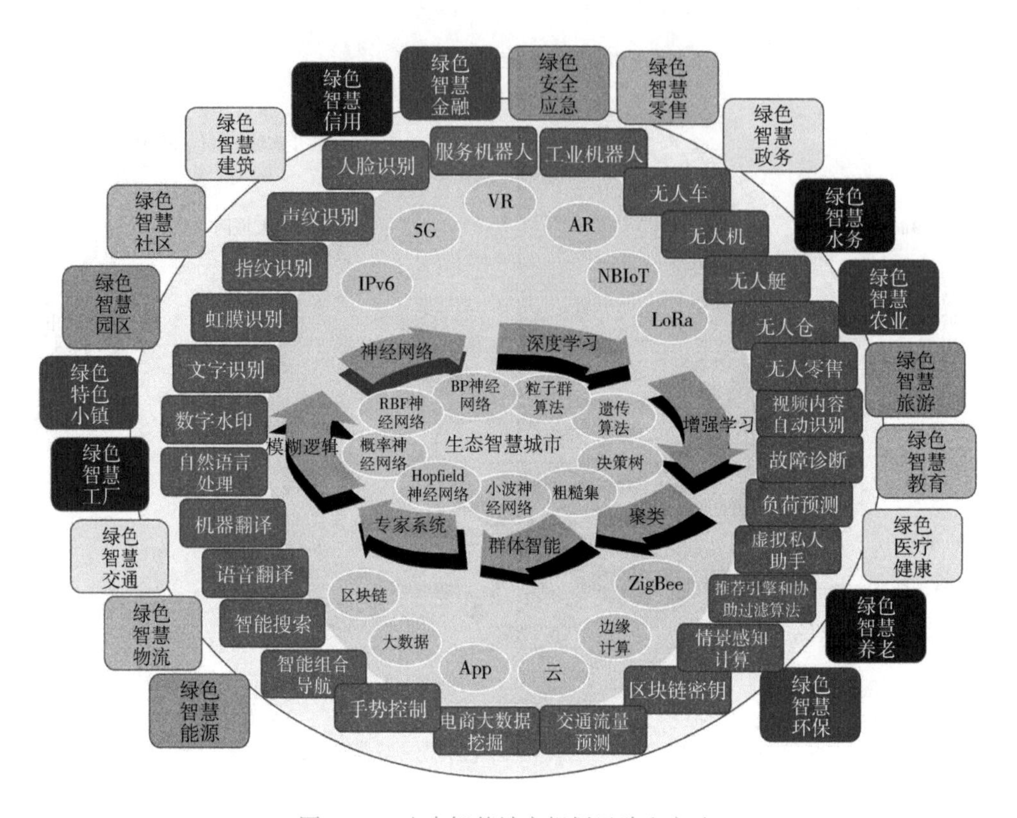

图 7-3-1 生态智慧城市规划思路和方法

绿色众筹金融。

1. 绿色智慧建筑与社区

绿色智慧建筑规划的重点方向为近零耗建筑及建筑群，重点孵化诸如节能门窗、超低能耗建筑相关的新技术、新工艺和新成果，推动建筑节能产业向标准化、低碳化和智能化方向转型升级。开发以绿色生态为特色的海绵社区项目，承载社区健康服务、社区养老服务功能。通过维持社区生态系统平衡，实现资源和能源的高效循环利用，减少废物排放，实现社区和谐、经济高效、生态良性循环。在规划设计阶段，将考虑无污染、无危害、可循环利用等生态因素，降低各种资源的消耗，对资源和能源充分利用。同时，最大限度保留当地的地形地貌特点以及原料材质，就地取材，对环境进行整体规划和设计，充分体现地方特色。

2. 绿色智能制造

参照《工业节能与绿色标准化行动计划（2017—2019 年）》，在单位产品能耗水耗限额、产品能效水效、节能节水评价、再生资源利用等领域参与制定若干项重点标准，基本建立工业节能与绿色标准体系。研发面向绿色制造垂直工业领域的新型工业互联网设备与系统，融合 IPv6、4G/5G、短距离无线、WiFi 技术，构建工业互联网试验验证平台和标识解析系统。支持工业企业利用光通信、工业无线、工业以太网、SDN、OPC-UA、IPv6 等技术改造工业现场网络，在工厂内形成网络联通、数据互通、业务打通局面。利用 SDN、网络虚拟化、4G/5G、IPv6 等技术实现对现有公用电信网的升级改造，满足工业互联网网络覆盖和业务开展的需要。组织实施传统制造业能效提升、清洁生产、节水治污、循环利用等专项技术改造。开展重大节能环保、资源综合利用、再制造、低碳技术产业化示范。实施重点区域、流域、行业清洁生产水平提升计划，扎实推进大气、水、土壤污染源头防治专项。制定绿色产品、绿色工厂、绿色园区、绿色企业标准体系，开展绿色评价。面向绿色智能制造发展需求，推动工业云计算、大数据、人工智能服务平台建设。推动有条件的企业开展试点示范，推进新技术、产品及系统在重点领域的集成应用。

3. 绿色智慧交通

智慧交通是智慧城市各领域中发展相对较快且技术较成熟的子领域，特别是近两年无人驾驶汽车、车联网、交通大数据、交通云平台的发展大大促进了绿色智慧交通领域的迅速发展。目前，绿色智慧交通系统的前沿进展集中体现在以下 6 个方面：自动驾驶及车联网，网约车，共享出行，汽车后服务，无人机，智慧停车。就智慧停车细分领域看，近两年智慧停车行业发展迅猛，出现了一批迅速成长起来的独角兽类型企业，其业务领域分布在停车服务 O2O 平台、停车大数据应用、停车场移动互联支付、车位分享的停车位预订平台、停车联网解决方案等智能停车服务细分领域，有效缓解了停车难问题，成为绿色交通系统落地实现的重要助推力。另外，应用深度神经网络、深度机器学习开源平台，对交通大数据进行归类、提取、利用，实现多系统配合协调以缓解交通拥堵也成为绿色交通的重要解决方案和实现手段。

4. 绿色智慧能源

政府和企业应主动采取节能减排、发展可再生能源、增加森林碳汇、建立全国碳排放权交易市场和推进气候变化立法等一系列措施。加强区域内水资源、植物纤维资源以及太阳能、地热等可再生能源综合利用，落地绿色建材生产与循环利用、生活垃圾分类处理与利用、生物质再利用工程，实施垃圾焚烧、堆肥、制沼气等重点工程。在自然生态方面，农村能源供给结构已经被大幅度改善，绿色能源大规模取代了煤炭、秸秆等传统资源；城市能源供给体系日益多元化，新能源占比逐步提高，能源互联网正在加速形成。绿色智慧能源系统正在被加速构建。

5. 绿色众筹金融

众筹在激发创新的同时，也在很大程度上创造就业机会，促进产业创新和经济增长。城市升级和产城融合的投融资创新模式——“城市众筹”将具有强大的生命力、爆发力及良好的发展前景。结合“城市众筹”新模式的应用，绿色众筹金融宜重点规划落实到绿色银行、绿色债券、绿色产业基金、绿色保险、绿色评级、绿色投资者网络等方面，并积极吸引绿色金融资源集聚到当地，推动绿色金融产品的创新性开发，必要时可搭建知识产权交易、绿色能源交易、产品交易金融服务平台，设立城市复兴基金，推动城市建设与更新投融资模式创新和产业转型升级。

7.4 装配式建筑政策及发展情况

2018 年关于装配式建筑的政策东风接连不断，全国各地均设置了装配式建筑相关的工作目标，出台了相关的扶持政策。各地装配式建筑项目也是如雨后春笋般热火朝天地开建。以下为 2018 年部分省市装配式建筑开工面积及发展情况。

1. 福建省

福建省住建厅 2019 年 1 月 11 日对 2018 年装配式建筑发展推进情况通报各地。指出 2018 年全省完成建筑产业现代化投资工程 74.6 亿元，已建成投产 15 家预制混凝土构件（PC）生产基地，年设计生产能力达到 262 万 m^2，其中，福建建工集团、中建海峡等 10 家企业获批全国装配式建筑产业基地。从产能上为装配式建筑构件市场需求提供保障，结合福建省地域特点，以 150km 为辐射半径，从服务范围上实现 PC 生产基地全省全覆盖。

全省各地积极落实装配式建筑试点项目，2015—2018 年总建筑面积达到 1069 万 m^2。其中，2018 年新开工建筑面积 626.45 万 m^2。重点推进的预制混凝土结构装配式建筑，2018 年新开工试点项目 79 个，总建筑面积 402.39 万 m^2（其中，福州 48 个项目共 246.8 万 m^2，泉州 18 个项目共 72.7 万 m^2，漳州 5 个项目共 35.1 万 m^2）。

2. 山东省

山东省住建厅发布《关于实行建筑节能与绿色建筑定期调度通报制度的通知》。明确指出 2018 年全省绿色建筑竣工 8513.93 万 m^2，新增二星及以上绿色建筑评价标识项目 221 个、面积 2454.25 万 m^2，是全年任务量的 175.3%，比去年增长 25%。各市均超额完成年度二星及以上绿色建筑标识任务指标。全省新开工装配式建筑面积 2192.64 万 m^2，完成全年任务量的 121.8%。各市均超额完成年度装配式建筑新开工任务指标。

3. 海南省

2019 年 1 月 15 日，2019 年海南省装配式建筑暨安全文明标准化观摩会在三亚举行，会议明确海南省大力推广装配式建筑是大势所趋。

从政策层面看，海南把推进装配式建筑作为贯彻落实中央关于海南自贸区（港）以及生态文明示范区建设具体措施之一，出台了《关于大力发展装配式建筑的实施意见》《海南省装配式建筑工程综合定额（试行）》《海南省装配式混凝土结构施工质量验收标准》，为推进装配式项目实施提供基本的技术标准。

从产能布局看，全省已投产的 PC 构件生产基地有 3 家，已投产的钢构件生产基地有 4 家，在建的有 3 个装配式建筑部品部件生产基地。省住建厅汇总数据显示：全省现有预制构件生产能力可满足约 250 万 m^2 的建筑使用。到 2018 年 12 月底，全省新开工装配式建筑面积为 82.45 万 m^2。

从试点示范看，被认定为海南省级示范基地的包括中铁四局海口综合管廊预制厂、北新集成房屋住宅产业化基地、华金钢构、共享钢构。同时还认定了 5 个省级示范项目：灵山海建家园项目、海口中心项目、万科同心家园、海口市地下综合管廊试点工程、北京大学附属中学海口学校学术中心项目。

4. 湖北省

2019 年 1 月 8 日召开的湖北省住房城乡建设工作会议暨党风廉政建设工作会议称，2018 年湖北省建筑业总产值预计将突破 1.5 万亿元，产业规模连续五年保持全国第三、中部第一，建成投产装配式建筑生产基地 21 个，建筑业转型升级步伐加快。湖北省住建厅相关负责人表示，2019 年，湖北省将全力推进建筑业转型升级，新开工装配式建筑面积不少于 350 万 m^2。

5. 江苏省

2018 年 12 月 21 日，江苏省政府举行推进建筑产业现代化发展新闻发布会，介绍了江苏近年来推进建筑产业现代化发展的情况。其中，新建装配式建筑规模占比稳步增加。2015、2016、2017 三年全省新开工装配式建筑面积分别为 360 万 m^2、608 万 m^2、1138 万 m^2，占当年新建建筑比例从 3.12% 上升到 8.28%。2018 年 1~11 月，全省新开工装配式建筑面积已超过 2000 万 m^2，占新建建筑面积比例达到 15%，提前完成了年度目标任务。

6. 湖南省

湖南省住建厅 2018 年 11 月 13 日发布关于 2018 年 1~9 月全省建筑节能、绿色建筑、装配式建筑及光纤到户与无障碍环境建设工作检查的通报。全省装配式建筑年生产能力达到 2500 万 m^2，累计实施装配式建筑 3085.6 万 m^2。2018 年 1~9 月，全省市州中心城市新开工装配式建筑 613 万 m^2，占新建建筑比例为 13.36%，长沙、湘潭、株洲、湘西、益阳等市州推进力度大，进展快，已完成年度目标要求。14 个市州均已建设装配式建筑生产基地，湘潭市、益阳市将装配式项目实施列入设计审查环节严格把关，娄底市、岳阳市、郴州市专门成立了装配式建筑管理办公室，长沙市、郴州市、吉首市总体推进效果好，被评为省级装配式建筑示范城市。

7. 河南省

2019 年 1 月 21 日，河南省住建厅召开全省住房城乡建设工作会议，亮出 2018 年住建系统工作“成绩单”。2018 年，河南省 15 个市县出台推动建筑业转型发展的实施意见，积极探索转型模式。河南省装配式建筑也取得了长足进步，全省全年开工装配式建筑超过 500 万 m^2，新开工成品住宅项目 97 个、754 万 m^2。郑州、新乡完成国家装配式建筑示范城市年度建设目标，7 家企业全面开展国家装配式建筑产业基地建设，安阳、平顶山、汝州、临颍 4 个市县和 8 家企业获批省级装配式建筑示范城市和产业基地。20 多个市县出台了装配式建筑发展实施意见，郑州市要求国有投资及大型开发项目全部采用装配式建造技术。

2019 年，河南省力争新开工建设装配式建筑 800 万 m^2。

8. 河北省

河北省住建厅发文回顾 2018 年住房和城乡建设工作。其中指出 2018 年河北省城镇建筑节能成效明显。全省竣工项目中，节能居住建筑为 4080 万 m^2、绿色建筑为 3146 万 m^2、超低能耗建筑示范项目为 13 万 m^2，开工装配式建筑 462 万 m^2。竣工建筑年可节约标准煤 124 万 t，减排二氧化碳 325 万 t，减排二氧化硫 1 万 t。城镇绿色建筑占比提前 2 年完成“十三五”规划任务。

9. 山西省

2019 年 1 月 15 日，山西省住房城乡建设工作会议在太原召开。会议全面总结了 2018 年住房城乡建设工作，深刻分析了面临的形势和问题，安排部署了 2019 年工作任务。会议指出，2018 年以来，全省住建系统在习近平新时代中国特色社会主义思想的指引下，在省委、省政府的坚强领导下，紧紧围绕“三大目标”，找准定位、突出重点、狠抓落实，圆满完成了各项任务。其中，建筑业改革发展深入推进，发展质量和效益不断提升，全省建筑业产值首次突破 4000 亿大关，同比增长 12% 以上，推动建筑工人实名制管理，在全国首家引入建设银行“民工惠”金融服务模式，保障企业及时获得融资、农民工足额拿到工资，已办理业务 1275 万元，代发 1472 人次，在建装配式建筑 327 万 m^2。新增绿色建筑 1025 万 m^2。

10. 浙江省

浙江省建设厅党组书记、厅长项永丹在全省住房城乡建设工作会议上指出浙江省 2018 年推动建筑业转型取得新成效。瞄准建筑业高质量发展，扎实推进全省建筑业稳步健康发展。主要经济指标保持全国前列。建筑业总产值近 2.87 万亿元，占全国建筑业总产值的 12%；特级企业达到 78 家（双特级 3 家），建筑业外向度为 49.1%。建筑工业化超额完成年度目标任务。全省新开工装配式建筑 5692 万 m^2，占比 18.1%，增幅 5.1%；实施住宅全装修项目 3101 万 m^2，城镇绿色建筑占新建建筑的比例达到 94%。

11. 上海市

2019 年 2 月 13 日上午，在上海展览中心友谊会堂三楼召开了上海市住房和城乡建设管理工作会议。2018 年全年落实装配式建筑首次突破 2000 万 m^2，绿色建筑总量累计达 1.51 亿 m^2。

7.5　零能耗装配式建筑项目案例

该项目位于北京市某区，建筑面积 157m^2，是一个零能耗装配式建筑的示范项目。在开放式街区中央的一个休闲公园中打造面向周边居民的小型共享活动场所，居民可通过智能系统随时预约使用。同时，项目作为中国北方寒冷地区的零能耗可持续示范项目，与英国 BREEAM 体系及美国 LEED 体系合作，通过可持续设计降低运营能耗，提供舒适环境，在日常生活中宣传可持续理念，并围绕环境及可持续主题开展活动。

1. 单元式布局

项目位于一片树林绿地中，南侧是社区运动休闲公园，从公园的整体环境出发，定位为融于景观环境中的小型休闲构筑物。因此，不同于可持续示范项目经常采用的紧凑集中式布局，主体建筑分为三个相对独立的单元，分别是健身房、会客厅和书吧（兼科普展厅）。每个单元基本构成类似，面积为30~35m^2，作为一组小体量的木结构景观小品分散于树丛中，方便居民独立预约使用，互不干扰。各单元围绕下沉式砂石渗水庭院布局，使用者从外部园路穿越雨水花园中的木栈道进入共享组团，架空木栈道及其下方的设备管沟连接了三个单元，并与半覆土的能源及智能控制中心连通，形成一拖三的基本布局。

2. 可持续技术整合

示范楼以被动式策略为主导确定了建筑空间的原型形体，适当结合主动式技术，兼顾先进技术的示范性。主体结构和围护结构均采用木材、麦秸杆等可持续材料，并将手工化、个性化的设计与工业生产结合。为充分利用自然采光与过渡季的自然通风，项目首先确定了一个基本原型，即5m×6m左右、坐北朝南的矩形单元，北侧屋顶局部拔高为通风采光筒，顶部设电动通风窗，上部设有集成了太阳能光电设备的导风遮雨板，侧墙的底部设有门和通风窗，可以作为进风口，利用顶部拔高的热压通风效应促进室内自然通风，鼓励使用者在天气较好时少用或不用空调。通风采光筒南立面采用彩色薄膜光电玻璃，与室内环境色彩和功能布局配合。

外立面采用预制装配式碳化木表皮的双层表皮复合系统，木表皮与内墙之间形成一定厚度的空腔，起到夏季遮阳和冬季防风的作用，并通过上下百叶的开口促进空腔内的自然通风，在夏季带走空腔内的热量，避免闷热。碳化木耐腐蚀、易维护的特性也可降低后续运营维护成本。

建筑尝试采用了多种可再生能源与建筑的一体化设计，包括薄膜玻璃、光伏发电与顶部导风板、建筑屋顶、玻璃幕墙及外挂立面的结合设计、太阳能光热系统与空气源热泵联合供暖。结合景观设置可持续排水措施，利用雨水花园、可透水的下沉庭院来净化、滞留雨水，结合上人屋面设置屋顶绿化。智能控制系统，通过对环境品质（温度、湿度、照度、CO_2、PM2.5）的实时监控实现能源系统的自动控制，从而达到节能减排的效果，市民也可随时查看实时状态。

3. 预制装配与模块化组件

基于零碳理念，项目确立了预制装配式的基本思路。三个单元采用类似的结构，并将建筑结构划分为标准模块——门窗模块、屋顶升高模块和金属收边模块，将可持续技术融入模块，保证了装配式节点的标准化，并在此基础上进一步变化组合，以适应不同的使用空间，对多样化的可持续技术进行对比研究及展示。主体采用木结构，外立面采用预制装配式的碳化木通风百叶表皮，通过垫块调整固定百叶的角度，并结合通风口和单元使用功能局部设计百叶凸凹图案，尝试个性化定制丰富建筑立面。

4. 智能集成控制

项目设有各类传感器，对室内外环境进行持续监测，实时反馈到空调、新风等设备系统进行自动调控，保证在提供适宜环境的同时减少能源消耗。这些数据也会储存记录在服务器中，便于后续的研究和分析。作为可持续实验平台项目，按照经验以及技术模拟进行设计和建成只是第一步，只有持续进行检测、分析甚至做必要的调整，才能使设计理念更好地落实，并且积累应用到更多项目中。此外，智能系统也与使用者息息相关，不仅服务于管理，也提供了更好的使用体验。除了系统自动调节室内环境条件外，使用者还可以通过手机 App 轻松预约使用时段，并将室内电器整合为多种使用模式。以共享会客厅为例，使用者打开密码门后，室内灯光自动打开到合适亮度，到沙发区落座后，可通过茶几边的按钮一键切换到观影模式，灯光自动调暗，投影幕布及落地玻璃的遮阳帘同时落下，使用完毕离开，室内灯光会在门锁后延迟关闭。从人的使用习惯出发，细化设计，提升了空间的使用体验。

该项目作为零能耗预制装配式建筑实验平台，建立了“设计—建造—测试—反馈”的全流程机制，结合信息化与数字化技术，验证并归纳预制装配式建筑的可持续性能指标及其实现方法，不仅可以转化并体现于寒冷地区城市与乡村领域的新建 / 改造建筑，更可以作为系统原型应用到公共与住宅建筑类型。除实用层面的转化应用外，在学术层面的迭代优化也是原型研究的意义所在。研究团队基于“测试”环节的实验成果，对影响建筑可持续性能的关键设计要素进行提取，并将其进一步“再原型化”，在气候条件类似的天津市宝坻区建设了新的对比试验平台，重现关键设计要素，如双层表皮等。“再原型化”虽褪去了建筑表观的审美意趣，却使设计具备了与科学研究链接的基础与条件，其迭代结果也更能直指设计与性能的本质关联。这就是原型设计的理性之美。

7.6 基于绿建云的绿色智慧城市设计

7.6.1 绿色建设科技城项目简介

本节内容以山东省青岛市某区绿色智慧城市项目为背景。“绿建云”是在“绿色建设科技城”背景下提出的具体项目载体，也是绿色建设科技城数据和资源汇聚的平台。因此，有必要首先了解清楚绿色建设科技城的定位和建设内容等 重要问题。

绿色建设科技产业是致力于提升人居环境质量的产业，健康宜居、绿色节能、数字智能、文化传承、适用经济。绿色建设科技城将是生态文明时代、高质量发展背景下的绿色生态之城、智慧创新之城、幸福宜居之城，它全面破解城市发展中的痛点和顽疾，将是政府、市民、企业与城市共赢的可持续发展范本。

绿色建设科技城的定位和内容如图 7-6-1 所示。

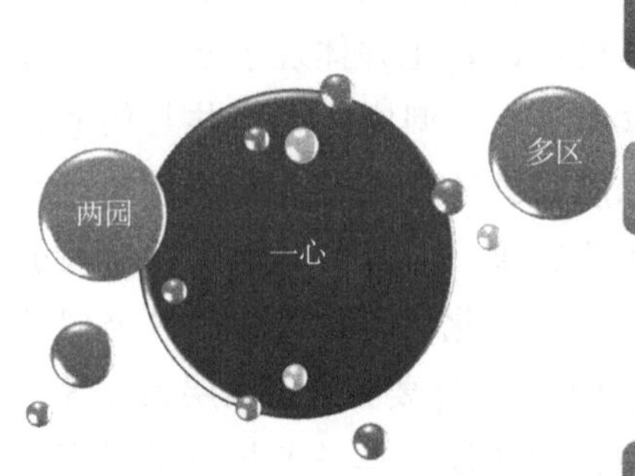

图 7-6-1 绿色建设科技城定位和内容

绿色建设科技城重点发展的内容板块如下：

1. 城市生命健康产业

城市生命健康产业是城市规划建设管理行业与生命健康行业跨界融合的交叉产业，城市和生命健康两大行业均服务于人，本着以人为本，应从生命健康的角度去规划建设管理一个城市，也应从城市规划建设管理的角度去更好地关怀人的生命健康，在生态文明、绿色发展、健康中国一系列国家重大战略的指引下，城市生命健康产业未来将是我国的朝阳产业。

健康追求的不仅是身体健康，还包含精神、心理、生理、社会、环境、道德等方面的完全健康。从医疗保健、健康数据共享、健康饮品、健身、心理咨询、健康体检等个体身心健康方面，到城市景观提升、城市品质升级、社区营造等城市健康规划建设管理方面通过发展全方位的城市生命健康产业，形成科学的健康生活与正确的健康消费的社会氛围，构建一个生态健康的现代化绿色建设科技城。

2. 城市建筑设施产业

从绿色建筑、超低能耗建筑、零能耗建筑到装配式建筑、性能认定项目、康居示范工程，再到海绵城市、地下综合管廊、城市双修、老旧小区节能宜居改造、建筑能耗数据监测与运营管理，城市人居环境产业是保障人类生产生活居住环境的产业体系。

上游：科技服务业，勘察、规划、设计、检测、认证、教育、培训。

中游：高端绿色建材、设备、装备制造，建筑建造（如装配式）。

下游：围绕建筑设施的会展、交易、运营管理、节能服务。

3. 城市建设科技产业

在大数据、数字中国等国家战略指引下，以“大云物移”（大数据、云计算、物联网、移动互联网）为代表的科技新兴产业异军突起，代表了先进生产力和新的工业革命。但是这些新兴产业却离不开城市建设产业的支撑，因为新兴产业的最终服务对象是人，而城市建设是人的载体。城市建设科技产业是城市建设与新兴高科技产业的跨界融合，是用新技术、新工艺、新业态、新模式促进传统产业转型升级的现实路径，也是新旧动能 转换、建设行业催生绿色新动能、新技术、新标准、新业态、新模式的重要突破口。

建设科技产业主要是建设产业与大数据、云计算、人工智能、物联网、移动互联网、虚拟现实、增强现实、3D 打印等现代高科技新兴产业的结合，从绿色建设的规划、设计、建设、运营四大阶段实现绿色建设产业化、智慧化、科技化，包括绿色建设咨询、BIM 研发、绿色建设大数据、建设科技人工智能、建筑 3D 打印等业态。

4. 城市文化创意产业

后工业化和生态文明时代，根据马斯洛需求理论，“物质生活”使人愉悦的时代逐渐过去，十九大对我国社会发展主要矛盾变化的重要论断也揭示了：

新时期以人民为中心的重要工作之一是如何提高人的“精神生活”满意度，这是解决“不平衡不充分”新矛盾的重要举措。而城市、建筑恰恰是文化传承、历史风貌、乡愁记忆的重要载体，文化创意与城市保护和建设相结合，必将催生巨大的生产力。

依托大学建筑、环境、设计等优势学科，借鉴上海“环同济知识经济圈”的发展模式，秉承中西合璧、以中为主、古今融合的原则，通过继承与发展，借鉴与创新，以城市文化传承为核心，重点培育包括创意设计、工业设计、建筑设计、环境景观设计、城市规划设计、工程咨询、服装设计、软件和计算机服务等的文化创意产业，鼓励中小微企业的发展，借鉴央视“百年巨匠”经验，形成独树一帜的城市文创品牌效应。建立教育培训、宣传推广、影视文化实践基地，形成城市文化创意产业全领域的专业培训体系。

5. 城市金融创新产业

金融是经济运行的血脉，过去多年的城市建设过多依靠政府财政投入，未来 PPP、市场化模式推进城市建设将是主要的方向，围绕建设领域的产业基金、保险、供应链金融、互联网金融以及绿色金融将是建设领域与金融领域的跨界融合，也必将催生巨大的生产力。

绿色建设科技城带来的收益与回报如下：

政府收益：为政府提升效益（培育新动能、拉动新产业、创造新就业、贡献新税收、提升新环境）。

市民收益：为用户提升品质（六大获得感：安全耐久、健康宜居、绿色节能、智能感知、适用经济、人文关怀）。

企业收益：为产业创建大平台（构建绿色高质量产业生态体系，综合集成政策、技术、标准、项目、市场、信息、数据、知识、人才、资本十大资源，产、学、研、用、管、投协同创新，构建公共服务平台）。

城市收益：为城市输出模式（绿色品牌、绿色影响力、绿色领导力）。

我国建筑行业现状可总结为：每年建筑行业产值占据我国 GDP 的 26% 左右，解决就业人口超 2 亿（其中 3000 万为技术人员）。建筑行业仍然是非农产业中工作方式最传统、生产效率最低下的领域，特别是随着计算机的发展与普及，制造业的生产效率已经大大提高，而建筑行业尚未有实质性的发展。特别是大数据爆发的时代，建筑行业基本与互联网和大数据割裂，管理创新能力弱。建筑行业信息化水平低下，生产效率及建设成本高，导致企业与行业的转型升级步履维艰。

现有建筑数据存在问题归纳如下：

1）既有建筑的数据：建筑造价类数据、建筑结构类数据、建筑施工工艺类数据、建筑材料类数据、建筑施工实验室数据、管理类数据等。从数据类型可以分为企业型数据、产品型数据、地域型数据等。

2）建设方、施工方、建筑材料提供方、设计院、检验监理等各自数据未共享，导致数据价值未最大化发挥。

3）部分建筑行业企业仍采取传统人工等手段进行，相关信息化建设薄弱。

4）建筑行业独有的生产方式，相对于制造业，即使是一幢 3 层普通住宅楼的建造，也要面对海量数据的管理。即使细到砖的规格和数量，也要通知各垂直相关供应商按要求进行供应。

总体看来，建筑行业数据多、管理困难，数据价值尚未充分发挥，如建筑行业大数据互联互通、深度集成、有效存储、智能挖掘分析的全方位深层次实现，将催生新的掘金机遇，重塑建筑业生态及价值体系。因此，发展建筑大数据产业势在必行，必要性不言而喻。建筑大数据产业的发展能够解决建筑业数据孤岛、信息化、高度协作、效率提升等一系列关键问题。

“绿建云”是建筑大数据产业的具体载体，是以数字化、网络化、智能化为主要特征的新建筑工业革命的关键基础设施，加快其发展有利于加速城市的绿色发展，更大范围、更高效率、更加精准地优化生产和服务资源配置，促进城市传统产业转型升级，促进城市更新，提高生产生活质量，催生新技术、新业态、新模式，为数字中国、智慧社会、制造强国建设提供新动能。同时，加快建设和发展“绿建云”，对推动物联网、云计算、大数据、人工智能、区块链等新技术新理念与城市建设、实体经济深度融合具有重要意义。

大力发展“绿建云”具有与时俱进的重大历史意义，其必要性和产生的效果论证逻辑如图 7-6-2 所示。

“绿建云”平台对于促进“互联网 +”战略落地实施及新型智慧城市进一步发展具有重要作用，主要体现在以下几个方面：

一是能够发挥平台的集聚效应。“绿建云”平台承载着数以万计的设备、系统、工程参数、软件工具、企业业务需求和生产能力，是绿色建设科技资源汇集共享的载体，是网络化协同优化的关键，催生了绿色建设科技众包、众创、协同制造、智能服务等一系列互联网新模式和新业态。

二是能够承担绿色工业操作系统的关键角色。“绿建云”平台向下连接海量设备，自身承载工业经验与知识的模型，向上对接工业优化应用，是绿色工业全要素连接的枢纽，是绿色工业资源配置的核心，驱动着先进绿建体系的智能运转。

三是能够释放云计算平台的巨大能量。“绿建云”平台凭借先进的网上大规模计算架构和高性能的云计算基础设施，能够实现对海量异构数据的集成、存储和计算，解决城市数据处理爆炸式增长与现有城市系统计算能力不匹配的问题，加快以数据为驱动的网络化、智能化的进程。

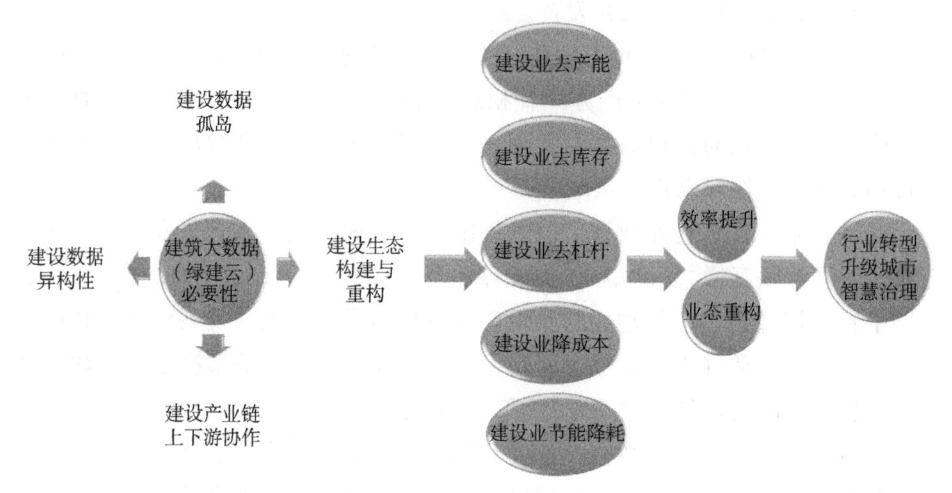

图 7-6-2 “绿建云”必要性和效果论证图

7.6.2 “绿建云”技术架构

“绿建云”的总体框架如图 7-6-3 所示。

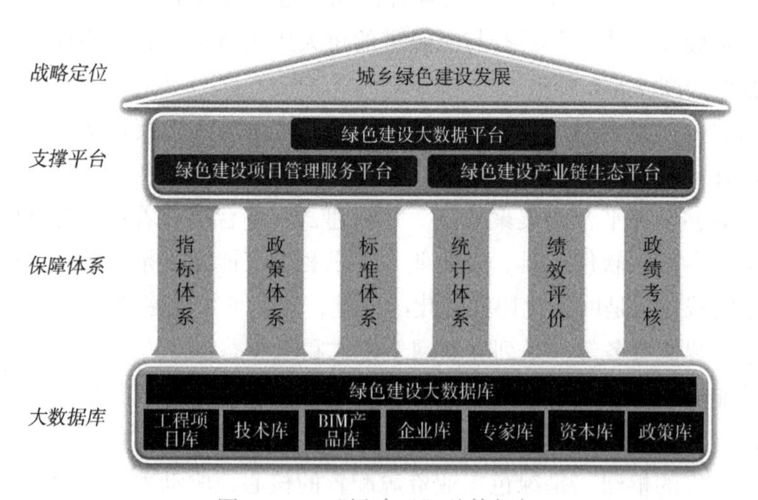

图 7-6-3 “绿建云”总体框架

“绿建云”的组成体系如图 7-6-4 所示，包含了 7 个体系（层），即：服务体系、应用体系、信息资源体系、应用支撑体系、基础设施体系、管理体系、标准规范管理体系。

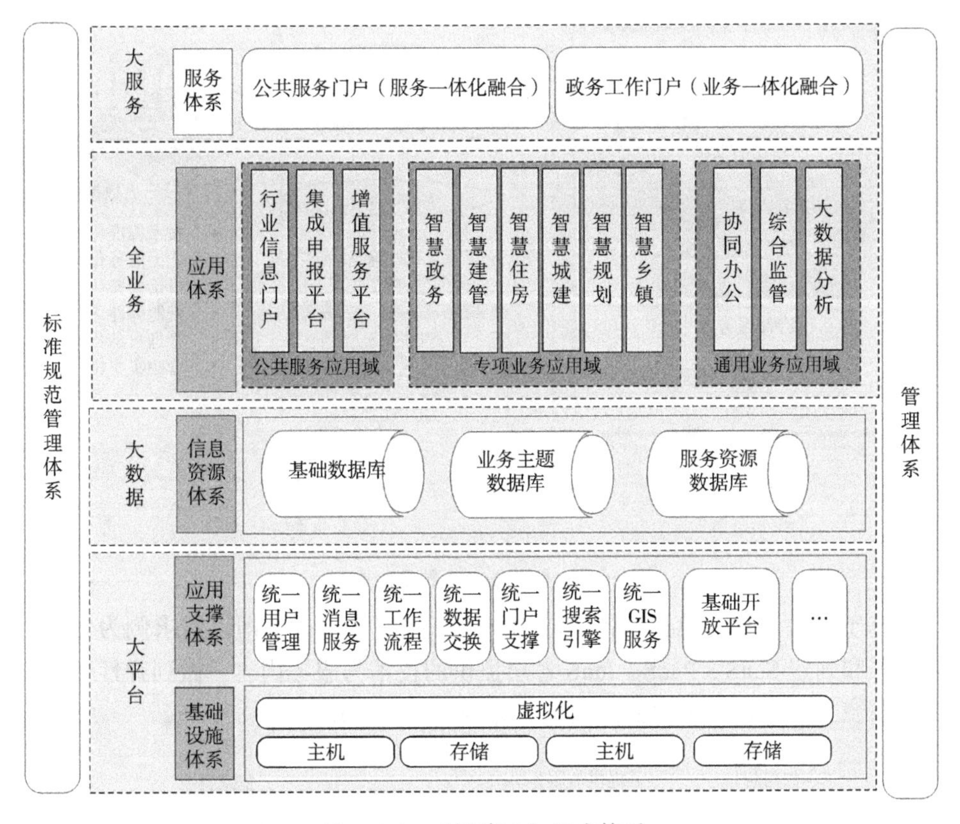

图 7-6-4　“绿建云”组成体系

支撑“绿建云”平台的技术体系路线采用“洋葱”模型构建，自里向外对各层描述如下：

第 0 层：核心技术体系，这是位于最里面的中心层，包括：云、大数据、人工智能、建筑工业互联网、区块链。

第 1 层：次核心技术层，包括：物联网、通信（4G/5G/IPv6 等）、北斗系统、勘察设计、工程测量、绿色施工、建筑节能技术、环保技术、绿色生产技术等。

第 2 层：可不断扩充、拓展……

云计算模型能以按需方式，通过网络，方便地访问云系统的可配置计算资源共享池（比如：网络、服务器、存储、应用程序和服务），同时它以最少的管理成本及最少的与供应商的交互，迅速配置、提供或释放资源。

“绿建云”平台技术架构及技术优势如图 7-6-5 所示：

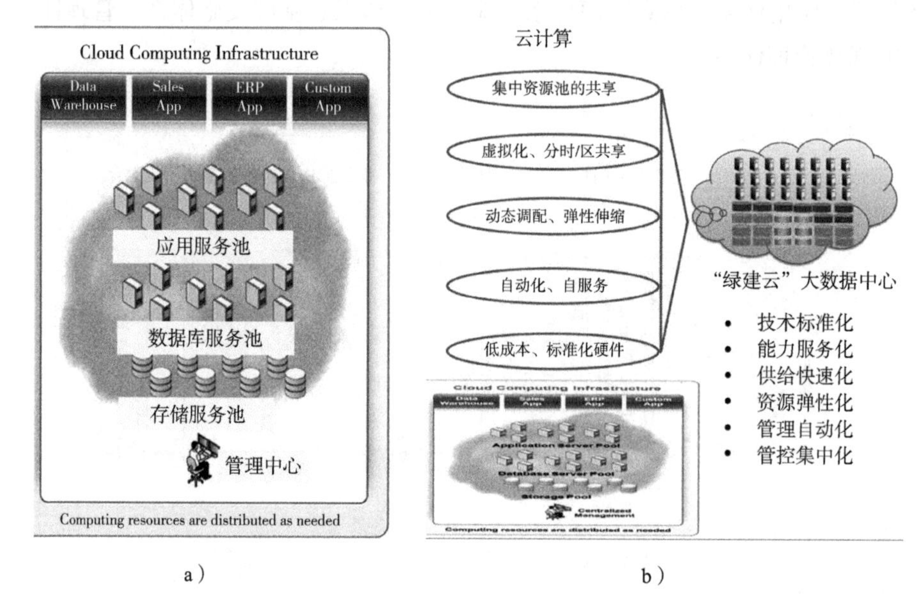

图 7-6-5 “绿建云”技术架构及优势

a）技术架构 b）技术优势

基于硬件及软件池构建各个应用系统，按照需求诉求即以需求侧为驱动力来设计和确定 SaaS、PaaS、IaaS 各层提供的技术与服务内容，做到弹性供给、节省资源，最终做到供需最优匹配，如图 7-6-6 所示。

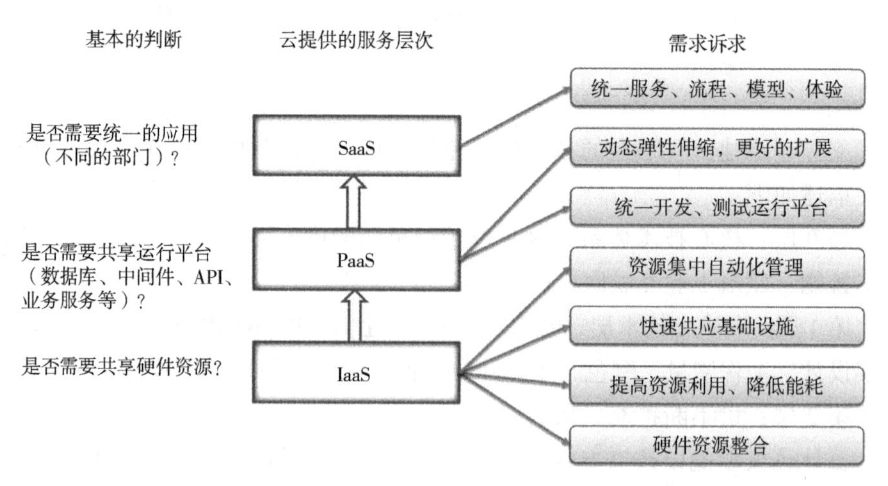

图 7-6-6 以需求为牵引的“绿建云”技术层次设计

“绿建云”的目标及定位：IDC 是“绿建云”的物理托管环境，如

图 7-6-7 所示，包括机房设施、网络和计算机硬件设备（包括服务器、存储设备、防火墙等安全设备）。IDC 的选择标准首先是国际标准 T3 以上，第二要求硬件设备的兼容性，并不要求统一品牌，以防止厂家垄断。除非本地政府有硬性要求或存量数据中心资源，“绿建云”平台主要部署在天津超算中心的数据中心环境中。应用的部署需要支持跨地域、多等级、多厂商设备建设运营，要支持多数据中心管理、提供技术支持和运维服务能力。

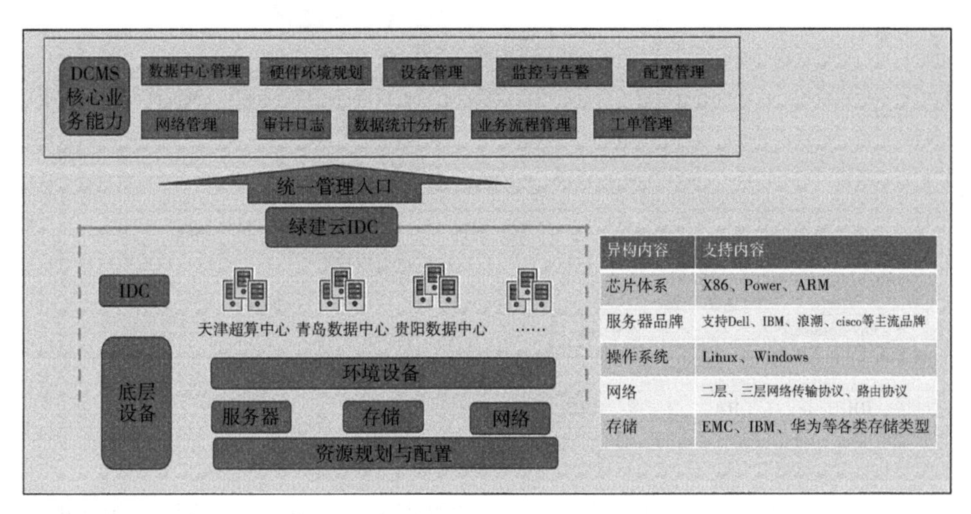

图 7-6-7　“绿建云”的物理托管环境

各技术逻辑层的定位及服务目标如图 7-6-8 所示。

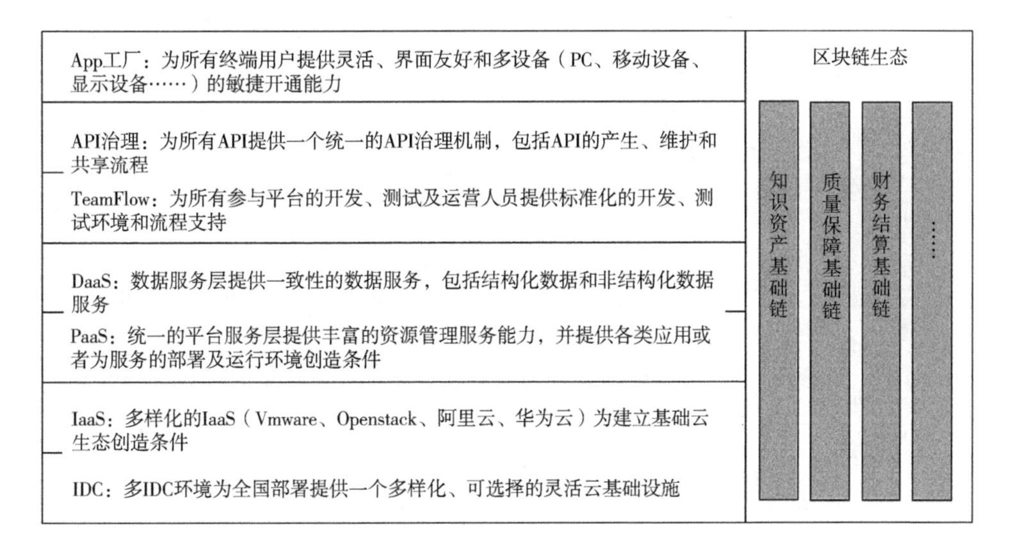

图 7-6-8　“绿建云”各技术层的定位

技术架构的 IaaS 层负责云计算硬件资源的管理、虚拟化和动态开通，如图 7-6-9 所示。IaaS 平台应具备对异构 IDC 环境及其设备的综合运营管理能力，包括异构硬件设备的管理、异构网络的接入能力、异构系统的部署等。

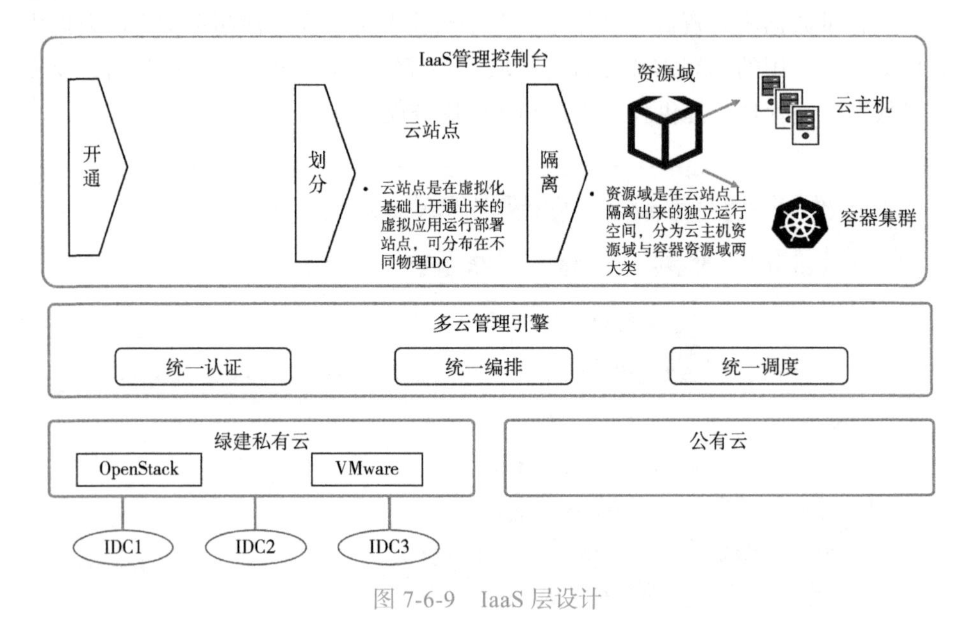

图 7-6-9 IaaS 层设计

技术架构的 PaaS 层通过对系统资源的管理和虚拟机（容器）资源的调度，为多应用生态提供标准化的开放式部署和运营环境，如图 7-6-10 所示。

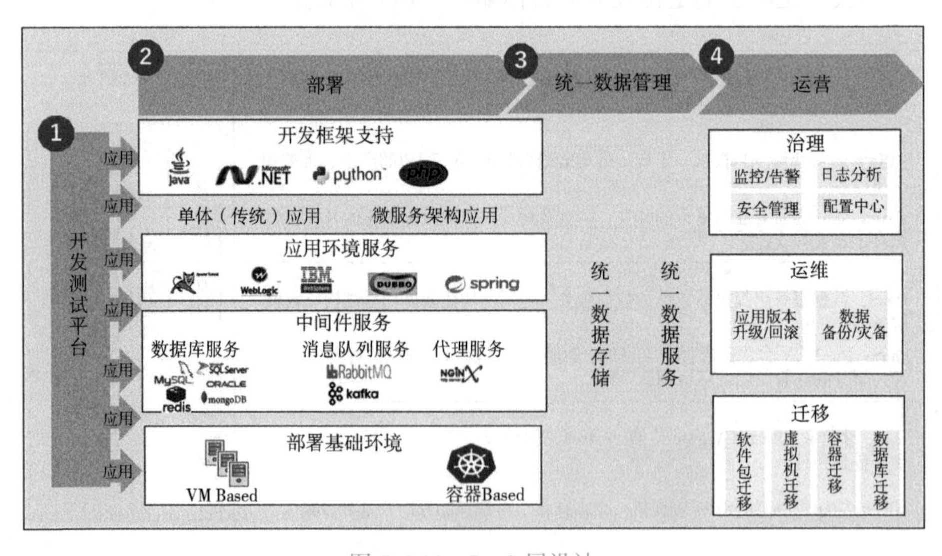

图 7-6-10 PaaS 层设计

技术架构的数据服务层（DaaS）是应用逻辑与数据解耦的关键。通过应用逻辑和数据的解耦，实现业务逻辑的持续优化和数据的持续沉淀，如图 7-6-11 所示。

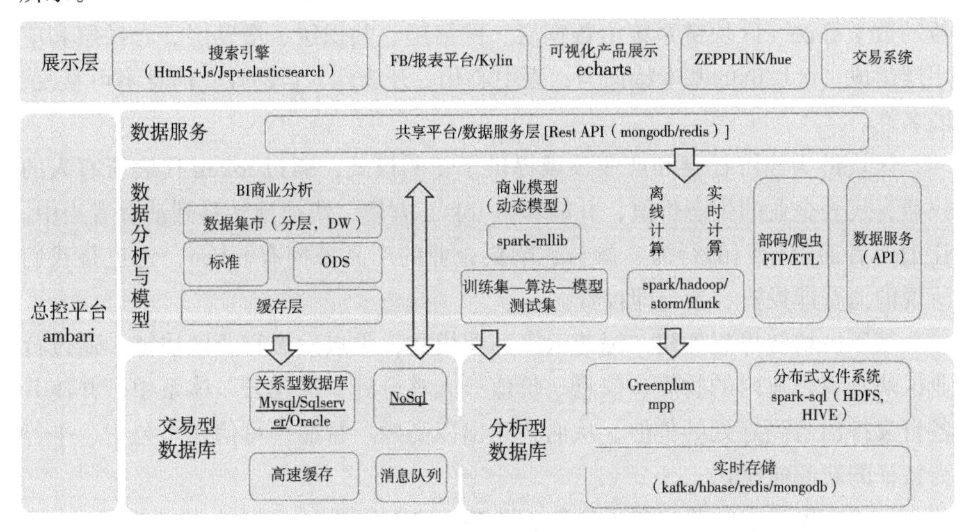

图 7-6-11　DaaS 层设计

“绿建云”平台提供 App 商店功能，其技术实现如图 7-6-12 所示。

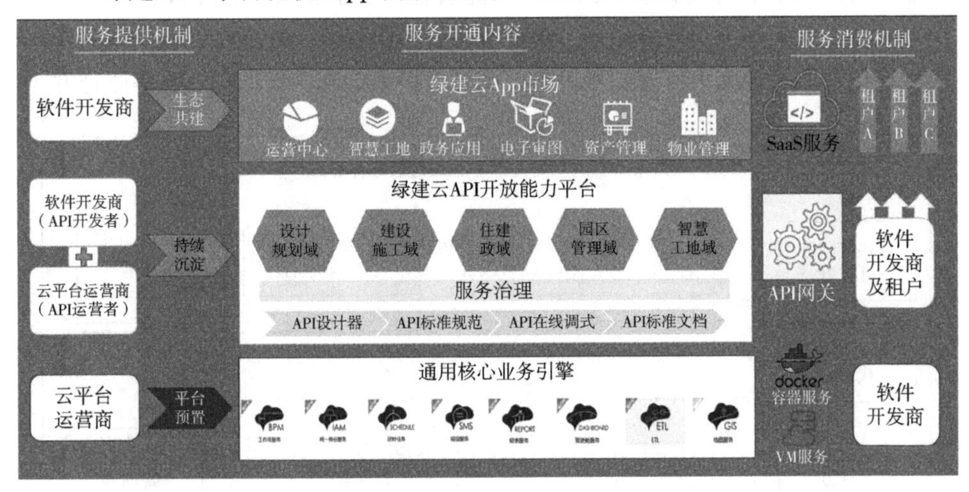

图 7-6-12　“绿建云”App 商店

7.6.3　基于区块链的绿色智慧城市商业模式

区块链是一种按照时间顺序将数据区块以顺序相连的方式组合成的一种链

式数据结构，并以密码学方式保证的不可篡改和不可伪造的分布式账本。区块链是分布式数据存储、点对点传输、共识机制、加密算法等计算机技术的新型应用模式。所谓共识机制是区块链系统中实现不同节点之间建立信任、获取权益的数学算法。区块链系统由数据层、网络层、共识层、激励层、合约层和应用层组成。区块链的基本特征为：去中心化、开放性、自治性、信息不可篡改、匿名性。

区块链为经济社会和产业领域提供了新的模式，通过 token 代表所有人的权益，代表企业的生态价值，并能够将 token 方便、快捷地转移到消费者当中。让消费者通过他们的行为、参与、购买企业的产品来拥有 token，这也是我们所说的消费即投资、参与即投资。

基于区块链思想构建"绿建云"商业模式，重点发展行业区块链，通过行业区块链将行业内的物质、信息、价值、人整合到"绿建云"体系中，并使其各自发挥出恰到好处的价值，从而构建出以高效、智能、可信任、公正、平等为特征的新商业模式。

区块链模式中的角色和子角色（图 7-6-13）包括：

区块链服务提供方：服务运营管理者、服务部署管理者、服务管理者、服务业务管理者、服务支持者、跨链服务提供者、安全和风险管理者。

区块链服务客户：服务用户、服务管理者、服务业务管理者、服务集成者。

区块链服务关联方：服务开发方、服务代理方、服务审计方、服务监管方。

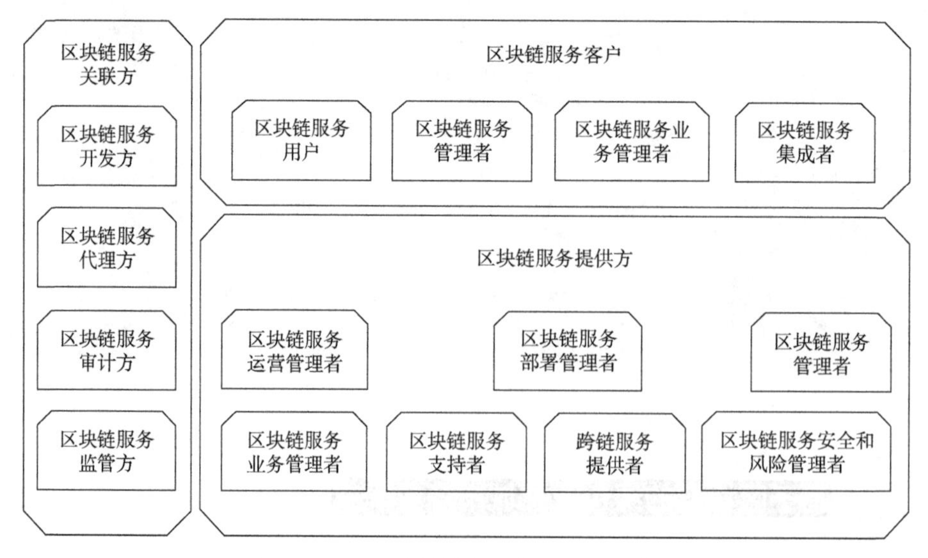

图 7-6-13 区块链模式中的角色和子角色

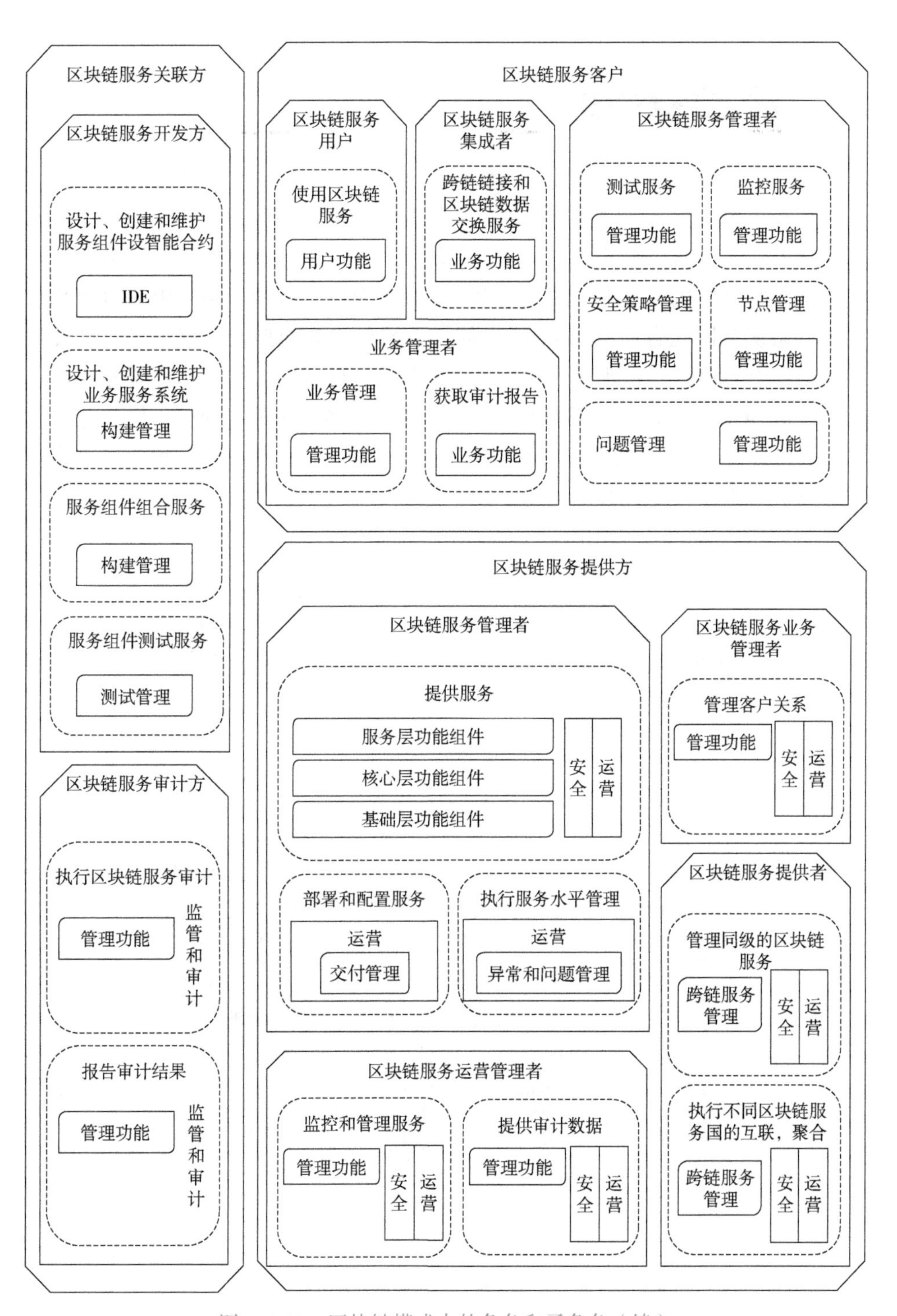

图 7-6-13　区块链模式中的角色和子角色（续）

7.6.4 “绿建云”部署

云计算一般有 4 种部署模式：私有云、社区云、公有云、混合云。

私有云是指企业独立拥有或独立承租的云系统；社区云是指在特定社区内共享的云系统，如：由某公司及其合作伙伴共同承建并分享使用的云系统；公有云是指面向公众开放租售的大规模云系统；由以上三种云系统中的两种及以上的云系统共同配合而提供 IT 能力的云系统称为混合型云系统。“绿建云”平台根据当地政府、企业及公众需要，采取多种模式结合的综合部署方式，如图 7-6-14 所示。同时又做到能够满足个性化、定制化服务，即：提供私有云和公有云两种解决方案供客户选择；提供全面、集成的 SaaS、PaaS 和 IaaS 产品；让客户根据业务需要采用云。

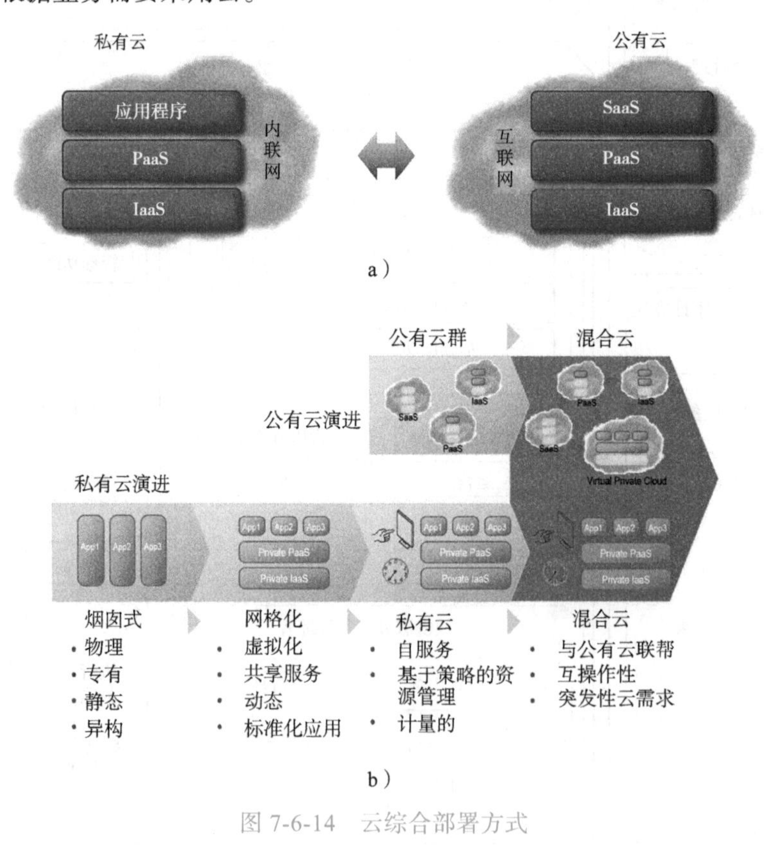

图 7-6-14 云综合部署方式

a）私有云和公有云 b）多种云部署方式

从公有云的视角来看，“绿建云”平台隶属于北京的“住建云”平台，与北京“住建云”共享信息、协同工作，同时也可与今后发展起来的全国“住建云”子平台共享信息、协同工作。

“绿建云”还具有较强的渗透性，可从建筑行业扩展成为各产业领域和商业消费领域网络化、智能化升级必不可少的基础设施，实现产业上下游、跨领域的广泛互联互通，打破“信息孤岛”，促进集成共享，并为保障和改善民生提供重要依托。同时，发展“绿建云”及其连接的智慧城市互联网，有利于促进网络基础设施演进升级，推动网络应用从虚拟到实体、从生活到生产的跨越，极大拓展网络经济空间，为推进网络强国建设提供新机遇。

第8章 智慧管网

近年来，各地由地下管网问题引发的城市内涝、道路塌陷、管线爆裂等事故呈高发态势。由于无法精准全面掌握地下管线的基本信息，没有很好实现管网的智能化监测与智慧化管理，城市道路屡屡“开膛破肚”，“马路拉链”现象严重。消除地下管线隐患的重要手段是采用智慧化管控系统，这也是智慧城市建设管理的重点。本章从管网智能化监测与管理角度，为地下管网问题引发的城市问题提供解决方案。本章主要内容包括：城市地下管线发展历程与现状，城市地下管线智慧管控系统核心技术，供水、供热、燃气管网智慧管控系统。

8.1 城市地下管网发展历程与现状

城市地下管线是指城市范围内供水、排水、燃气、热力、电力、通信、广播电视、工业等管线及其附属设施，是保障城市运行的重要基础设施和“生命线”。国务院两次对住房和城乡建设部就城市地下管线管理工作做出重要批示，要求住房和城乡建设部牵头对城市地下管线统一规划，拟定《城市地下管线管理条例》，住房和城乡建设部颁布了《城市地下管线工程档案管理办法》。国务院办公厅在《关于加强城市地下管线建设管理的指导意见》（国办发〔2014〕27号）中规定我国地下管网建设管理的目标任务为：2015年底前，完成城市地下管线普查，建立综合管理信息系统，编制完成地下管线综合规划。力争用5年时间，完成城市地下老旧管网改造，将管网漏失率控制在国家标准以内，显著降低管网事故率，避免重大事故发生。用10年左右时间，建成较为完善的城市地下管线体系，使地下管线建设管理水平能够适应经济社会发展需要，应急防灾能力大幅提升。

1833年，巴黎为了解决地下管线的敷设问题和提高环境质量，开始兴建地下综合管廊。1933年，苏联在莫斯科、列宁格勒（圣彼得堡）、基辅等地修建了地下综合管廊。1953年，西班牙在马德里修建地下综合管廊。我国地下管线的发展可追溯到1958年天安门广场下铺设的1000多米综合管廊，以及2006年在中关村西区建成的第二条现代化综合管廊。1994年，上海市政府规划建设了浦东新区张杨路综合管廊，全长11.125km。我国与新加坡联合开发的苏州工业园基础设施建设，经过10年的开发，地下管线走廊也已初具规模。2015年，我国开始实施《城市综合管廊工程技术规范》（GB 50838—2015），全面开展地下综合管廊设施建设事业。

地下综合管廊，就是地下城市管道综合走廊（图 8-1-1）。即在城市地下建造一个隧道空间，将电力、通信、燃气、供热、给水排水等各种工程管线集于一体，设有专门的检修口、吊装口和监测系统，实施统一规划、统一设计、统一建设和管理，是保障城市运行的重要基础设施和“生命线”。它是实施统一规划、设计、施工和维护，建于城市地下用于铺设市政公用管线的市政公用设施。经统一规划布局，将各种地下管线装进综合管廊里，管线需要维修时不用开挖道路，维修人员和工程车只需要从检修通道进入地下管廊就可施工，既不会影响路面交通，又能减少反复开挖导致的浪费，同时还有利于节约集约用地，减少路面井盖设施，降低管线维护成本，延长管线使用寿命。

图 8-1-1　地下综合管廊

近年来，各地由地下管网问题引发的城市内涝、道路塌陷、管线爆裂等事故呈高发态势。由于不掌握地下管线的基本信息，城市道路屡屡“开膛破肚”，不少城市出现群众反映强烈的“马路拉链”。住房和城乡建设部城市建设司副司长刘贺明说:“随着城镇化的快速推进，城市地下管线的数量和规模越来越大，构成状况越来越复杂。地下管线到底是什么样，目前看，恐怕没有哪个城市能完全说清楚。”消除地下管线隐患的重要手段是采用智慧化管控系统，这也是智慧城市建设管理的重点。

管网受压不均、管道老化等原因造成各类管道事件，典型的如燃气管道爆炸、水管网爆裂等，都给城市生活带来重大不良影响（图 8-1-2、图 8-1-3）。

福州挖掘机引起燃气管道爆炸

青岛燃气管道爆炸

图 8-1-2 燃气管道爆炸事件

北京一水管网爆裂

香港一水管网爆裂

城市水管网爆裂一般现象

城市水管网爆裂抢修

图 8-1-3 水管网爆裂事件

8.2　城市地下管网智慧管控系统

城市地下管线传统管理暴露出的问题有：

1）文档资料易缺失。

2）标识易损。

3）维修困难。

4）抢修时不能准确定位管网故障点。

城市地下管线智慧化管理的核心思想有：

1）采用智能自动化系统技术。

2）采用云、大、物、移、AI 新一代信息技术。

3）物、人、信息高度共融。

4）系统安全、可靠。

传统方法与现代智慧化方法的对比如图 8-2-1 所示。

a）

机器人巡检

在线监测

b）

图 8-2-1　城市地下管线传统方法与现代智慧化方法对比

a）传统方法：人工巡检　b）现代方法：智能巡检

地下管网智慧管控系统采用多参数传感器作为感测单元，实时感知地下管线周界土壤中温度、湿度以及管线内压力等参数变化情况，并通过无线信息传输技术自动将数据远传至后台中心系统。系统分析数据及预警，及时发现管线的异常状态并进行泄漏检测与定位，维保人员根据定位导航至管线段，结合RFID 快速处理故障节点，减少损失。同时系统实现覆盖管线全生命周期及动态与静态多数据融合的三维可视化管理，保障地下管线的安全运行。结合地理信息系统（GIS）技术、数据库技术和三维技术，直观显示地下管线的空间层次和位置，以仿真方式形象展现地下管线的埋深、材质、形状、走向以及工井结构和周边环境（图 8-2-2）。与传统管线平面图相比，极大地方便了排管、工井占用情况、位置等信息的查找，为地下管线资源的统筹利用和科学布局、管线占用审批等工作提供了准确、直观、高效的参考。

图 8-2-2　城市地下管网可视化效果

城市地下管网智慧管控系统组成一般为：调度中心、通信系统、智能终端、压力 / 流量 / 温度 / 湿度 / 浓度监测与变送器、位置传感器。

主要包括以下功能模块：

1）规划数据管理。

2）规划设计审核。

3）模拟规划设计。

4）管线统计分析。

5）规划分析。

6）管线节点信息监测、预警及管理。

7）管线应急处置。

8）反馈规划设计，提供改进建议。

城市地下管网智慧管控系统的核心技术（也是技术难点）包括以下几个方面：管线信号采集、物联网传输与通信、电源与供电、移动机器人检测。

1. 管网信号采集

管线 RFID 定位标识器（RFID 标签）内部的 ID 码是定位器埋设地点的唯一身份码。已在实际工程中应用的管线 RFID 定位标识器产品如图 8-2-3 所示。

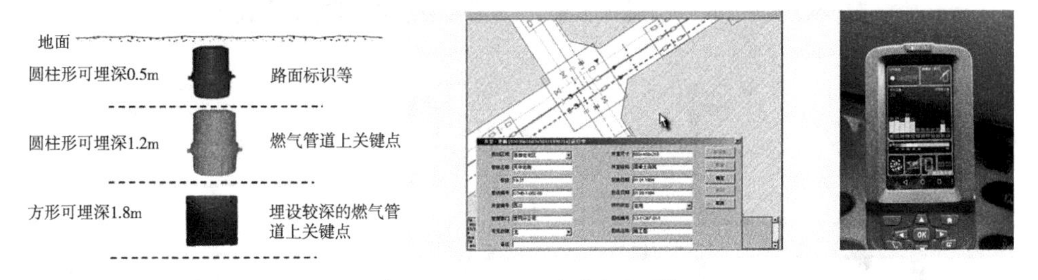

图 8-2-3　RFID 定位标识器

RFID 定位标识器安装方法如图 8-2-4 所示。

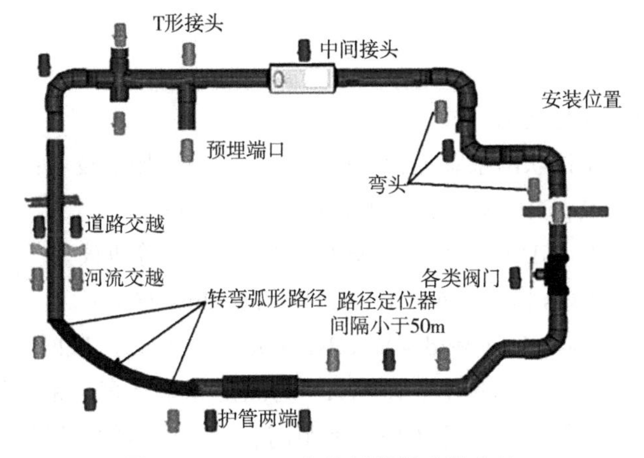

图 8-2-4　RFID 定位标识器安装方法

定位标识器埋设在地下管线的关键点或关键设施附近，与地下管线的诸多资料（如地下管线名称、缆沟管理单位、起点、终点、缆沟内电缆数、管线详细信息和直埋电缆在该点的埋设深度等）建立起一一对应关系，然后将详细的属性信息（自动生成经纬度）上传到后台服务器并自动在地图上生成位置点，最终生成地图路由。

一些关键参数的检测、获取方法如图 8-2-5 所示。

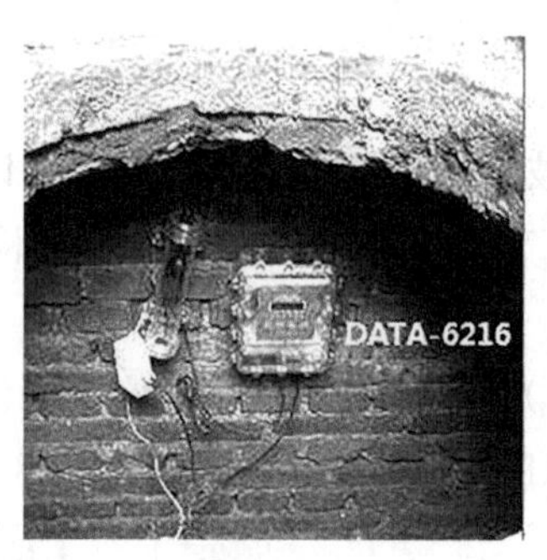

a）

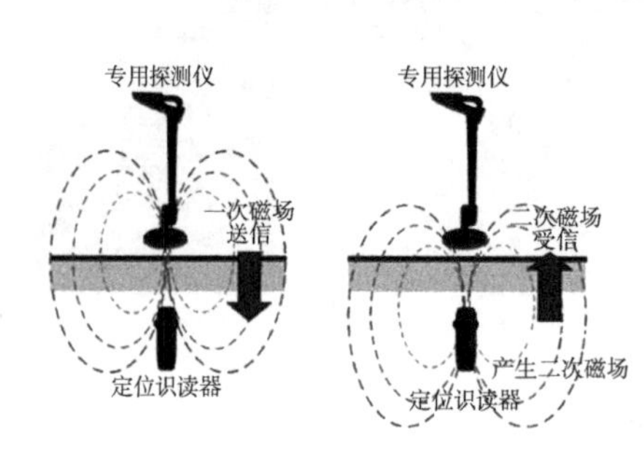

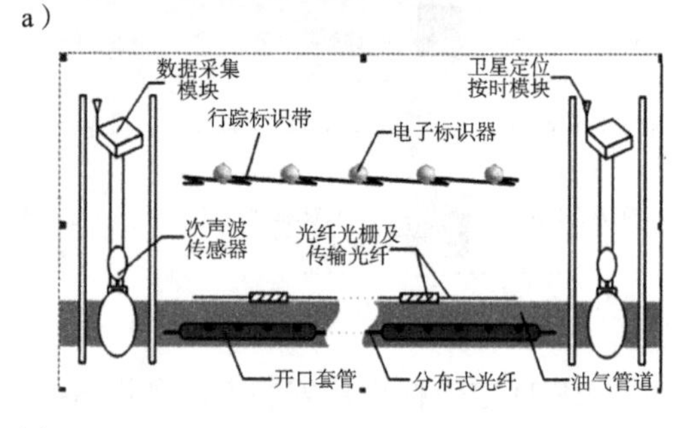

b）

图 8-2-5　管网关键参数采集

a）管网压力检测　b）管网节点位置数据采集

2. 物联网传输与通信

管网智慧管控物联网系统远程终端通信一般采用如下技术：

1）支持 10Mbps/100Mbps 两种方式接入 Internet。

2）支持 TCP、UDP、PPP、ICMP、DNS、FTP 等协议。

3）支持 ModBus 协议（ASCII、RTU、Modbus TCP）。

LPWAN（Low-Power Wide-Area Network，低功耗广域网）是目前和今后若干年重点采用的物联网技术。LPWAN 为满足越来越多远距离物联网设备的连接需求而生，为低带宽、低功耗、远距离、大量连接的物联网应用而设计。LPWAN 可分为两类：一类是工作于未授权频谱的 LoRa、SigFox 等技术；另一类是工作于授权频谱下，3GPP 支持的 2G/3G/4G/5G 蜂窝通信技术，比如 EC-GSM、LTE Cat-m、NB-IoT 等。433MHz 属于免申请使用频段，终端之间自组网无线连接，无须通信费用。

LoRa 是目前应用最为广泛的 LPWAN 网络技术之一，在智慧管线系统中已经广泛应用。LoRa 技术源于 SemTech 公司。

LoRa 无线技术的主要特点如下：

长距离：1~20km。

节点数：万级，甚至百万级。

电池寿命：3~10 年。

数据速率：0.3~50kbps。

LoRa 信号对建筑的穿透力很强。LoRa 基于 Sub-GHz 的频段使其更易以较低功耗远距离通信，可以使用电池供电或者其他能量收集的方式供电。LoRa 的技术特点决定了其适合于低成本、大规模、通信频次低、数据量不大的物联网部署。

超低功耗抄表典型产品：0.1W LoRa 无线数传模块（图 8-2-6 和图 8-2-7）。

传输距离：	视距3~5km
调制方式：	LoRa扩频
载波频率：	可选433M/490M/868M/915M
频道数量：	频段范围内任意设置频率值
数据接头：	2.54插针，可不焊
通信接口：	3.3V TTL电平
通信协议：	透明传输（所收即所发）或星形组网
数据流向：	半双工（可发可收，但收发不同时）
数据格式：	1个起始位，8个数据位，1个停止位
校验方式：	可设：无校验（默认）、奇校验、偶校验
串口速率：	1200~57600bps，默认9600bps
无线速率：	293~21880bps，默认537bps
天线接头：	SMA母头，阻抗50Ω，可不焊
供电电压：	可选3.3V或5V，订购时注明
发射功率：	≤0.1W(20dBm)，7级可调
接收灵敏：	–135dBm@500bps
功耗大小：	发射≤120mA，接收≤15.2mA，休眠≤3.9μA
休眠时间：	可选长/短两种周期，购买时注明，默认长周期； 长周期可设：2s、4s、6s、8s、10s； 短周期可设：200ms、400ms、600ms、800ms、1000ms
呼吸时间：	可设：2ms、4ms、8ms、16ms、32ms、64ms
工作环境：	–40℃ ~ +85℃，10%~90%相对湿度无冷凝
外观尺寸：	裸板 34.2mm × 18.4mm × 7mm

图 8-2-6　超低功耗抄表　LoRa 无线数传模块

关键技术特点和参数如下：

远距离无线控制，模拟量无线传输，开关量无线传输。

图 8-2-7　LoRa 无线模块

窄带物联网抗干扰技术，免编程，无须挖沟布线。

无线 4~20mA 变送器。

传输距离：0.01~20km。

接口：X 路开关量输入输出 /Y 路模拟量输入输出。

❖　**LoRa 应用案例**

在城市里，一般无线距离范围在 1~2km，郊区或空旷地区，无线距离会更远些。网络部署拓扑布局可以根据具体应用和场景设计方案。一个网关可以连接多少个节点或终端设备，以 SX1301 网关为例：一个 SX1301 有 8 个通道，使用 LoRaWAN 协议每天可以接收约 150 万数据包（Semtech 官方解释）。如果应用每小时发送一个数据包，那么一个 SX1301 网关可以处理大约 62500 个终端设备。

3. 电源与供电

管网智慧管控系统的供电有两类方式，一类是市电供电方式，如图 8-2-8 所示；另一类是太阳能、高能锂电池组供电方式，如图 8-2-9 所示。

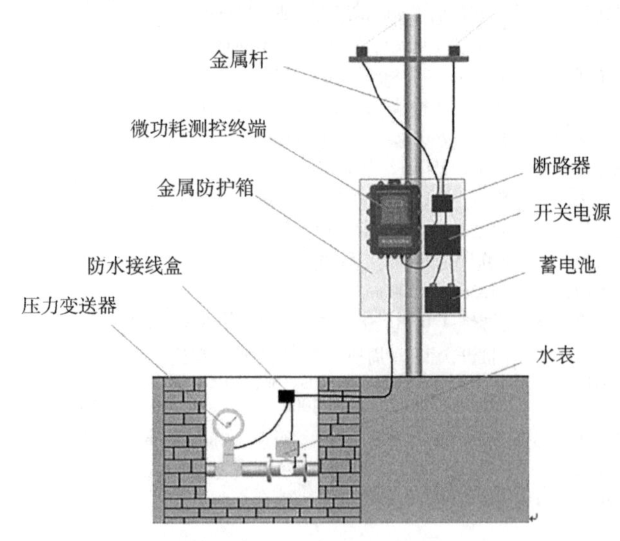

图 8-2-8　市电供电方式

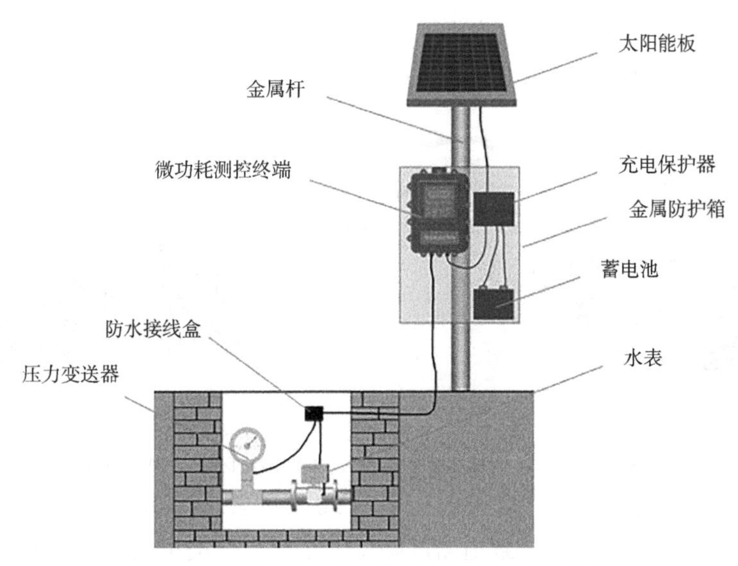

图 8-2-9　太阳能、高能锂电池组供电方式

4. 移动机器人检测

近年来，管线检测系统逐渐出现了机器换人的趋势（图 8-2-10），这与现场环境的特殊性和恶劣性有着非常密切的关系。地下空间现场环境的特殊性体现在：

1）有害气体泄漏时，无法完全保证施工人员的安全。

2）无法检测地质沉降，无法检测管道变形状况。

3）检测结果无法生成报告，给后续的保养与维修提供依据。

4）人工成本高、效率低。

图 8-2-10　地下空间现场环境的特殊性催生了机器换人

管线检测（图 8-2-11）、修复（图 8-2-12）、维保机器人是目前智慧管网系统常用的移动机器人。

图 8-2-11　污水管线检测机器人　　图 8-2-12　管道修复机器人

污水处理管线作为城市基础设施之一，在环境保护与环境卫生维护中起着重要作用。近老化下水道（掩埋时间长于 50 年的管道）和掩埋时间长于 30 年的管道的增加，将有可能导致道路沉降。为了避免此类事故，需要城市管理者能够掌握排水管网的实时检测数据并采取有效的管控措施。

因为降雨和冲洗街道等原因，会把树枝、不规则石块等冲入下水道，但是这些东西不会轻易随着流水进行流动，长期滞留管道内部，容易导致管道破损、堵塞等情况。但是由于下水道狭窄，人员无法进入手动清除这些障碍，这时候就需要使用管道修复机器人来解决。管道修复机器人具备超强气动切割系统，稳定的操作系统和稳固的底盘。一种车体可以同时满足 200~800mm 的管径需求，可应用在各种苛刻环境下。当把机器人车体送入下水道后，车体前端的摄像头就能把管道内部情况画面实时传输到地面显示器上，操作员通过控制器可以控制车体在管道内爬行前进。当确定障碍物位置后，就能够通过车体搭载的切割系统，对障碍物进行切割处理。把障碍物切割成一小块一小块后，就能随着流水排出下水道，这样就避免了管道破损和堵塞。

管道修复机器人的应用场景包括：PVC、混凝土、灰铸铁等材质的市政供水、污水管道；各种塑胶和金属材质的工业燃油、燃气管道。

系统组成：由驱动系统、控制系统、感知系统、电池等组成。携带高清数字相机、热成像仪及各种气体传感器。热成像仪、高清相机对管廊 / 管道进行检测；管道出现火灾时，自动报警；管道内水位超标时，自动报警，阻止水从检查井溢出。

8.3 供水、供热、燃气管网智慧管控系统

城市供水管网智慧管控系统是为城市供水管网的安全、可靠、平稳、高效、经济运行而设计的数据监测和运行控制系统。可将自来水公司管辖下的取水泵站、水源井、自来水厂、加压泵站、供水管网等重要供水单元纳入全方位的监控和管理。供水管网远程监控的主要参数为：温度、压力、流量、阀门状态。典型的城市供水管网 SCADA 系统架构如图 8-3-1 所示，城市供水管网监控界面如图 8-3-2 所示。

终端功能：

1）采集管网压力、流量、流向、电池电压等数据。

2）将采集数据主动上报到调度中心；支持定时上报和监测数据超限上报。

3）支持多种供电方式：电池供电、太阳能供电、市电供电。

4）大容量可充电电池供电、太阳能供电、市电供电条件下支持调度中心随时问询。

5）采用 GPRS、短消息无线通信方式。

图 8-3-1 城市供水管网 SCADA 系统

6）现场可存储、显示、查询压力、流量等数据及工作参数。存储数据不少于1万条。

7）数据存储间隔、数据上报间隔可以设置。

8）防水防潮等级高，测井内安装时：IP68。

9）4节高能电池可发送数据不少于1万条，100Ah可充电电池充电1次可使用3~4个月。

10）为现场压力变送器提供直流电源：5V、12V、24V。

11）支持远程升级设备程序、设定参数。

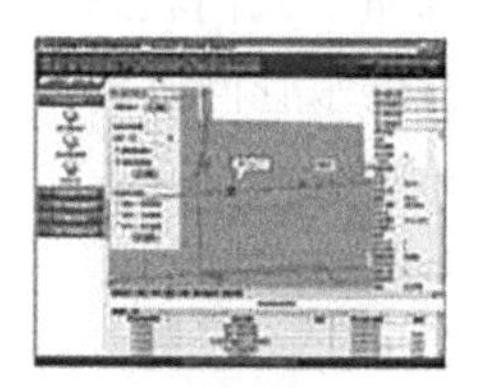
地下管网事故连通分析

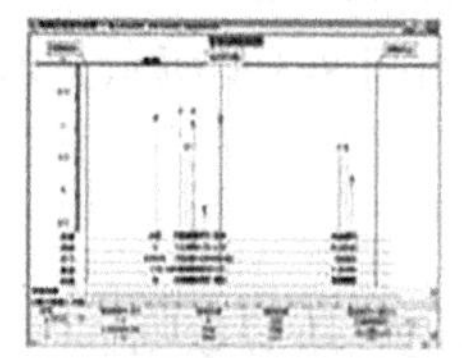
地下管网横断面图

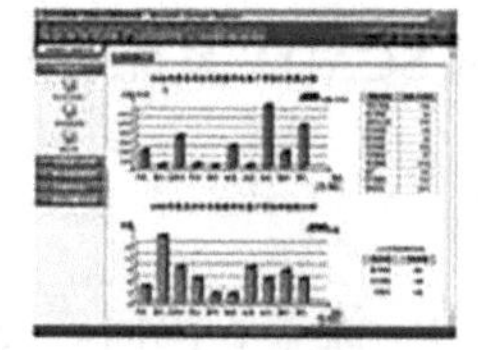
地下管网统计信息

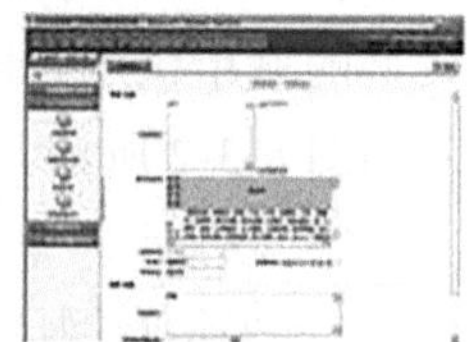
地下管网数据共享申请

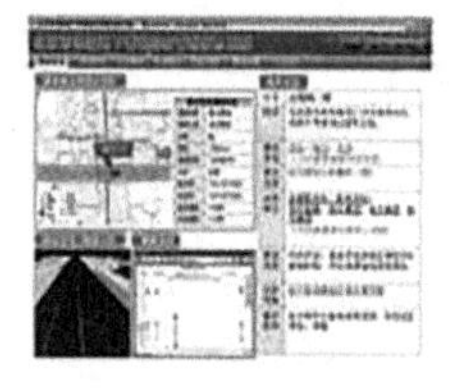
地下管网事故情况报告

地下管网事故发展模拟仿真

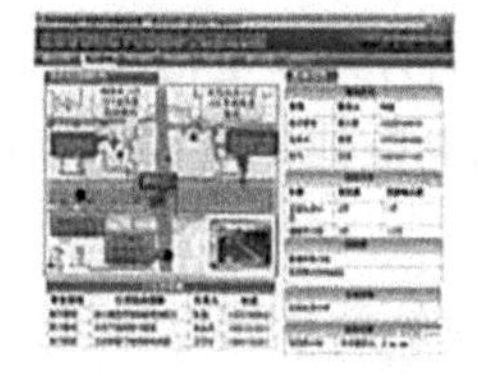
地下管网事故周边影响分析

地下管网历史事故规律分析

图 8-3-2 城市供水管网监控界面

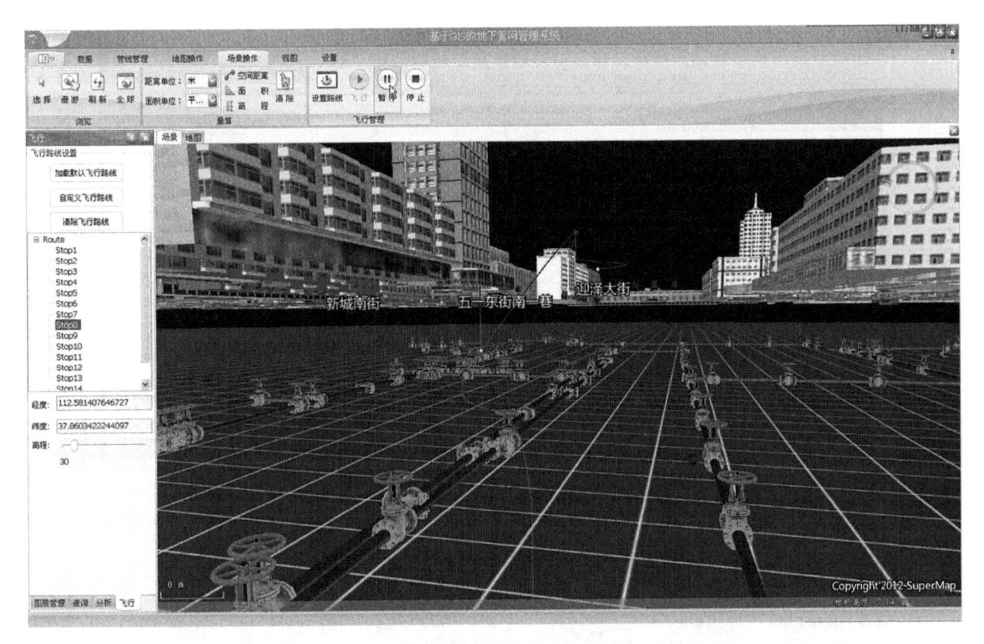

图 8-3-2　城市供水管网监控界面（续）

管理中心功能：

1）监测整个城市管网测点的压力、流量、流向、水质信息。

2）监测各水厂出厂流量、出厂压力、清水池水位、加压泵工作状态。

3）监测加压泵站的水池水位、进口压力、水泵工作状态、出口压力；远程控制加压泵的启停。

4）监测直供水泵工作状态、出口流量、出口压力；远程控制水泵的启停。

5）监测城市备用调节水池的水位。

6）生成每个测点的压力、流量数据曲线；生成每条管线压力分布曲线。

7）生成各种工作报表。

8）辅助预测、发现爆管事故；提供辅助决策建议。

9）存储、查询、对比历史数据。

10）远程维护监测设备。

11）辅助管理管网管道、阀门、变送器、流量计等设备。

城市供热管网智慧管控系统监测的主要参数有：温度、压力、流量、阀门状态。典型监控界面如图 8-3-3 所示。

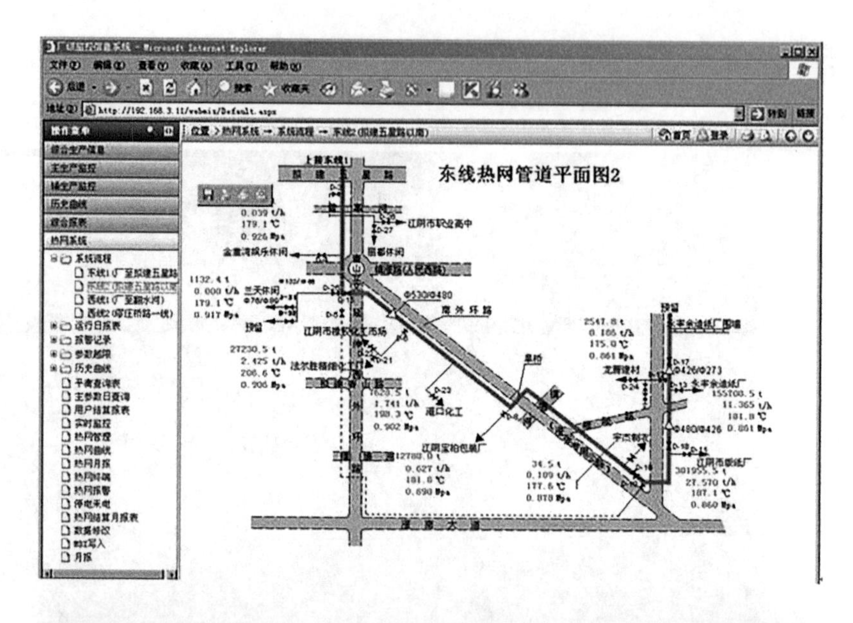

图 8-3-3　城市供热管网智慧管控系统

典型的燃气管网智慧管控架构如图 8-3-4 所示。

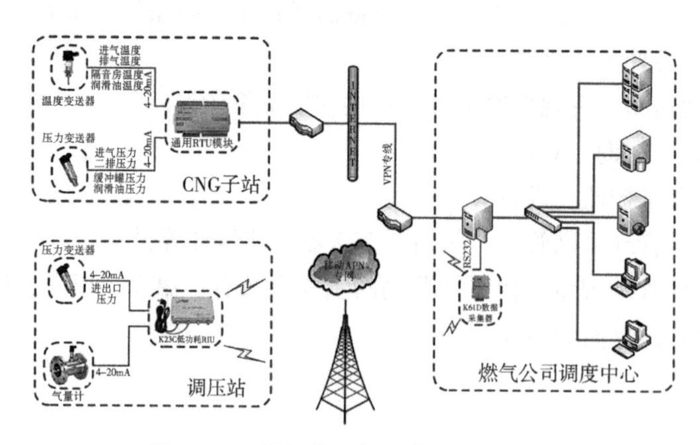

图 8-3-4　燃气管网智慧管控系统架构

家庭燃气检测与报警系统的架构及关键装置如图 8-3-5 所示。

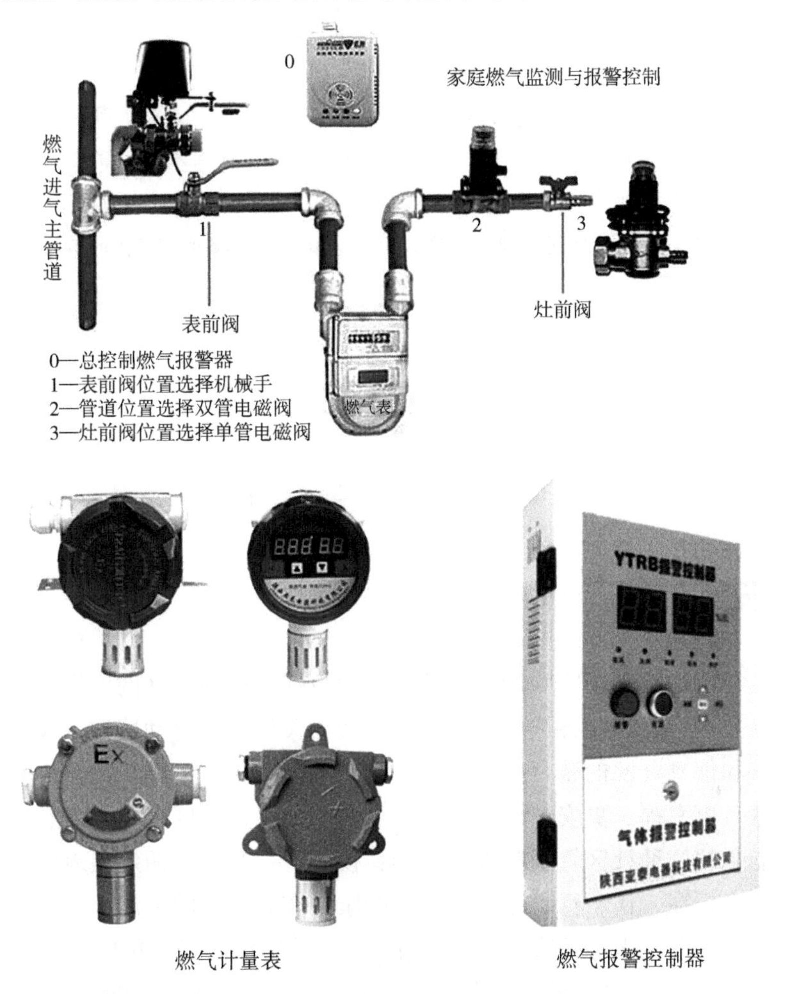

图 8-3-5　家庭燃气检测与报警系统

第9章 智慧社区

广义上看，智慧社区也是智慧建筑的一种理论与实践形态。本章内容包括：智慧社区内涵、特征及架构，智慧社区核心技术，智慧社区平台建设架构，智慧社区应用系统功能设计，智慧社区平台接口及应用接入方法，智慧社区云平台，智慧社区建设运营管理模式，力图从全方位角度阐释智慧社区，为智慧社区建设提供可实操的解决方案。

9.1 内涵、特征及架构

9.1.1 内涵与目标

智慧社区是指利用物联网、云计算、大数据、移动互联网、智能终端等新一代信息技术，通过对各类与居民生活密切相关信息的自动感知、及时传送、及时发布和信息资源的整合共享，提升社区治理和小区管理现代化，让居民生活更智慧、更幸福、更安全、更和谐、更文明，促进社区公共服务和便民利民服务智能化的一种社区管理和服务的创新模式。智慧社区的发展表明了对人主体需求（吃、穿、住、行、游、养老、健康、宜居等）的关注，是城市向高质量、精致化、人性化发展的体现。《国家新型城镇化规划（2014—2020年）》要求：到2020年“城市社区综合服务设施覆盖率”要达到100%，这一指标也列入了《城乡社区服务体系建设规划（2016—2020年）》。“十三五”时期，各地将继续加大社区综合服务设施建设，力争到2020年，社区综合服务设施覆盖每一个城市社区，不留空白，不留死角，实现全覆盖。《民政事业发展第十三个五年规划》（民发〔2016〕107号）（以下简称《规划》）提出了5个方面的主要任务，包括保障基本民生、发展养老服务、提高社会治理能力和水平、服务国防和军队现代化建设、强化专项社会服务等。在养老服务领域，《规划》提出，积极开展应对人口老龄化行动，加快发展养老服务业，全面建成以居家为基础、社区为依托、机构为补充、医养相结合的多层次养老服务体系。具体而言，《规划》要求推进居家和社区养老服务，加强社区养老服务设施建设。新建城区和新建居住（小）区，按要求配套建设社区日间照料机构，并与住宅同步规划、同步建设、同步验收、同步交付使用。大力支持农村互助型养老服务设施建设。深化养老服务供给侧改革，积极支持社会力量举办养老机构。通过补助投资、贷款贴息、运营补贴、购买服务等方式，支持社会力量举办养老服务机构。

智慧社区应以人为本、全面感知、深度互联、智能协同、可持续发展。应打造一个统一的平台，设立城市社区大数据中心，提供社区云服务平台。应构建能够互联互通的多层次开放型网络，达到平台能力及其应用能力的可扩充、可再生。应创造面向未来的智慧社区系统框架，成为支撑智慧城市的关键节点。

智慧社区建设的总体目标：应按照科学的城市发展理念，利用新一代信息技术，在泛在信息全面感知和互联的基础上，实现人、物、社区功能系统之间无缝连接与协同联动的智能自感知、自适应、自优化，从而对民生、环保、公共安全、政府服务、商务活动等多种社区需求做出智能的响应，形成具备可持续内生动力的安全、便捷、高效、绿色社区形态。最终实现管理可视化、信息安全化、信息精准化、服务个性化、生活便利化、政务智能化、服务黏度化，并使以上环节之间实现高效的互联互通。

9.1.2 智慧特征

1. 智能化特征

智慧社区应综合采用契合应用系统需求的智能化、信息化技术，包括：人工智能、物联网（万物网）、云计算、大数据、移动互联网、地理信息、智能导航、卫星通信等。

2. 开放性特征

智慧社区应是一个开放性系统，由若干模块组成。这种开放性体现在两个方面，一是社区内部，模块间在纵向上、横向上均可互联互通；二是社区外部，社区总体对外应具备开放性接口，可与智慧城市其他系统互联互通。

3. 低碳节能特征

智慧社区应积极引入光伏、地热、风能等新能源，构建基于能源互联网思维的多能协同网络，实现横向多源互补，纵向源—网—荷—储协调运行，具备绿色、低碳特征；并利用低碳、可持续发展理念来引导、约束居民行为模式，以减少能源消耗、降低碳排放。

4. 生态海绵特征

海绵城市建设从大到小划分成四个子系统即四个层次：区域、城市、社区、建筑。海绵社区建设作为海绵城市建设中的重要一环，起着承上启下的关键性作用。海绵社区的建设效果应如海绵城市一样，在适应环境变化和应对自然灾害等方面具有良好的“弹性”，下雨时吸水、蓄水、渗水、净水，需要时将蓄存的水“释放”并加以利用。海绵型社区相较于传统社区，能够有效地蓄集、调配雨水，在硬质建筑景观和自然环境之间建立起有效联系，是未来智慧社区的发展方向。

5. 全生命周期特征

智慧社区应符合BIM的理念，把智慧社区工程项目涉及的规划、勘察、设计、施工、监理、运维全生命周期信息全部整合到一个建筑模型，使上下游数据实现共享。建议具备以下特点：设计三维可视化、施工组织可视化、设备可操作性可视化、机电管线碰撞检查可视化。

6. 地上地下全空间统筹特征

智慧社区应统筹考虑地上、地下空间，优化规划设计，系统性综合运维，有效避免社区马路“拉链”、空中“蜘蛛网”、管线繁复等问题。推荐建造社区地下综合管廊，即“社区地下管线综合体”，与城市市政管线统一规划，将给水、雨水、污水、供热、电力、通信、燃气、工业等各种管线集中放入其中。

7. O2O 特征

智慧社区应支持 O2O（在线离线 / 线上到线下）商业模式，以实现社区的信息惠民、便民服务。

8. 信息安全特征

智慧社区应具备保护居民隐私、必要的设施隐私的能力，社区云平台大数据应具备将共享数据与非共享数据划清界限的能力，社区数据必须是安全的。

9.1.3 类型

经过数年发展，目前智慧社区的主要开发建设运营类型有如下几种：

1. 政府主导型

政府在社区建设、管理、服务、决策支持系统中扮演主导角色。

2. 开发商主导型

开发商在社区建设、管理、服务、决策支持系统中扮演主导角色。

3. 服务企业主导型

服务企业在社区建设、管理、服务、决策支持系统中扮演主导角色。

4. 政商结合型

政府和服务企业在社区建设、管理、服务、决策支持系统中联合扮演主导角色。

5. 综合型

政府、开发商、服务企业协作、职责互补，共同完成社区建设、管理、服务、决策支持等重要事务。

9.1.4 系统层次及其功能

智慧社区层次结构如图 9-1-1 所示。

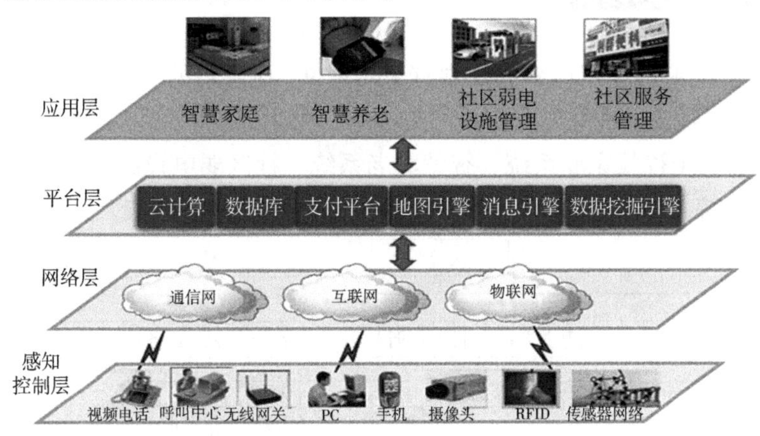

图 9-1-1　智慧社区层次结构图

1. 感知控制层

感知控制层具有感知、控制、传输三类功能。

感知功能：通过摄像头、RFID、温湿度传感器等各种社区和家庭传感器采集和处理数据，转换成系统所需信息后发送到网络层。

控制功能：通过手机、PC、iPad、执行器等设备发送控制命令给社区和家庭中的受控对象，完成对受控对象的控制。

传输功能：通过传感器网络、现场总线网络实现感知控制层内部信息传输与信息交互。通信介质包括有线和无线两种，通信距离包括短距离和长距离两类。

2. 网络层

网络层的功能：通过通信网、互联网、物联网共同组成的异构混合网完成感知控制层与平台层的互联互通。

3. 平台层

平台层的功能：直接支撑应用层。提供云计算、数据库、支付、地图引擎、消息引擎、数据挖掘引擎等平台型通用技术服务，实现跨应用系统的横向信息共享与集成。

4. 应用层

应用层的功能：按照功能属性的不同，划分为互不重叠的四部分，即智慧家庭应用、智慧养老应用、社区弱电设施管理应用、社区服务管理应用。四部分应用功能叠加后覆盖了智慧社区的完整应用。

9.1.5 系统架构设计

智慧社区平台应用体系的规划宜采用图 9-1-2 所示的“1+4+*N*”模块化三级组合模式，建设时宜遵照该模式。“1+4+*N*”中的模块指的是：1 个社区云平台，4 大应用系统（智慧家庭系统、智慧养老系统、社区弱电设施管理系统、社区服务管理系统），*N* 个隶属于 4 大应用系统的不同应用子系统。

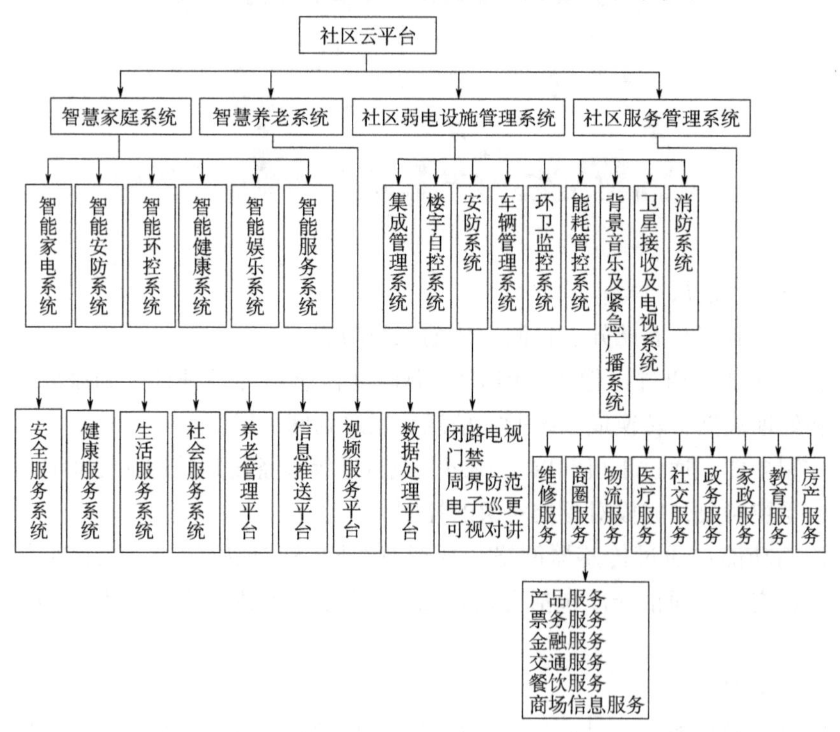

图 9-1-2 智慧社区体系建设的“1+4+*N*”模块化三级组合模式

在具体实施时，要注意把握具体模块的内涵、定位、技术特点，以做到智慧化升级。以智慧家居系统为例，目前受到热议的 App 技术似乎成为家居系统从“智能”越级到“智慧”的法宝。智慧社区领域世界知名企业负责人曾说：“智能家居产品如果仅是增加一个简单的 App，那只不过是一个遥控器”。固然，移动互联是智慧城市的关键技术之一，但这并不意味着加入该项技术就可以打上“智慧”标签。智慧家居除了配备各种升级的智能硬件外，最主要的是改进软件，而智能算法是软件的核心。这些智能算法与智能硬件协同工作，模仿人类认知世界、评价世界的方式方法，使物理系统具备人类的某些智慧特征，才称得上真正的智慧家居系统。具体地说：①智慧家居的硬件之间应具备能够模拟人类思维中联想特点的联动能力，如根据光照度传感器检测到的照度值自动调节灯具亮度；②智慧照明系统应能根据人在空间中的移动情况及时间段自动设定照明场景；③控制器应能自主记忆和学习以往设定参数并在类似需求下自动启动相关功能。总之，“智慧”是环境自适应，决策自主优化，主动学习、联想、记忆的集合体，目标是做到拟人智慧、舒适便捷、绿色环保。

9.2　核心技术

智慧社区的开发建设运营涉及一套核心技术体系，这套技术体系是支撑智慧社区的基础与关键。现对各项具体技术及应用到智慧社区的规划设计时应考虑的问题分述如下。

9.2.1　智慧交通技术

1. 新能源汽车和充电桩（站）

宜符合《电动汽车传导充电系统　第1部分：通用要求》（GB/T 18487.1—2015）《电动汽车传导充电用连接装置　第1部分：通用要求》（GB/T 20234.1—2015）、《电动汽车传导充电用连接装置　第2部分：交流充电接口》（GB/T 20234.2—2015）、《电动汽车传导充电用连接装置　第3部分：直流充电接口》（GB/T 20234.3—2015）、《电动汽车非车载传导式充电机与电池管理系统之间的通信协议》（GB/T 27930—2015）。

2. 绿色出行服务

应能通过社区综合服务平台、移动终端、信息发布系统等为居民提供可供选择的多种交通方式，为居民提供最优出行路径、出行方案信息，支持网约车服务。

3. 智能停车系统

应提供自动车牌识别、停车诱导、车位信息查询、移动支付停车费、自动泊车（可选）等先进功能。

4. 立体车库

支持立体车库技术在社区中的应用。

9.2.2 智慧能源技术

智慧社区建设应对低碳节能、绿色环保、循环经济给予足够重视，支持太阳能、空气能、地热、风能等多种新能源技术的引入，支持固废循环利用，向零能耗建筑、零能耗社区方向努力，通过构建多能互补的家庭和社区能源互联网实现智慧能源管控。

9.2.3 智慧物流技术

智慧社区应支持高效的物流系统，可引入智能快递投递箱，将快件暂时保存在投递箱内，将投递信息通过短信等方式发送用户，为用户提供 24 小时自助取件服务，解决快递末端“最后一公里”投递问题。智能快递投递箱基于嵌入式技术，通过 RFID、摄像头等各种传感器进行数据采集，然后将采集到的数据传送至控制器进行处理，处理完再通过各类传感器实现整个终端的运行，包括 GSM 短信提醒、RFID 身份识别、摄像头监控等。

9.2.4 智能服务机器人技术

智慧社区宜引入家庭服务机器人和社区服务机器人。机器人应具备人性化交互、运动控制和机器学习特性。

家庭服务机器人宜作为家庭物联网的核心信息中枢，从事家庭服务工作，包括维护、保养、修理、运输、清洗、监护等。家庭智能机器人包括电器机器人、娱乐机器人、厨师机器人、搬运机器人、陪护机器人、助理机器人、类人机器人等种类。

社区智能服务机器人宜包括保安巡逻机器人、社区 O2O 助理机器人等。

9.2.5 智能导航定位技术

智慧社区应支持智能导航定位技术，包括卫星导航定位、无线信号定位、传感器定位（支持多传感器信息融合）、混合定位。智能导航定位应建立在社区空、天、地立体空间感知基础上，通过空、天、地多种类型传感器组合实现导航信号采集与处理，通过远程、近程、有线、无线等多种方式综合实现导航信息传输。

9.2.6 社区大数据挖掘、智能分析、机器学习技术

智慧社区应具备大数据挖掘、智能分析、机器学习技术。社区大数据主要包括时空大数据、行为大数据、视频大数据。通过数据挖掘发现自然变化规律、人的行为规律、人的偏好、社会潮流、舆论趋势等，通过智能分析和机器学习推断产品、服务、政策等需求。

9.2.7 社区生态海绵技术

1. 总体工程技术

海绵社区雨水控制利用工程技术应包括“渗、滞、蓄、净、用、排”。渗透技术主要以改造硬质地面、增加下渗为主；主要措施包括透水铺装、渗透塘及包括雨水花园、滞留带等在内的渗透型生物滞留设施。滞蓄技术以雨水滞留和储蓄利用为主，兼有峰值流量削减和补充地下水等作用；主要措施包括雨水罐、雨水湿地、雨水花园、集水池等；储蓄的雨水可进一步回用，缓解市政供水的压力。净化技术主要是改善水质，对水质进行源头处理或深度处理，其出水多直接排放或集中处理后回用；主要措施包括初期雨水截流和弃流设施、前置塘、沉淀池、植物缓冲带等。

2. 场地规划

海绵社区场地规划包括场地分析和雨水系统设计两个环节。场地分析包括合理选择和布局海绵设施，确定其形式和规模；合理进行场地竖向设计，避免场地对区域地上及地下水文环境造成破坏。已建社区场地的雨水系统设计应采

取适当的分散式低影响开发设施去适应原地下管线布置，有效衔接雨水管道系统及超标雨水径流的排放，对雨水进行滞留、净化和回用，实现雨水系统的优化。

3. 调蓄容积量计算

调蓄容积量根据《海绵城市建设技术指南》计算。低影响开发设施调蓄容积一般应满足“单位面积控制容积”的指标要求，设计调蓄容积一般采用容积法进行计算。

$$V=10H\Psi F$$

式中 V——设计调蓄容积（m^3）；

H——设计降雨量（mm）；

Ψ——综合径流系数，可根据面积比例加权平均计算；

F——汇水面积（hm^2）。

4. 海绵设施应用

海绵设施在小区各要素的应用包括：

（1）建筑屋顶雨水渗滞区。为减少雨水产流量，需采取以雨水利用和渗透设施为主的源头控制设施，如绿色屋顶、雨水桶等。利用绿色屋顶的植物和土壤对雨水截流和吸收，并使用雨水桶收集绿色屋顶的外排水，实现对雨水的源头管理。超出绿色屋顶和雨水桶处理能力时，利用住宅其他的 LID 措施进行雨水综合管理，将建筑超量的雨水排入建筑周边的雨水花园、下凹式绿地、生物滞留设施等，进一步将场地景观纳入雨水管理中，既实现雨水管理，又提高住宅环境的整体美感。

（2）小区道路雨水渗滞区。基于海绵城市自然渗透的理念，在人行道进行透水铺装改造，增加地面的透水性，结合侧石开口或标高控制（路面标高高于周边绿化带标高）等措施，将路面径流引入附近雨水处理设施，以达到增加下渗、削减洪峰的效果。

（3）小区公共场地渗滞蓄区。在公共场地内设置集中式雨水设施和末端处理设施，主要以雨水滞留设施为主，如生物滞留设施、下凹式绿地、雨水花园等。利用低于路面的洼地储存、渗透雨水，结合物理处理和生物处理的特点，有效去除污染物、减少雨水径流量。

9.2.8 社区三维可视化技术

通过 BIM、VR、AR 等技术实现社区的三维可视化建设和管理。采用 VR、AR 实现智慧营销、智慧家装、智慧教育等；采用 BIM 进行社区全生命周期规划、设计、管理。

9.2.9 社区综合管廊管控技术

1. 总体要求

智慧社区综合管廊建设应符合《城市综合管廊工程技术规范》（GB 50838—2015）中的规定。社区综合管廊管控系统搭建应采用物联网架构，结合社区地理信息系统进行模块化设计，满足分阶段施工及技术改造的要求。

2. 系统组成

社区综合管廊管控系统包括四个子系统：管廊监控系统、管线监测系统、消防监测系统、管廊健康管理系统。管廊监控系统包括：环境与设备监控、视频监控、入侵报警探测、电控井盖监控、门禁系统监控、巡更 / 人员定位、应急通信系统、电动百叶监控、移动智能终端监控。管线监测包括：电缆监测、天然气管道监测、热力管道监测、水管泄漏监测等。管廊健康管理包括：沉降监测、塌方监测。

3. 性能要求

社区综合管廊管控系统应满足如下性能要求：

1）具有统一的管理平台，子系统间联动性好，响应速度快。

2）具备地理信息管理系统，结合 GIS 和 360° 全景技术，多视角识别管线位置和状态信息。

3）系统支持云计算、大数据等技术应用，预留智慧城市接口，支持向智慧城市平滑升级。

4）系统开放。向下兼容第三方设备和系统；向上支持通用接口协议，可接入更高一级的监控系统。

9.2.10 社区信息安全技术

智慧社区应提供以保护居民隐私、保障社区人群信息安全的系列信息安全技术，包括：家庭隐私保护技术、社区金融安全技术、社区大数据安全技术等。

9.2.11 社区应急保障技术

智慧社区宜建设智能应急保障系统。该系统通过社区内监控系统进行视频采集，通过收音机、社区广播系统、单元门口机、电话等进行应急广播，通过电视进行应急信息播报。应急网络平时可以作为社区通信网络，灾难时可以作为应急指挥、指导及营救服务网络。应配备用于应急调度、操作的手机、iPad等移动终端。

9.2.12 社区O2O

1. 总体要求

智慧社区应提供社区O2O平台，基于本地用户即时需求而聚合本地服务提供商，实现需求和服务的对接。社区O2O应充分体现以人为本和可持续发展的内涵，将社区、家庭作为服务的生态圈，提供精细化服务和高端定制服务，使业主对社区产生归属感和认同感，形成业主、物业、商家全面参与互动、共生共荣、相互促进的关系，使物业真正融入生活，提高舒适度和幸福度。

2. 社区O2O产业链构建

社区O2O产业链宜从三方面构建：第三方综合平台、物业管理平台和垂直服务平台。第三方综合平台主要以流量分发形态存在，通过聚合周边实体零售商或服务商，将用户订单导流到周边合作商家的店铺上，以此对接用户与商户的需求供给。物业管理平台是在物业服务的基础上聚合周边实体供应商及细分领域垂直供应商，将服务输送给小区用户。垂直服务平台多聚焦在某一个品类的服务上，例如家政、洗衣、生鲜、外卖等垂直服务平台。

3. 社区O2O平台搭建

社区O2O平台宜从三方面搭建：电商、服务、社交。

1）电商方面包括：在线购物超市、定向团购等，如在每个五公里商圈之内整合传统商家，将传统商家进行电子化，把其商品植入社区O2O购物平台；提供PC端、电话、微信、App等多种购物通道和线上支付方式；自建物流配送团队等。

2）服务方面包括：社区咨询、家政、教育、快递、虚拟及一卡通整合周围商家等服务。

3）社交方面包括：社区社交互动、社区微信群沟通等。

9.3 平台建设架构

9.3.1 平台总体建设架构

智慧社区平台总体建设应基于双向闭环信息流，宜遵循图 9-3-1 所示架构。

图 9-3-1　智慧社区平台建设总体架构

1. 人

包括：社区居民、社区管理者、服务提供商、政府管理者。

2. 市政基础设施层

包括：道路，住宅，照明、电梯，停车场，给水排水、供电、供气、供热管网，办公、服务、娱乐场所，养老设施，环卫绿化设施、应急设施等市政基础设施。

3. 感知控制层

包括：传感器、变送器、执行器、控制器、移动终端、可穿戴设备、智能终端等感知和控制装置及现场总线网络。智能终端包括 PC、智能手机、Pad、电视等。

4. 传输层

包括：有线、无线等各种介质和协议组成的传输网络，主要有：移动互联网、电信网、广播电视网、互联网、卫星通信网、应急通信网。

5. 云平台层

包括：云服务中心、云数据中心、数据资源管理器（数据接口）三部分。云平台主要实现各种异构网络的数据交换和计算，提供软件接口平台，或提供计算服务，或作为服务器。云数据中心主要包含一个数据库群。

6. 应用层

包括：智慧家庭系统、智慧养老系统、社区弱电设施管理系统、社区服务管理系统四部分。

7. 标准和保障体系

对整个系统做规范化、保障性方面的基础支撑。标准规范体系从国家政策法规和国家、行业标准方面保障系统的方向性和规范性。保障体系包括安全保障体系和管理保障体系，从技术安全、运行安全和管理安全三方面构建保障体系，确保基础平台及各个应用系统的可用性、机密性、完整性、抗抵赖性、可审计性和可控性。

8. 对外接口

包括：政府信息接口、第三方服务接口、智慧城市接口。

9.3.2 智慧家庭系统建设架构

智慧家庭系统架构包括应用层、平台层、网络层和终端层。其中应用层为智慧家庭的功能体现，依托底层平台具有人工智能应用。平台层、网络层和终端层为智慧家庭的实现基础，信息交互构成闭环生态圈，打破不同智能家电之间的界限。以该架构为依托，各层可采用相关技术实现。智慧家庭系统架构应符合图 9-3-2 的规定。

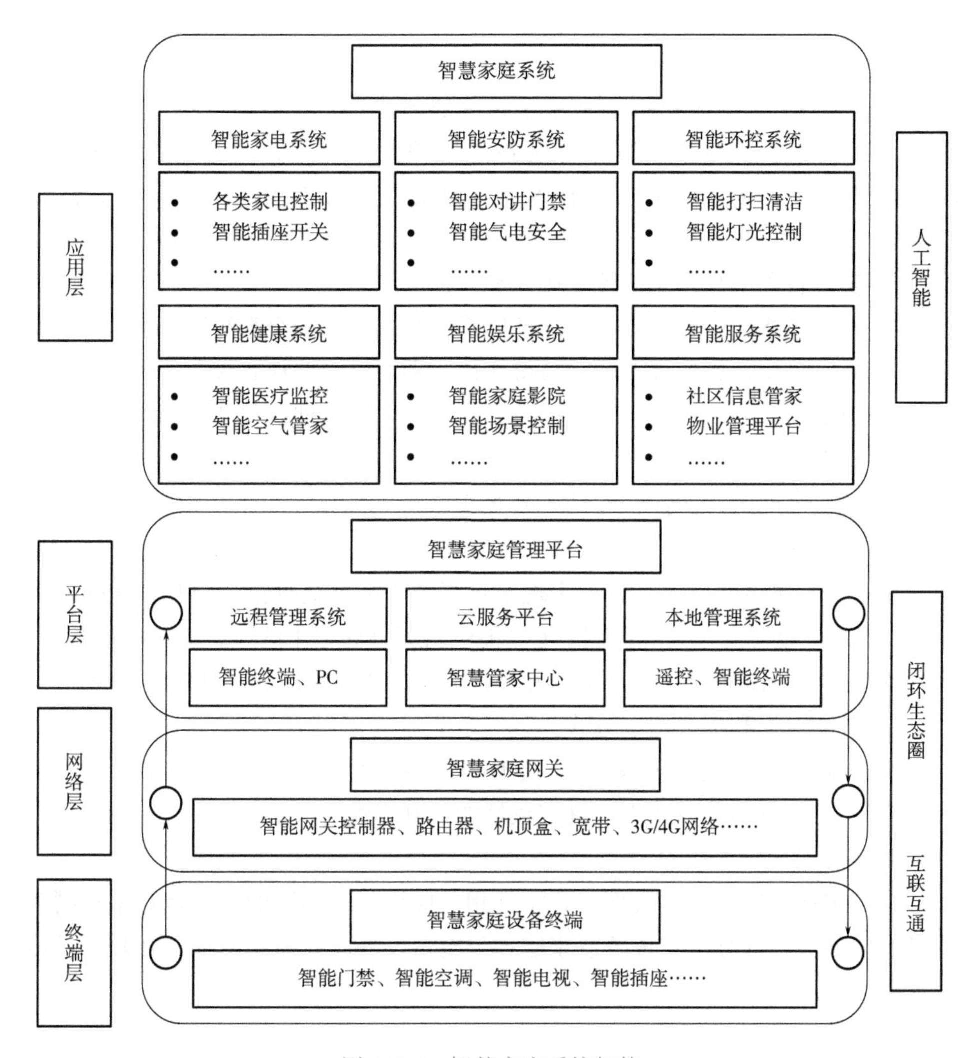

图 9-3-2　智慧家庭系统架构

1. 应用层

具有概念属性，涵盖了智慧家庭可实现的业务能力。具体要求为：

1）可叠加不同的应用服务系统。

2）可集成第三方业务系统。

3）各个应用相对独立，系统的升级和应用部署不影响整个系统的运行，系统升级和应用部署快捷方便。

4）可搭载人工智能系统，通过大数据平台对用户使用家电的习惯进行分析，经过推理、决策、执行，主动为用户提供个性化服务，帮助用户管控家电、智能家居设备。

2. 平台层

具有管理属性，实现数据汇总、运行管理功能。平台层作为运营平台，能够承接业务层所涉及的智慧家庭各领域的业务应用，同时监管家庭数据的存储和处理。平台层的支撑技术有云计算、云存储及大数据等。具体要求为：

1）实现各种用户终端的统一接入和管理。

2）对于各终端，具有“统一标准体系”和“统一安全系统”。

3）对于各用户，实现“统一身份认证”和“统一鉴权管理”。

4）屏蔽设备物理特性，用户操控设备简化到所见即所得的图形化界面。

5）具有远程、智能管理功能。

6）具有高度的开放性，做到产品互联互通。

3. 网络层

具有互联属性，以多种方式实现平台层与终端层信息指令交互。在网络层中，家庭网关是智慧家庭的控制中心，能够对家庭网络中的所有设备进行联网，常用的家庭网关控制设备有无线路由器、机顶盒和控制器等。具体要求为：

1）兼顾有线和无线连接方式。

2）以现有入网设备为基础，与室内局域网相互兼容。

3）兼容常见通信方式以及具有较好的可升级性。

4. 终端层

具有实现属性，具体实现智慧家庭相关应用。终端层的实质是对家庭网关中联网设备进行细分，实现智慧家庭各类电器设备的互通和网络的互联。具体要求为：

1）具有信息自动反馈功能。

2）具有可开放协议、相关软件支持，能够较好升级扩展。

3）以无线通信为主。

9.3.3 智慧养老系统建设架构

智慧养老系统建设可按照图 9-3-3 所示的架构。

智慧养老系统由四个层次组成，即应用层、平台层、网络层和终端层。

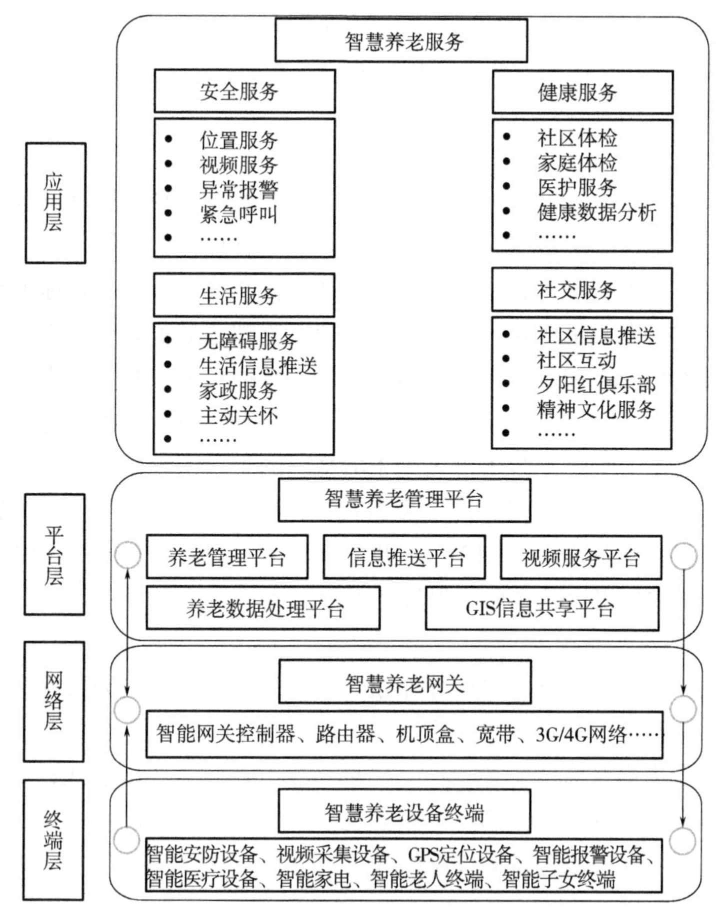

图 9-3-3　智慧养老系统体系架构

1. 应用层

应用层决定了智慧养老所能提供的服务。针对老人的安全需求、健康需求、生活需求和社会需求，智慧养老平台可提供对应的服务。针对老人的安全需求，提供老人定位服务、视频服务、异常报警、紧急呼叫等，子女和管理人员可以获取老人的地理位置，在老人走失以后能够进行追踪，并通过视频服务以获取老人的活动视频，在发生意外以后能够进行追溯。同时，老人在发现异常或者系统发现异常以后能够进行手动和自动报警，老人在感到身体不适时也可以进行紧急呼叫。老人的健康服务包括社区和家庭的体检、医护服务以及医疗养生信息的推送等，可以帮助老人随时掌握自己的身体状况，并及时就医。生活服务旨在为老人的生活提供更加便利的条件，包括无障碍服务、生活信息推送服务、家政服务、主动关怀和其他便民服务等。社交服务则是老人的社会生活的智能化体现，如社区信息的推送保证老人掌握最新的社区信息，社区互动保证老人之间的兴趣社交活动，精神文化服务为老人提供娱乐、休闲、学习的便利，保证老人老有所学、老有所乐。

2. 平台层

为了实现以上的各类服务，智慧养老系统需要通过平台层进行各类数据和信息的管理与推送。平台层主要包含统一的养老管理平台、信息推送平台、视频服务平台、数据处理平台、GIS 信息共享平台。其中，养老管理平台负责智慧养老系统的老人成员管理、机构管理、商家管理、员工管理、服务分配等管理功能，是连接老人和服务提供者的纽带。信息推送平台则为老人提供即时的生活信息、社会信息以及个人的安全和健康信息等。视频服务平台则为管理人员和子女提供了一个进一步了解老人生活情况的工具。数据处理平台通过云计算和大数据等技术，分析与老人生活相关的各类数据，为管理者提供决策，为老人的健康提供数据支持。GIS 信息共享平台为管理人员和子女提供老人的位置信息，便于掌握老人的动向，保证老人的安全。

3. 网络层

为智慧养老平台和终端之间建立纽带，将智慧养老终端的数据发送到平台进行处理，同时将处理后的数据发送给智能终端，以提供通知、查询等服务，既是智慧养老内部互联的主要接口，也是与智慧社区、智慧家庭、智慧便民服务等进行外部互联的主要接口。网络层主要由智能网关控制器、路由器、机顶盒、宽带、3G/4G 网络等基础设施组成。

4. 终端层

是智慧养老系统的数据获取和推送的基础设施，通过智能终端可以实现各类养老数据的采集和预处理，并将养老数据通过网络层发送给平台层进行进一步处理。同时，智能终端还能接收网络层发送的平台数据，从而实现数据的查询以及实时推送。终端层主要由智能终端组成，包括智能安防设备、视频采集设备、GPS 定位设备、智能报警设备、智能医疗设备、智能家电、智能老人终端、智能子女终端等。

9.3.4 社区弱电设施管理系统建设架构

社区弱电设施管理系统主要包括：智能集成管理系统、智能楼宇自控系统、智能安防系统、智能消防系统、可视对讲系统、智能车辆管理系统（出入口及停车管理、充电桩）、智能环卫监控系统、智能能耗管控系统、智能照明管理系统、电子告示牌系统、背景音乐及紧急广播系统、卫星接收及电视系统、计算机网络系统。

智慧社区弱电设施管理系统设计及系统建设可按照图 9-3-4 所示的架构。

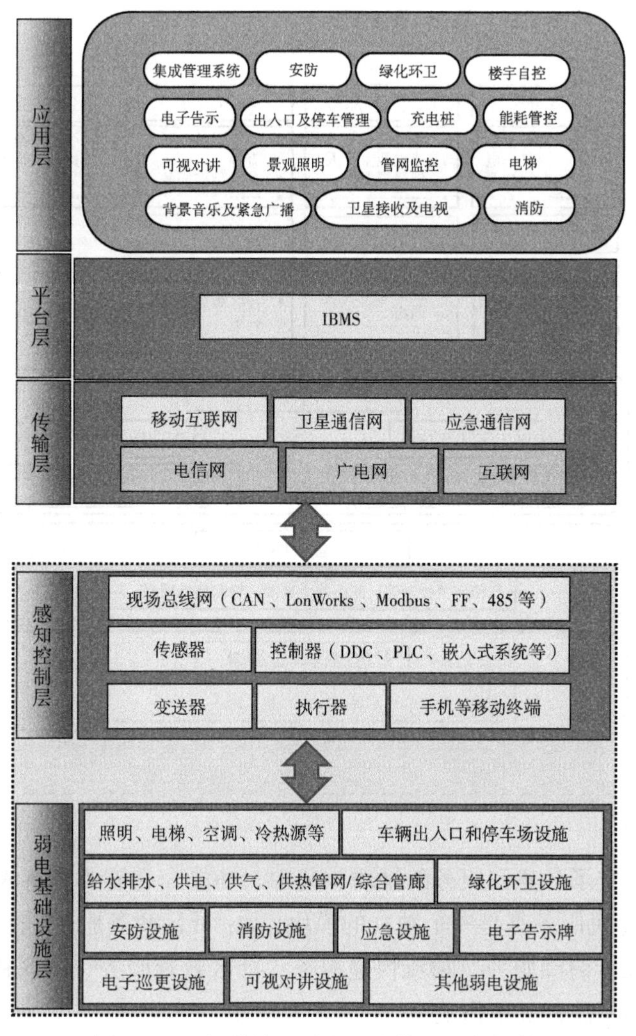

图 9-3-4　智慧社区弱电设施管理系统架构

9.3.5　社区服务管理系统建设架构

社区服务管理系统由 12 个模块组成：物业服务、代缴服务、产品服务、物流服务、票务服务、金融服务、医疗服务、商圈服务、社交服务、政务服务、家政服务、教育服务。

社区服务管理系统建设宜按照图 9-3-5 所示的架构。该架构由应用层、平台层、网络层和终端层组成。

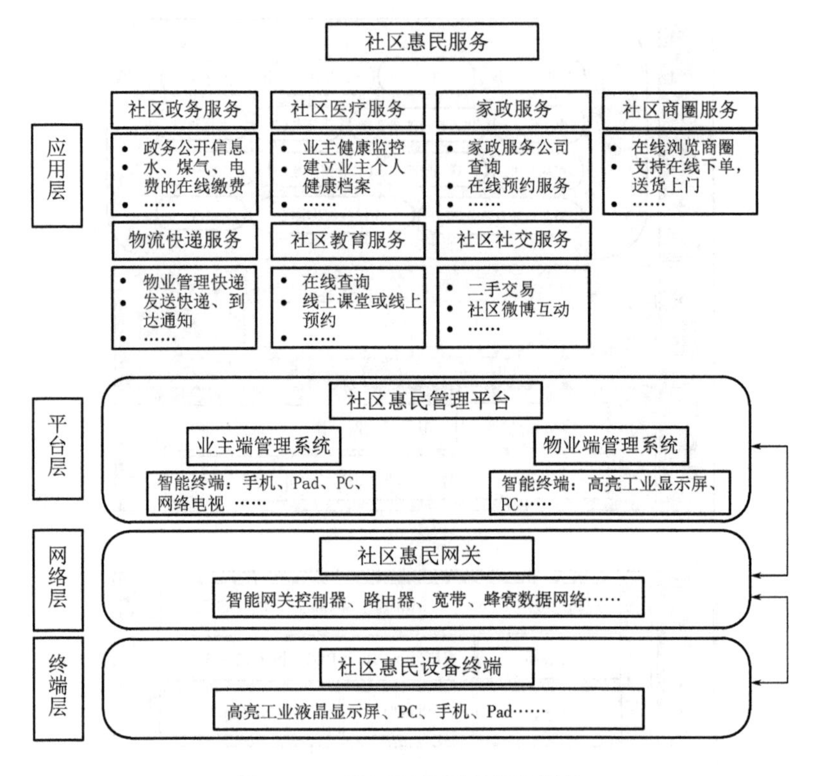

图 9-3-5　社区服务管理系统架构

1. 应用层

应用层规定了各惠民服务的性质、范围、功能，它需要具备的功能有：

1）每个惠民服务都是一个独立的模块，如：社区政务服务、社区医疗服务、家政服务、社区商圈服务、物流快递服务、社区教育服务、社区社交服务，各模块之间互不干涉，互不影响。

2）可再添加其他服务模块。

3）每个模块都可单独维护、修改，如添加业主成员、添加第三方加盟商等。

4）各个模块职能范围清晰明确。

2. 平台层

平台层为信息交互和管理提供平台，能够提供友好的人机交互界面，常用的技术有 Android 系统 App 和 ios 系统 App 开发技术、Windows 系统应用程序开发技术、云存储技术、大数据处理技术等，它需要具备的功能有：

1）接收业主和第三方的信息，并能够存储、分析。

2）为应用层的各个服务应用提供相应的管理系统。

3）能够保证业主信息安全不被泄露，能够阻止网络攻击。

4）保证用户数据的统一管理。

5）提供友好人机交互界面。

3. 网络层

网络层用于数据的传输，设备间的互联，常用的网络形式有以太网、蜂窝数据网络、无线局域网等，常用的网络设备有交换机、路由器、机顶盒等。它需要具备的功能有：

1）能够实现不同类型网络之间的转换互联。

2）同类型设备网络接口统一。

3）网络通信可靠、稳定。

4. 终端层

终端层是用户与平台层之间交互的工具，通过网络层可以发送与接收平台层的消息，常用的终端层设备有手机、Pad、PC、网络电视、显示屏等，它具备的功能有：

1）具有友好人机交互界面，能够把收到的信息简单明白地显示出来。

2）同种设备的接口统一。

3）终端设备主要以无线网络通信为主，如蓝牙、Wifi、蜂窝数据网络（2G/3G/4G），辅以有线网络，如光纤、以太网等。

4）待机时间长或具备自动充电功能。

9.4　应用系统功能设计

9.4.1　智慧家庭系统功能

1. 智能家电系统

智能家电系统主要通过智能家电终端以及智能插座对家庭电器设备进行控

制和监测，包括电视、热水器、冰箱等设备。具体要求为：

1）可用手机、Pad、多媒体智能终端控制智能插座，从而控制一般电器的电源通断。

2）可用手机、Pad、多媒体智能终端控制智能电器，支持原智能电器遥控器功能。

3）可与其他子系统进行联动控制，组合成不同的控制场景。

4）支持智能手机（ios，Android 操作系统）、PC 远程控制和设定。

5）可对家电运行状况进行监测。

2. 智能安防系统

智能安防系统使用网关连接前端安防探头，前端探头被触发后，报警信号通过射频传递至网关，网关本地进行蜂鸣报警，同时网关将报警数据上传至平台服务器，服务器立即把报警短信发送至用户手机以告知用户。具体功能为：

1）布防 / 撤防：用户可以通过 Pad、手机、PC、安防遥控器进行系统布防和撤防操作。

2）告警：智能安防系统处于布防状态，若发生警情时，本地安防主机会发出蜂鸣声进行报警；告警以短信、彩信方式及时通知用户；具备本地、平台存储，供用户通过 PC 下载查看；与视频监控系统摄像头联动抓拍照片与视频。

3）查询：系统具备 PC 查询历史告警信息功能。

4）报警探测器与智能家居网关间支持无线，无须进行布线。

5）系统支持无线紧急按钮、无线气 / 煤感、无线门磁、无线红外对射等无线探测器。

3. 智能环控系统

智能环控系统包括场景模式控制和环境清洁控制。场景模式控制是通过场景控制器或网关对各种开关的组合进行控制，实现不同的场景控制模式。环境清洁控制是通过对智能家居清洁机器人等进行控制，实现环境的自动智能清洁。具体功能为：

1）支持硬件、软件双重实现模式。

2）可对智能家电设备进行自由组合，形成不同的场景模式。

3）可通过手机、Pad、多媒体智能终端进行控制。

4）支持清洁机器人的远程控制。

5）支持对环境卫生的检测与评价。

4. 智能健康系统

智能健康系统通过智能传感器监测室内空气、水质，通过智能穿戴设备等对家庭成员进行疾病诊断和健康护理的服务，以及家庭成员常规项目体检数据的采集和保存。具体要求为：

空气质量监测，可对室内甲醛、PM2.5、温度、湿度进行调节。

水质治疗监测，水质过滤器可自反馈水质信息，根据水质判定是否更换滤网。

自组式远程医疗公共检测平台：具有智能身份识别系统；在线与远程专家视频通话进行实时有效的沟通；个人健康档案管理；自动反馈健康数据分析。

智能医疗设备，如血压计、血氧仪、血糖仪、耳温枪等。

智能穿戴设备，如智能心率运动手表或手环。

5. 智能娱乐系统

智能娱乐系统通过影音控制器统一对各个影音设备进行控制。具体要求为：

视频音频设备和工具可以通过终端控制器（如 Pad 等）自由控制和切换。

可储存海量电影和歌曲，坐在家中也能感受高品质影院、剧院效果。

用手机、Pad 等可自学习的各类遥控器控制各个播放器播放影片。

6. 智能服务系统

智能服务系统包括家电自主客服和社区服务。家电自主客服依托于智能家电对运行状况（如故障诊断、水质检测等）的自主检测，自主向有关商家客服提供维修服务信息，从而实现家电维护的自主化。社区服务依托于社区服务云平台，实现服务打造社区商圈，为用户提供一公里生活圈，实现即需即供。包括社区购物、社区服务、社区托管、代扣水电煤气费等服务。具体要求为：

1）智能家电设备将运维信息自动反馈给用户和商家，由用户决定是否需要维护。

2）服务信息存入社区服务云平台，方便物业记录问题、跟踪反馈，提高服务质量。

9.4.2　智慧养老系统功能

1. 养老服务体系

智慧养老宜建设以居家为基础、社区为依托、机构为补充的多层次养老服务体系。

2. 智慧养老系统功能

分为两个部分，一是为老人提供的服务功能——安全服务、健康服务、生活服务、社会服务，二是系统的平台功能——养老管理平台、信息推送平台、视频服务平台、数据处理平台。

3. 安全服务

安全服务是为解决老人的安全需求而提出的服务功能，包括定位服务、视频服务、异常报警、紧急呼叫等。

1）定位服务。定位服务为管理人员以及子女等提供老人的位置信息，当老人进入危险区域或者走出管理区以后可以通知管理人员，保证老人的安全。

2）视频服务。视频服务为管理人员和子女提供老人的视频信息。当老人发生意外、突发疾病或者走失的情况下，可以通过小区内的视频监控为子女和管理人员提供有关信息。

3）异常报警。异常报警为老人提供一种便捷的报警方式，可以分为自动报警和手动报警。其中，自动报警时智慧养老的数据分析平台在获取了传感器数据后，分析得出老人的身体或者家庭出现异常，则自动通知管理系统，由管理人员进行处理。手动报警则是老人在发现异常后进行手动的报警，以通知服务人员或者管理人员进行处理。

4）紧急呼叫。紧急呼叫是为老人提供的一项呼叫服务人员、管理人员的功能。当老人遇到紧急事故，如着火、突发心脏病等事件时，可以通过紧急呼叫按钮通知管理人员或者急救中心。

4. 健康服务

健康服务可以帮助老人随时掌握自己的身体状况，并及时就医。

1）社区体检。通过数据分析系统的分析，为每位老人制订定期体检的方案。

2）家庭体检。通过在家庭中提供智能的生理监测套装，可以测量老人的血压、血氧、心电图、体温等身体参数，并将健康数据上传云端建立档案，从而足不出户地对自己的身体进行常规检测，掌握自己的健康状况。

3）医护服务。在老人感到身体不适时，通过通知管理人员或者直接使用紧急呼叫功能，可以呼叫医护人员到老人所在的位置提供医护服务。

4）健康数据分析。健康数据分析可以将老人的定期体检数据、家庭体检数据等进行存储和分析，对老人潜在的疾病进行排除或确诊，利用大数据等技术，提高社区老人的身体健康状况。

5. 生活服务

生活服务旨在为老人的生活提供更加便利的条件，包括无障碍服务、生活信息推送服务、家政服务、主动关怀和其他便民服务等。

1）无障碍服务。无障碍服务除为残疾老人提供无障碍基础设施之外，还可以通过智能门卡、电梯卡等提供更加智能的无障碍服务。

2）生活信息推送。生活信息推送为老人推送各类生活信息，如打折信息、天气信息、政务信息等。

3）家政服务。家政服务为老人提供便捷的家政服务渠道，可以通过智能终端一键呼叫保洁或者保姆。

4）主动关怀。主动关怀是智慧养老中的重要一环，是敬老、爱老的集中体现。通过主动关怀系统，管理人员可以为老人推送生日祝福、纪念日提醒等信息。

5）其他便民服务。除上述便民服务外，还可以包含其他的便民服务，如老人可以通过智能终端一键购物或者呼叫第三方服务人员提供第三方服务等。

6. 社交服务

社交服务是老人社会生活的智能化体现，为老人的社交互动、娱乐休闲、兴趣社交等提供了便利。

1）社区信息推送。社区信息推送为老人推送社区的通知信息，让老人足不出户就可以了解社区的新鲜事以及相关活动，保证老人不错过任何感兴趣的内容。

2）社区互动。社区互动为老人提供互动功能，如兴趣圈子、夕阳俱乐部、志愿者、爱心俱乐部等。

3）精神文化服务。精神文化服务为老人提供娱乐、休闲、学习的便利，帮助老人老有所学、老有所乐。可提供心理咨询、精神慰藉、学习培训、休闲娱乐、政策咨询等服务。

7. 系统的平台功能

为了实现以上的各类服务，智慧养老系统需要通过平台层进行各类数据和信息的管理与推送。平台层主要包含统一的养老管理平台、信息推送平台、视频服务平台、数据处理平台、GIS 信息共享平台。

1）养老管理平台。统一的养老管理平台将老人管理、机构管理、商家管理、员工管理、政府监管以及服务分配等功能进行整合，形成一个统一的养老管理系统，通过统一的认证系统登录，实现对智慧养老各方面的统一管理，达到使用方便、功能完善的目的。

2）信息推送平台。统一的信息推送平台整合了老人的健康信息推送、生活信息推送、社会信息推送、子女的信息推送等，为整个系统的信息推送提供了统一的接口。

3）视频服务平台。统一的视频服务平台将所有老人在管理区域内的视频信息进行了整合，使得老人、管理人员、子女、政府监管部门均能够访问这些数据，从而对老人的动向、事故信息、报警信息有更进一步的了解。

4）数据处理平台。统一的数据处理平台将老人的健康和生活数据、子女和政府的看护及监管数据等进行统一的处理，并在一个平台上进行分析、展现和存储，保证数据的统一性和集中性，便于维护和备份。

9.4.3 社区弱电设施管理系统功能

1. 智能集成管理系统

智能集成管理系统是包含社区智能化设施管理、物业数据管理功能的综合管理平台，基于电信级云计算服务构建。该平台对社区的设备进行智能化管理，自动将日常管理数据进行记录、存取、处理，记录设备全生命周期的档案数据，及时传递设备运行与维护的状态信息，为各项工作提供信息支持。对设备的日常管理，是从设备计划开始，对研究、设计、制造、检验、购置、安装、使用、维修、改造、更新直至报废的全过程管理。提供一站式小区管理门户（综合物业管理），依托云计算技术，实现本小区或大型物业公司多小区住户信息、物业公司信息的统一管理，包括日常物业工作、物业费用收缴、物业保修、日常养护等的电子化管理。助力物业形成条理分明、高效合理的工作界面，定时的事务提醒，自动生成的数据报表，以实现管理的科学化、工作的标准化、服务的规范化。

2. 智能楼宇自控系统

设有一个中央监控中心，配置一个或多个控制器，由多条总线或计算机网络将各种功能的控制器与中央工作站相连，完成对空调、给水排水、通风、电梯、照明等子系统的监控及集成。现场接有各种探测器、执行器、操作器、电气开关等设备。

3. 智能安防系统

智能安防系统主要包括：闭路视频监控系统、门禁系统、防盗报警系统、周界防范系统、电子巡更系统（也可用保安巡逻机器人、无人驾驶巡逻车）、可视对讲系统。

安防系统应包含以下基本功能：

公用通道及电梯闭路电视监控系统能不间断监视各部位的情况。

社区内部环境的监控，保证社区环境的整洁，及时发现非社区业主长期无故滞留。

周边防范对人员的非法进入及时报警。

可视对讲提供住宅小区住户与来访者的音像通信。

（1）闭路电视监视系统。

1）闭路电视监视系统主要通过前端摄像机对小区大门口、园区内的主要通道、园区周界、地下车库、大堂、电梯轿厢、会所、商业街和接待中心的主要出入口和楼梯口等要害部位进行监视、录像，便于及时了解和监视各个场所的动态情况，并及时进行有效的处理。

2）系统应能与防盗报警系统联动，能自动把报警现场图像切换到指定的监视器上显示并进行录像。

3）电视监视画面显示应能任意编程，自动或手动切换，在画面上应有摄像机的部位地址和时间、日期等。能够在一台监视器及录像机上接近实时地录制最多十六台摄像机图像，并可根据需要全屏、四画面、九画面、十六画面显示，同时图像信号也通过网络传输。

4）系统采用 24 小时全天候录像，并能存储 15 天以上录像资料。

5）当外部有报警信号时，中央控制器应自动使监视器优先显示该报警区域摄像机所摄画面并同时进行自动录像，而不受预定显示顺序的限制，直至手动切换信号解除为止。

6）摄像机、报警探测器采集的信号送入数字监控主机，压缩保存在机内硬盘上，数据存完后能自动循环覆盖存储。

7）实现与报警系统的联动操作。

8）为了方便日后记录查询、传输，图像记录方式应考虑采用数字记录方式。当市电中断或关机时，所有编程设置均可保存。

（2）门禁系统。门禁管理系统实现人员出入权限控制、出入信息记录，包括日期、时间及持卡人姓名等。在小区入口处，安装门禁系统，出入皆刷卡，小区住户持 IC 卡开门进出，有效保证出入小区人员的管理。在靠近入口处设有门卫岗亭，通过门卫的人为管理，更加有效防止无关人员进入。

组成部分：门禁控制器 + 读卡器 + 出门按钮 + 通信集线器 + 感应卡 + 电源 + 门禁管理软件。

系统特点：系统安全系数高，操作便捷，能够实现可视对讲，并可以通过刷卡记录数据分析和管理衍生出考勤等增值功能。基于 RS485、TCP/IP 通信协议，速度快，覆盖范围广，通信稳定。

1）周界防范系统。有完整、明确分界的电子围栏、静电感应围栏，具有强大的阻挡作用和威慑作用。

具有误报率极低的智能报警功能。

备有报警接口，能与其他的安防系统联动，提高系统的安全防范等级。

电子围栏具有“防御为主，报警为辅”的显著特点。

2）电子巡更系统。将巡更点安放在巡逻路线的关键点上，保安在巡逻的过程中用随身携带的巡更棒读取自己的人员点，然后按线路顺序读取巡更点，在读取巡更点的过程中，如发现突发事件可随时读取事件点，巡更棒将巡更点编号及读取时间保存为一条巡逻记录。

3）可视对讲系统。在小区入口处设置可视对讲围墙机，当访客来访，在门卫的帮助下，通过围墙机呼叫业主，业主通过视频通话确认后，来客方可进入。在每个单元正门门口设置一台门口机，用于访客门外呼叫，在业主经常活动的大厅设置一台室内分机，便于业主接听主机呼叫，确认客人来访。室内分机可以呼叫管理中心机，围墙机也可以呼叫管理中心机。

4. 智能车辆管理系统

智能车辆管理系统包括以下功能：

1）停车场每个出入口均设置读卡机和挡车器，对内部长期车辆采用远距离射频识别技术。临时车辆则采用临时纸票来管理，在入口发票机取票，在出口验票机验票进行计时计费管理。

2）系统设图像对比功能，在停车场出入口设置摄像机，以加强车库防范级别。对于车辆（无论内部车辆还是临时车辆）在入口刷卡或取卡的同时拍下其照片存放在系统管理主机内，在其出口刷卡的同时，图像对比系统将自动调出其在入口被拍下的图像供工作人员对比，判断其是否为合法车辆。

3）在停车场出入口管理亭处设置语音点接口，方便出入口与管理中心的通信。

4）根据小区电动车拥有情况配置相应数量充电桩并进行统一维护管理。

5. 智能环卫监控系统

智能环卫监控系统主要包括数据字典管理模块、监控监测管理模块、业务管理模块、工作流管理模块。

数据字典管理模块主要包含地理信息管理系统（GIS）、信息安全管理系统、平台接口管理系统三个方面的管理应用。

监测管理模块主要是对远程感知设备的管理，是应用于设备的数据采集管理及呈现。

业务管理模块主要是垃圾清运管理、清扫保洁管理、调度智慧管理、业务巡检管理。

工作流管理模块是针对环卫日常工作实现无纸化办公主要手段的一个集合体。

6. 智能能耗管控系统

智能能耗管控系统能够控制和测量社区内设备的耗电量、耗水量、耗气量（天然气量或者煤气量）、集中供热耗热量、集中供冷耗冷量及其他能源使用量。为实现低碳节能社区，推荐采用机房余热回收技术、绿色新能源技术。

低碳型智慧社区能耗管控系统设计举例如图 9-4-1、图 9-4-2 所示。

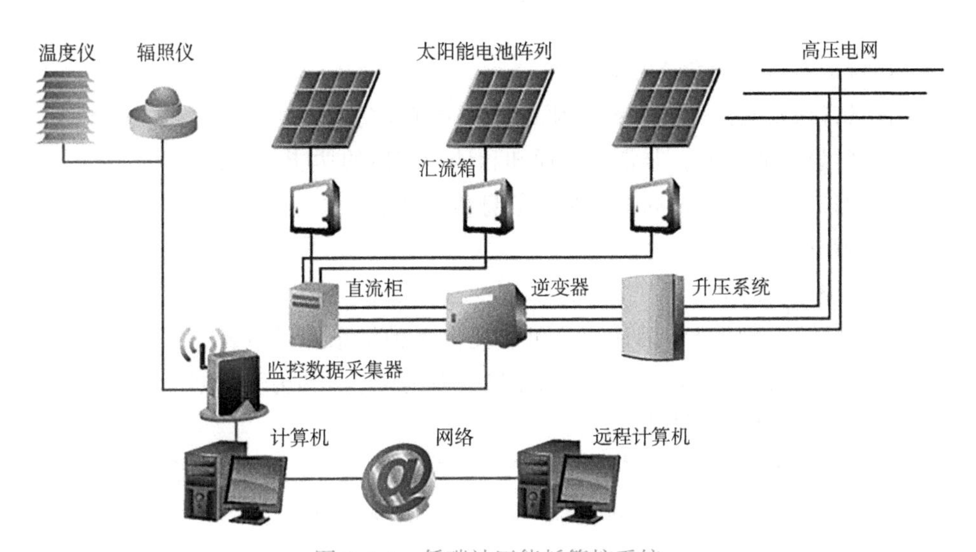

图 9-4-1　低碳社区能耗管控系统

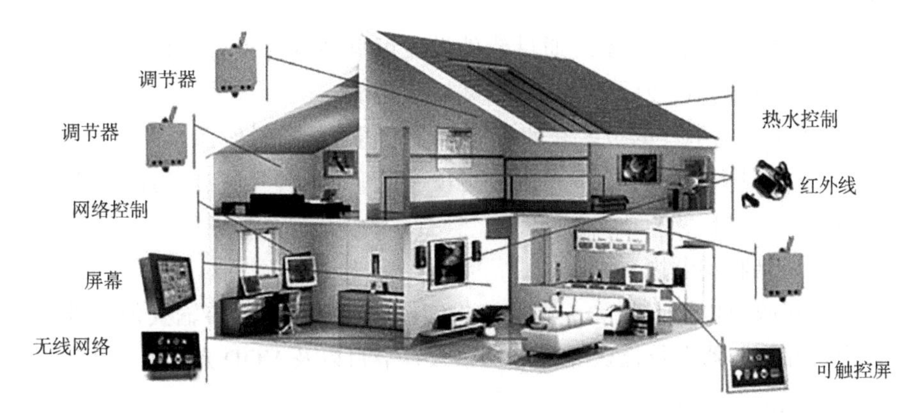

图 9-4-2　低碳节能房屋

方法：

1）利用社区的自然环境进行改良，采用现代化技术完成风、水等其他能源的发电。

2）以太阳能作为主导技术进行社区的发电。

3）采取阶梯式用电收费的模式。

4）垃圾、废旧物品回收处理：建立垃圾、废旧物品回收平台，通过交易平台进行废旧物品买卖交易。平台使用采用注册制度，同时可以订阅相关服务，为社区和商家提供便利的交易市场环境。提供废旧物品交易平台、废旧物品回收平台，使废旧物品可循环利用，既可以节约资源，居民和商家又可以获得即时的利益。

7. 背景音乐及紧急广播系统

背景音乐及紧急广播系统必须具备三个基本功能：

1）紧急广播功能，非常事件通知和诱导疏散的功能。

2）通常广播功能，局部或全区信息传达功能。

3）背景音乐功能。

主要细分功能如下：

1）作为一种信息传播途径，可以提供多种信息源进行背景广播，如调频立体声广播、CD和磁带等，可以指定区域及时传达重要信息，进行广播找人、播出重要通知、提供音乐欣赏等。

2）系统可以作为消防广播，一旦有火灾情况发生，可以自动指挥人员疏散。

3）可配合周围环境，选择具有优雅造型的扬声器。

4）可进行分区控制与管理。在紧急情况下可以作为紧急广播强制切入使用。

5）当紧急广播时，系统通过软件设置可自动从背景音乐切换到紧急广播工作状态，同时，其他区域的背景音乐正常播放。

6）提供任何事件的报警联动广播，手动切换的实时广播。

7）系统具有监听功能，在主机房设有监听面板，可在机房内监听播放的音乐质量。

8. 卫星接收及电视系统

卫星接收及电视系统除了满足接收广播电视外，还可传输其他信号，例如用录像机和调制器自行播送文娱节目、教育节目以及VOD点播等业务。

9. 智能消防系统

智能消防系统应具备火灾初期自动报警功能，并在消防中心的报警器上附设有直接通往消防部门的电话、自动灭火控制柜、火警广播系统等。一旦发生火灾，智能消防系统能立即在该区域火灾报警器上发出报警信号，同时在消防中心的报警设备上发出报警信号，并显示发生火灾的位置或区域代号，管理人员接到警情立即启动火警广播，组织人员安全疏散，启动消防电梯；报警联动信号驱动自动灭火控制柜工作，关闭防火门以封闭火灾区域，并在火灾区域自动喷洒水或灭火剂灭火；开启消防泵和自动排烟装置。

9.4.4 社区服务管理系统功能

社区服务管理系统功能组成包括 8块：物业服务、商圈服务（产品服务、票务服务、金融服务、交通服务、餐饮服务、商场信息服务等）、物流服务、医疗服务、社交服务、政务服务、家政服务、教育服务。

1. 社区物业服务

1）公共设备、家庭设备日常维护维修、开锁等。

2）代缴水电费、燃气费、暖气费、电话费、罚款等。

2. 社区商圈服务

1）提供餐馆预约服务。

2）提供机票、彩票、火车票、演出票、电影票等订购服务。

3）提供汽车保养、洗车、出租车在线预约等服务。

4）推送惠民产品（如土特产、无公害产品等）。

5）提供附近商场最新活动、折扣信息。

6）提供外卖预订服务。

7）提供保险、银行等理财服务订购。

3. 社区物流服务

1）物业提供专人管理快递服务。

2）及时向业主发送快递到达信息。

3）提供包裹寄出服务。

4）帮助处理物流问题（如快递丢失、物流延时等），并及时通知业主。

4. 社区医疗服务

1）病人在家自助体检，然后通过客户端可以查看历史体检信息，平台检测到病人体检健康指标超标后根据病人的情况自动发送告警短信给相关亲属和医生。

2）监护中心实时在线处理病人的体检告警信息。

3）医生使用移动客户端实现远程诊疗和医嘱管理。

4）实时关注病人自助诊疗情况，网络私人医生。

5）病人可通过社区预约医生。

6）病人可在线咨询医生。

7）医生可在线给病人开药方。

8）居民健康档案管理。

9）多医院诊断大数据的融合分析，有助于医生在线诊断时给出正确的处理意见。药方的大数据处理可以帮助医生给出正确的处方。

5. 社区社交服务

1）社区微信、微博互动，或社区群等形式，让业主之间能够互相联系。

2）二手交易，业主之间可通过社区平台进行二手物品交易。

3）业主可把要出租的房屋信息放到社区平台上租赁。

4）业主共同建立阅读室，资源共享。

6. 社区政务服务

1）为业主提供小区内信息，如停水、停电通知、小区组织活动信息等。

2）业主可通过银联进行在线的电、水、煤气、电话、手机、代缴罚款等费用的缴费。

3）向小区业主宣传政策法规、政府办事指南等。

4）动态播报近期国内外重要新闻。

5）为业主提供政府各职能部门的网上服务系统，如计生、民政、人社、残联、国土房管等部门，让市民在小区内即可完成业务的办理。

7. 社区家政服务

1）提供家政服务移动终端（手机、Pad）App（Android、ios）和PC应用软件，业主可通过App或者应用软件在线查询周边家政公司所提供的服务和该公司服务质量评分。

2）可在线预约家政公司提供上门服务。

3）能够在线对家政服务评分，供其他业主参考。

8. 社区教育服务

1）可在线查询周边教育资源信息。

2）可在线咨询学习问题。

3）可在线听课。

4）可预约家教一对一辅导。

9.5 平台接口及应用接入

9.5.1 智慧社区与智慧城市的互联

智慧社区网络总体上由一云（社区云）、三网（广电网、通信网、互联网）、N 终端（云电视、Pad、手机、笔记本计算机、PC 等）组成，由智慧家庭小网、社区中网延伸至智慧城市大网。智慧社区网络经路由器连接至智慧城市大网。智慧家庭、智慧社区、智慧城市的网络连接关系如图 9-5-1 所示。

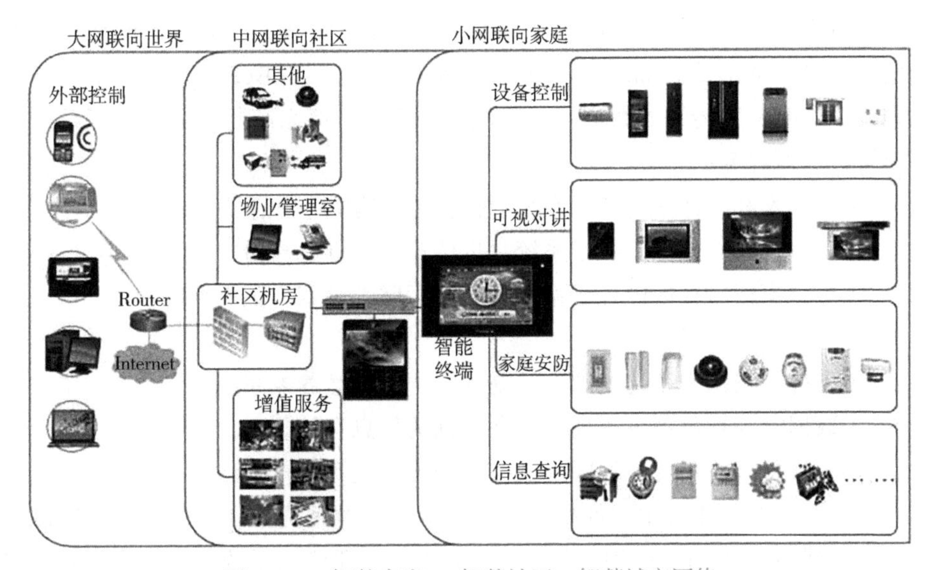

图 9-5-1 智慧家庭 — 智慧社区—智慧城市网络

9.5.2 智慧社区各应用系统对外互联方法

1. 智慧家庭系统对外互联

（1）智慧家庭系统的对外互联框架。智慧家庭系统需要与社区内各子系统和社区外支撑系统互联，实现全方位互联互通。智慧家庭系统与社区内各子系统的接口主要是在各系统的网络层通过接口实现，由智慧社区云平台层的数据资源管理器统一管理。智慧家庭系统通过中间件接口程序与外部支撑系统互联互通。如图 9-5-2 所示。

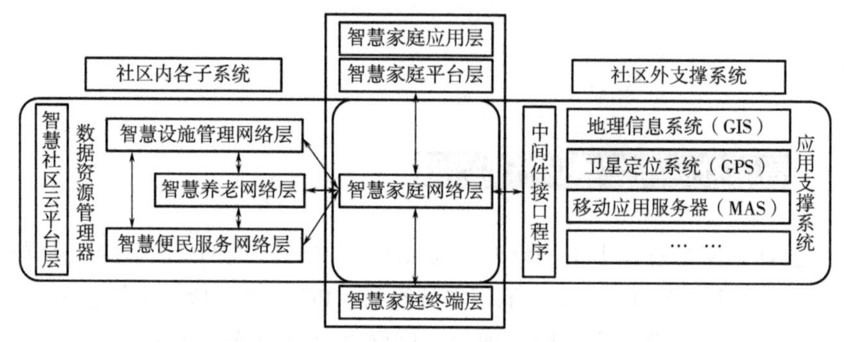

图 9-5-2　智慧家庭系统的对外互联框架

（2）智慧家庭系统与社区内各子系统接口及互联。通信接口主要以有线网络接口为主，如有线以太网、宽带网络、广电网络等，在必要的时候也可以采用无线网络的形式，如 3G/4G 网络、WiFi 网络、ZigBee 等形式，采用这种形式的接口时，所传输的数据量一般较小。智慧家庭系统与社区内各子系统互联应符合下列规定：

1）智慧家庭与社区内各子系统数据传输具有共享权限设置功能。

2）智慧家庭与社区内各子系统数据传输具有唯一身份标识。

3）智慧家庭与社区内各子系统之间的互联都是双向数据传输。

4）支持多种方式传输。

5）支持与相关子系统的硬件设施共享，如智慧养老系统。

6）数据资源管理器可实现对互联数据的信息存储。

（3）智慧家庭系统与社区外支撑系统接口及互联

智慧家庭系统通过中间件接口程序与应用支撑系统互联互通。通过接口程序，调用或者衔接如下应用支撑系统：GIS（地理信息系统）、GPS（卫星定位系统）、LBS（移动基站定位系统）、SMS（短信接口）或 MAS（移动应用服务器）、TTS（语音合成系统）、手机程序（客户端软件）等。智慧家庭系统与社区外支撑系统互联应符合下列规定：

1）智慧家庭与社区外支撑系统数据传输具有最高权限设置。

2）智慧家庭与社区外支撑系统数据传输可与社区内传输实现数据隔离。

3）支持多种方式传输。

2. 智慧养老系统对外互联

（1）智慧养老系统与社区其他子系统的互联。智慧养老系统是智慧社区的一个应用子系统，因此除了养老系统内部进行互联以外，还需要与智慧社区的其他子系统进行互联，实现整个智慧社区的互联互通。

智慧养老系统通过智慧养老网络层与智慧社区中其他子系统的网络层进行通信，如图 9-5-3 所示。

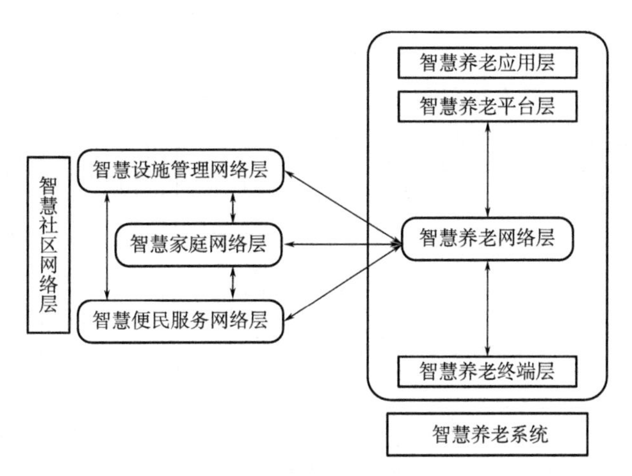

图 9-5-3　智慧养老系统与社区其他子系统的互联

智慧养老系统与智慧社区的其他应用子系统之间的互联都是双向的数据传输，通过传输接口实现双向的数据接收与发送。智慧养老系统通过传输接口将智慧养老终端层以及网络层与平台层中的基础设施运行状况通过接口发送给智慧设施管理系统，由智慧设施管理网络层负责接收数据，发送给智慧设施管理平台进行处理，同时将处理结果发送回智慧养老系统，以实现养老系统的设施智慧化管理。智慧养老系统与智慧家庭之间有较多的基础设施和应用重合，因此通过双方之间的接口可以共享数据，实现应用互联互通。智慧养老系统为老人提供了相应的便民服务，这类应用可以直接由智慧便民服务进行实现，但是两者之间需要数据和信息的共享，通过两者的网络层间互联可以实现。

（2）智慧养老系统与应用支撑系统的互联互通。智慧养老系统通过中间件接口程序与应用支撑系统互联互通，如图 9-5-4 所示。通过接口程序，调用或者衔接如下应用支撑系统：地理信息系统（GIS）、卫星定位系统（GPS）、移动基站定位系统（LBS）、短信接口（SMS）或移动应用服务器（MAS）、语音合成系统（TTS）、手机应用程序（客户端软件）等。

3. 社区智慧设施管理系统对外互联

社区智慧设施管理系统的对外互联主要通过社区智慧设施管理系统传输层与智慧社区其他应用系统的网络层连接实现，与应用支撑系统的连接主要通过

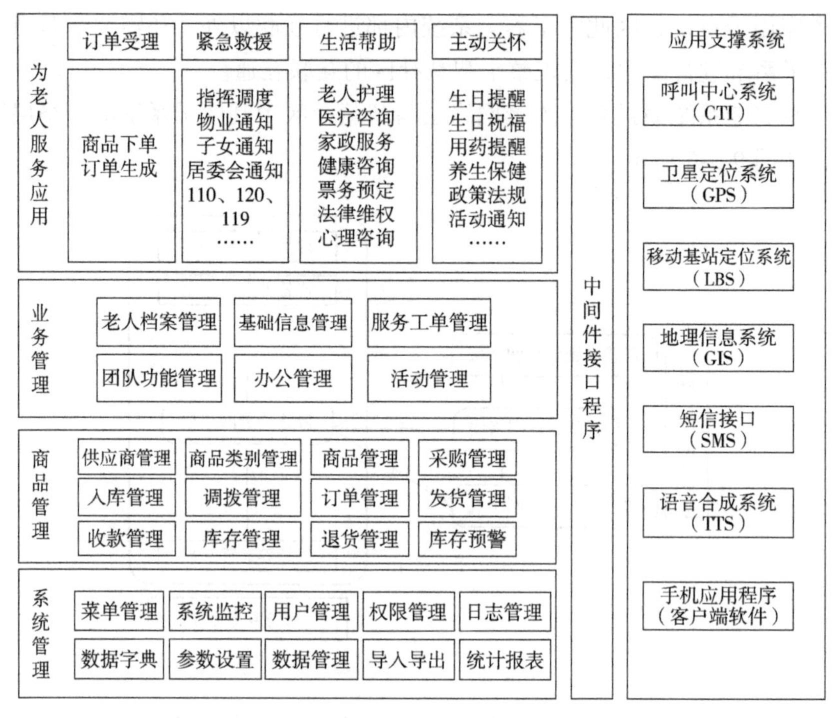

图 9-5-4　智慧养老系统与应用支撑系统的互联

中间件接口程序实现，如图 9-5-5 所示。

4.社区服务管理系统对外互联

智慧社区子系统共有四个，除了社区智慧惠民服务系统还有智慧设施管理系统、智慧家庭系统和智慧养老系统，各个子系统之间是相互依存的，每个子系统都与其他系统互联互通，如图 9-5-6 所示。

智慧服务管理系统用到了智慧家庭中的家庭网关，智慧服务管理中业主的三个终端是移动终端、PC 终端、网络电视终端，它们都与智慧家庭互联，主要连接方式为 TCP/IP 协议、家庭 Wifi 或者蜂窝数据网络；智慧服务管理系统与智慧养老中的养老医疗共用一个系统，健康小屋与大数据处理在线诊疗系统，共用一套社区个人健康档案，主要连接方式为有线网 TCP/IP 协议方式；智慧服务管理系统与智慧设施管理系统中的高亮工业液晶显示屏和物业连接，高亮液晶显示屏为智慧服务管理系统中的显示终端，归物业管理，由物业人员通过有线网络推送政务消息，通过有线网络连接各个政府职能部门，社区物流快递由物业专人管理，并由物业通过蜂窝数据网络向业主发送快递到达的通知。

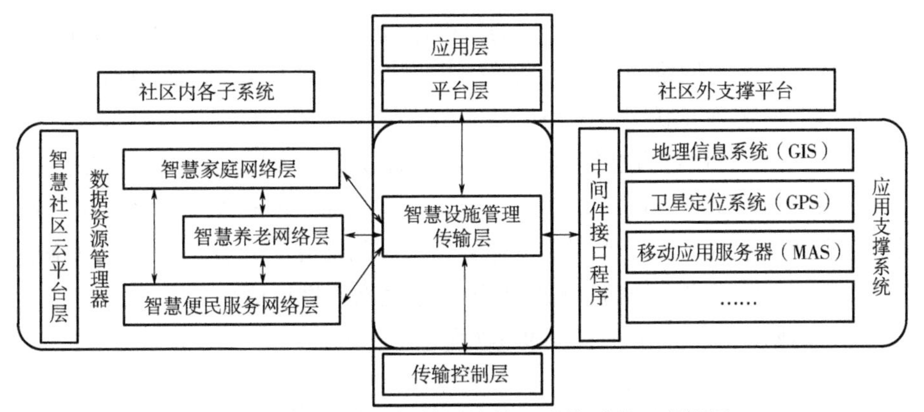

图 9-5-5 社区智慧设施管理系统对外互联框图

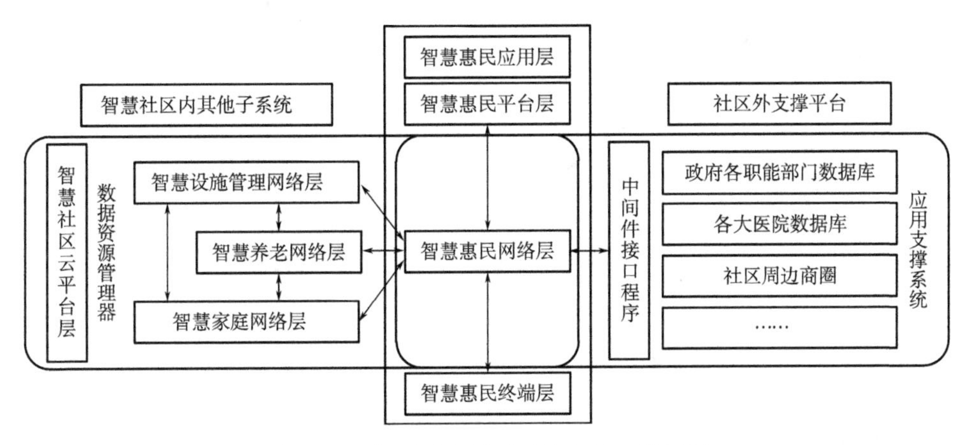

图 9-5-6 社区服务管理系统对外互联框图

9.5.3 智慧家庭系统内部接口及互联方法

智慧家庭内部接口涉及平台层与网络层、网络层与终端层之间。网络层作为中间转接层起到互联互通作用。智慧家庭网关作为网络层的核心，需保证良好的通信兼容性和可靠性，三层之间的接口和互联方法如下。

1. 平台层与网络层接口及互联方法

平台层分为远程管理系统、本地管理系统以及云服务平台。远程管理系统包括手机、Pad 等，其与网络层的接口为远程无线网络接口，如移动蜂窝数据网络（3G/4G）+ 互联网。本地管理系统包括遥控器、智能终端等，其与网络层的接口为近程无线网络接口，如 WiFi、蓝牙、红外、射频、ZigBee 等方式。

云服务平台通过互联网对所有子项目的数据进行交换、处理、存储以及查询。

远程管理系统与网络层互联方式为：远程设备通过移动互联网或有线互联网将控制信息发送到互联网，网络层的智慧家庭网关通过家庭局域网接收互联网信息，同时网关将由各智能终端反馈的信息通过互联网发送到远程管理系统。本地管理系统与网络层互联方式为：本地智能终端通过家庭无线网络直接发送控制信息到智慧家庭网关，实现与本地管理系统的交互。云服务平台与网络层互联方式为：云服务平台通过互联网与智慧家庭网关进行信息交互。

平台层与网络层互联方式如图 9-5-7 所示。

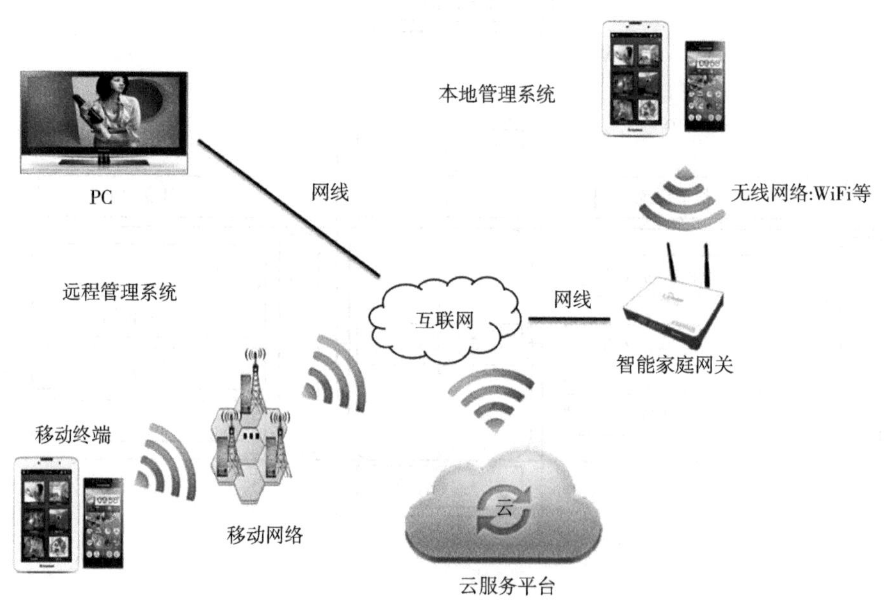

图 9-5-7　平台层与网络层互联方式

2. 网络层与终端层接口及互联方法

网络层与终端层的接口以近程无线网络接口为主，如 WiFi、蓝牙、红外、射频、ZigBee 等，辅以有线接口，如视频线、现场总线 CAN、电力载波等。

网络层与终端层互联方式为：智慧家庭网关将来自平台层的数字控制信号转换为无线信号或有线信号发送给各智能终端，并接收终端层的信息反馈，如图 9-5-8 所示。

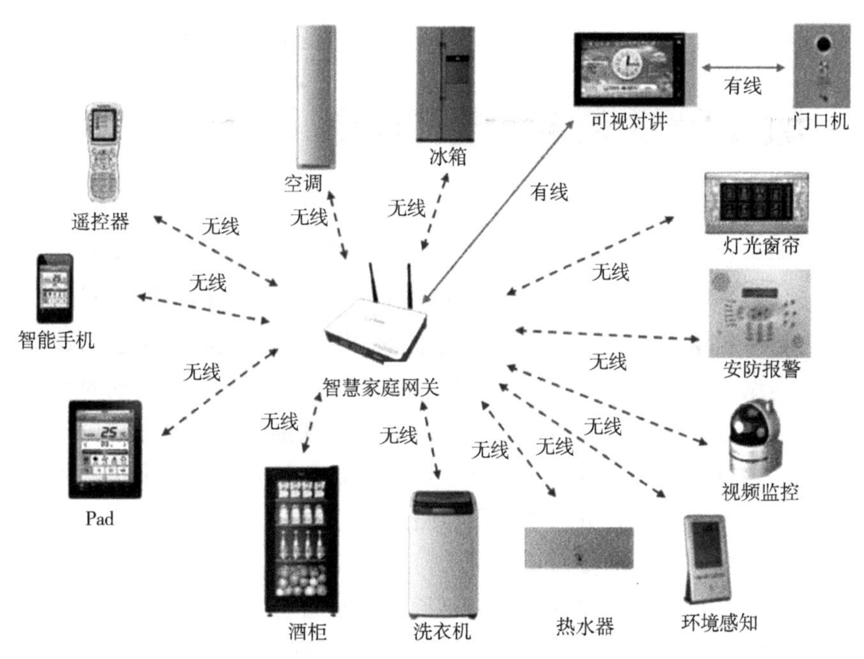

图 9-5-8　网络层与终端层互联方式

3. 应用场景举例

1）智能空调控制（本地管理系统）。智能空调有专用的无线空调插座，首先需将空调遥控器的红外指令学习到 Pad 上，然后将空调的电源插头插到空调插座上，空调插座引出红外延长线贴到空调红外接收口，这样 Pad 发送的控制指令通过网关以无线射频的方式发送到空调插座，空调插座将射频信号转换成红外信号通过红外线发射到空调红外接收口以实现空调控制。

2）智能安防系统（远程管理系统）。安防探头被触发后，报警信号通过射频传递至网关，网关本地进行蜂鸣报警，同时网关将报警数据上传至平台服务器，服务器立即把报警短信发送至用户手机以告知用户。

3）智能健康系统（远程管理系统）。用户的移动终端通过互联网连接智慧家庭网关，远程随时查看空调的运行状态和室内温度信息，并控制空调运行。同时智能空调能自动查询更换滤网等信息，将信息通过网关发送给商家的云服务平台，并通过商家的云服务平台自动发送短信给售后服务中心，保证室内环境。

4）厨房生态圈（云服务平台）。用户提出用餐需求后，智能冰箱快速检索储备的食材，通过云服务平台，根据用户喜好在网上搜索各种菜谱，供用户挑选。用户选定菜谱后，冰箱通过智慧家庭网关把烹饪模式发送给灶具和油烟机，确保环保节能。烹饪过程中，有访客，冰箱的屏幕切换到门口。

9.5.4 智慧养老系统内部接口及互联方法

1. 智慧养老系统的内部接口

智慧养老系统的内部接口主要为平台层和网络层的接口，以及网络层与终端层的接口。平台层与网络层的接口实现智慧养老平台与网络层之间的双向数据通信，将平台层数据通过网络层发送给终端层，同时也将终端层的数据通过网络层发送给平台层进行处理。网络层与终端层之间的接口则实现的是智能终端数据的推送以及采集，即将平台层处理后的数据推送给智能终端设备，实现终端设备的数据查询和实时通知服务，同时，将智慧养老终端采集的各类养老数据发送给平台层进行分析、处理和存储。

2. 平台层与网络层的接口

智慧养老系统的平台层功能丰富，因此各平台与网络层接口功能也具备一定差异，根据数据量的大小，可以将平台层分为管理平台和业主平台两个部分。

管理平台与网络层之间的数据量大，一般来说不会移动，因此主要以有线网络为主，如光纤通信，有线宽带通信等。以视频服务平台为例，社区在对应位置安装的视频设备通过网关将实时采集的大量视频数据通过光纤网络等方式传输到视频服务平台，这种数据的数据量大，并且视频采集设备与网关设备之间、网关设备与平台之间不发生相对移动，因此应当采用高速的光纤和宽带设备。

业主平台和网络层之间的数据量较小，并且随着业主的移动而发生移动，因此需要采用无线的通信方式，如蓝牙、WiFi、移动蜂窝数据（2G、3G、4G等）、短信等。通过业主平台，业主可以将自身的数据发送给网络层，从而实现与管理平台的信息共享，如业主的体检数据、位置数据、健康数据等。另外，也可以通过业主平台与网络层的接口，实现由管理平台到业主平台的信息推送服务，使得业主时刻掌握最新的社会、生活和自身的健康等信息数据。

3. 网络层与终端层之间的接口

网络层与终端层之间的接口实现了老人的养老数据的采集和分发，根据智能设备的不同而具备了多样化的接口。

1）智能安防设备接口。智能安防设备是保证老人的安全需求的基础设备，包括智能门禁、智能门锁等设备。这类设备与网关之间的通信接口可以是有线和无线两种，有线接口包括宽带网络、有线局域网、专用有线网络等，还可以通过各类总线将智能安防设备的固定端与网关设备相连，如 CAN 总线、485 总线等。无线网络接口一般出现在智能安防设备的固定端与移动端之间，例如智能门禁的门禁卡与读卡器之间，智能门锁的门卡与智能锁之间，通过射频识别接口或者指纹和人脸识别接口等方式实现安防设备到网关设备的数据采集和下发。

2）视频采集设备接口。视频采集设备与网关设备之间主要为高速的有线网络接口，如光纤接口、千兆以太网接口等，实现将视频设备采集到的大量数据发送给网关设备，从而通过网关设备发送到视频服务平台的目的。

3）GPS 定位设备接口。GPS 定位设备要求设备与网关之间是无线连接的，因此可以采用 WiFi 以及蜂窝数据等方式，实现将老人的地理位置信息发送给 GIS 信息共享平台的目的。

4）智能报警设备接口。智能报警设备与智能安防设备类似，可以分为固定式和移动式两种。固定式智能报警设备一般安装在建筑物内，如老人的家中，当老人出现意外情况时可以具备自动和手动报警的功能，这种固定式报警设备与网关之间的接口方式可以采用有线和无线两种，主要包含以太网、WiFi、蜂窝数据等。移动式智能报警设备是老人的随身设备，可以与老人的智能终端集成，也可以单独存在，其与网关之间的接口方式为无线通信方式，包括蜂窝数据、WiFi、短信等。

5）智能医疗设备。智能医疗设备一般而言是固定式的，其通过自动或者提醒老人定期手动进行健康体检等方式，实现老人的健康数据读取和查询。智能医疗设备与网关设备之间的接口是实现医疗数据共享的接口，通过有线、无线、现场总线等方式实现医疗设备与网关设备的信息发送与接收。

6）智能家电设备。智能家电设备是提高老人生活便利性的设备，其与网关之间的接口包括以太网接口、IPTV 接口、闭路电视接口、电话接口等。

7）智能终端设备。智能终端包括老人终端和子女终端，同样也可以分为有线终端和无线终端等，还包括各类终端上运行的 App，这些终端与网卡的通信接口包括有线的以太网接口、总线接口、电话接口，无线的 WiFi 接口、蜂窝数据网络接口、视频识别接口、GPS 定位接口等。

4. 互联方法

智慧养老的内部数据互联主要体现在平台层与终端层的互联，平台层通过网络层发送和接收数据。网络层则通过各类接口与智能终端连接，实现数据的读取和下发，从而建立平台与老人、子女及其他人员之间的信息传递纽带。平台层与网络层之间、网络层与终端层之间的数据接口种类丰富，数据格式各不相同，因此在互联时需要进行转化，可以通过智能网关控制器进行。

9.5.5 社区弱电设施管理系统内部接口及互联方法

1. 智能弱电一体化系统集成

社区弱电设施管理系统需实现包含纵向和横向集成的金字塔形一体化智能集成。纵向上：自底向上将火灾报警、停车场管理、门禁、公共广播等子系统集成为BMS系统，BMS与IAS、CAS再集成为IBMS系统；横向上：各子系统之间实现必要的联动和协同，BMS与IAS、CAS实现必要的信息共享与交互。

2. 管理网和控制网的集成

管理网通过TCP/IP协议实现互联互通。控制网为多种现场总线并存的异构网络，通过接口层实现控制网与管理网间的协议转换。接口层包括BACnet、LonWorks、ODBC、OPC、ModBus等标准协议，不支持以上协议的第三方系统通过API函数开发实现。

3. 停车场管理系统内部互联

读卡器和卡之间采用无线射频识别技术，入口控制机间采用CAN总线等现场总线连接，再经网关转换连接管理计算机和收银机。支持通过手机或金融卡进行移动支付。如图9-5-9所示。

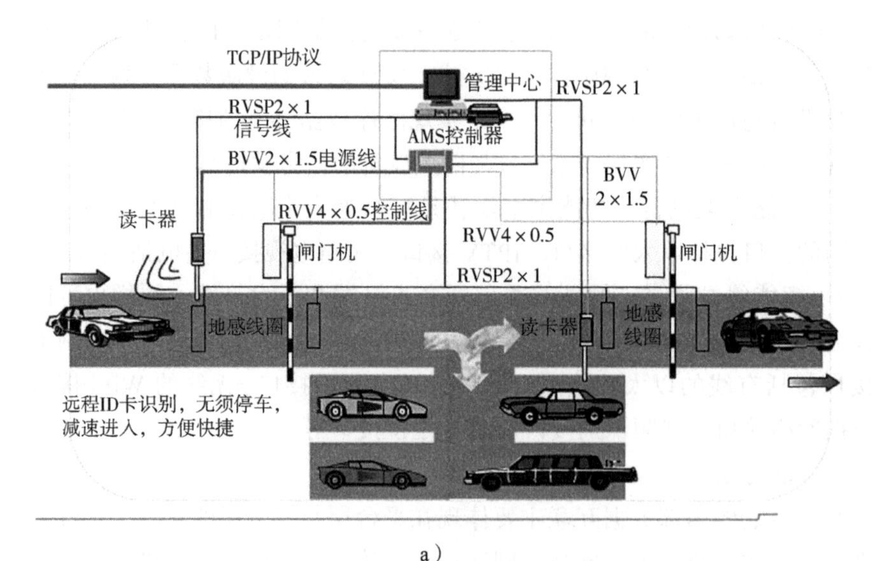

a）

图9-5-9　停车场管理系统内部互联方法

a）停车场管理系统接线方法

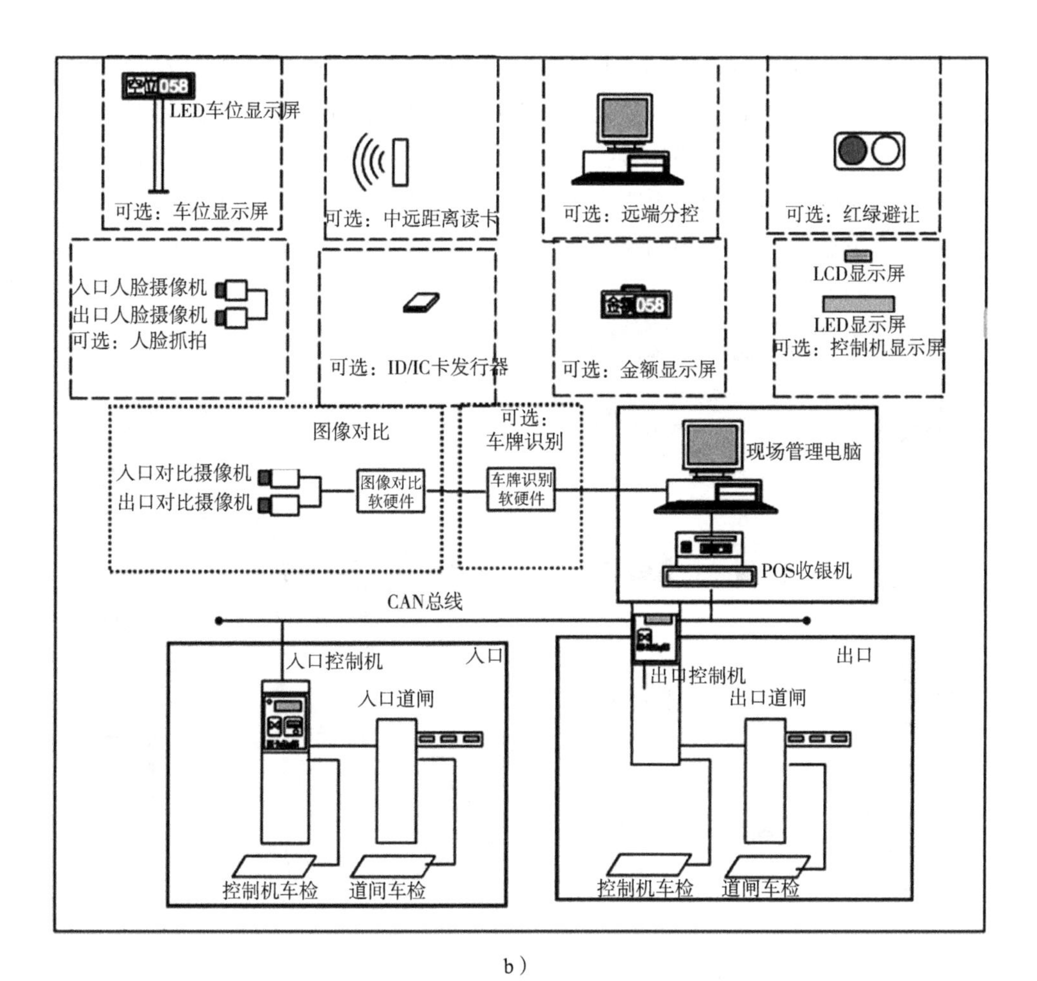

b）

图 9-5-9　停车场管理系统内部互联方法

b）停车场管理系统配置原理

4. 智能照明系统内部互联

应采用分布式智能照明控制系统，采用全分布式结构，每台控制模块、控制面板、网桥均自带 CPU，可实现现场控制、中控计算机集中控制。智能照明控制系统与楼宇自控系统集成主要通过 OPC 和协议转换接口两种方式。通过协议转换接口或干簧触点接口等方式能可靠地实现照明控制系统与楼控、消防、保安等系统联动，根据具体需要实现整个照明系统配合其他系统对每个照明控制点和具体某个照明控制区域进行控制。

5. 可视对讲系统内部互联

推荐采用基于移动互联网的云可视对讲系统，方案为：用户进入云可视对讲 App 应用软件；该软件自动搜索并连接网络；连接完成后，云可视对讲 App

应用软件进入无线 App 工作界面；点击工作界面的对讲按钮呼叫对应的可视对讲门口机；可视对讲门口机与移动终端之间建立呼叫链路，移动终端接到指令后进入可视对讲状态；门禁模块接收呼叫指令并进行权限判定，依据判定结果执行相应的门禁操作，即完成了近距离无线可视对讲开锁或远程无线可视对讲开锁。

6. 闭路电视监控系统内部互联

闭路电视监控系统内部互联方法如图 9-5-10 所示。

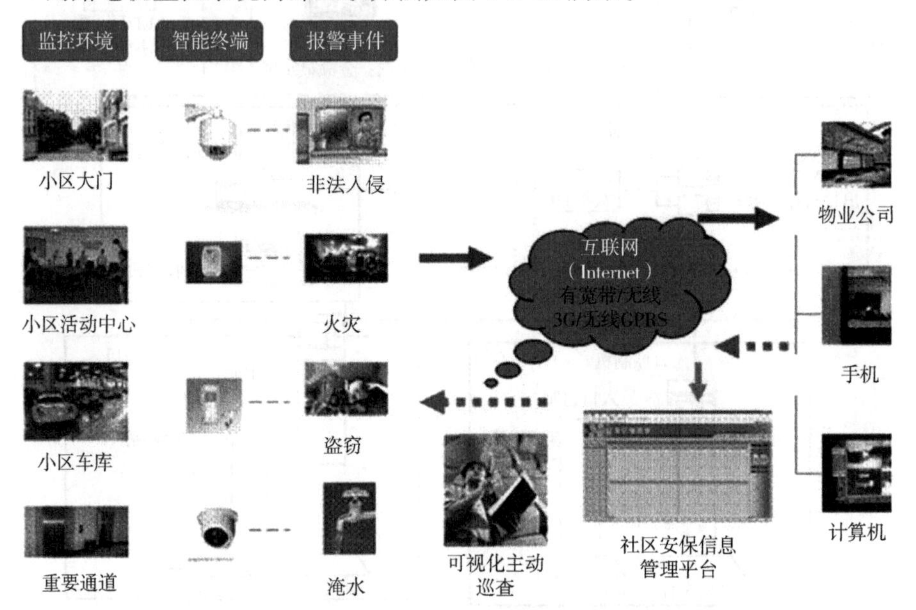

图 9-5-10　闭路电视监控系统内部互联方法

7. 周界防范系统内部互联

周界防范系统内部互联方法如图 9-5-11 所示。

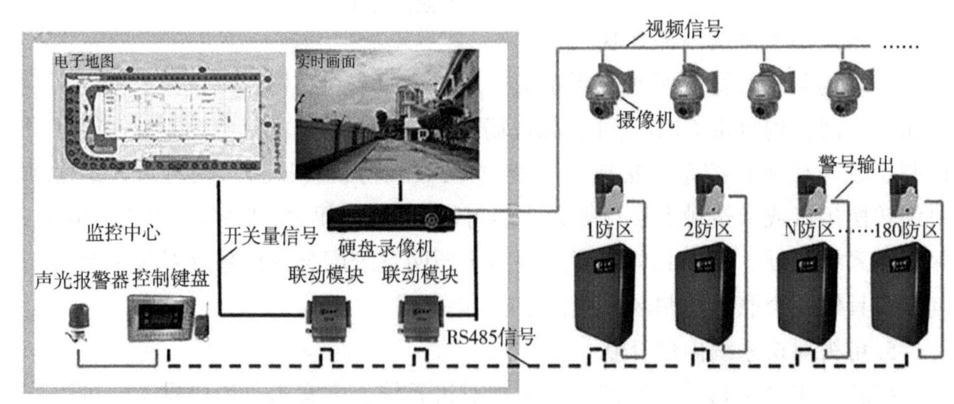

图 9-5-11　周界防范系统内部互联方法

8. 防盗报警系统内部互联

防盗报警系统内部互联方法如图 9-5-12 所示。

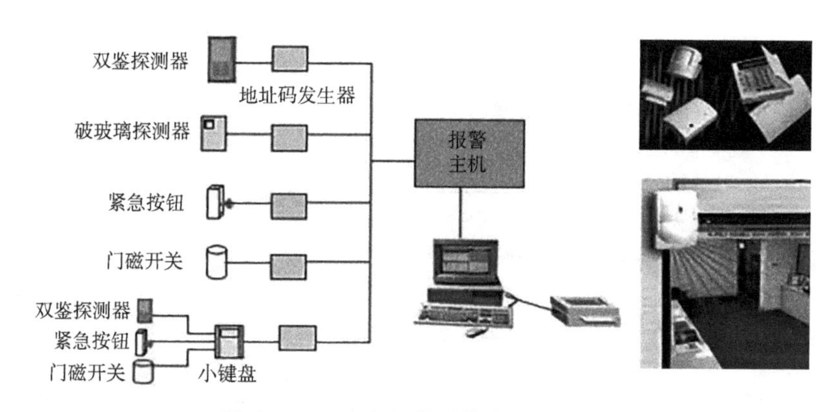

图 9-5-12　防盗报警系统内部互联方法

9. 门禁系统内部互联

门禁系统内部互联方法如图 9-5-13 所示。

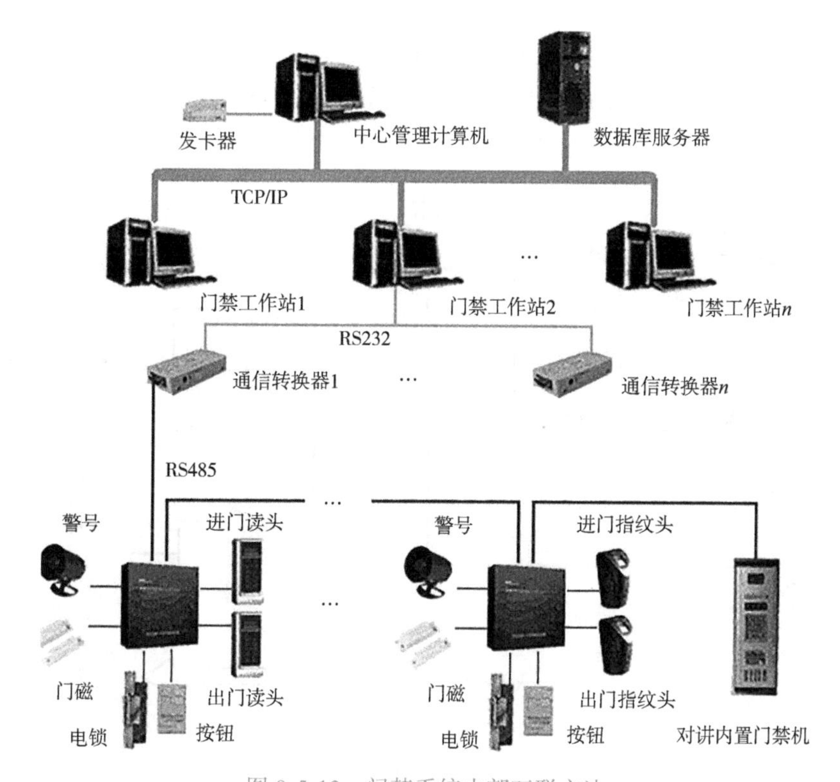

图 9-5-13　门禁系统内部互联方法

10. 电子巡更系统内部互联

电子巡更系统内部互联方法如图 9-5-14 所示。

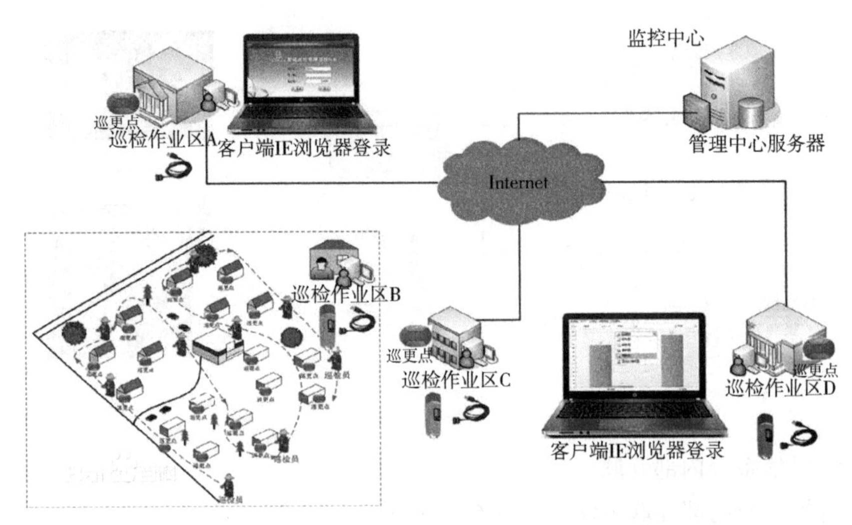

图 9-5-14 电子巡更系统内部互联方法

11. 背景音乐及紧急广播系统内部互联

背景音乐及紧急广播系统内部互联方法如图 9-5-15 所示。

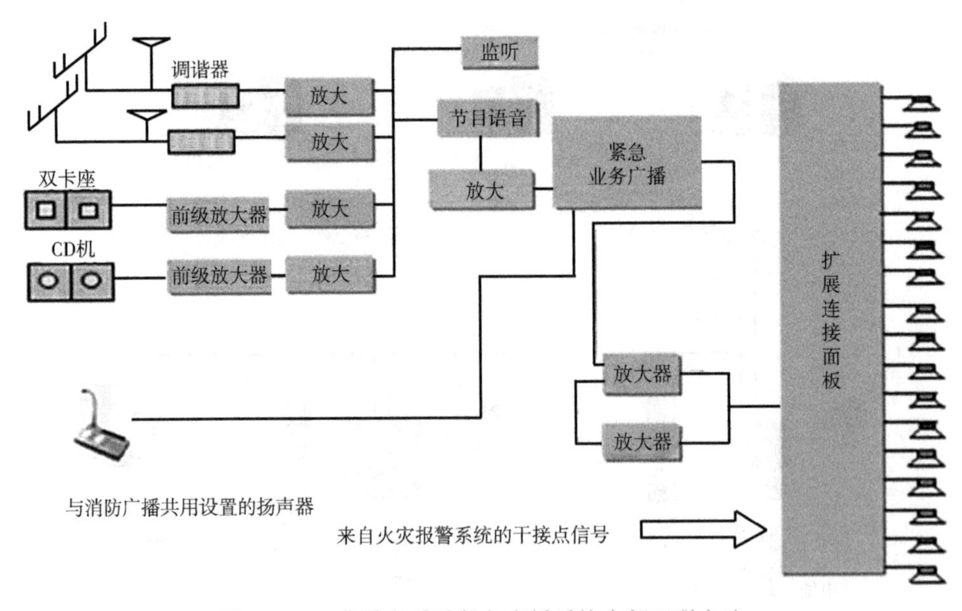

图 9-5-15 背景音乐及紧急广播系统内部互联方法

12. 卫星接收及有线电视系统内部互联

卫星接收及有线电视系统内部互联方法如图 9-5-16 所示。

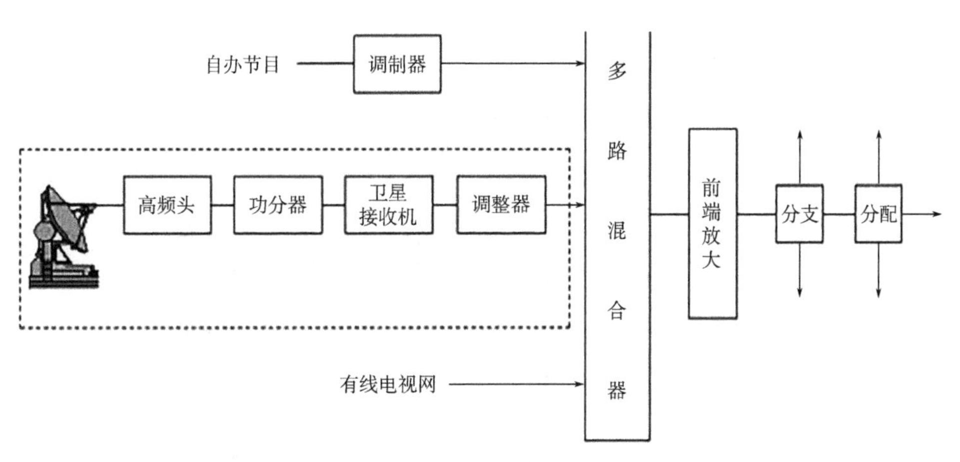

图 9-5-16　卫星接收及有线电视系统内部互联方法

13. 电子告示牌系统内部互联

电子告示牌系统内部互联方法如图 9-5-17 所示。

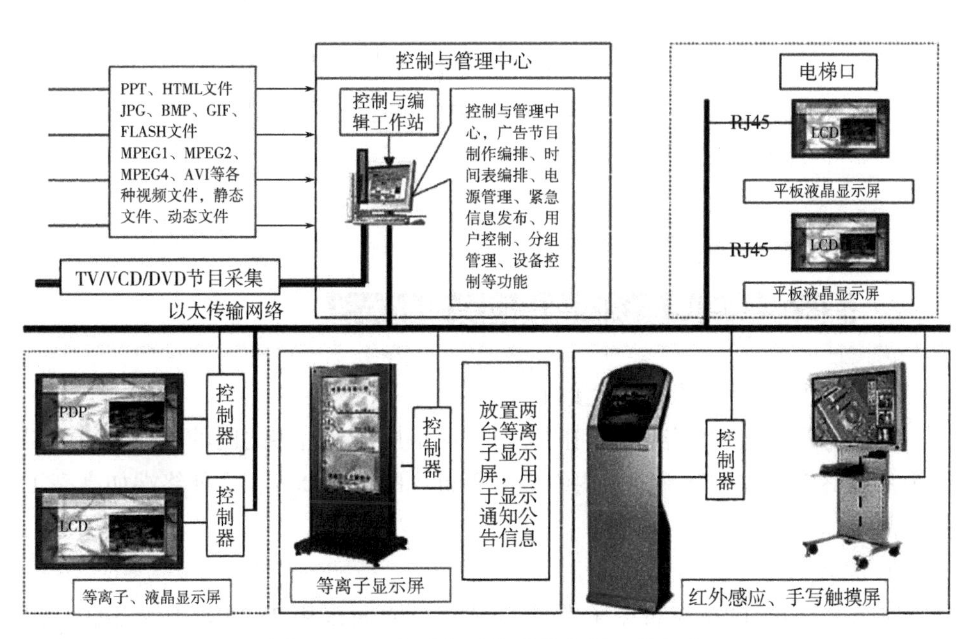

图 9-5-17　电子告示牌系统内部互联方法

14. 楼宇自控系统内部互联

控制网采用 CAN、ModBus、ProfiBus、Lonworks、BACnet、EIB、DeviceNet、

RS485 等现场总线实现设备互联，管理网通过以太网、GPRS 或 CDMA 实现服务器、工作站间的互联及远程设备接入，控制网与管理网间通过专用网关或路由器互联。

15. 计算机网络系统内部互联

社区网络控制中心通过光纤主干连接社区内各单体建筑，通过主干光纤连接外部网络，接入智慧城市网。如图 9-5-18 所示

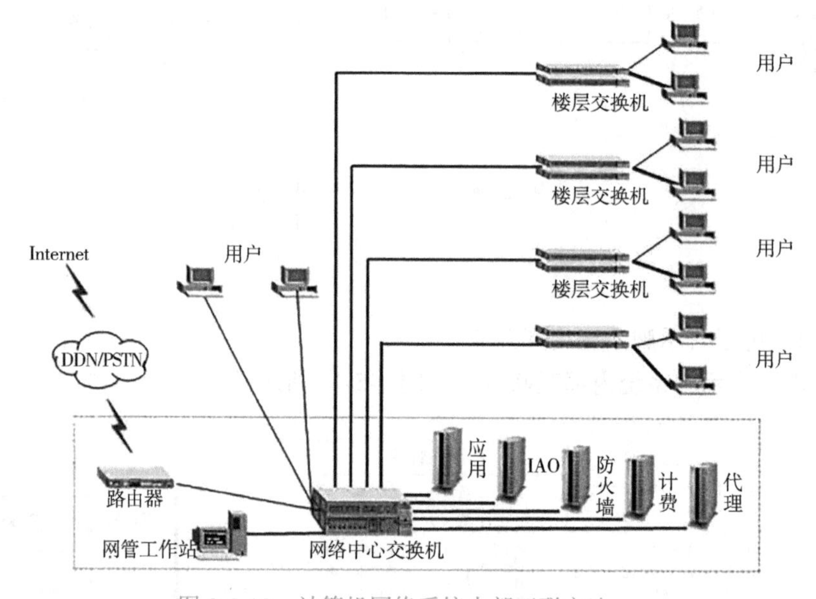

图 9-5-18　计算机网络系统内部互联方法

9.5.6　社区服务管理系统内部接口及互联方法

1. 社区服务管理系统内部接口

主要有终端层与网络层之间的接口，网络层与平台层之间的接口。终端层分为室内终端与室外终端，室内终端如手机、Pad、PC 等，室外终端如高亮工业液晶显示屏等。

2. 社区政务服务系统接口

应在物业控制处与高亮工业液晶显示屏之间采用 TCP/IP 协议互联，保证通信速度与抗干扰能力，同时物业处与城市各电力、水利公司数据库通过 TCP/IP 协议连接，业主可通过高亮液晶显示屏上的界面接口访问这些公司的数据库，能进行在线的电费、水费、天然气缴费，物业处与业主的移动终端如手

机等能通过蜂窝数据（2G/3G/4G）网络连接，物业处可实时向业主推送停水停电通知等。

3. 社区医疗服务系统接口

推荐社区与各大医院数据库通过 TCP/IP 协议连接，社区给每位业主建立个人数据库，业主可在社区健康小屋内测量身体各项指标，健康小屋将各业主身体指标通过 TCP/IP 协议上传到社区数据库，社区数据库与各大医院数据库连接，通过大数据处理，健康小屋在业主测试完后会给出相应的健康建议。

4. 家政服务系统接口

推荐开发移动终端 App 和 PC 网页版入口，家政公司将自己公司的介绍通过家庭 WiFi 上传到业主移动终端（手机、Pad）App（Android、ios）上或者通过 TCP/IP 协议上传到家政服务网页上供业主挑选。

5. 社区商圈服务系统接口

推荐开发三终端入口，移动端（手机、Pad）App（Android、ios）、PC 端网页版、网络电视端，移动端开发相应的 App，加盟的周边商圈将自己的商店加入 App，用户在移动端连接家庭 WiFi 或者蜂窝数据网络时访问这些商圈并购买，PC 端有相应的社区商圈网页，加盟商家将自己的商店加入网页链接，PC 可连接家庭 WiFi 或者有线网络，网络电视端提供给商家推送自己商品的展示页，电视可连接家庭 WiFi。

6. 物流快递服务系统接口

推荐物业专人管理小区业主快递，将小区业主所有快递统一管理，在收到业主快递后通过蜂窝数据网络向业主发送快递到达的信息，通知业主前来领取，或者在业主要求下可提供有偿送货上门服务。

7. 社区教育服务系统接口

推荐开发移动端（手机、Pad）社区教育 App（Android、ios）与 PC 端社区教育网页版入口，社区周边教育机构将该机构的师资力量介绍和服务内容上传到 App 和网页上，业主移动终端连接家庭 WiFi 可访问 App，PC 端连接有线网或者家庭 WiFi 可访问社区教育网页，并在线咨询与协商。

8. 社区社交服务系统接口

推荐开发移动端（手机、Pad）社区社交 App（Android、ios）与 PC 端社区社交网页版入口，业主通过移动端 App 与其他社区业主聊天，交换二手货物等，业主也可通过 PC 端网页与其他业主聊天，交换二手货物等。

9.6 智慧社区云平台

9.6.1 功能与架构

1. 功能

智慧社区云平台是社区数据存储、分析计算及服务平台。其中，社区云服务应涵盖 IaaS、PaaS 及 SaaS 三种类型。

2. 架构

智慧社区云平台包括云服务中心、云数据中心、数据资源管理器三部分。云平台架构如图 9-6-1 所示。

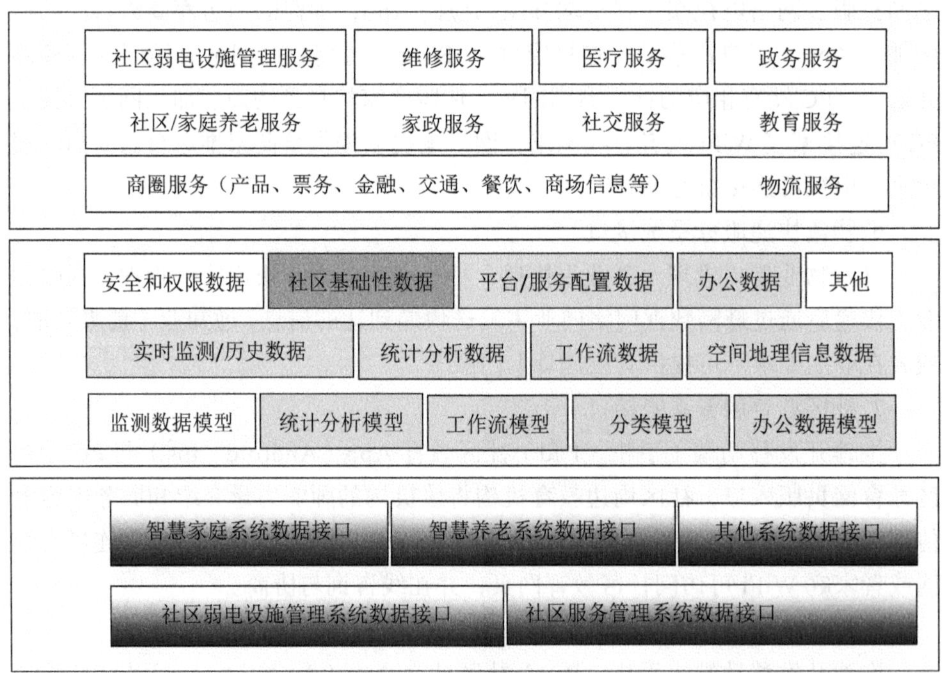

图 9-6-1 社区云平台架构

3. 云数据中心功能

云数据中心存放社区各种数据库，将社区所有数据集中在社区云平台，建立社区大数据资源池，实现社区大数据存储、大数据挖掘、大数据分析、大数据整合及大数据共享交换等。智慧社区大数据挖掘提供以下功能：关联模式挖掘、分类挖掘、聚类分析、预测、时间序列分析、偏差检测。智慧社区大数据分析可对用户行为习惯、设备运行特点进行推理、决策、执行，自主为用户提供便捷、可靠、个性化服务。

4.云数据中心数据类别

云数据中心存放七大类数据：①数据模型；②业务数据（实时监测 / 历史数据、统计分析数据、工作流数据）；③空间地理信息数据；④办公数据；⑤安全和权限数据；⑥社区基础性数据；⑦平台 / 服务配置数据。

5. 社区大数据资源池

包括：智慧家庭系统数据（智能家电、智能安防、智能环控、智能健康、智能娱乐、智能服务），智慧养老系统数据（安全服务、健康服务、生活服务、社会服务、养老管理平台、信息推送平台、视频服务平台、数据处理平台），社区弱电设施管理系统数据（智能集成管理系统、智能楼宇自控系统、智能安防系统、智能消防系统、可视对讲系统、智能车辆管理系统、智能环卫监控系统、智能能耗管控系统、智能照明管理系统、电子告示牌系统、背景音乐及紧急广播系统、卫星接收及电视系统、计算机网络系统），社区服务管理系统［物业服务、商圈服务（产品服务、票务服务、金融服务、交通服务、餐饮服务、商场信息服务等）、物流服务、医疗服务、社交服务、政务服务、家政服务、教育服务）］。

6. 云服务中心功能

包括物业中央监控管理平台及其连接的省、市、区（县）等各级智慧社区管理平台。完成对海量实时和历史数据的高性能计算和数据挖掘，并用于数据变化趋势分析、预警、应急联动等任务。可提供报表统计、数据分析、辅助决策等服务，能为上级管理部门提供翔实数据和可靠分析。包括以下功能模块：养老安全服务、养老健康服务、养老生活服务、养老社会服务、社区弱电设施管理服务、物业服务、商圈服务（产品服务、票务服务、金融服务、交通服务、餐饮服务、商场信息服务等）、物流服务、医疗服务、社交服务、政务服务、家政服务、教育服务。

7. 云服务中心架构

采用面向服务的架构，即 SOA。保证服务功能的透明性（即用户的可扩展性）和服务位置的透明性（即不同服务的共享性且服务间接口的独立）。为解决不同业务事件的处理及互相独立、互不兼容、复杂源数据系统的访问问题，采用以下方法：服务之间的消息路由；请求者和服务之间的传输协议转换，推荐采用 SOAP、JMS 等；请求者和服务之间的消息格式转换，推荐采用 XML。

8. 数据资源管理器功能

完成数据包解码，并转换成符合数据模型要求的格式存储到云数据中心。

9.6.2 云服务调用模式

1. 企业服务总线 ESB（Enterprise Service Bus）模式

推荐使用企业服务总线 ESB 模式来管理和调用云服务。所有的外部系统从服务总线上请求服务，而不是直接调用后面的服务。

2. 接口

服务请求者只要开发一个与 ESB 的接口即可，而无须开发特定服务的接口。

3. ESB 服务总线功能

ESB 服务总线包括两项功能：服务注册、安全管理。使用服务注册功能可注册内部服务和外部服务，云计算平台在注册库中表明哪些服务可以被调用。安全管理功能使只有合法的用户才可以调用相应的服务。

4. 支持的外部系统

ESB 服务总线支持的外部系统包括：JSP/Servlet 应用 、PHP 应用、.NET 应用、JAX-WS 应用等。

9.6.3 云服务接口规范

1. 云服务接口标准

推荐采用 Web 服务作为云服务接口的标准。Web 服务的技术集合包括 XML、SOAP、WSDL、UDDI 等。

2. Web 服务调用方式

推荐采用基于 XML 的传输协议 SOAP 调用 Web 服务，实现服务请求者和服务提供者之间的通信。

3. 邮件接口

在多个系统之间，尤其是远程系统之间，可使用邮件来作为接口。

9.6.4　云存储

1. 分布式存储

智慧社区云存储宜采用分布式存储方式，如使用 Hadoop 的 HDFS 实现分布式文件系统。

2. 存储设备和文件系统的接口

通过创建虚拟设备和虚拟容器来统一各类存储设备和文件系统的接口，从而实现存储空间的统一管理、数据并行访问、数据分类存储、空间动态扩展。

3. 统一访问接口

虚拟设备和虚拟容器对各种业务服务提供统一的访问接口，业务应用无须了解物理存储的具体信息。查询、统计分析、信息上报或发布等多种服务，都通过同一个接口访问存储系统上的数据，便于各种服务对数据的共享。

4. 虚拟容器

云存储物理设备采用光纤磁盘阵列、SCSI 磁盘阵列等海量存储设备，将这些设备看作某一类虚拟容器，可以根据数据特点选择不同性能和容量的设备。

5. 存储方法

云存储系统采用分类设计、分类存储法，将虚拟设备分为备份设备、删除设备、复制设备、归档设备和正常设备。

9.6.5　建设运营管理模式

1. 一般建设模式

1）B2B2C 模式。总体上采用 B2B2C 模式。政府初期对平台给予一定的投资支持，平台使用政府资源，后续商业运营利润分成；主要商业利润来源于物流公司和本地电商；服务分免费和收费两类；开放接口给服务提供商如广告商、家政等，收取服务费；平台支付费用给商业数据提供商（如医疗机构）及需要集成的第三方服务提供商。

B2B2C 模式的系统架构如图 9-6-2 所示。

2）PPP 模式。智慧社区的建设可采用 PPP 模式。

2. 新社区建设模式

新建智慧社区可根据上述方法的各种指标及方案进行建设。

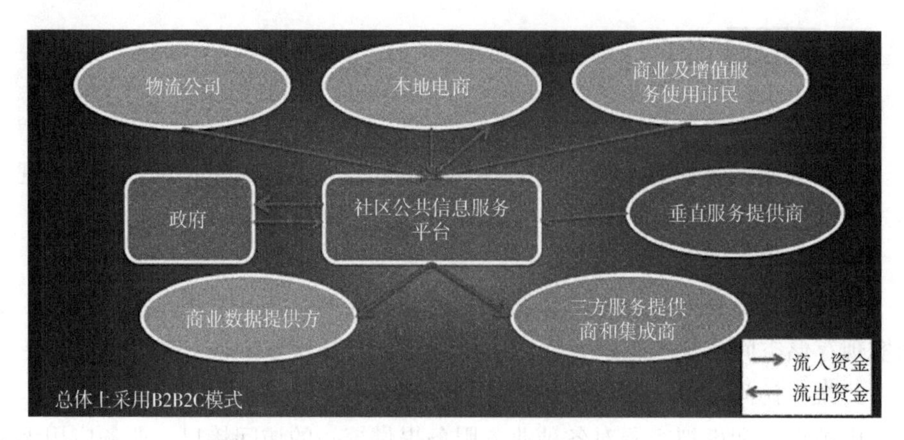

图 9-6-2 智慧社区 B2B2C 建设模式

3. 既有社区改造建设模式

既有社区改造应在保证原有投资损失最小化前提下，选择本书所规定的适合本社区的类型及指标进行建设。

4. 平台运营管理模式

1）本地化模式。智慧社区在一个城市或一个行政区域之内搭建和运营，结合城市街道管理（或农村乡镇片区）、社区居委会管理一道运营和管理。

2）广域互联模式。智慧社区跨城市、跨区域搭建和运营，通过智慧城市综合集成平台联网，形成多级互联运营管理模式。

第 10 章 智慧城市与人工智能城市

智慧城市是运用物联网、云计算、大数据、地理信息集成等新一代信息技术，促进城市规划、建设、管理和服务智慧化的新理念和新模式。建设智慧城市，对加快工业化、信息化、城镇化、农业现代化融合，提升城市可持续发展能力具有重要意义。在智慧城市基础上，本章提出了人工智能城市定义及概念模型。对人工智能城市的定位是：人工智能城市是支撑我国新型智慧城市向纵深建设发展的一套以“智能+”为特色的综合技术体系和方法模式体系，是新型智慧城市的高级阶段，是数字中国战略的一个具体实现。智慧建筑是智慧城市和人工智能城市的“神经元”，是智慧城市和人工智能城市向纵深发展的基石。

10.1 数字经济成为数字中国新动能

近年来，我国数字经济跨越式发展，为国内经济增长注入强劲动力，也为世界经济发展增添了亮色。党的十九大明确提出了“数字中国”。在国家战略的推动下，我国数字经济不断创造新的可能，世界也因此认识了一个全新的中国。

数字经济是一个现代经济系统，在这个系统中，数字技术被广泛使用并由此带来了整个经济环境和经济活动的根本变化。数字经济也是一个信息和商务活动都数字化的全新的社会政治和经济系统。企业、消费者和政府之间通过网络进行的交易迅速增长。数字经济主要研究生产、分销和销售都依赖数字技术的商品和服务。数字经济的发展给包括竞争战略、组织结构和文化在内的管理实践带来了巨大的冲击。随着先进的网络技术被应用于实践，原来的关于时间和空间的观念受到了真正的挑战。企业组织正在努力想办法整合与顾客、供应商、合作伙伴在数据、信息系统、工作流程和工作实务等方面的业务，而他们又都有各自不同的标准、协议、文化、需求、激励机制及工作流程。在数字经济的巨大驱动力下，城市和社会组织结构、商业模式、经济形态等都在加速转型发展。

数字经济受到三大定律的支配。第一个定律是梅特卡夫法则：网络的价值等于其节点数的平方。所以网络上的计算机越多，每台计算机的价值就越大，“增值”以指数关系不断变大。第二个定律是摩尔定律：计算机硅芯片的处理能力每 18 个月就翻一翻，而价格以减半数下降。第三个定律是达维多定律：进入市场的第一代产品能够自动获得50%的市场份额，所以任何企业在该产业中必须第一个淘汰自己的产品。实际上达维多定律体现的是网络经济中的马太效应。

数字经济发展的趋势体现在以下几个方面：

趋势一：供需匹配模式不断调整，匹配速度加快，需求响应能力成为核心竞争要素。随着消费者的需求不断变化和竞争对手不断出现，产品与服务的更新周期缩短。这要求企业以最快的速度对市场做出反应、以最快的速度制定新的战略并加以实施、以最快的速度对战略进行调整。随着数字化技术在经济活动中融入程度的加深，市场得到隐形的调整，模式上朝着多元化、个性化、短程化、柔性化方向演进，供需匹配机制得到不断优化。可以预见，未来绝大多数企业都将成为信息的中枢，都将拥有以自身业务类型为特征的“数字经济神经网络大脑”，以此为基元可构建形成“智慧社会数字经济互联网大脑”及“智慧社会数字经济神经网络”。

趋势二：企业边界趋向于模糊，虚拟企业和液态社会组织加速形成。速度的压力使得企业必须通过合作进行资源整合和发挥自己的核心优势。规模经济的要求、新产品研发等巨额投入的风险也迫使企业必须以合作的方式来分担成本，甚至是与竞争对手进行合作，形成合作竞争关系。通过信息平台可快速构建以产业链合作伙伴为成员的低成本虚拟企业，这样的虚拟企业既包括大企业，也包括广大中小企业，既具有大企业的资源优势，又具有小企业的灵活性，更易于在互联网空间中平等竞争与协作，并以贡献度为衡量准则和激励机制使得合作方公平竞争。基于虚拟企业的液态社会组织随之将加速形成，液态社会组织是一种以知识和价值为纽带的智慧社会组织新形态。

趋势三：以“互联网+”及信息化手段不断优化并重构供应链和价值链。在信息技术快速发展的冲击之下，产业的商业模式和协作规则不断变化、新的对手来自四面八方、新的供应商随时产生，许多传统行业出现了各种形式的断层，导致企业无法形成自身闭环系统，更无法与外界形成良性互动。这种断层既对行业中的现存者提出了挑战，又为新生者提供了机会，各个行业都不同程度地存在行业重新洗牌的机会。“互联网+”模式下的供应链与价值链重构使得信息更加透明化、短程化，许多中间商、中间环节面临着被消除的危机。企业应主动利用数字化手段以应对价值链重构，形成合作伙伴黏性，优化自己的供应商队伍及供应链体系。

趋势四：大规模量身定制成为去除过剩产能、提高生产效率的有效手段。传统经济中，商品或服务的多样性（richness）与到达的范围（reach）是一对矛盾。

大众化的商品总是千篇一律，而量身定制的商品只有少数人能够享用。数字技术的发展改变了这一切。企业现在能够以极低的成本收集、分析不同客户的资料和需求，通过灵活、柔性的生产系统分别定制。国外汽车和服装行业提供了许多成功的例子。大规模量身定制生产方式将给每个客户带来个性化的产品和服务，同时要求企业具备极高的敏捷反应能力。

基于数字经济，日本提出了“社会 5.0”。日本于 2016 年 1 月在《第 5 期科学技术基本计划》中，提出了超智能社会 5.0 战略，并在 5 月底颁布的《科学技术创新战略 2016》中，对其做了进一步的阐释。超智能社会 5.0 是在当前物质和信息饱和且高度一体化的状态下，以虚拟空间与现实空间的高度技术融合为基础，人与机器人、人工智能共存，可超越地域、年龄、性别和语言等限制，针对诸多细节及时提供与多样化的潜在需求相对应的物品和服务，是能够实现经济发展与社会问题解决相协调的社会形态，更是能够满足人们愉悦及高质量生活品质的，以人为中心的社会形态。

截至目前，数字经济在我国 GDP 结构中所占的比重已超过 30%。据中国互联网络信息中心（CNNIC）2018 年发布的第 41 次《中国互联网络发展状况统计报告》，截至 2017 年 12 月，我国网民规模达 7.72 亿，其中手机网民规模达 7.53 亿，占比 97.5%。数字经济已成为我国经济社会发展的强劲持续驱动力。数字经济的高速发展正在对我国新型城镇化、新型智慧城市各个细分领域产生着直接影响，也正在催生着各领域的新模式和新业态。为加快“数字中国”建设，我国政府开展了很多工作，包括积极实施“互联网 +”行动，推进实施“宽带中国”战略和国家大数据战略等。此外，还将启动一批战略行动和重大工程，推进 5G 研发应用，实施 IPv6 规模部署行动计划等。随着后续政策的出台和新技术的不断应用，我国数字经济发展正在进入快车道。

10.2　缓解“城市病”成为迫切需求

随着互联网、移动互联网、云端大数据的深入应用，我国城市人口红利在更泛在的连接聚集和更深入的数字化更新效应下，继续焕发出全新的动能与勃勃的生机，与此同时，城市供给与城市需求之间的匹配失衡也在不断加大，尽管过去几年供给侧结构性改革、“互联网 +”等策略起到一定调节作用，但目前广泛存在的城市病仍表现得较为突出。住房压力大、交通拥挤、环境污染、能源枯竭、产业低端、经济落后、信用体系不健全、办事不便、文明程度欠佳、发展不平衡等城市病依然存在。具体来看，亟待通过智慧治理方式“治疗”的城市“顽疾”如下：

1）住房紧张、人居环境欠佳。

2）交通拥堵。

3）环境污染（包括大气污染、水污染、土壤污染、固废污染等），生态遭破坏。

4）资源枯竭，能源紧张。

5）公共安全存隐患。

6）数据与网络安全问题突显，企业与个人隐私存隐患。

7）城市数据碎片化获取与处理现象仍存在，数据孤岛难打破。

8）有效信息被大数据“淹没”。

9）城市应急响应能力较弱，韧性不足。

10）产业经济发展中的原始创新性不足，可持续性动力保障不足。

11）政务服务便捷性、高效性、人性化能力不足，尤其是在跨区域服务时。

12）消费升级相关服务跟不上，产品质量欠佳，居民消费品质欠佳。

13）社会信用保障体系不健全，尤其是金融领域信用问题突出。

14）优质教育、医疗等民生服务资源相对匮乏。

15）法制能力较弱，尤其是新兴领域立法滞后、立法不全等。

16）社会文明程度与和谐社会、智慧社会标准尚有差距。

17）区域发展、细分行业领域发展出现不均及失衡现象。

18）城市投资、建设、运营过程中短、中、长期风险控制体系的建立健全速度跟不上行业实际发展速度。

智慧城市建设是涉及城市管理、社会治理、产业发展、人民生活、个人发展的综合性课题，是一个复杂巨系统。城市顽疾目前仍深刻存在并影响着生产生活的方方面面，从一定程度上制约了社会经济的发展。因此，智慧城市在发展理念、理论支撑、治理方法等方面尚需进一步深入研究和实践。

10.3 智慧城市特征、标准及演进

10.3.1 智慧城市特征

自 2008 年“智慧地球”理念问世以来，世界各国均给予高度关注，并开启了智慧城市开发建设运营及迭代演进的历史时代。智慧城市聚焦人口居住最集中、文明程度最高、信息化程度最高、经济发展最活跃的城市区域，是社会治理、环境治理、城市治理需求最集中的地带，也是整个政治、经济、社会管理系统复杂性的集中体现。我国高度重视智慧城市的建设发展，国家发展和改革委员会等八部门联合出台的《关于促进智慧城市健康发展的指导意见》（发改高技〔2014〕1770 号）提出“智慧城市是运用物联网、云计算、大数据、地理信息集成等新一代信息技术，促进城市规划、建设、管理和服务智慧化的新理念和新模式。建设智慧城市，对加快工业化、信息化、城镇化、农业现代化融合，提升城市可持续发展能力具有重要意义。”归纳起来，智慧城市的特征主要集中于以下三点：

第一，智慧城市建设以智慧技术的综合创新应用为主线。智慧城市可以被认为是城市信息化的高级阶段，涉及新一代信息技术、BIM、GIS 等智慧技术的综合创新应用，智慧技术是以物联网、云计算、大数据、移动互联网、人工智能、区块链、BIM、GIS、卫星导航定位等新兴热点技术为核心和代表。

第二，智慧城市是一个复杂智联网系统。在这个智联网中，智慧技术与其他城市资源要素在互联网和大数据智能的作用下优化配置并对经济运行和社会发展产生推进作用，促使城市更加智慧的运行。

第三，智慧城市是城市转型发展的新模式。究其本质，智慧城市是城市化进程中的创新形态，也是城市谋求转型发展之路的创新模式。智慧城市的服务对象面向城市治理参与主体——政府、企业和个人，结果是城市生产、生活方式的变革、提升及完善，终极表现是为个体创造更美好的交流、协作、发展空间，使人类拥有更美好的生活。

综上所述，智慧城市的本质在于信息化与城市化的高度融合，是新一代信息技术发展和知识社会创新 2.0 环境下城市信息化向更高阶段发展的表现。

智慧城市将成为一个城市的整体发展战略，作为经济转型、产业升级、城市提升的新引擎，达到提高民众生活幸福感、企业经济竞争力、城市可持续发展的目的，体现了创新 2.0 时代的城市发展理念和创新精神。

智慧城市是促进我国新型城镇化高质量发展的有效途径，也是落实国家新型城镇化规划的重要载体。《国家新型城镇化规划（2014—2020 年）》明确提出“推动新型城市建设”，重点为加快绿色城市建设、注重人文城市建设。同时规划以下重要内容：促进各类城市协调发展——增强中心城市辐射带动功能，加快发展中小城市，有重点地发展小城镇；强化城市产业就业支撑——优化城市产业结构，增强城市创新能力，营造良好就业创业环境；完善城市治理结构——强化社区自治和服务功能，创新社会治安综合治理，健全防灾减灾救灾体制；完善城乡发展一体化体制机制——推进城乡统一要素市场建设，推进城乡规划、基础设施和公共服务一体化。李克强总理在做 2018 年政府工作报告时提到，过去的 5 年中，我国的城镇化率从 52.6% 提高到 58.5%，8000 多万农业转移人口成为城镇居民。

10.3.2 智慧城市标准

目前已有二十几个国际或国外组织开展了智慧城市相关标准研究，包括：国际标准化组织 ISO/TC204 智能运输系统技术委员会、国际标准化组织 ISO/TC268/SC1 社区可持续发展技术委员会智能社区基础设施分技术委员会、国际标准化组织 ISO/IEC JTC1/ 智能电网特别工作组、ISO/TC215 健康信息学、ISO/TC257 在创新项目、企业及区域中能量节约的总体技术规则技术委员会与 ISO/TC242 能量管理分技术委员会成立的联合工作组、ISO/TC 205 建筑环境设计技术委员会、ISO/TC59 建筑和城市工程项目技术委员会、ISO/TC 223 社会安全、ISO/TC241 道路交通安全管理系统、国际电工委员会 IEC SG3（IEC Strategic Group on Smart Grid）PC118 智能电网用户接口项目委员会、美国国家标准技术研究所（NIST）、电气和电子工程师协会（IEEE）、欧洲电信标准化协会（ETSI）、欧洲标准委员会（CEN）、国际电信联盟（ITU-T）—远程通信标准化组织、HL7、美国放射学会（ACR）和全美电器厂商联合会（NEMA）联合组成委员会、日本信息通信产业的主管机关总务省（MIC）、韩国 U-City 标准论坛。全国信息技术标准化技术委员会 SOA 分技术委员会于 2012 年开始研究智慧城市基础参考模型及标准体系框架，组织编写了《我国智慧城市标准体系研究报告》，提出的智慧城市基础参考模型主要分为物联感知层、网络通信层、数据及服务支撑层、智慧应用层，提出的智慧城市标准体系由五个类别的标准组成，包括智慧城市总体标准、智慧城市技术支撑与软件标准、智慧城市运营及管理标准、智慧城市安全标准、智慧城市应用标准、SOA 分技术委员会还组织编写了《智慧城市术语》《智慧城市基于 SOA 的服务融合平台、参考模型和总体要求》《智慧城市基于 SOA 的服务融合平台、接口和测试要求》等标准。2013 年，全国智能建筑及居住区数字化标准化技术委员会组织编写的《中国智慧城市标准体系》发布，该体系对“智慧城市”的定义、体系、功能特征、建设关键部署等进行了详细阐述，为我国智慧城市建设提供了依据。该标准体系框架包含智慧城市建设涉及的基础设施、建设与宜居、管理与服务、产业与经济、安全与运维 5 大类别标准，分 4 个层次表示，涵盖 16 个技术领域，包含 101 个分支的专业标准。

我国国家标准化管理委员会计划在三到五年之内制定 40 余项智慧城市国家标准，2015 年下达了 21 项智慧城市国家标准计划。2016 年首个智慧城市国家标准《新型智慧城市评价指标》（GB/T 33356—2016）出台，2017 年发布了五项智慧城市国家标准，2018 年智慧城市标准发布多达 11 项，覆盖了顶层设计、平台设计、技术应用和数据融合、数据安全、评价模式等多维度。

标准作为规范性的文件，对于技术、产品的规范，以及建设成果的科学论证和应用实践起到非常重要的作用，智慧城市国家标准的出台标志着智慧城市行业的成熟，是引领城市智慧化建设与发展的重要抓手。智慧城市标准全部为推荐型标准。

2017 年生效的 3 个智慧城市国家标准为（2017 年 10 月 14 日世界标准日发布 2018 年 05 月 01 日生效）：

《智慧城市 技术参考模型》（GB/T 34678—2017），该标准给出了智慧城市概念参考框架，规定了 ICT 支撑的智慧城市业务框架、知识管理参考模型和技术参考模型，以及智慧城市建设的技术原则和要求。

《智慧城市评价模型及基础评价指标体系 第 1 部分：总体框架及分项评价指标制定的要求》（GB/T 34680.1—2017）。

《智慧城市评价模型及基础评价指标体系 第 3 部分：信息资源》（GB/T 34680.3—2017）。

2018 年国家标准化管理委员会发布的智慧城市标准有：

《智慧城市评价模型及基础评价指标体系 第 4 部分：建设管理》（GB/T 34680.4—2018）。

《智慧城市 领域知识模型 核心概念模型》（GB/T 36332—2018）。

《智慧城市 顶层设计指南》（GB/T 36333—2018）。

《智慧城市 软件服务预算管理规范》（GB/T 36334—2018）。

《智慧城市 SOA 标准应用指南》（GB/T 36445—2018）。

《智慧城市 公共信息与服务支撑平台 第 3 部分：测试要求》（GB/T 36622.3—2018）。

《智慧城市 术语》（GB/T 37043—2018）。

一个行业应用标准为：

《智慧校园总体框架》（GB/T 36342—2018）。

参考国家智慧城市标准化总体组关于《中国智慧城市标准化白皮书（2014）》的研究结论，现行及正在制定或修订的智慧城市相关标准如图 10-3-1 所示，共计 3000 多项。

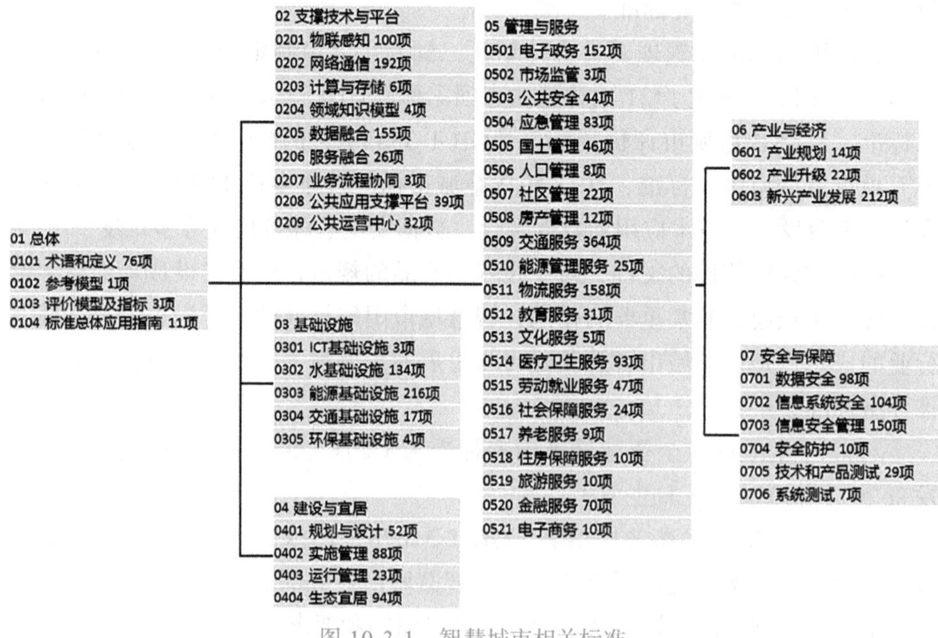

图 10-3-1　智慧城市相关标准

（数据来源：《中国智慧城市标准化白皮书（2014）》）

与任何新生事物一样，智慧城市也不可避免地暴露了一些初期阶段的问题。“智慧”是智慧城市区别于普通城市的本质特征，但目前从实际建设和理论研讨方面看，人们对这一本质特征并没有真正理解和落实，甚至出现概念混淆、包装炒作现象。调查显示，已建成的智慧城市屡屡听到智慧性感受不明显的群众呼声。因此，现阶段的智慧城市与真正的智慧城市尚有距离，寻找缩短距离的有效方法迫在眉睫。

完整的智慧城市模型包含五个层面，自底向上依次为：技术、资源、应用平台、管理与运营、服务。正因为智慧城市囊括的内容太多，涉及的范围太宽，才造成改善智慧城市建设成效的切入点难以选择，眉毛胡子一把抓反而不出成效。建议从最底层即技术层面入手，首先厘清智慧特征的真正内涵，再逐层向上扩展，将智慧城市做实、做全，最终做到有的放矢、资源节约、效益最大化。

智慧城市技术层涉及的内涵及内容会因具体系统而呈现出不同的特点，抽象出各系统的共性智慧化思想、方法是值得进一步去探究的事情。智慧城市是一个复杂巨系统，其建设和发展任重而道远。在坚持城市发展战略全局、加强顶层设计的基础上，当前时期应从基础层面扎实做起，加深对相关理论和技术的理解，以科学方法为依据，加速推进城市智慧化进程。

10.3.3 智慧城市演进

城市的信息化始于“数字城市”。2005 年 3 月，国家“十五”科技攻关计划“城市规划、建设、管理与服务的数字化工程”项目“城市数字化示范应用工程研究”课题的 42 项示范工程通过建设部科学技术司组织的验收，示范专题包括北京理正产业化基地建设、数字社区技术与产品产业化基地、工程动态管理系统研究开发和应用示范、建筑企业和工程项目信息化软件应用示范等。

从 2008 年起，随着“智慧城市”概念的提出，“数字城市”逐渐过渡到“智慧城市”发展阶段。建设智慧城市是贯彻党中央、国务院关于创新驱动发展、推动新型城镇化、全面建成小康社会的重要举措。目前，许多城市已把智慧城市作为发展重点，将申报智慧城市写入了政府工作报告。智慧城市已成为城市发展的新常态。

为规范和推动智慧城市的健康发展，构筑城市新形态，引领富有中国特色的新型城市化之路，住房和城乡建设部于 2012 年 12 月 5 日正式发布了《关于开展国家智慧城市试点工作的通知》，并印发了《国家智慧城市试点暂行管理办法》和《国家智慧城市（区、镇）试点指标体系（试行）》两个文件。国家智慧城市试点工作正式启动。经过地方城市申报、省级住房城乡建设主管部门初审、专家综合评审等程序，确定首批国家智慧城市试点共计 90 个，其中地级市 37 个，区（县）50 个，镇 3 个。2013 年 8 月，住房和城乡建设部再度公布《2013 年度国家智慧城市试点名单》，又确定 103 个城市（区、县、镇）为 2013 年度国家智慧城市试点。2014 年 8 月 22 日，住房和城乡建设部、科学技术部联合发布《关于开展国家智慧城市2014年试点申报工作的通知》，启动2014年度国家智慧城市试点申报。2015年4月7日，住房和城乡建设部和科学技术部公布了第三批国家智慧城市试点名单，确定北京市门头沟区等84个城市（区、县、镇）为国家智慧城市2014年度新增试点，河北省石家庄市正定县等13个城市（区、县）为扩大范围试点，加上前两批公布的193个城市，截至目前，我国的智慧城市试点已接近300个。可见，智慧城市已由概念导入期进入快速发展期。另据国家信息中心的统计，截至2015年8月，科学技术部智慧城市试点有20个，工业和信息化部信息消费试点有68个，国家发展和改革委员会信息惠民试点有80个，工业和信息化部和国家发展和改革委员会“宽带中国”示范城市有39个。

智慧城市建设涉及物联网、大数据、移动互联、云计算、地理信息系统五大核心技术在基础设施智能化提升中的应用，同时也涉及商业团体、城市文化等软设施的配套改进。根据国务院印发的《国家新型城镇化规划（2014—2020年）》和国家发展和改革委员会等八部门联合印发的《关于促进智慧城市健康发展的指导意见》（发改高技〔2014〕1770号），智慧城市的建设应以科技创新为支撑，以绿色、低碳、智能为目标。近年来，在国家总体战略方针的指引下，智慧城市在顶层设计、试点建设、新技术开发、运营模式等方面取得了显著进展。但总的来看，目前智慧城市还处于技术创新驱动的发展阶段，是新生事物。随着国家政策密集出台，新兴信息技术不断成熟，智慧城市有望在未来几年迎来发展的爆发期。美国国际数据公司（IDC）的报告显示，2014年中国智慧城市的市场规模达130多亿美元，其中不包括基建和自动化设备，而是传统的一些ICT相关的硬件、软件服务。到2020年，这个规模将会达到280多亿美元。

随着《国家新型城镇化规划（2014—2020年）》的有序推进，全国各省、市都在积极制定富有地方特色、具备发展潜质的城市发展策略，并逐步落实到建设和运营层面，为当地产业、经济、社会的综合发展和实力提升努力探索。经过10余年的发展，我国已经形成一批主要城市群和经济区。

《国家新型城镇化规划（2014—2020年）》在“第十八章推动新型城市建设”中明确提出：顺应现代城市发展新理念新趋势，推动城市绿色发展，提高智能化水平，增强历史文化魅力，全面提升城市内在品质。对绿色城市建设、智慧城市建设、人文城市建设提出了建设重点。

随着《国家新型城镇化规划（2014—2020年）》向纵深推进，全国各地城市群、城市都在积极抢占智慧城市建设的制高点，通过智慧城市建设拉动地方经济增长已成为必由之路。

中国的智慧城市发展阶段可以总结如下：

智慧城市 1.0（2008 年—2012 年）：2008 年 IBM 提出智慧地球概念，智慧城市进入萌芽期（或初步探索期）（智慧城市 1.0），网络化、信息化是这个阶段智慧城市建设的首要任务，因此也可称为“数字城市”阶段。

智慧城市 2.0（2012 年—2016 年）：智慧城市 2.0 主要以城市信息化基础设施建设、电子政务、信息惠民为主，形式上更多地是以碎片化方式推进，在顶层设计方面考虑得较少，可以看作是我国智慧城市建设发展的起步期（探索期）。2012 年工业和信息化部发布了《关于征求智慧城市评估指标体系意见的通知》，2012 年住房和城乡建设部正式发布了《关于开展国家智慧城市试点工作的通知》和《国家智慧城市（区、镇）试点指标体系（试行）》，并先后公布了上百个国家智慧城市试点。《国家新型城镇化规划（2014—2020 年）》明确提出推动新型智慧城市建设。

智慧城市 3.0（2016 年—2018 年）：“十三五”时期开始探讨的新型智慧城市可以称为智慧城市 3.0。随着“创新、协调、绿色、开放、共享”发展理念的全面贯彻，城市被赋予了新的内涵，对智慧城市建设提出了新的要求。国家互联网信息办公室在全面调查和摸清全国智慧城市建设情况的基础上，面对智慧城市建设遇到的新挑战和新要求，提出了新型智慧城市的概念，并且牵头组织国家发展和改革委员会等 26 个部委联合推动新型智慧城市建设。

智慧城市 4.0（2018 年—）：本阶段的智慧城市更加强调产业，特别是战略性新兴产业的重要性，也更加强调数字经济在城市转型升级及可持续发展中的核心作用，新一代信息技术与实体经济的加速融合将在智慧城市 4.0 中找到坚实落脚点，以尊重社会组成单元（个人、企业、政府机构等）发展需求为特点的分布式、个性化、高技术含量型创新正成为驱动城市发展的原始驱动力。进入 2018 年以来，随着国务院《新一代人工智能发展规划》的推进与实施，现阶段的智慧城市急需“智能 +”来进一步提升，我国智慧城市的发展迈进“AI+智慧城市”“人工智能城市”阶段，可以称为智慧城市 4.0，2018 年是人工智能城市的历史元年。

10.4　人工智能城市

党的十八大提出“坚持走中国特色新型工业化、信息化、城镇化、农业现代化道路，推动信息化和工业化深度融合、工业化和城镇化良性互动、城镇化和农业现代化相互协调，促进工业化、信息化、城镇化、农业现代化同步发展。《国家新型城镇化规划（2014—2020年）》明确提出推动新型智慧城市建设。国家互联网信息办提出了新型智慧城市概念，并牵头组织国家发展和改革委员会等26个部委联合推动新型智慧城市建设。《"十三五"国家信息化规划》（国发〔2016〕73号）给出了新型智慧城市建设行动的具体规划方案。为抢抓人工智能发展的重大战略机遇，构筑我国人工智能发展的先发优势，加快建设创新型国家和世界科技强国，国务院2017年7月发布了《新一代人工智能发展规划》，指出当前人工智能的战略态势为：人工智能成为国际竞争的新焦点，成为经济发展的新引擎，带来社会建设的新机遇。新一代人工智能相关学科发展、理论建模、技术创新、软硬件升级等整体推进，正在引发链式突破，推动经济社会各领域从数字化、网络化向智能化加速跃升。当前，新一代人工智能正在加速融入我国经济社会各领域，为工业化、信息化、城镇化、农业现代化均注入了新动能，带来了新的发展思路。另一方面，从发展趋势看，"十一五""十二五"及"十三五"前期互联网+、大数据、智慧城市已经充分发展起来，为人工智能城市的到来奠定了坚实的基础。

因此，本书对人工智能城市的定位是：人工智能城市是支撑我国新型智慧城市向纵深建设发展的一套以"智能+"为特色的综合技术体系和方法模式体系，是新型智慧城市的高级阶段，是数字中国战略的一个具体实现。

人工智能城市（Artificial Intelligence City，AI City）定义如下：在遵循城市发展规律和满足社会经济发展需求前提下，以城市科学、人工智能、信息物理系统（Cyber-Physical Systems，CPS）、系统工程理论为支撑，在城市大脑统一管理下，在人类智慧空间、信息空间、物理空间三大空间支撑下，综合采用人工智能、大数据、云计算、物联网、移动互联网、工业互联网、现代通信、区块链、量子计算等新一代信息技术实现实时感知、高效传输、自主控制、自主学习、智能决策、自组织协同、自寻优进化、个性化定制八大特征的高度智能化城市。"人工智能城市"简称为"AI城市"。"人工智能城市"兼具"人工智能+城市"和"城市+人工智能"双重内涵。"人工智能+城市" 注重的是人工智能科技，"城市+人工智能"注重的是城市垂直应用。

人工智能城市的理念原型如图10-4-1所示。

人工智能城市的理念原型所描述的含义为：人工智能与智慧城市可比喻为独立转动的齿轮，二者是相互赋能、交互促进的关系，在交织演进过程中催生出交叉领域新概念——人工智能城市。

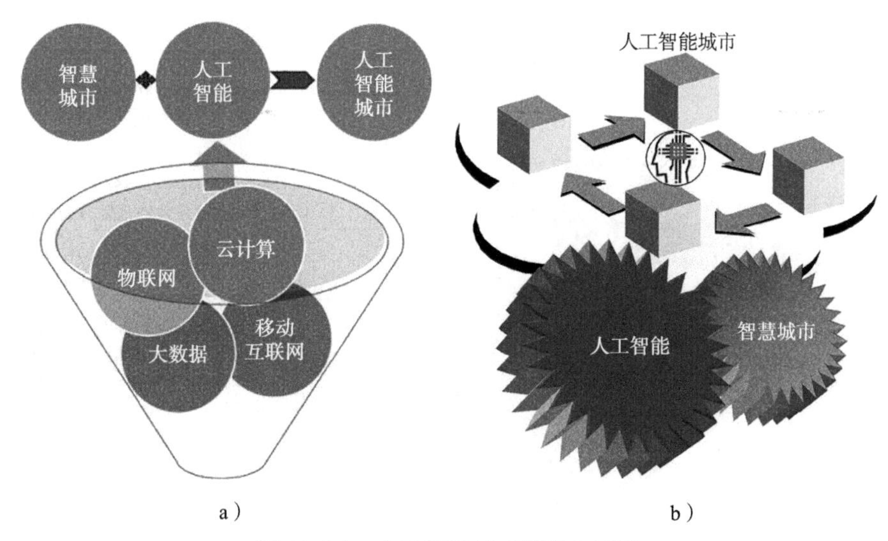

a）　　　　b）

图 10-4-1　人工智能城市的理念原型

a）要素间关系　b）人工智能与智慧城市双轮互动，催生出人工智能城市

为了更清晰地描述人工智能城市这一复杂巨系统的层级架构，本书提出“人工智能城市复杂系统”的概念，定义“人工智能城市复杂系统”为：基于本书“人工智能城市”概念的城市智能化复杂巨系统。并且提出针对人工智能城市系统的“构件化组合”和“主板式集成”相结合的人工智能城市网、链、模型及系统集成描述方法和解决方案。

构件化组合：是指将人工智能城市复杂系统各层级和各层级内部的各组成部分均看作是城市的构件，这些构件共同构建出城市系统，采用的构建方法是可插拔、可伸缩、可定制式，分为基础构件和个性化构件两大集合，具体实施方法为：在满足城市核心基础功能基础上，依据现场具体情况采取灵活性、个性化定制，以满足城市特色化需求。

主板式集成：是指将人工智能城市大脑作为包含了操作系统的主板，以主板集成和驱动外围模块的思路来集成城市各领域、各要素，最终目标是实现城市数据、功能、信息的互联互通和优化共享，促进城市质量和效率的综合提升。

总体设计思路：基于信息物理系统（CPS）理论与人工智能理论，融合城市领域知识与城市业务系统模型，构建自组织、可重构、可信任的人工智能城市复杂巨系统组织架构。本书认为人工智能城市（也普遍适用于智慧城市）的总体层级架构及组成部分如图 10-4-2 所示。

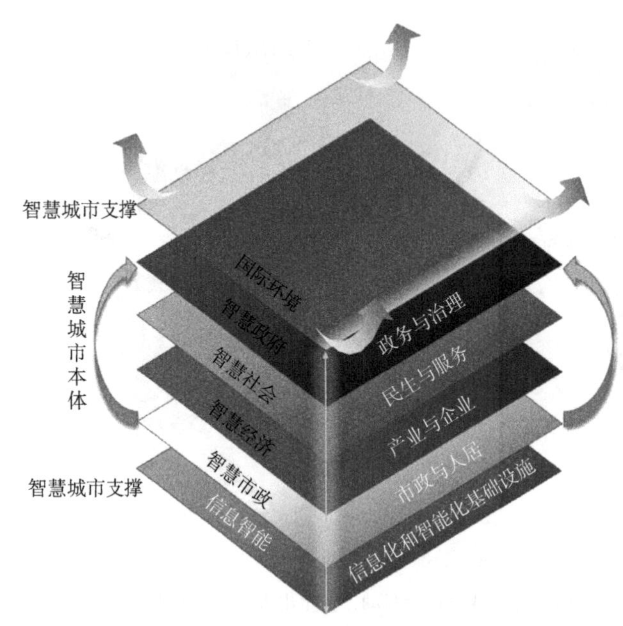

图 10-4-2 人工智能城市/智慧城市总体层级架构和组成部分

人工智能城市系统的层级划分为四级：

第一级：城市级（1 大脑 +4 板块）。

第二级：领域级（20 垂直领域）。

第三级：领域子系统级（$20\times N_i$）

第四级：单元级（$20\times N_i\times M_i$）

上述括号中的数字为每一层级所含构件数量的基准数（依据当前行业发展情况给出的基数，有可能上下浮动），N_i（i=1，2，…）和 M_i（i=1，2，…）为每一层级内部构件（第三级对应着“子系统”，第四级对应着“单元”）的数目。城市群系统的计算可依据单个城市的数据进行叠加和递推。

人工智能城市复杂巨系统的组织模型采用树状结构描述，如图 10-4-3 所示。

人工智能城市参考框架模型 AICITYC1.0 如图 10-4-4 所示。

人工智能城市参考框架模型 AICITYC1.0 中存在两套连接总体各要素的“流”——价值流、信息流，如图 10-4-5 所示。

参考框架模型 AICITYC1.0 中存在三个维度，即三条“线”，分别是：智慧城市维度（线）、人工智能维度（线）、产品和服务维度/工业维度（线）。

智慧城市维度（线）的框架如图 10-4-6 所示。

人工智能维度（线）的框架如图 10-4-7 所示。

图 10-4-3　人工智能城市复杂巨系统的树状结构组织模型

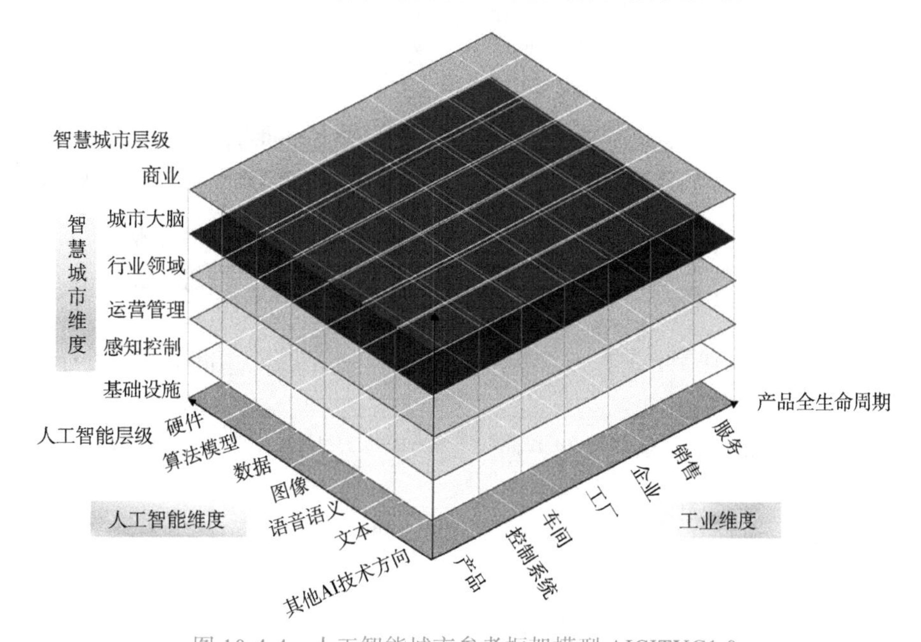

图 10-4-4　人工智能城市参考框架模型 AICITYC1.0

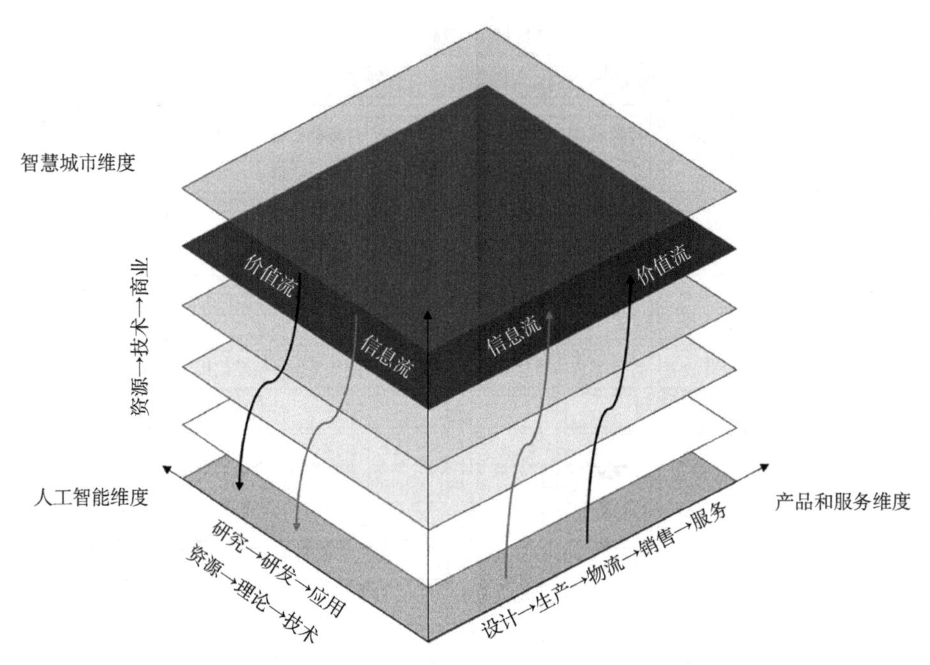

图 10-4-5　AICITYC1.0 之流——“价值流”“信息流”

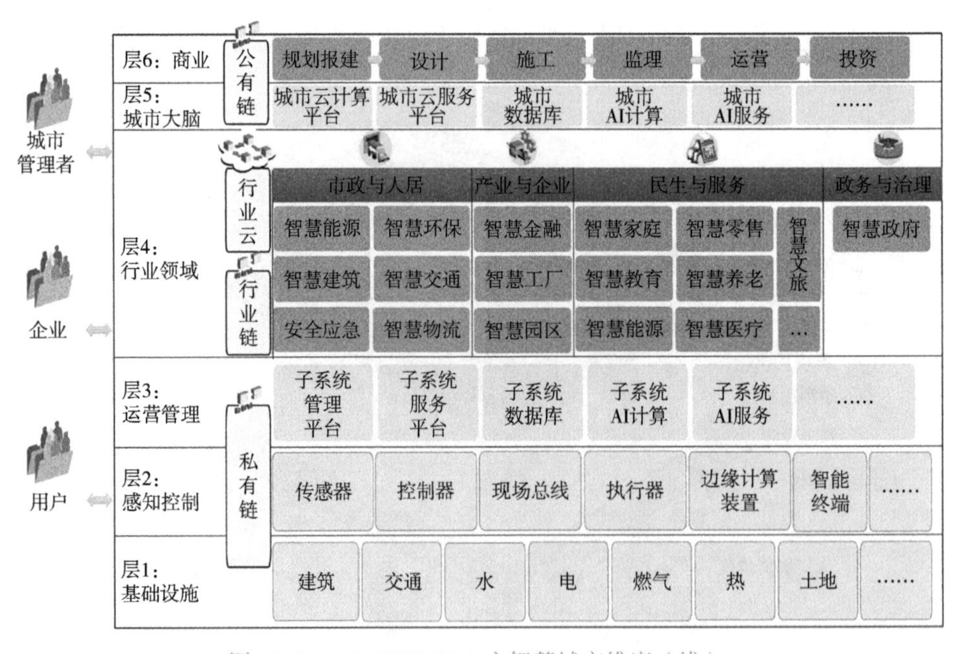

图 10-4-6　AICITYC1.0 之智慧城市维度（线）

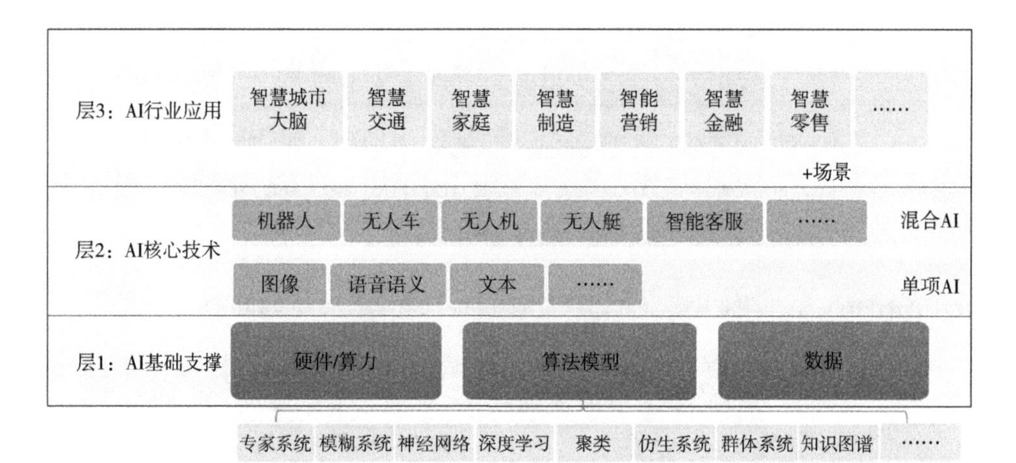

图 10-4-7　AICITYC1.0 之人工智能维度（线）

人工智能维度包括 3 层：

层 1 是 AI 基础支撑层，包括硬件（体现算力）、算法模型、数据三部分。

算法模型部分包括：专家系统、模糊系统、神经网络、深度学习、聚类、仿生系统、群体智能、知识图谱等人工智能研究分支。

层 2 是 AI 核心技术层，包括通用的单项 AI 技术（图像、语音语义、文本）和混合 AI 技术（机器人、无人车、无人机等）。

层 3 是 AI 行业应用层，是人工智能 + 场景后衍生出的行业应用。

层 1 为层 2 的构建提供核心资源，产生各种相对通用的 AI 技术方向，供层 3 使用，层 3 的开发实现需建立在层 1 和层 2 基础之上。在层 1、层 2 基础之上，融入行业场景，可实现层 3 的各种实际应用。

产品和服务维度 / 工业维度（线）的框架如图 10-4-8 所示。

“产品和服务 / 工业维度（线）”即智慧城市产品和服务产业链，是指服务于城市建设、消费及应用的各智能制造产业部门、生产要素、企业、消费者、使用者之间的链条式技术经济关联形态。

基于人工智能维度的 3 层架构，可构建“AI+ 城市”产业链。“AI+ 城市”产业链包含价值链、企业链、供需链和空间链四个维度，四个维度在相互对接、相互均衡协调过程中形成了产业链。人工智能产业链是在现代经济体系框架下各产业部门之间基于一定的技术经济关联，并依据特定逻辑关系和时空布局关系客观形成的链条式关联关系形态。人工智能城市产业链模型如图 10-4-9 所示。

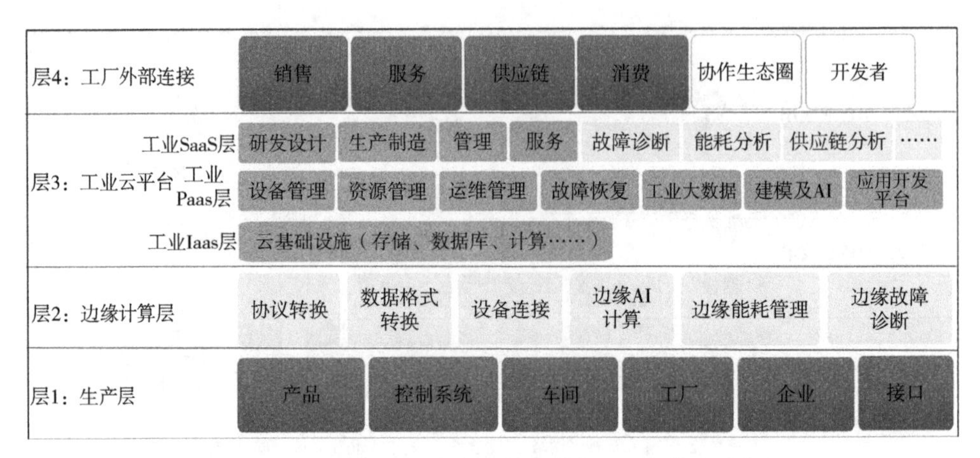

图 10-4-8　AICITYC1.0 之产品和服务 / 工业维度（线）

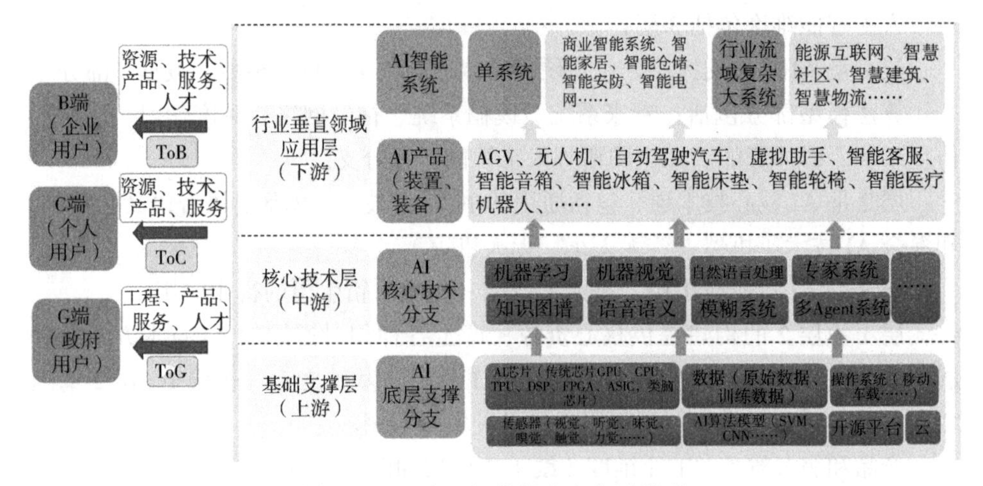

图 10-4-9　人工智能城市产业链模型

基于人工智能城市产业链形成的智慧产业系统的体系架构如图 10-4-10 所示。

人工智能城市的具体实现是多智能体城市。智慧城市的业务体系涉及智慧建筑、智慧社区、智慧园区、智能制造、智慧交通、智慧物流、智慧能源、智慧环保、智慧医疗健康、智慧教育、智慧旅游、智慧政务、智慧零售、智慧安全应急、智慧水务、智慧金融、智慧信用、智慧农林、智慧媒体社交等相关内容。本书按照智慧城市发展现状将智慧城市业务划分为若干个产业链相对独立（特定情况下也有少部分交叉）的垂直领域，这些垂直领域又分别包含若干个子系统及其组成单元，城市管理中心（智慧城市主智能体 /Smart City Main-Agent,

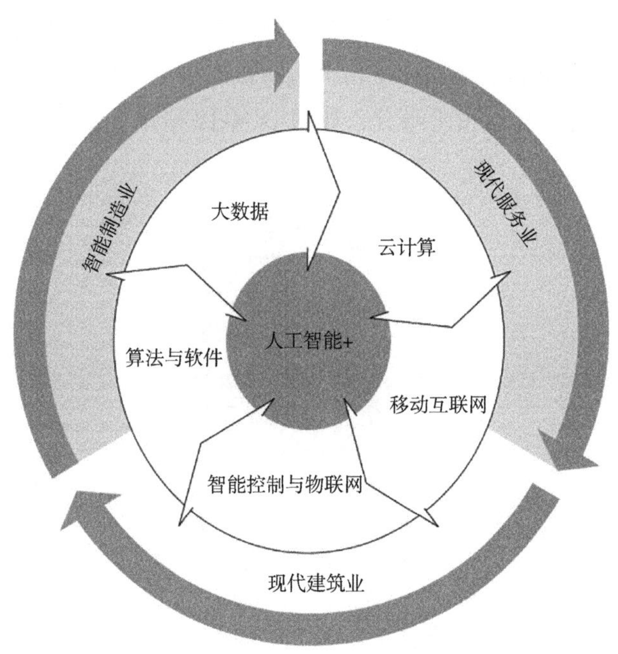

图 10-4-10　人工智能城市的智慧产业系统

SCMA）与各垂直领域（智慧城市子智能体/Smart City Sub-Agent，SCSA）的不重复性、完整性累加构成完备意义上的智慧城市，能够覆盖智慧城市全部业态，这样的智慧城市定义为多智能体城市（Muti-Agent City，MAC）。除城市管理中心（主智能体）外的每个相对独立业务板块对应着智慧城市子智能体。这样，多智能体城市就由有限个智慧城市子智能体组成，多智能体城市的系统架构具有嵌套性、分布式、自组织等特征，如图 10-4-11 所示。

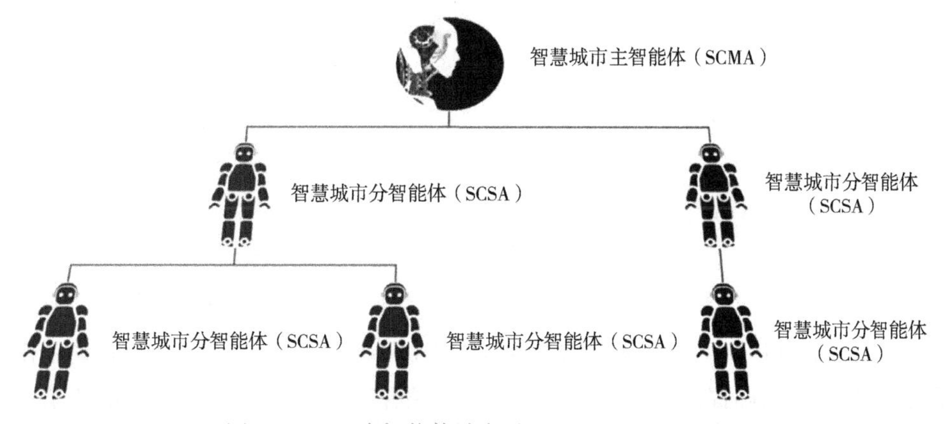

图 10-4-11　多智能体城市（Muti-Agent　City）

未来，智慧城市将以人工智能建筑为起点与核心，经人工智能社区，扩充发展至人工智能城市和多智能体城市。也可以肯定，人居环境空间、生活空间与产业空间将融为一体、密不可分，如图 10-4-12 所示。

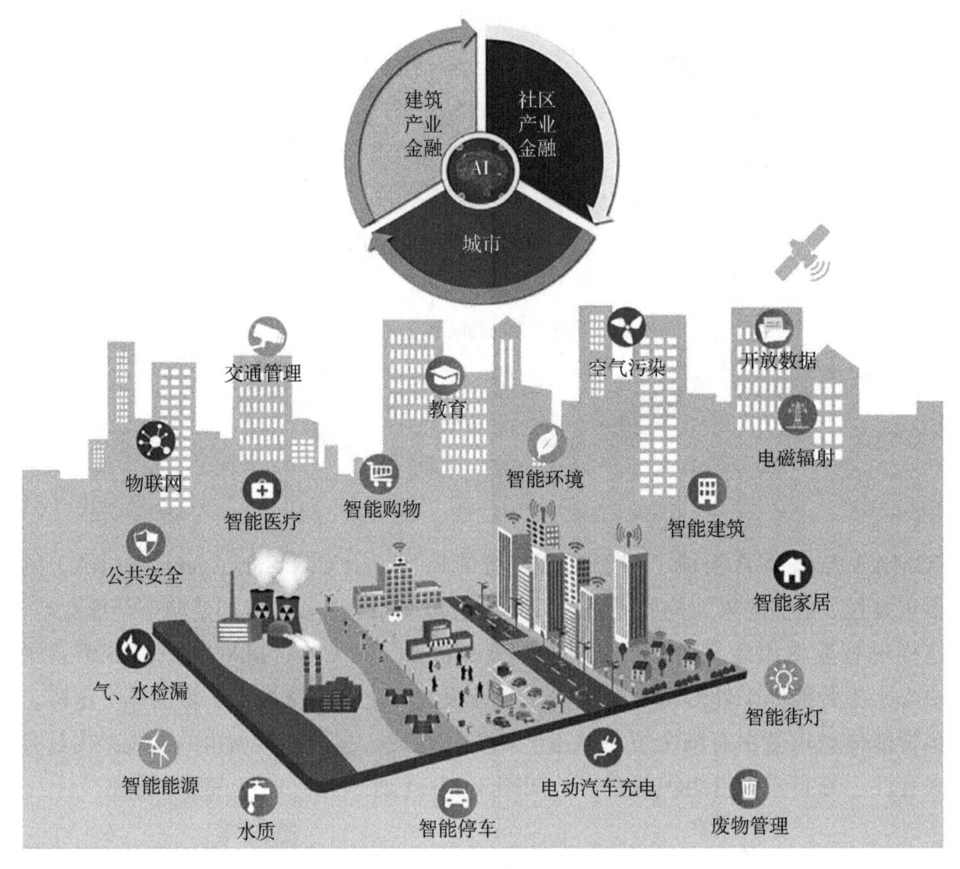

图 10-4-12　建筑 - 社区 - 城市融为一体的城市空间

10.5　智慧社会

2016 年中共中央、国务院出台的《关于进一步加强城市规划建设管理工作的若干意见》明确提出“到 2020 年，建成一批特色鲜明的智慧城市”的要求，将城市管理和社会治理工作的重点分为三大方向：特色鲜明、创新公共产品和服务供给、重点解决“城市病”。党的十九大报告提出，必须坚持以人民为中心的发展思想。迈进新时代，人民群众在追求安全、高效、便捷生活等方面的新需求，将在智慧社会生活中得到更好的满足。

党的十九大报告中明确提出建设“智慧社会”。智慧社会概念的提出，是从顶层设计的角度，为经济发展、公共服务、社会治理提出了全新的要求和目标，标志着中国智慧城市的建设工作迈入新时代，体现了人民群众对美好生活的具体要求。智慧社会是创新型国家建设的重要组成部分。相较于智慧城市，智慧社会更加侧重关注百姓层面，从民生角度去配合政府治理任务。智慧社会的基础是利用互联网和大数据，加快开放共享，推动资源整合，提升治理能力，推动人们的衣食住行等生活方式向智慧互联演变。目前，我国创新能力建设正迎来一个重要机遇——“智能互联”。国际投行高盛2017年8月发布的报告显示，从2010年到2016年，我国第三方支付交易规模增长74倍。与此同时，我国支付产业的高速发展也与国外形成鲜明对照。我国通过手机进行支付的交易额占到交易总量的75%，相比而言，美国这项数据只有20%。从运行机制上来看，相较智慧城市致力于打造的政府、企业、居民的互动机制而言，智慧社会更强调在科技支撑下的创新系统协同。生产、生活、治理、服务将更有机地成为一个整体。某种程度上而言，智慧社会是在政府提供智慧平台、标准的基础上，由企业、机构、居民共同打造智慧政府、智慧企业、智慧城市、智慧生活。在这个过程当中，特别强调人的参与，个人成为社会创新的最基本单元。

《“十三五”国家战略性新兴产业发展规划》提出，实施网络强国战略，加快建设“数字中国”，推动物联网、云计算和人工智能等技术向各行业全面融合渗透，构建万物互联、融合创新、智能协同、安全可控的新一代信息技术产业体系。到2020年，力争在新一代信息技术产业薄弱环节实现系统性突破，总产值规模超过12万亿元。《新一代人工智能发展规划》提出，将用13年的时间，将中国打造成世界主要人工智能创新中心。2017年11月，科学技术部公布了首批国家新一代人工智能开放创新平台。百度、阿里云、腾讯和科大讯飞4家企业分别聚焦自动驾驶、城市大脑、医疗影像和智能语音等领域，开展建设创新。这4个领域中国已走在世界的前列。随着新兴产业的蓬勃发展，我国正加速步入万物智能互联的智慧社会。

目前，在智慧社会大系统中，以知识链、价值链为纽带的生产、生活新模式正在不断涌现。以知识互联、价值互联为主导的创新型智慧社会时代正在到来。

参考文献

[1] 史忠植 . 高级人工智能 [M].2 版 . 北京：科学出版社，2006.

[2] 史忠植，王文杰 . 人工智能 [M]. 北京：国防工业出版社，2007.

[3] George F Luger. 人工智能 - 复杂问题求解的结构和策略 [M]. 史忠植 , 张银奎 , 赵志崑，等译 .5 版 . 北京：机械工业出版社，2005.

[4] 杜明芳 .AI+ 新型智慧城市理论、技术及实践 [M]. 北京：中国建筑工业出版社，2019.

[5] 杜明芳 . 智慧建筑内涵、架构及理论体系 [J]. 中国建设信息化，2019（03）.

[6] 杜明芳 . 无人驾驶汽车技术 [M]. 北京：人民交通出版社，2019.

[7] 杜明芳 . 智能建筑系统集成 [M]. 北京：中国建筑工业出版社，2009.

[8] 柏隽 . 对数字化工厂与工业互联网的理解 [J]. 软件和集成电路，2018(4).

[9] 中华人民共和国住房和城乡建设部 . 建筑信息模型应用统一标准：GB/T51212-2016[S]. 北京：中国建筑工业出版社，2017.

[10] 杜明芳 . 新型智慧城市应用系统 AI 建模与实践 [J]. 中国建设信息化，2017（18）.

[11] 杜明芳 .AI+ 智慧建筑研究 [J]. 土木建筑工程信息技术，2018（03）.

[12] 王理，孙连营，王天来 . 互联网 + 智慧建筑的发展 [J]. 建筑科学，2016（11）.

[13] 杜明芳 . 智慧建筑 2.0 和建筑工业互联网 [J]. 中国建设信息化，2018（06）.

[14] 杜明芳 . 建筑能源互联网及其 AI 应用研究 [J]. 智能建筑，2018（03）.

[15] 全国信息技术标准化技术委员会 . 建筑及居住区数字化技术应用第 1 部分：系统通用要求：GB/T 20299.1—2006 [S]. 北京：中国标准出版社，2006.

[16] 全国信息技术标准化技术委员会 . 建筑及居住区数字化技术应用第 4 部分：控制网络通信协议应用要求：GB/T 20299.4—2006[S]. 北京：中国标准出版社，2006.

[17] 中华人民共和国住房和城乡建设部 . 民用闭路监视电视系统工程技术规范：GB/T 50198—2011[S]. 北京：中国计划出版社，2011.

[18] 中国国家标准化管理委员会 . 电动汽车传导充电系统第 1 部分：通用要求：GB/T 18487.1—2015 [S]. 北京：中国标准出版社，2015.

[19] 中国国家标准化管理委员会 . 电动汽车传导充电用连接装置第 1 部分：通用要求：GB/T 20234.1—2015[S]. 北京：中国标准出版社，2015.

[20] 中国国家标准化管理委员会 . 电动汽车传导充电用连接装置第 2 部分：交流充电接口：GB/T 20234.2—2015[S]. 北京：中国标准出版社，2015.

[21] 中国国家标准化管理委员会 . 电动汽车传导充电用连接装置第 3 部分：直流充电接口：GB/T 20234.3—2015[S]. 北京：中国标准出版社，2015.

[22] 中国国家标准化管理委员会 . 电动汽车非车载传导式充电机与电池管理系统之间的通

信协议 : GB/T 27930—2015[S]. 北京：中国标准出版社，2015.

[23] 中国国家标准化管理委员会 . 电动汽车非车载传导式充电机与电池管理系统之间的通信协议 :GB/T 27930—2015[S]. 北京：中国标准出版社，2015.

[24] 中华人民共和国住房和城乡建设部 . 城市综合管廊工程技术规范：GB 50838—2015 [S]. 北京：中国计划出版社，2015.

[25] 中华人民共和国信息产业部 . 家庭主网接口一致性测试规范：SJ/T11313—2005[S]. 北京：中国标准出版社，2005.

[26] 中华人民共和国信息产业部 . 家庭控制子网接口一致性测试规范：SJ/T11315—2005[S]. 北京：中国标准出版社，2005.

[27] 中华人民共和国信息产业部 . 家庭网络系统体系结构及参考模型 SJ/T11316—2005[S]. 北京：中国标准出版社，2005.

[28] 中华人民共和国国家发展和改革委员会 . 网络家电通用要求：Q B /T2836—2006 [S]. 北京：中国轻工业出版社，2006.

[29] 达尔文 . 人类和动物的表情 [M]. 周邦立，译 . 北京：北京大学出版社，2009.

[30] Marvin Minsky. 情感机器 [M] 程玉婷 , 李小刚，译 . 杭州：浙江人民出版社，2016.

[31] 魏屹东 , 周振华 . 基于情感的思维何以可能 [J]. 科学技术哲学研究，2015(3):5-10.

[32] 刘光远 , 温万惠 , 陈通 , 等 . 人体的生理信号的情感计算方法 [M]. 北京：科学出版社 , 2014.

[33] 中华人民共和国国务院 . 新一代人工智能发展规划 [EB/OL].（2017-07-05）. http://www.gov.cn/zhengce/content/2017-07/20/content_5211996.htm.

[34] Munezero M, Montero C S, Sutinen E.Are TheyDifferent? Affect, Feeling, Emotion, Sentiment, and Opinion Detection inText[J]. Annual Review of Public Health,2014,5(5): 101-111.

[35] Deeksha,Rajvansh. Overview of Blue Eyes Technology[J].SSRG-IJEEE. 2015(2): 8.

[36] Kedar S V, Bormane D S, Dhadwal A .Automatic Emotion Recognition through Handwriting Analysis: A Review[J].International Conferenceon Computing Communication Control and Automation, 2015(9).